기초부터 실무까지

시퀀스 제어 이론 및 실습

강응석 저

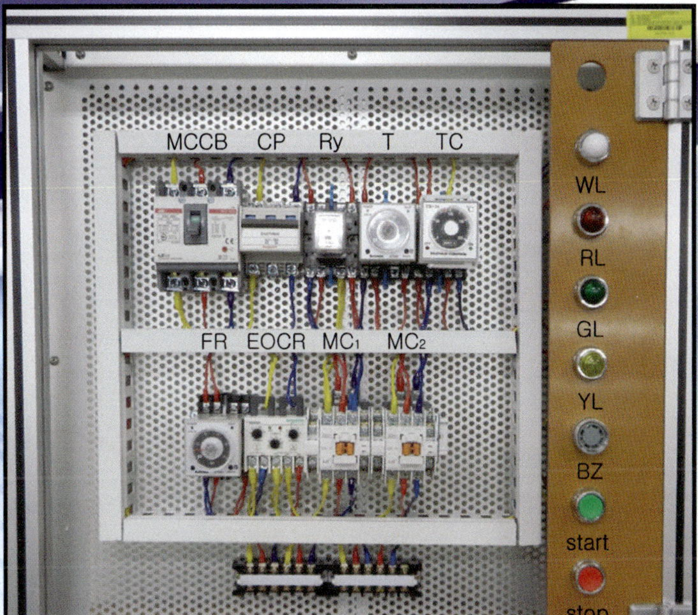

Ohm사
http://www.ohm.co.kr

머 리 말

오늘날 많은 기업들이 자동화에 많은 관심과 투자를 하고 있다. 이는 자동화를 함으로써 생산성은 물론 제품의 품질 향상에 기여할 수 있고 작업시 근로자의 안전을 확보할 수 있기 때문이다. 산업체 근로자들 생활이 날로 좋아짐에 따라 산업현장에서 일하는 근로자들이 어렵고 힘든 일 또는 작업환경이 안 좋은 일을 기피하는 현상이 일어나고 있는 실정이다. 따라서 이와 같은 일을 해결하는 방법으로는 공장 자동화라는 것은 누구도 부인할 수 없는 일이다.

시퀀스제어는 자동제어의 한 분야로서 급속도로 발전하는 산업시설의 자동화는 물론 작업의 생산능률 극대화, 생산속도 증가, 안정성, 생산설비의 수명 연장, 정확도를 위하여 시퀀스제어의 중요성은 날로 증대되고, 자동화 분야에서 중요한 역할을 담당하고 있다. 또한, 전기산업기사, 전기기사 실기시험에 시퀀스 회로가 출제되고 있으며 점수 반영 비율도 매우 높아서 중요한 부분 중에 하나이다.

산업현장에서 PLC 분야에 근무하고 있는 엔지니어인 경우 어디서부터 기초를 배워야 할지 모르기 때문이다. 왜냐하면 PLC분야를 잘 알기 위한 자동제어(시퀀스 제어)를 기초부터 체계적으로 공부할 수 있는 교재가 없기 때문이다. 이러한 어려움을 풀어 보고자 이해하기 쉽게 시퀀스 회로를 컬러화 하였다.

본 책에서는 시퀀스 제어에 필요한 전반적인 기본 이론과 배선기초, 케이블공사와 전자 계전기를 사용한 유접점 시퀀스 제어회로에 사용하고 있는 개폐 접점이 있는 소자에 대해서는 그 동작원리를 쉽고 명확하게 알 수 있도록 내부의 구조와 기계적인 동작 설명을 자세히 설명하였다.

또한, 본 책에서는 시퀀스 제어회로에 대한 기초 시퀀스 그리는 방법부터 따라하기 형태의 실습에서 단계별로 소자의 동작원리 실습을 쉽게 이해할 수 있도록 하였으며, 제어회로 점검 방법과 응용 및 설계까지 가능하도록 구성하였다. 실습에 있어서는 비전공자나 처음 접하는 전공자들을 위해 초급 실습과정에서는 실습에 앞서 관련이론, 작업순서, 실습 순으로 되어 있으며, 응용 실습과정에서는 관련이론, 실습, 작업순서로 되어있다.

본 저자는 대학 강단에서 전공실습과 기술연수 및 대기업의 전기직종 현장 직무교육을 다년간 강의한 경험을 토대로 본 책을 집필하게 되었으며, 전기공학과, 제어관련학과, 기계관련학과 등에서 전공 이론 및 실습교재로 활용할 수 있도록 구성하였다. 또한 산업현장에서 근무하는 비전공자와 전기 직종에서 근무하는 기술자들에게도 좋은 참고 도서가 될 줄로 믿는다.

이 책을 쓰기로 시작할 때에는 매우 가벼운 마음으로 시작하였으나 막상 본격적으로 작업이 진행되면서 이것이 보통 일이 아니라는 것을 알게 되었다. 나름대로 최선을 다했으나 막상 끝내고 나니 손을 더 대고 싶은 곳이 한두 군데가 아니다. 독자 여러분의 따뜻한 조언을 반영하여 더 알찬 책으로 바꾸어 나가겠다.

이 책을 만드는데 많은 배려와 격려를 해주신 여러분들께 지면을 빌려 감사드립니다.

2013년 11월

저자 강 응 석

목 차

제 6 장 시퀀스 제어 실습

제 1 장 시퀀스 제어 기본 이론

1.1 전기의 생성 과정

1. 전압의 이동 경로

우리가 가정이나 사무실에서 흔히 사용하고 있는 교류전압은 220[V], 380[V] 등이 있으며 이보다 더 많은 종류의 전압이 더 존재한다. 이러한 전압을 우리가 사용하기까지는 많은 단계를 거쳐 오게 되며 그 경로를 간략하게 살펴보면 그림 1-1과 같다.

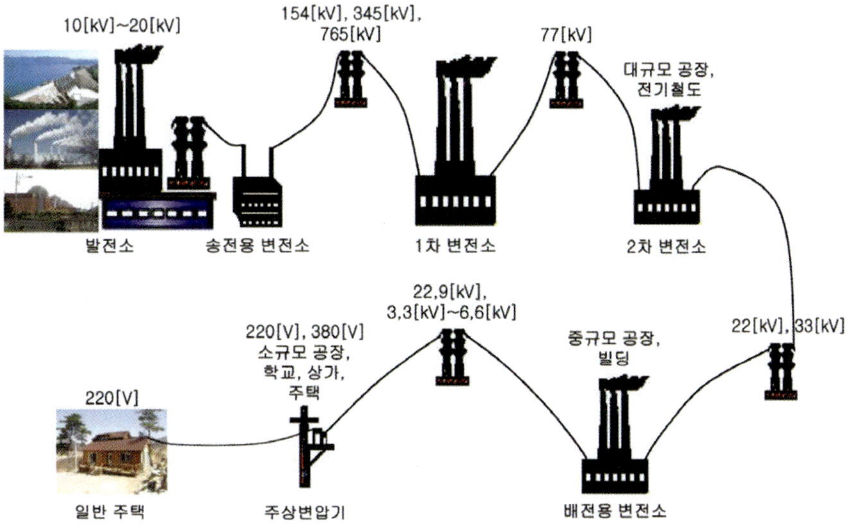

그림 1-1 송전 과정에서의 전압변동

송배전이란 발전소에서 발전한 전기를 변전소를 통해 공장이나 가정에 보내는 것을 말한다. 자세히 살펴보면 **송전**이란 발전소에서 발전한 전기를 변전소까지 보내는 것을 말하고, **배전**이란 변전소에서 공장이나 가정에 전기를 보내는 것을 말한다.

우리가 사용하고 있는 전기는 발전소에서 발전한 전력이 몇 군데의 변전소를 거쳐 보내진 것이며 발전소에서 발전하는 전압은 보통 10~20[kV]정도이다. 그러나 이것을 그대로 보내면 전력 손실이 크므로 전압을 154~765[kV]정도로 올린 후 가까운 변전소로 송전하며 변전소에서는 송전된 전력을 낮은 전압으로 바꾸어 배전한다. 이렇게 배전된 전기는 공장의 변전실이나 주상 변압기에서 380[V], 220[V] 등으로 전압이 낮아져 공장 또는 가정으로 공급된다.

2. 용어의 의미

- ⊙ **발전소** : 전기를 만들어내는 곳
- ⊙ **변전소** : 발전소에서 만들어낸 전기의 전압을 바꾸는 곳
- ⊙ **송전선** : 발전소와 변전소, 변전소와 변전소를 서로 연결하여 전기를 보내주는 역할을 하는 전선

여기서 잠깐

송전선의 전압이 높은 이유는 무엇일까?

일정한 거리에 일정한 전력을 보낼 경우 전선로의 저항에 의해 발생하는 전력손실, 즉 전선로에서 열이 되어 전력손실이 커지게 된다. 전력손실($P = I_0^2 R = \left(\frac{P_o}{V_o}\right)^2 R$)은 전압의 제곱에 반비례하므로 전압을 높이게 되면 송전효율이 좋아지는 것이다. 또한 전력은 전압과 전류의 곱으로 결정되므로 전압을 높이면 그 만큼 송전선에 흐르는 전류는 적어진다. 따라서 전선 굵기가 가늘어도 되며, 전선비용이 적어지는 경제적 이점이 있다. 이러한 이유로 송전선의 전압을 높이며, 현재 765[kV]가 가장 높은 송전전압이다.

(1) 발전소

① 수력 발전소

물을 이용하여 전기를 얻어내는 방법으로 물을 높은 곳에서 낮은 곳으로 이동시켜 물이 떨어지는 힘을 이용하여 수차를 돌리고 수차에 연결된 발전기로 전기를 얻어내는 것이다.

사진 1
대청댐 수력발전소 전경

사진 2
태안 화력발전소 전경

사진 3
영광 원자력발전소 전경

사진 4
변전소 전경

② 화력 발전소

불을 이용한 것으로 기름(중유나 원유)을 연료로 하여 발생된 증기의 압력으로 발전기를 돌려 전기를 얻어 낸다.

③ 원자력 발전소

기본적으로 증기의 압력으로 발전기를 돌린다는 점에서는 화력과 같으나 화력의 보일러를 원자로로 바꿔 놓은 점에서 차이가 난다.

(2) 변전소

송전 과정에서 변전소는 말 그대로 전압을 바꾸는 역할을 한다. 발전소에서 발전한 전기를 경제적으로 소비지에 보내려면 송전전압을 차례로 올릴 필요가 있으며, 또한 소비지에서의 안전을 위해서는 낮은 전압으로 차례로 내릴 필요가 있다. 이를 위해 송전 및 배전선로의 적당한 장소에 전압을 바꾸는 변전소가 설치되는 것이다.

① 배전용 변전소까지 오는 동안 전압은 22,900[V]까지 떨어진다. 이것을 직접 공장 등으로 보내 주기도 하고, 한편으로는 전주에 있는 주상 변압기를 이용해 220[V]로 낮춰 가정 등에 보내지게 된다.

② 22,9[kV]의 선을 특고압선, 220[V]의 선을 저압선이라고 부른다.

(3) 송전선

사진 5 가공 송전선

사진 6 지중 송전선

① 가공 송전선

여러 개의 철탑을 이용해 공중으로 전기를 보내는 방식이다.

② 지중 송전선

가공 송전선을 도시에 사용하기가 힘들어서 그 대신 송전선을 지하에 매립하는 방식으로 시설하는데, 이를 **지중선로**라고 한다. 현재 도시 미관을 위해 가공에서 지중으로 변하고 있으나 고비용 때문에 속도가 늦은 편이다.

1.2 전압의 종류

1. 직류와 교류

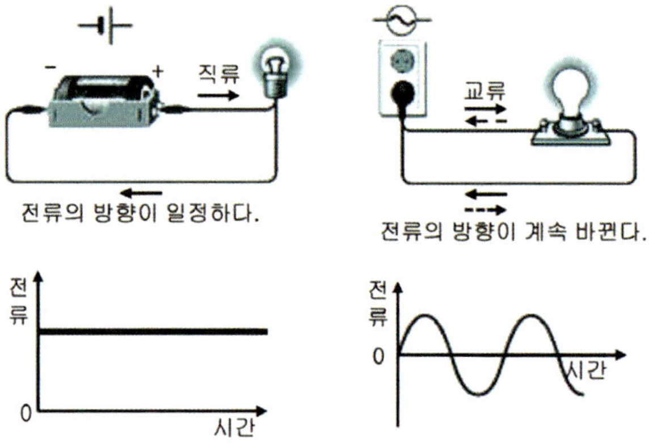

(a) 직류 (b) 교류

그림 1-2 직류와 교류

(1) 직류(DC : Direct current)

시간의 변화에 따라 크기와 방향이 한쪽 방향으로만 흐르는 전기량으로 정의된다. 즉 한쪽 방향으로만 흐르는 전류를 의미한다.

① 전압의 방향 : 전압이 한쪽 방향으로 걸린다.

② 전류의 세기 : 전압이 일정하므로 전류의 세기가 일정하다.

③ 축전지 등을 통해 저장 가능하다.

④ 안정적 전원을 필요로 하는 전자회로나 일정한 전압을 유지해야 하는 전기분해에 사용한다.

(2) 교류(AC : Alternating current)

극성이 시간의 변화에 따라 크기와 방향이 주기적으로 변동하는 전기량으로 정의된다. 즉 전류의 방향과 세기가 주기적으로 바뀌는 전류를 의미한다.

① 전압의 방향 : 전압이 주기적으로 방향이 바뀌면서 걸린다.

② 전류의 세기 : 전압이 주기적으로 변하므로 전류의 세기도 주기적으로 변하는데, 사인파형태로 변한다.

③ 직접 저장하기 어렵다.

④ 전압을 쉽게 변화시킬 수 있다(승 • 강압).

⑤ 안정적인 전원이 필요치 않은 전등, 전기난로 등에 사용한다.

⑥ 먼 거리까지 송전이 가능하다.

⑦ 정류기를 이용하여 직류로 바꿀 수 있다.

2. 전압

전압은 표 1.1과 같이 저압, 고압 및 특별고압의 3가지로 구분하고 있다.

표 1.1 전압의 종류

종류	저압	고압	특별고압
직류(DC)	750[V]이하	750[V]를 넘고 7,000[V]이하	7,000[V] 초과
교류(AC)	600[V]이하	600[V]를 넘고 7,000[V]이하	7,000[V] 초과

1.3 전기공급방식

배선도, 회로도, 시퀀스도의 입력측에는 전기방식과 전압을 문자기호와 수치로 표시한다. 단선 배선도의 경우 표기방법은 아래와 같다.

1) 직류방식 : 110[V] DC, 24[V] DC

2) 교류방식 : ① 단상 2선식 : 1ϕ 2W 220[V]/110[V] 60[Hz] : 전등간선

② 단상 3선식 : 1ϕ 3W 220[V], 110[V] 60[Hz] : 전등간선

③ 3상 3선식 : 3ϕ 3W 220[V], 380[V], 440[V] 60[Hz] : 동력간선

④ 3상 4선식 : 3ϕ 4W 380[V]/220[V], 440[V]/254[V] 60[Hz]: 전등 동력 공용간선

여기서 잠깐

간선(Feeder)이라 함은 전등, 콘센트, 전동기 등의 설비에 전기를 공급하기 위하여 일정한 구역으로 묶어 큰 용량의 배선으로 배전하고 이 용량의 배전선을 간선이라 한다.

1. 단상 2선식 : 1ϕ 2W 220[V]/110[V] 60[Hz]

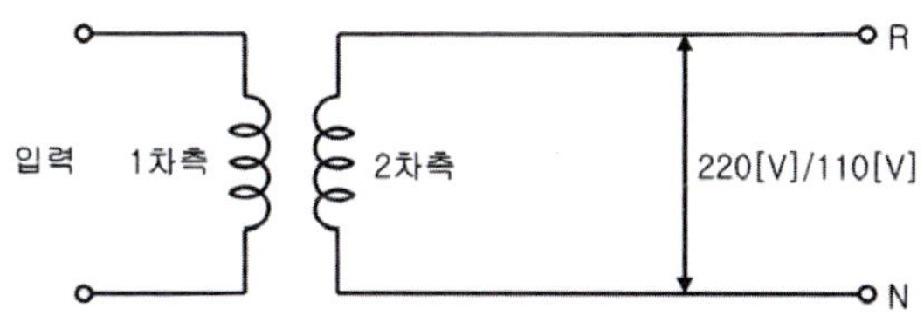

그림 1-3 단상 2선식(220[V]/110[V])

그림 1-3의 단상 2선식 배전방식은 단상 교류 전기를 전선 2가닥(전압선 및 접지측 전선 각각 1가닥)으로 구성하여 배전하는 방식으로 주로 전압 전등부하가 많은 일반 가정의 전기를 공급하는 방식으로 사용하고 있다. 이 방식은 변압기 2차 결선에 따라 110[V] 또는 220[V]의 전압이

유도된다. 우리나라에서는 110[V]는 사용하지 않고, 220[V] 전압방식을 사용하고 있다.

2. 단상 3선식 : 1ϕ 3W 220[V], 110[V] 60[Hz]

그림 1-4의 단상 3선식 배전방식은 단상 교류 전기를 전선 3가닥(전압선 2가닥, 중성선 1가닥)으로 구성하여 배전하는 방식이다. 이 방식은 일반 가정의 전등부하 또는 소규모의 공장 등에 전력을 공급하는 방식이다.

결선에 따라 단상 110[V] 또는 220[V]의 전압을 사용할 수 있어 한 장소에 두 종류의 전압이 필요한 경우 이 배전방식을 사용한다. 그러나 중성선이 단선되면 부하가 크게 걸린 단자(저항이 큰 쪽 단자)의 전압이 상승하여 과전압이 인가될 수 있기 때문에 현재는 사용하지 않는 결선방식이다.

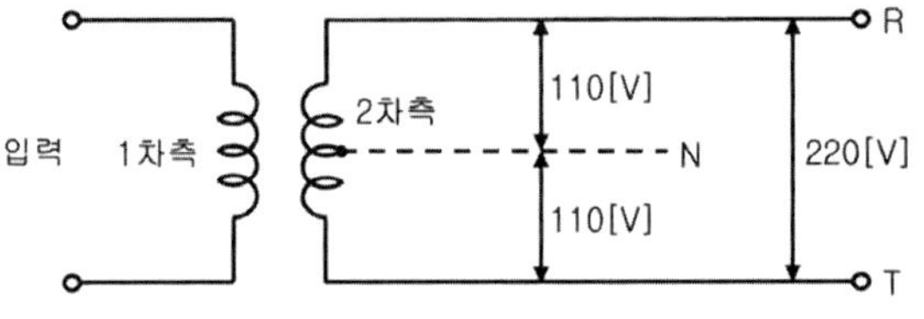

그림 1-4 단상 3선식 결선(220[V], 110[V])

3. 3상 3선식 : 3ϕ 3W 220[V], 380[V], 440[V] 60[Hz]

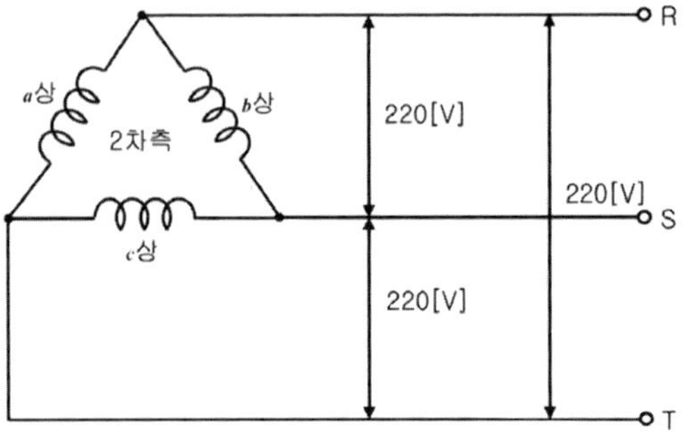

그림 1-5 3상 3선식 결선(220[V])

그림 1-5의 3상 3선식 배전방식은 전압선 3가닥으로 구성하여 배전하는 방식으로, 전압은 낮고 전류가 많은 결선 방식이다.

전류가 선로에 많이 흐르기 때문에 선로손실이 커지므로 우리나라에서는 저압 배전선로의 결선방식으로 사용하지 않고 있다. 그러나 고압 수용의 구내설비에서는 이 방식을 많이 사용하고 있는데, 그 이유는 사용 중에 변압기 3대 중 1대가 고장이 발생하였을 때 변압기 2대로 V결선하면 변압기 용량이 적어질 뿐 전압의 크기에는 변동이 없고, 부하설비의 결선 변경 없이도 긴급 조치가 가능하므로 이 방식을 선호하고 있다.

4. 3상 4선식 : 3ϕ 4W 380[V]/220[V], 440[V]/254[V] 60[Hz]

그림 1-6의 3상 4선식 결선방식은 단상 변압기 3대를 3상 4선식(전압선 3가닥, 중선선 1가닥)으로 결선하여 동력과 전등부하에 전력을 공급할 필요가 있을 때 이 결선방식을 사용한다. 이 결선의 경우 사용되는 변압기의 용량은 3대 모두 동일한 용량을 사용하는 방식과 1대의 변압기의 용량은 크게, 다른 2대의 용량은 작게 구성하여 사용하는 방식이 있다.

동력 전용의 변압기는 용량이 작고, 전등 • 동력 공용의 변압기는 용량이 큰 것이 일반적이다. 공급전압은 동력 3상 380[V]이고 전등은 단상 220[V]로 공급할 수 있다. 이 방식도 중성선이 단선되면 단상부하에 과전압이 인가될 수 있다.

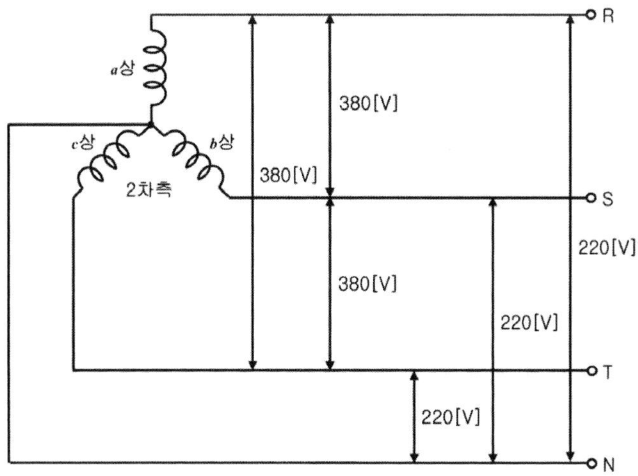

그림 1-6 3상 4선식 결선(380[V]/220[V])

제 2 장 시퀀스 제어 배선 기초

2.1 전선(Electric wire)

1. 전선 일반

(1) 전선의 정의

전선(Electric wire)은 전기를 이동시키는 금속선을 말하며, 전력 또는 전기신호를 보내기 위해 사용되는 전선류을 통틀어 전선이라 한다. 전기의 흐름을 방해하여 열을 발생시키는 **저항선**은 전선이라 하지 않는다.

(2) 전선의 구조

전선은 도체와 피복(절연물)으로 구성되어 있으며, 도체만으로 이루어진 전선을 **나전선**(Stripped wire)이라하고, 피복을 입힌 전선을 **절연전선**(Insulated wire)이라고 한다.

피복(절연물)은 전기의 흐름을 막아주는 일을 하며 사용되는 재료는 면사, 견사, 종이 유리섬유, 석면사, 염화비닐 및 폴리에틸렌 등 합성수지와 클로로프렌 및 부틸 등 합성고무, 천연고무 등이 널리 사용된다.

도체는 절연성과 절연내력이 중요시 된다. 케이블의 경우 절연전선을 보호하는 보호피복이 사용되며 기계적 강도가 요구된다.

(3) 전선 재료

전선 재료로 동선을 사용하며, 연동선과 경동선으로 나눌 수 있다. **연동선**은 고유저항이 1/58[Ω • ㎟/m]이고, 인장강도는 25~30[kg/mm^2]이다. 도전율이 좋고 구부러지기 쉬우며, 전기설비 옥내배선에 사용하는 전선의 심선에 사용된다. **경동선**은 고유저항이 1/55[Ω • ㎟/m]이고, 인장강도는 34~48[kg/mm^2]이며, 가공송전선로 등에 사용된다. 경동선은 연동선에 비해 기계적 강도가 크다.

(4) 전선의 호칭

① 도체의 재질이 동(Copper)인 것을 동선, 알루미늄(Aluminum)인 것을 **강심 알루미늄 절연전선**(Aluminum cable steel reinforced : ACSR)선이라 한다.

② 피복이 염화비닐(P.V.C)인 것을 **비닐절연전선**(P.V.C), 폴리에틸렌인 것을 **폴리에틸렌 절연전선**(P.E 절연전선)이라 한다.

③ 도체의 모양은 대개 원형으로 되어 있으나 용량이 큰 변압기와 발전기 및 전동기의 코일용

은 평각동선(4각형)으로 된 것을 사용한다.

(5) 단선과 연선

① **단선** : 단면이 한 개의 도체로 이루어진 전선을 말한다.

② **연선** : 단면이 여러 개의 심선으로 이루어진 전선을 말한다.

③ **소선(심선)** : 연선에서 도체 하나하나를 부를 때는 소선이라 말한다.

④ **케이블** : 2개 이상의 절연전선 위에 보호피복을 입힌 케이블에 있어서는 전선 1가닥을 부를 때는 심선, 3가닥으로 된 케이블을 3심 케이블, 4가닥으로 된 것을 4심 케이블이라 한다.

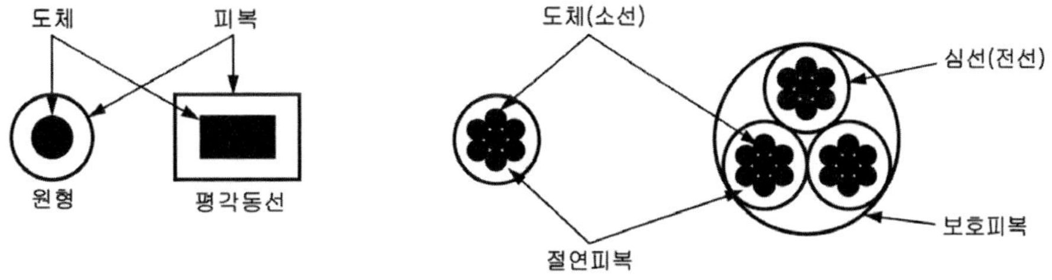

(a) 단선 (b) 연선 (c) 3심케이블

그림 2-1 전선의 단면

그림 2-2 케이블 단면

❶ **단심 케이블** : 전류용량이 큰 동력부하에 적합하다.

❷ **2심 케이블** : 단상 220[V] 전등부하와 용량이 작은 단상 동력부하에 적합하다.

❸ **3심 케이블** : 접지선이 별도로 시설된 3상 380[V] 동력부하 또는 단상 220[V] 동력부하에 적합하다.

❹ **4심 케이블** : 3상 380[V] 동력부하 전용으로 적합하다. 즉 3상(R, S, T상) 공급용 3상과 접지선(E) 1선이 필요하다.

❺ **5심 케이블** : 3상 380[V] 동력부하와 단상 220[V] 동력 및 전등부하를 함께 사용하는 장소에 적합하다. 즉, 3상(R, S, T상) 공급용 3상과 중성선(N상) 1선 및 접지선(E) 1선이 필요하다.

2. 전선 및 케이블

전선의 구비조건은 도전율이 크고 고유저항이 적을 것, 기계적강도 및 가요성이 커야하고, 내구성이 있어야 하며, 비중이 작고, 가격이 저렴하여야 하며 시공 및 보수의 취급이 용이하여야 한다.

(1) 전선의 종류와 용도

전선에는 비닐절연전선, 내열비닐절연전선, 옥외용 비닐절연전선 등 많은 종류가 있으며, 이들은 각각의 특성을 가지고 있으므로 사용하는 목적에 따라 적합한 것을 선정하여야 한다.

① **비닐절연전선(IV 전선 : In-door poly vinyl chloride(PVC) insulated wire)**

그림 2-3은 비닐절연전선의 구조이며, 경동선 또는 연동선의 단선 또는 연선에 비닐을 피복한 것으로 600[V]이하의 일반 공작물이나 전기기기의 옥내배선용으로 사용되는 것으로 사용이 간편하고 절연체색 표시가 다양하여야 식별이 용이하다(흑, 백, 적, 녹, 황, 청, 주황, 회색, 보라).

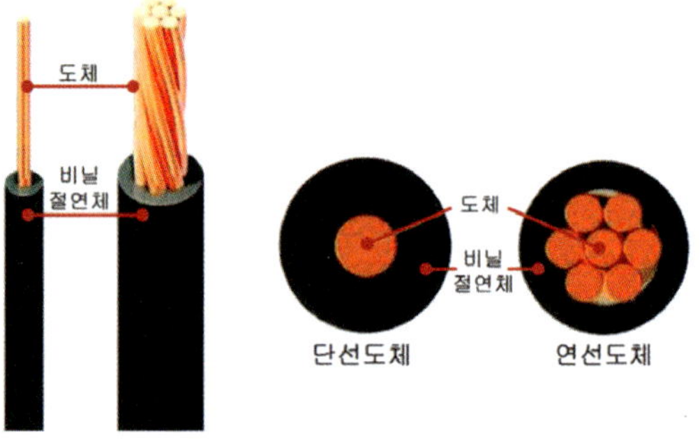

그림 2-3 비닐절연전선 구조

② **내열비닐절연전선(HIV 전선 : heat-resistant In-door pvc insulated wire)**

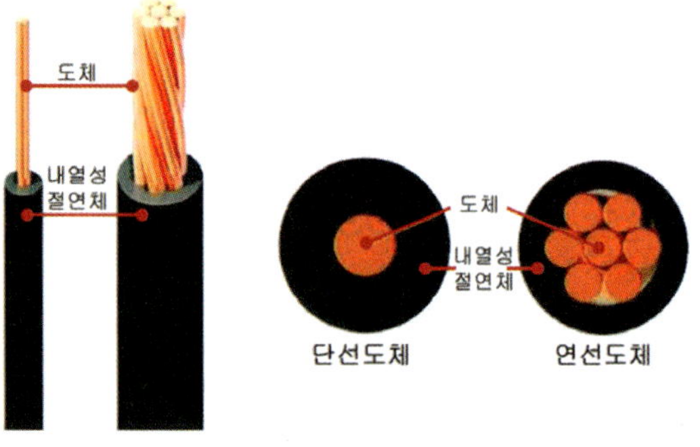

그림 2-4 내열비닐절연전선 구조

그림 2-4는 비닐절연전선의 구조이며, 경동선 또는 연동선의 단선 또는 연선에 내열성이 있는 비닐을 피복한 것으로 600[V]이하의 일반 공작물이나 전기기기의 옥내배선용으로 사용되는 것으로 내열성 가소제를 첨가한 비닐로 절연하여 만든 것이다. 600[V] 옥내배선 중 내열성을 요구하는 경우에 사용하며, 제2종 내열비닐절연전선이라고도 한다.

■ 구조

– 도체 : 연동선 또는 경동선(6[㎟]이하의 연선은 주석 도금 연동선 사용가능)
– 절연체 : 내열성 PVC
– 절연체색 : 흑, 백, 적, 녹, 황, 청색
– 최대 도체 사용온도 : 75[℃]

③ 옥외용 비닐절연전선(OW 전선 : out-door weather proof poly vinyl chloride insulated wire)

그림 2-5는 옥외용 비닐절연전선의 구조이며, 단심의 경동선 또는 경동연선 위에 내구성이 좋은 비닐 절연피복을 한 것으로 600[V]이하 저압가공 배전선로에서 사용되며, 최대 도체 사용온도는 60[℃]이다.

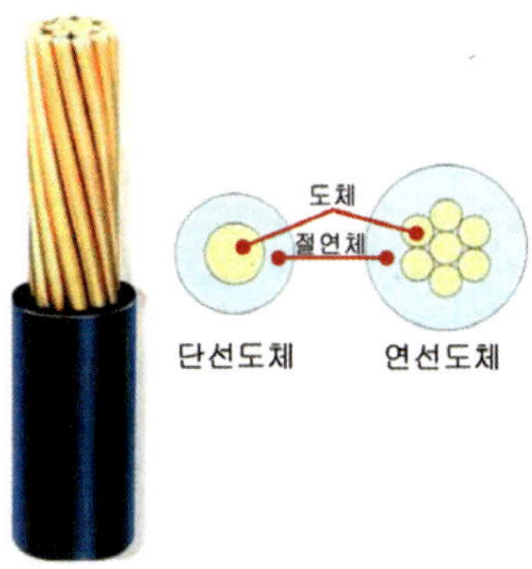

그림 2-5 옥외용 비닐절연전선 구조

④ 인입용 비닐절연전선(DV 전선 : poly vinyl chloride insulated drop Wire)

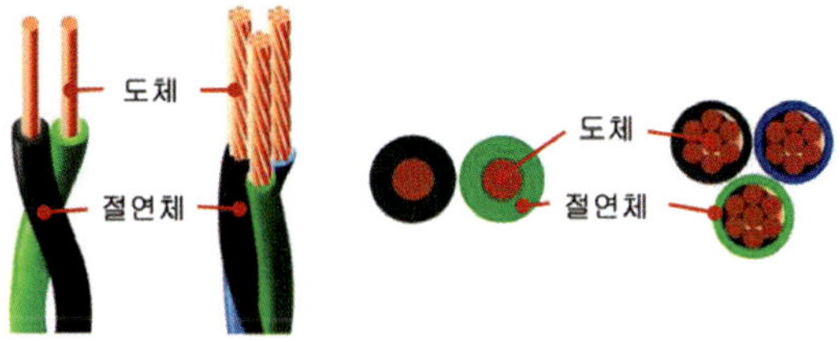

그림 2-6 인입용 비닐절연전선 구조

그림 2-6은 인입용 비닐절연전선의 구조이다. 600[V]이하 가공 인입선으로 사용되며, 내후성(피복 재료가 빛, 풍우, 습기, 공기중의 기체 등 자연환경의 작용에 견딜 수 있는 성능)이 우수하고 최대 도체 사용온도는 60[℃]이다. 경동선 또는 경동연선에 비닐절연피복을 한 다심 전선이다.

(2) 케이블의 종류와 용도

케이블에는 캡타이어 케이블, 저압케이블, 고압케이블, 특별고압케이블, 제어용케이블 등 많은 종류가 있으며, 이들은 각각의 특성을 가지고 있으므로 사용하는 목적에 적합한 것을 선정하여야 한다.

캡타이어 케이블의 재질은 주석 도금한 연동연선을 종이 테이프로 감거나 또는 무명실로 감은 위에 순고무 30[%]이상을 함유한 고무 혼합물로 피복하고 내수성, 내산성, 내알칼리성, 내유성(물질이 기름에 의하여 성능저하를 일으키지 않는 성질)을 가진 질긴 고무 혼합물로 위를 다시 피복한 것이다.

■ 심선의 종류(1심~5심)

- 1심 : 흑색
- 2심 : 흑색, 백색
- 3심 : 흑색, 백색, 적색
- 4심 : 흑색, 백색, 적색, 녹색
- 5심 : 흑색, 백색, 적색, 녹색, 황색

① 비닐 캡타이어 케이블(VCT 케이블 : pvc insulated cabtyre cable)

그림 2-7은 비닐캡타이어 케이블의 구조이며, 사용 장소는 전기적 성질보다 기계적 성질이 우수하여 광산, 공장, 농사, 의료, 수중, 무대 등에 사용되는 600[V]이하 전동공구 리드용 전선으로 사용된다. 600[V]이하의 상업용, 주거용으로 사용되는 배전용 전선 또는 조명용으로 최대 도체 사용온도는 60[℃]이며 600[V]이하의 저압회로에 사용한다.

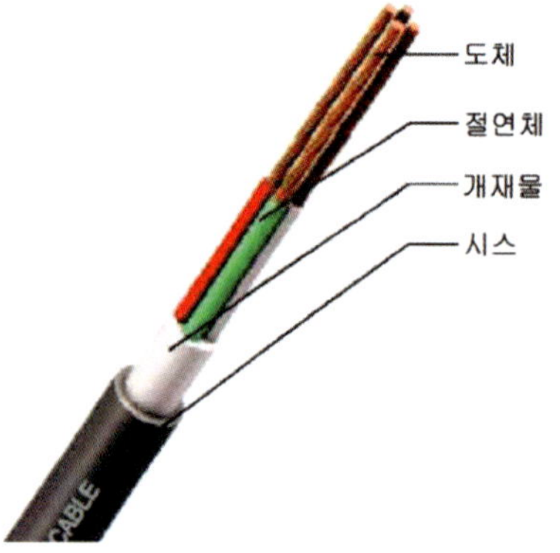

그림 2-7 비닐 캡타이어 케이블 구조

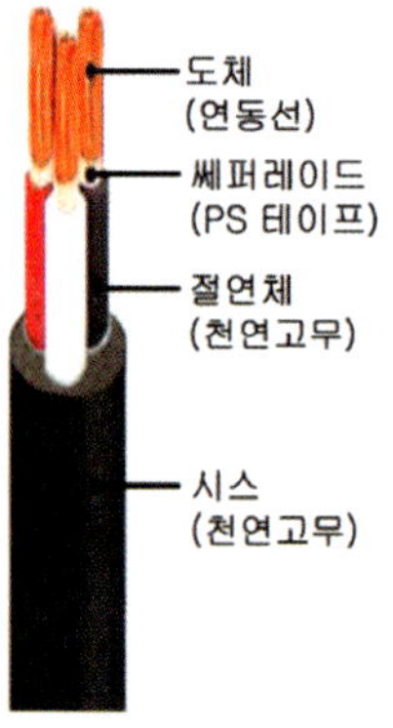

2-8 고무절연 캡타이어 케이블 구조

② 고무절연 캡타이어 케이블

그림 2-8은 고무절연 캡타이어 케이블의 구조이며, 이 케이블은 광산, 농장, 건설현장, 타워크레인 등에서 저압 600[V]이하의 이동용 전기기기 배선에 사용되는 전선으로서 탄력성이 양호한 클로로프렌 고무로 피복되어 충격, 마찰, 굴곡 등의 기계적 내성이 높고, 내수, 냉열, 내산 및 내알카리성 등의 화학적 내성이 강하므로 이 분야의 용도로 널리 사용된다.

■ 구조

- 도체 : 연동 집합선 또는 주석도금 연동 집합선
- 절연체 : 천연고무 또는 에틸렌프로필렌고무
- 종류 : 천연고무 또는 클로로프렌 고무

(3) 코드선의 종류와 용도

코드선의 재질은 취급이 편리하도록 충분한 가요성을 가져야 하므로 심선에 주석 도금을 한 연동선을 여러 가닥으로 꼬아서 만든다. 용도는 실내 전등을 매다는 경우와 소형 기구를 콘센트에 사용하는 경우에 사용한다.

종류로는 고무 코드선, 비닐 코드선, 캡타이어 코드선 등이 있다.

① 고무 코드선

그림 2-9는 고무 코드선의 구조이며, 재질은 공칭 단면적 0.5~6[mm^2]의 심선에 고무절연을 하고 실로 겉을 편조한 것이다. 300[V]이하의 옥내 이동용 소형 전기기구에 사용되며, 특징은 충격, 마찰, 굴곡 등의 기계적 내성이 높고, 내수, 내열, 내산 및 내알칼리성 등의 화학적 내성이 우수하다.

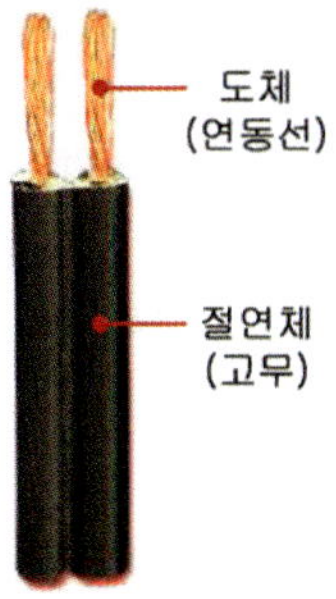

그림 2-9 고무 코드선 구조

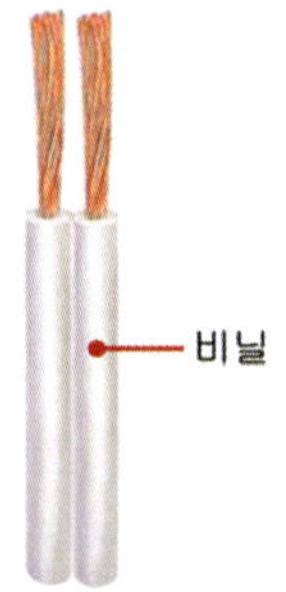

그림 2-10 비닐 코드선 구조

② 비닐 코드선(VF : PVC Insulated Flexible Wire)

그림 2-10은 비닐코드선의 구조이며, 재질은 공칭 단면적 0.5~2.0[mm^2]의 주석 도금한 연동연선에 염화비닐 수지를 주절연체로 만든 것이다. 보기 좋고 휘기 쉬우나 열에 약하다. 사용 장소는 형광등, 라디오, 선풍기, 전기스탠드 등과 같이 전열을 이용하지 않는 소형 전기기구에 사용한다. 코드선 한 타래의 표준 길이는 100[M]이다.

③ 캡타이어 코드선

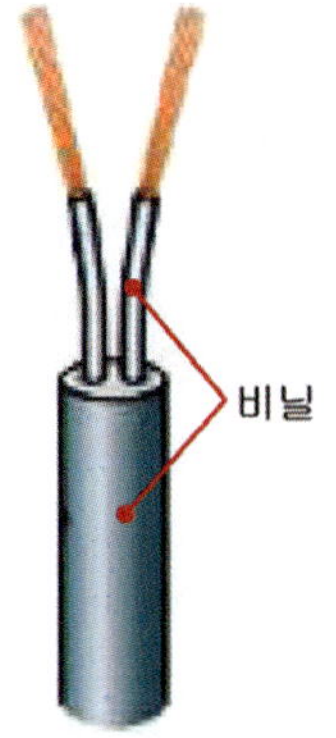

그림 2-11 비닐 캡타이어 코드선 구조

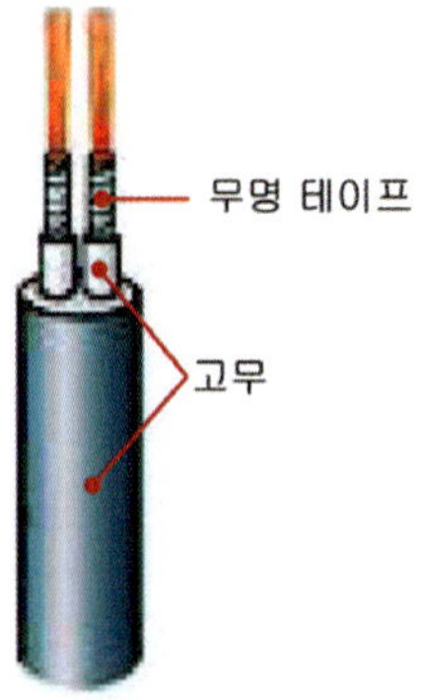

그림 2-12 고무 캡타이어 코드선 구조

재질은 공칭 단면적 0.75, 1.25, 1.5, 2.0[mm²]의 연동선 위에 테이프 또는 실을 감고, 고무절연 또는 절연한 심선을 2~4가닥 꼬아 모으고, 그 위에 캡타이어 비닐, 클로로프렌 또는 고무로 심선 사이의 틈을 메워 피복한 것이다. 물 또는 약품에 강하며 튼튼하고 휘기가 어렵다. 전기 세탁기, 냉장고 및 전기 청소기에 사용된다.

사용 장소는 옥내에서 사용되고 교류 300[V]이하의 소형 전기기구에 사용한다.

3. 전선의 굵기

국제기준(IEC)을 적용하여 도체규격 단선, 연선 및 평각동선(4각형) 모두 단면적 [mm²]로 표시한다. 또한, 연선의 경우 그 구성하는 소선수와 소선의 굵기로 표시하기도 한다.

SQ는 square의 약자로 '평방제곱'을 의미한다. 즉, SQ 단위는 도체 단면적을 나타내는 도체 크기의 표시이다.

① 여러 심선으로 구성된 케이블은 심선 가닥수와 심선의 굵기로 표시한다.

예) 굵기가 6[mm²]인 전선이 3가닥으로 이루어진 케이블은 3C×6[mm²]로 표시한다.
2C, 3C라는 것은 전선의 가닥수을 말하며, 2core, 3core 등으로 전선의 가닥수를 말하기도 한다.

② 코드선과 같이 아주 부드러운 전선은 연선과 같이 표시한다.

예) 직경이 0.18[mm]이고 가닥수가 30개인 코드는 0.75[mm²], 또는 30/0.18[mm]로 표시한다.

표 2.1 코드선의 굵기와 허용전류

호칭 [mm²]	소선수 [본/mm]	외경 [mm]	허용 전류 [A]	비 고
0.75	30/0.18	3.6	7	비닐절연전선 코드, 면 코드 등
1.25	50/0.18	3.9	12	전기기구의 리드선에 적합

4. 배선방식의 종류와 허용전류

(1) 배선방식의 종류

전기설비에 일반적으로 사용하는 배선공사 방식의 종류는 표 2.2와 같다.

표 2.2 배선방식의 종류

기호	설치방법	
A1	단열벽 안의 전선관에 시공한 절연전선 또는 단심케이블 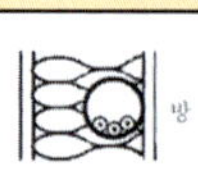	단열벽 안에 직접 매입한 다심케이블 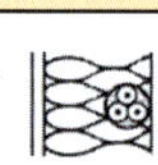
	몰딩 내부의 절연전선 또는 단심케이블 	처마 및 창틀내부의 전선관안의 단심케이블 및 다심케이블 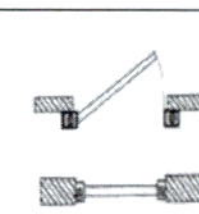

기호	설치방법	
A2	단열벽 안의 전선관에 시공한 다심케이블 	
B1	목재 또는 석재 벽면의 전선관에 시공한 절연전선 또는 단심케이블 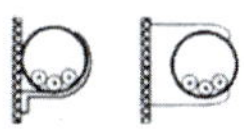	목재 벽면의 케이블 트렁킹에 시공한 절연전선 또는 단심케이블 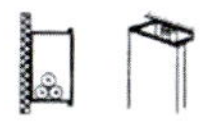
	빌딩빈틈에 시공한 단심, 다심케이블(틈새의 치수와 케이블 외경에 따라 B2로도 계산됨) 	석재벽안 전선관의 절연전선 또는 단심케이블 
B2	목재 또는 석재 벽면의 전선관에 시공한 다심케이블 	빌딩 빈틈에 시공한 단심, 다심 케이블(틈새의 치수와 케이블 외경에 따라 B1로도 계산됨) 
	석재벽안 전선관의 다심케이블 	
C	목재 벽면의 단심, 다심 케이블 (고정 또는 목재 벽면으로부터 케이블 지름의 0.3배 이하로 이격) 	막힘형 트레이에 포설한 단심, 다심 케이블 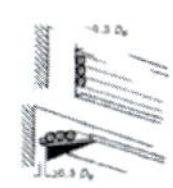
	석재벽에 직접 시공한 단심 또는 다심 케이블 	
D	지중안의 전선관이나 덕트안에 시공한 단심 또는 다심케이블 	지중안에 직접 매설한 단심, 다심케이블(기계적 추가 보호가 있는 경우 포함) 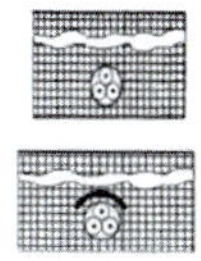
E	기중의 다심케이블(벽과의 이격거리는 케이블 지름의 0.3배 이상) 	환기형 트레이, 브래킷, 금속망에 포설된 다심케이블 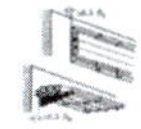
	사다리에 포설된 다심케이블 	
F	단심케이블로 자유 공기와 접촉 (벽과의 이격 거리는 케이블 지름의 0.3배 이상) 	환기형 트레이, 브래킷, 금속망에 포설된 단심케이블 
	사다리에 포설된 단심 케이블 	
G	기중 개방의 단심케이블 이격 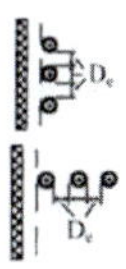	애자 위의 나선 또는 절연전선 

【비고】 1. A의 단열벽 : 외벽이 내후성이고 내벽은 목재나 목재성 재질로 구성된 것을 말함.
2. B, C의 석재(또는 석조) : 벽돌, 콘크리트, 석도 및 이와 유사한 것(단열벽은 제외)을 포함.
3. 막힘형 트레이 : 구멍이 차지하는 비율이 표면적의 30[%]미만.
4. 환기형(또는 통풍형) 트레이 : 구멍이 차지하는 비율이 표면적의 30[%]미만.
5. 사다리 지지 : 케이블을 지지하는 금속부분이 설계면적의 10[%]미만.
6. 클리트와 행거 : 케이블 주위의 공기 흐름이 충분히 자유롭고 전체 길이를 따라 간격을 두어 케이블을 지지하기 위한 케이블 지지재.

(2) 배선공사 방법에 따른 전선의 종류별 허용전류

표 2.3 CV(0.6/1[kV]), HIV(450/700[V]) 허용전류

【도체허용온도 : 90[℃], 주위온도(기중 : 30[℃], 지중 : 20[℃]), 단위 : [A]】

구리 도체의 공칭 단면적 [mm²]	공사 방법											
	A1 단열벽안 전선관의 절연전선		A2 단열벽안 전선관의 다심케이블		B1 석재벽면/ 안전선관의 절연전선		B2 석재벽면/ 안전선관의 다심케이블		C 벽면에 공사한 단심/ 다심케이블		D 지중덕트 안의 단심/ 다심케이블	
	단상	3상	단상	3상	단상	3상	단상	3상	단상	3상	단상	3상
1.5	19	17	18.5	16.5	23	20	22	19.5	24	22	26	22
2.5	26	23	25	22	31	28	30	26	33	30	34	29
4	35	31	33	30	42	37	40	35	45	40	44	37
6	45	40	42	38	54	48	51	44	58	52	56	46
10	61	54	57	51	75	66	69	60	80	71	73	61
16	81	73	776	68	100	88	91	80	107	96	95	79
25	106	95	99	89	133	117	119	105	138	119	121	101
35	131	117	121	109	164	144	146	128	171	147	146	122
50	158	141	145	130	198	175	175	154	209	179	173	144
70	200	179	183	164	253	222	221	194	269	229	213	178
95	241	216	220	197	306	269	265	233	328	278	252	211
120	278	249	253	227	354	312	305	268	382	322	287	240
150	318	285	290	259	–	–	–	–	441	371	324	271
185	362	324	329	295	–	–	–	–	506	424	363	304

구리 도체의 공칭 단면적 [mm²]	공사방법, 도체수와 배치						
	다심 케이블		단심 케이블				
	E(기중)	E(기중)	F(기중)	F(기중)	F(기중)	G(기중개방)	G(기중개방)
	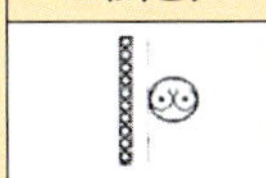	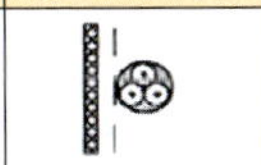	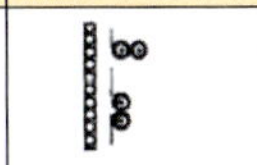	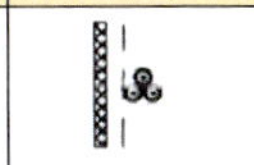		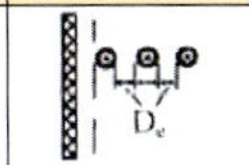	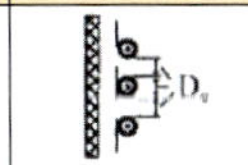
	단상	3상	단상밀착	3상개연형상	3상밀착	3상수평이격	3상수직이격
1.5	26	23	–	–	–	–	–
2.5	36	32	–	–	–	–	–
4	49	42	–	–	–	–	–
6	63	54	–	–	–	–	–
10	86	75	–	–	–	–	–
16	115	100	–	–	–	–	–
25	149	127	161	135	141	182	161
35	185	158	200	169	176	226	201
50	225	192	242	207	216	275	246
70	289	246	310	268	279	353	318
95	352	298	377	328	342	430	389
120	410	346	437	383	400	500	454

표 2.4 IV • VV • CVV(0.6/1[kV]) 허용전류

【도체허용온도 : 70[℃], 주위온도(기중 : 30[℃], 지중 : 20[℃]), 단위 : [A]】

구리 도체의 공칭 단면적 [mm²]	공사 방법											
	A1 단열벽안 전선관의 절연전선		A2 단열벽안 전선관의 다심케이블		B1 석재벽면/안 전선관의 절연전선		B2 석재벽면/안 전선관의 다심케이블		C 벽면에 공사한 단심/다심케이블		D 지중덕트안의 단심/다심케이블	
	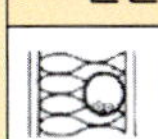		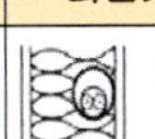	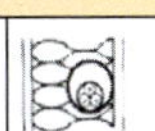								
	단상	3상	단상	3상	단상	3상	단상	3상	단상	3상	단상	3상
1.5	14.5	13.5	14	13	17.5	15.5	16.5	15	19.5	17.5	22	18
2.5	19.5	18	18.5	17.5	24	21	23	20	27	24	29	24
4	26	24	25	23	32	28	30	27	36	32	38	31
6	34	31	32	29	41	36	38	34	46	41	47	39
10	46	42	43	39	57	50	52	46	63	57	63	52
16	61	56	57	52	76	68	69	62	85	76	81	67
25	80	73	75	68	101	89	90	80	112	96	104	86
35	99	89	92	83	125	110	111	99	138	119	125	103
50	119	108	110	99	151	134	133	118	168	144	148	122
70	151	136	139	125	192	171	168	149	213	184	183	151
95	182	164	167	150	232	207	201	179	258	223	216	179
120	210	188	192	172	269	239	232	206	299	259	246	203

구리 도체의 공칭 단면적 [mm²]	공사방법, 도체수와 배치						
	다심 케이블		단심 케이블				
	E(기중)	E(기중)	F(기중)	F(기중)	F(기중)	G(기중개방)	G(기중개방)
					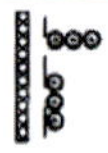	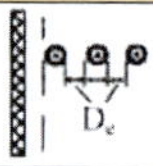	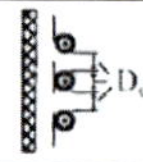
	단상	3상	단상밀착	3상개연형상	3상밀착	3상수평이격	3상수직이격
1.5	22	18.5	–	–	–	–	–
2.5	30	25	–	–	–	–	–
4	40	34	–	–	–	–	–
6	51	43	–	–	–	–	–
10	70	60	–	–	–	–	–
16	94	80	–	–	–	–	–
25	119	101	131	110	114	146	130
35	148	126	162	137	143	181	162
50	180	153	196	167	174	219	197
70	232	196	251	216	225	281	254
95	282	238	304	264	275	341	311
120	328	276	352	308	321	396	362

(3) IV 전선 허용전류표

표 2.5 매입공사시 허용전류표

구분 규격 [mm²]	KS C IEC 60364-5-52 : 2004 기준							
	표 A. 52-2(52-C1)				표 A. 52-4(52-C3)			
	공사방법 A1(2본)-단상				A1(3본)-삼상			
	주위온도 도체온도: 70[°C],주위온도: 30[°C]				도체온도: 70[°C], 주위온도: 30[°C]			
회로수 (보정계수)	1회로	2회로 (×0.8)	3회로 (×0.7)	4회로 (×0.65)	1회로	2회로 (×0.8)	3회로 (×0.7)	4회로 (×0.65)
1.5	14.5	11.6	10.2	9.4	13.5	10.8	9.5	8.8
2.5	19.5	15.6	13.7	12.7	18.0	14.4	12.6	11.7
4	26.0	20.8	18.2	16.9	24.0	19.2	16.8	15.6
6	34.0	27.2	23.8	22.1	31.0	24.8	21.7	20.2
10	46.0	36.8	32.2	29.9	42.0	33.6	29.4	27.3
16	61.0	48.8	42.7	39.7	56.0	44.8	39.2	36.4
25	80.0	64.0	56.0	52.0	73.0	58.4	51.1	47.5
35	99.0	79.2	69.3	64.4	89.0	71.2	62.3	57.9
50	119.0	95.2	83.3	77.4	108.0	86.4	75.6	70.2
70	151.0	120.8	105.7	98.2	136.0	108.8	95.2	88.4

5. 케이블 피복 벗기기

(1) 평형 케이블

보호 피복을 벗기는 길이와 심선의 피복 벗기는 길이는 케이블의 규격과 사용 목적에 따라 다르다.

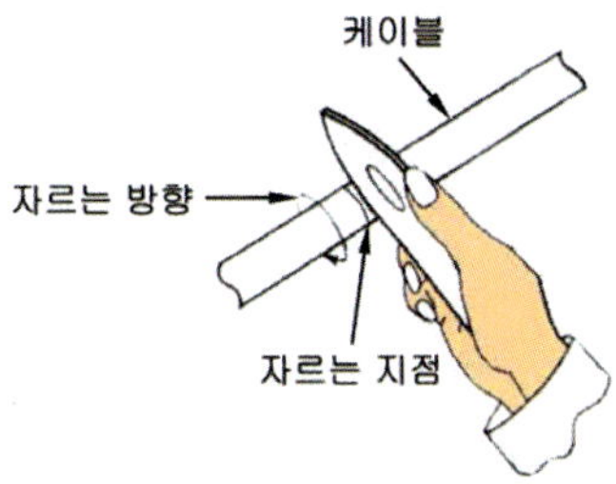

그림 2-13 피복을 자르는 방법

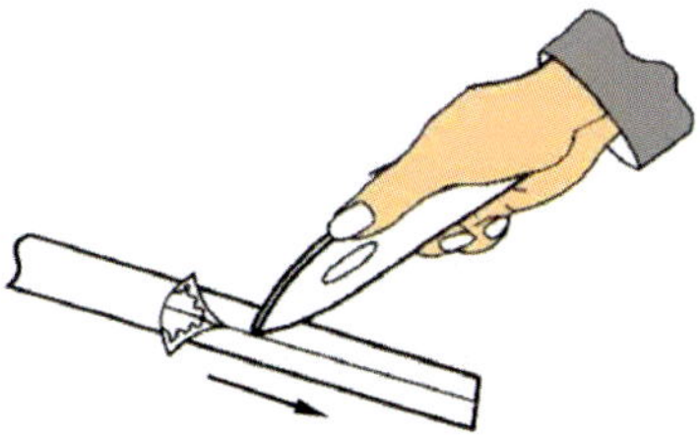

그림 2-14 피복을 길이로 자르는 방법

① 그림 2-13과 같이 칼날을 벗기고자 하는 보호 피복의 위치에 대고 한 바퀴 돌려 자른다(이때 심선의 절연피복이 잘리지 않게 주의한다). 따라서 가능하면 보호 피복 두께의 2/3 정도만 자르는 것이 바람직하다.

② 그림 2-14와 같이 칼날 끝을 케이블의 중심선에 대고 벗기고자 하는 방향으로 칼날을 밀면서 중심선을 자른다(이때 심선 피복에 금이 가지 않게 한다).

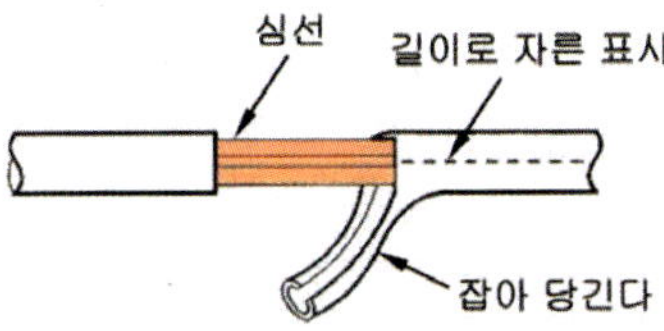

그림 2-15 피복을 잡아당기는 방법

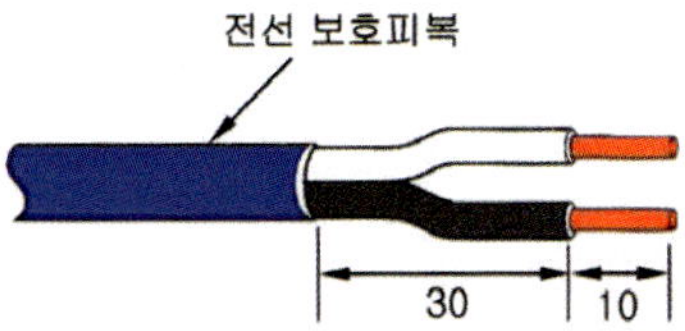

그림 2-16 평형 케이블 완성품 예시

③ 그림 2-15와 같이 케이블의 보호 피복을 벗긴 후 심선 피복은 뺀치나 롱오우즈 플라이어로 그림과 같이 잡아당긴다.

④ 그림 2-16 그림과 같게 만든다.

(2) 비닐 캡타이어 케이블

대부분 사용하는 둥근형 케이블은 주로 비닐 캡타이어 케이블이다. 비닐 캡타이어 케이블은 개재물이 있는 것과 없는 것이 있으며, 개재물이 있는 경우는 개재물 처리를 하여야 한다. 외피와 심선의 피복 벗기는 방법은 평형 케이블과 같다.

① 그림 2-17과 같이 케이블을 약간 구부리면서 주위를 자른다. 그리고 평형 케이블 외피 벗기는 방법과 같이 칼날 끝을 외피에 대고 길이로 밀면서 자른 후 벗긴다.

② 그림 2-18과 같이 개재물은 외피 자른 점에서 3~5[mm]정도 길이로 자르고 외피 안으로 밀어 넣은 다음 절연 테이프로 팽팽하게 잡아당기면서 마감 처리한다.

③ 그림 2-19와 같게 만든다.

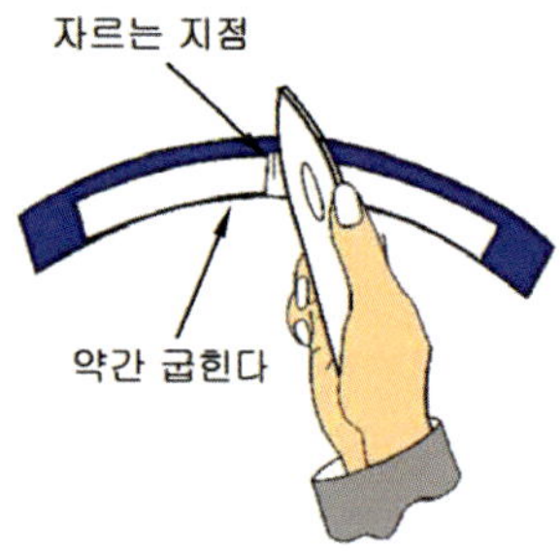

그림 2-17 외피 자르는 방법

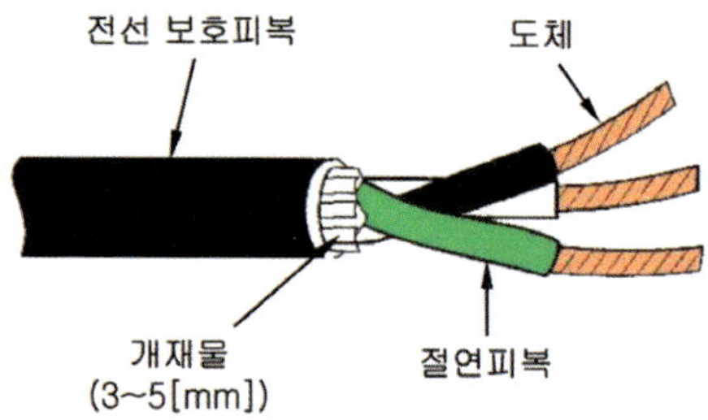

그림 2-18 개재물 처리 방법

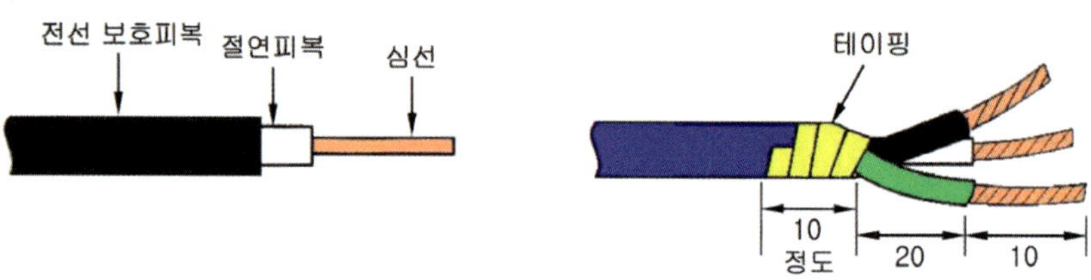

그림 2-19 비닐 캡타이어 케이블 완성품 예시

6. 절연 테이프 테이핑 방법

(1) 테이핑

1) 직선 접속의 테이핑

직선 접속의 테이핑 방법은 그림 2-20과 같이 반폭씩 겹쳐 팽팽하게 잡아당기면서 1차 감고, 다시 반대방향으로 감는다. 이 때 피복이 있는 부분쪽으로 10[mm]이상 감아 주어야 한다.

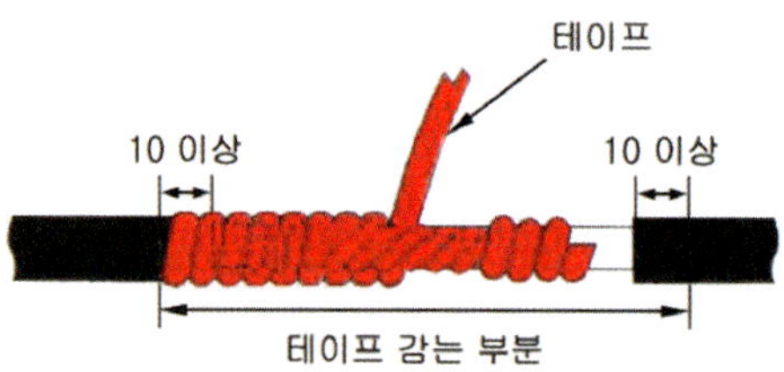

그림 2-20 직선 접속의 절연 테이핑 방법

2) 쥐꼬리 접속의 테이핑

① 그림 2-21 (a)와 같이 피복이 있는 부분쪽으로 10[mm]이상 안쪽에서부터 반폭씩 겹쳐 팽팽하게 잡아당기면서 감고 끝부분에서 10[mm]정도 반대 방향으로 구부린다.

② 그림 2-21 (b)와 같은 테이핑 방법으로 처음 감기 시작한 곳까지 감고 테이프를 끊는다.

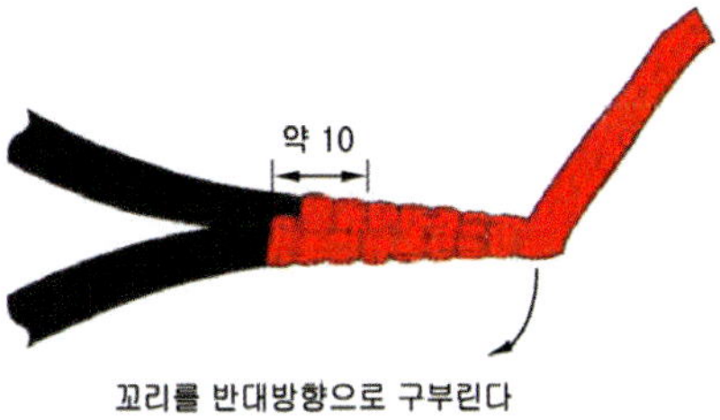

(a) 쥐꼬리 접속 절연 테이핑 순서(1)

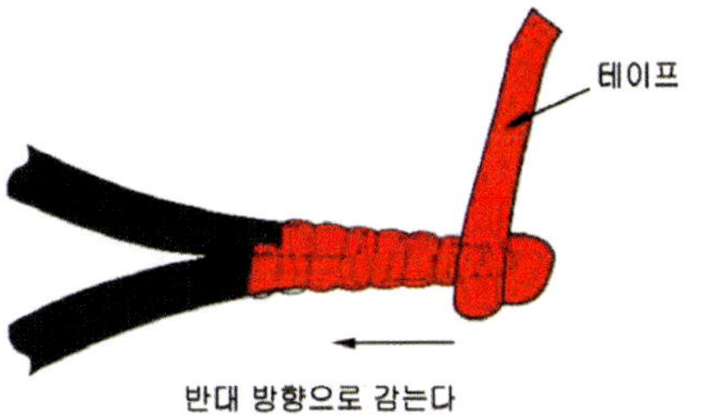

(b) 쥐꼬리 접속 절연 테이핑 순서(2)

그림 2-21 쥐꼬리 접속 절연 테이핑 방법

표 2.6 절연 테이프의 표준 감는 횟수

전선의 굵기	감는 횟수(두께 0.2[mm]인 경우)
4[mm²]이하	2회 이상(4층)
6[mm²]이하	3회 이상(6층)
10[mm²]이하	4회 이상(8층)

㊟ 전선이 굵으면 피복이 두꺼워 많은 횟수를 감게 된다.

(2) 테이핑 시 주의 사항

① 테이프 감기는 반폭씩 겹쳐서 감는다.

② 테이프는 팽팽하게 잡아당기면서 감는다. 이유는 전선에 밀착되고 잘 벗겨지지 않는다.

2.2 배선 기본

1. 박스의 종류

(1) 콘트롤 박스(control box)

그림 2-22 콘트롤 박스의 종류

콘트롤 박스는 플라스틱(PC/ABS재질) 박스와 철재 박스로 나눌 수 있으며, ABS 플라스틱 박스인 경우 가공이 쉽다. 따라서 대부분의 현장에서는 ABS 플라스틱 박스를 많이 사용하고 있다. 푸시버튼 스위치와 표시등을 조립하도록 제작된 박스로서 특별히 지정하지 않는 한 세로로 고정하며, 몸체에 있는 접지단자(구멍)가 아래쪽 우측 아래를 향하게 한다.

(2) 풀 박스(Pull box)

공장, 빌딩의 전기실에서 전선이 집중적으로 배선되는 경우 많은 양의 배관이 집중되므로 관의 상호 연결과 전선의 인입 • 인출을 원활하게하기 위하여 사용하는 박스이다. 대부분의 현장에서는 ABS 플라스틱 박스를 많이 사용하고 있다.

그림 2-23 풀 박스의 종류

2. 제어함의 기구조립

(1) 제어함(Control circuit panel)의 조립

제어함에는 전자 접촉기, 열동 계전기, 보조 계전기, 타이머, 플러그 퓨즈홀더, 단자대, 케이블 덕트를 조립판에 조립하고, 도어에는 표시등과 푸시버튼, 버저, 조작스위치, 지시계기들을 조립한다.

그림 2-24 찬넬의 실물

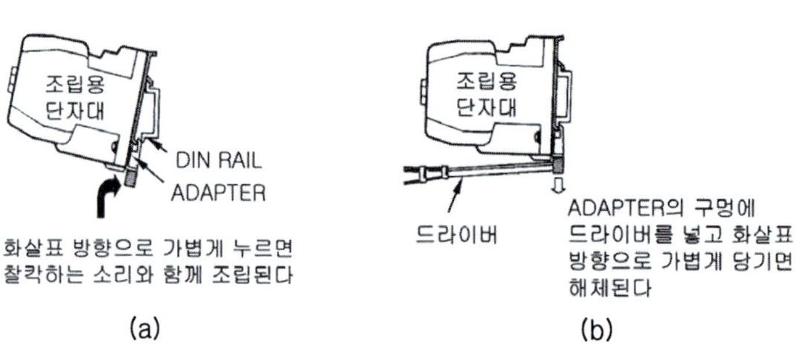

그림 2-25 찬넬과 기구 조립

도면에 각 기구의 위치가 구체적으로 지정되어 있지 않은 때에는 기본 치수와 기구의 위치에 따라 배선에 지장이 없고, 기구 상호간의 공간적 조화를 이루도록 적정한 위치를 정하여 고정한다.

제어함에 제어기구와 조립용 단자대를 조립할 때 **찬넬(DIN RAIL)**을 사용하면 '원터치' 방식에 의한 조립이 가능하므로 매우 간편하게 조립할 수 있다. 최근에 생산되는 전자 접촉기, 전자 개폐기와 보조 계전기의 소켓(베이스)은 찬넬에 조립할 수 있는 구조로 만들어져 있다.

1) 기구 조립판(속판)에 기구 조립

조립판은 외함의 바닥면 크기보다 가로×세로가 각각 15~20[mm]정도 작다. 그리고 4개 모서리에는 외함과 조립하는 볼트 구멍이 있다. 따라서 기구와 케이블 덕트를 배치하고, 조립할 때에는 외함과의 적절한 공간을 유지하도록 고려하여야 한다. 조립판에 기구를 조립하는 요령은 아래와 같다.

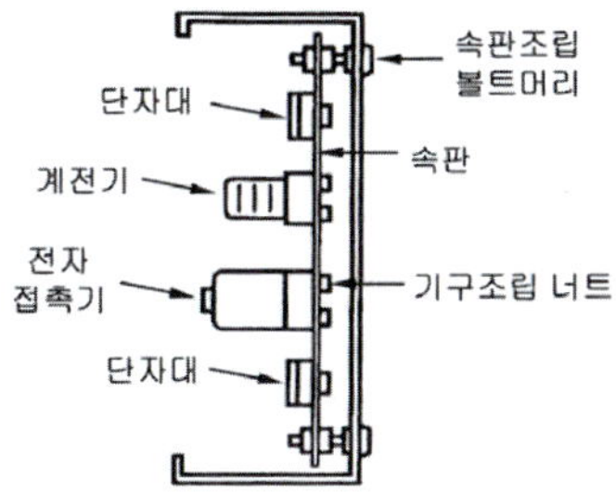

그림 2-26 기구 조립 단면도

(a) 전자 접촉기

(b) 열동 계전기

(c) 릴레이(8pin)

(d) 릴레이(11pin)

그림 2-27 기구(소자) 및 베이스

① **전자 접촉기와 열동형 계전기** : 전자 개폐기로서 열동형 계전기가 공장에서 조립되어 보급되는 것은 그 자체로 고정하면 되지만, 분리되어 있는 것은 열동형 계전기를 따로 배치 • 고정하거나 전자 접촉기 아래 부분에 조립하여 고정한다.

② **계전기 베이스(Relay socket)** : 각종 계전기의 베이스 중앙 부분에는 계전기가 잘못 조립되는 것을 방지하기 위하여 ♀모양의 구멍이 있다. 따라서 이 구멍의 뾰족한 곳이 아래쪽으로 향하게 한다.

그림 2-28 플러그 퓨즈홀더

(a) 고정식 (b) 조립식

그림 2-29 단자대

③ **플러그 퓨즈홀더(Plug fuse holder)** : 그림 2-28은 플러그 퓨즈홀더이며 전원 접속단자가 아래쪽에 부하측 접속단자(홀더나사와 연결된 단자)는 위쪽으로 오도록 연결한다.

④ **단자대(Terminal blocks)** : 그림 2-29는 단자대 종류이며, 고정형은 지정된 위치에 볼트를 사용하여 조립하면 된다. 그러나 조립형은 조립 레일에 조립하고, 양쪽 끝에 멈춤판을 조립하는 방법을 알아야 한다. 또한, 중성선 단자와 접지선 단자는 배선도에 지정되어 있는 위치에 조립하여야 한다.

⑤ **케이블 덕트(Cable duct)** : 그림 2-30은 합성수지 제품 및 알루미늄 덕트이며, 조립판에 고정할 때 바닥면을 일직선상으로 고정하면 좌우로 흔들리므로 지그재그 방식으로 고정하여야 한다.

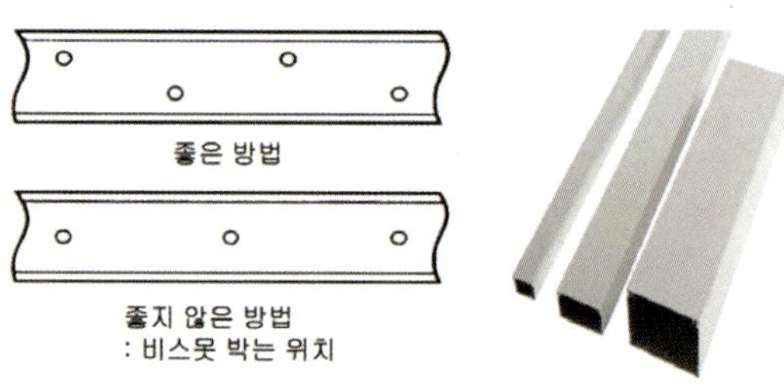

그림 2-30 케이블 덕트 고정방법

2) 표시등(Pilot lamp)과 푸시버튼(Push button)의 배치

도어에 조립하는 표시등과 푸시버튼의 배치는 통상적으로 그림 2-31과 같으며, 푸시버튼 박스에 조립하는 푸시버튼의 배치는 그림 2-32와 같다. 또한, 푸시버튼의 박스에 표시등을 조립할 때도 푸시버튼의 기능에 따른 순서대로 조립한다.

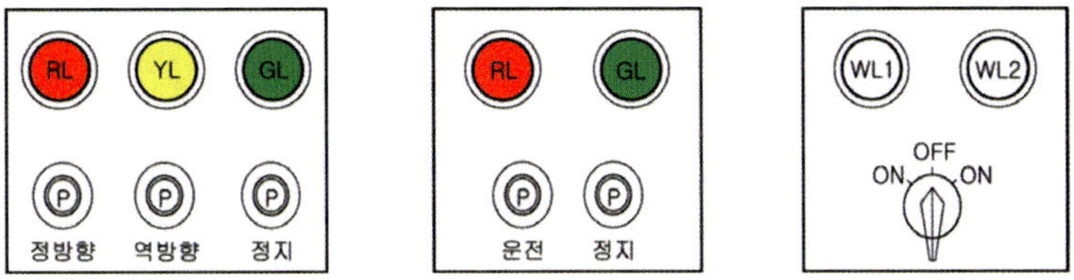

(a) (b) (c)

그림 2-31 표시등과 푸시버튼의 배치(가로 배치)

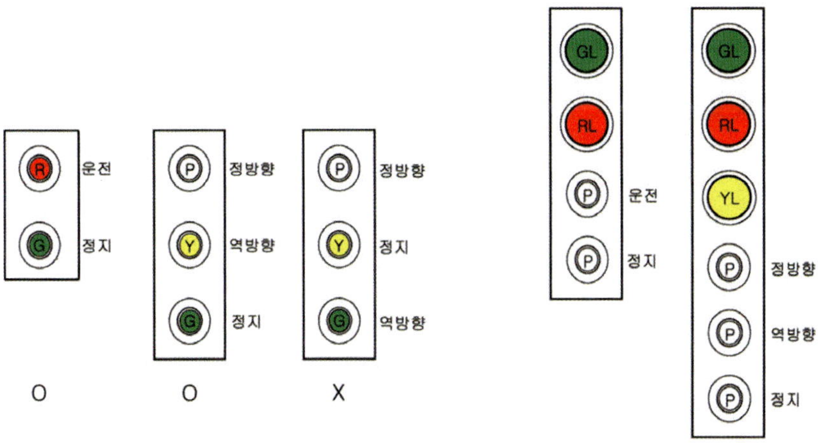

(a) 푸시버튼 배치
(표시등의 배치도 이에 따른다)

(b) 표시등과 푸시버튼의 배치

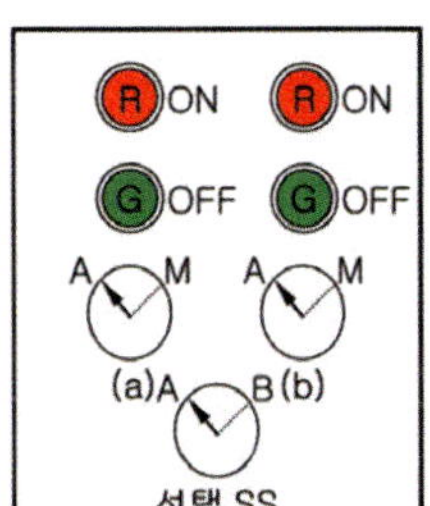

(c) 램프내장 푸시버튼 배치

그림 2-32 표시등과 푸시버튼의 배(세로 배치)

3) 표시등과 푸시버튼의 조립

철판 조립용 표시등과 푸시버튼의 조립 부분의 크기는 25[mm]와 30[mm]의 것이 있다. 도어에 조립하는 경우 철판에 조립 구멍을 뚫어야 한다. 구멍 뚫기는 홀소우 또는 녹아웃 펀치를 사용하며 기구를 조립할 때는 패킹(Packing)을 사용한다.

그림 2-33은 패킹 사용법을 나타낸 것이다.

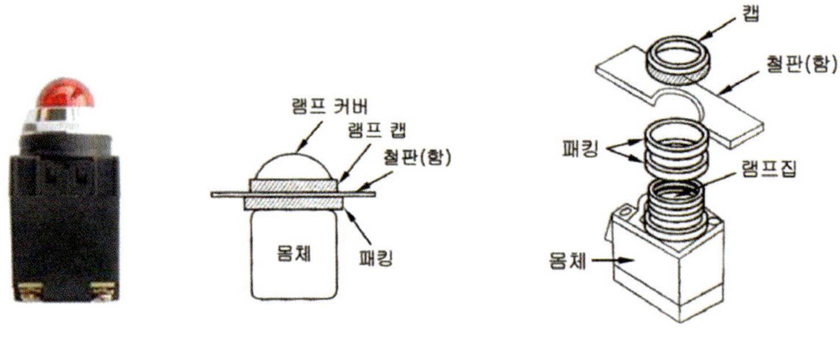

(a) 램프실물 (b) 패킹 1개 사용 (c) 패킹과 램프 커버의 해체된 상태

그림 2-33 패킹 사용법

■ 패킹을 사용하는 이유

(가) 패킹 재질의 탄력성으로 견고한 조립이 가능하다.

(나) 떨림 또는 흔들림으로 인하여 조임이 풀리는 것을 방지한다.

(다) 습기 또는 물기가 있는 장소에서는 방습기능을 하기 위함이다.

패킹 사용방법은 도어의 안쪽(내면)에 사용하고 밖(표면)에 사용해서는 안 된다. 일반적으로 표시등과 푸시버튼의 신품에는 패킹이 4~5개씩 끼워 있으나, 실제 도어나 박스 등에 조립할 때는 모두를 사용하지 않아도 된다. 패킹의 사용개수는 조립기구의 구조 또는 조립 대상 철판의 두께, 사용 장소의 조건에 따라 1~2개 이상을 사용하게 된다.

3. 기구 단자 접속

배선기구의 전선접속 단자는 대부분 기구에서 볼 수 있는 조임나사형과 꽂임접속형이 있다.

조임나사형은 기구의 용도와 형태에 따라 여러 모양으로 되어 있으며, 전선접속 형태로는 고리를 만들어 접속나사를 조여서 접속하는 것과 전선을 꽂고(Insert) 누름판을 조여서 접속하는 형태의 것이 있다.

(1) 연용접속

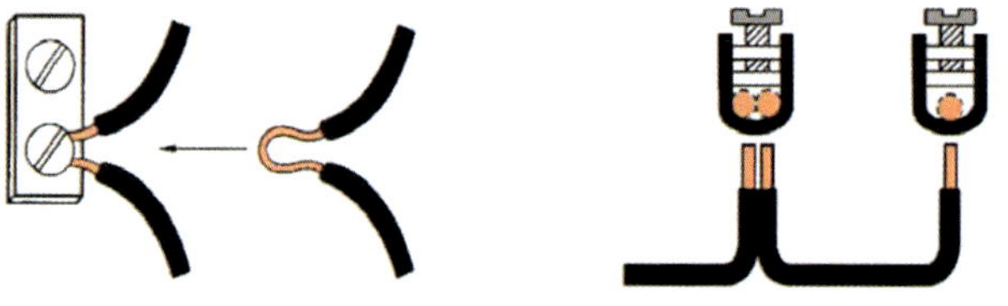

(a) 조입나사 단자 접속 (b) 삽입 단자 접속

그림 2-34 연용접속

그림 2-34는 분전함에서 배선용 차단기를 여러 개 조립하는 경우와 전자 개폐기를 2대 이상

나란히 조립하는 개소에서 전원측의 전선을 접속할 때 적용한다.

① 조임나사 단자에 접속할 때는 전선을 끊지 않고 접속하는 것이 바람직하지만 시공이 매우 불편하다.

② 삽입접속 단자에 접속할 때는 1개의 단자에 2가닥의 전선이 삽입되므로 확실한 접속이 되도록 주의하여야 한다.

(2) 조임나사 단자접속(Lug wiring)

1) 고리접속(Eyelet wiring)

단자 고리를 만들어 조임나사에 물리어 접속하는 방법으로 1.5~4[mm^2]의 단선 접속에 적합하다.

① 단선 고리접속

(a) 단선 고리

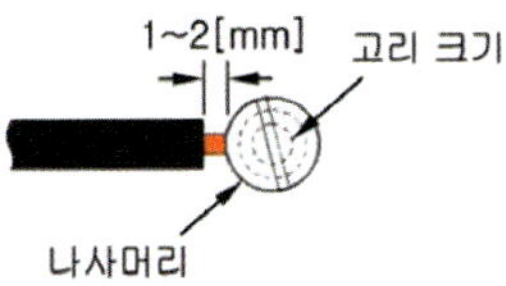

(b) 고리의 크기

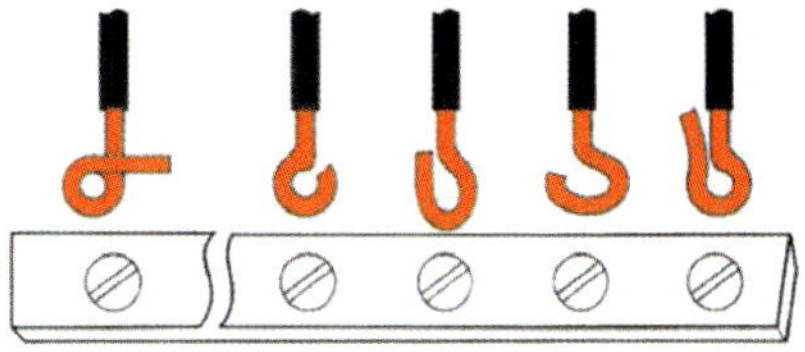

(c) 잘못된 고리

그림 2-35 단선 고리 예시

그림 1-35는 단자 고리 예시이며, 롱로우즈플라이어를 사용하여 대부분 20~25[mm] 되게 피복 벗긴 부분을 고리를 만든다. 롱로우즈플라이어로 동선 끝을 잡고 둥글게 구부리면서 크기를 조절한다.

② 연선 고리접속

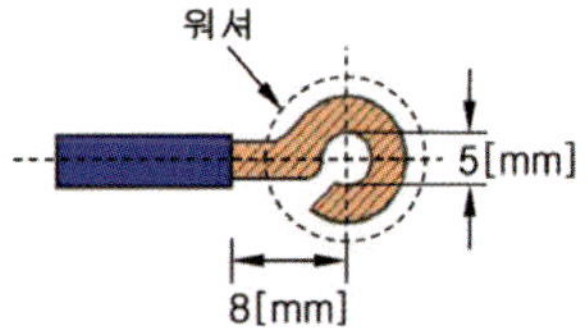

그림 2-36 연선 고리 만드는 방법

그림 2-36은 연선 고리 만드는 방법을 나타낸 것이다.

❶ 전선의 굵기에 따라서 필요한 길이로 전선 피복을 벗긴다.

❷ 소선이 흐트러지지 않게 2~3회 꼬아준다.

❸ 고리 만들기는 단선의 방법과 같으며, 고리를 크기에 맞추어 만든 후 남는 선을 자른다.

❹ 대부분 연선의 경우 압착단자 접속한다.

③ 코드선 고리접속

그림 2-37 코드선 예시

그림 2-37은 코드선 예시이다.

❶ 치수에 맞추어 피복을 벗기고, 소선을 2~3회 꼰다.

❷ 볼트 크기에 맞게 고리를 만든 다음 소선의 끝은 2~3회 감는다.

❸ 소선의 굵기가 매우 가늘어서 피복 벗길 때 끊어지지 않게 주의한다.

④ 고리 접속 방법

❶ 조임나사에는 원칙적으로 1가닥의 전선을 물리어야 한다. 그러나 접속나사가 크고 전선이 가늘 때에는 2가닥을 물릴 수 있다.

❷ 코드를 접속하고자 할 때는 소선이 아주 가늘어서 소선을 꼬은 후에 고리를 만들어 접속하되 반드시 워셔를 사용하여야 한다. 그렇지 않으면 소선이 끊어질 우려가 있다.

❸ 연선을 고리로 만들어 접속할 때는 소선이 흐트러지지 않게 워셔를 사용하여야 한다. 워셔가 없을 때에는 세심한 주의가 필요하다.

❹ 연선을 고리로 만들어 접속하는데 접속이 불안정하다고 판단될 때는 소선을 반으로 나누어 접속나사의 양쪽으로 돌리어 접속할 수 있다. 이 방법은 좋은 방법이 아니므로 압착단자를 사용하여 접속하는 것이 좋다.

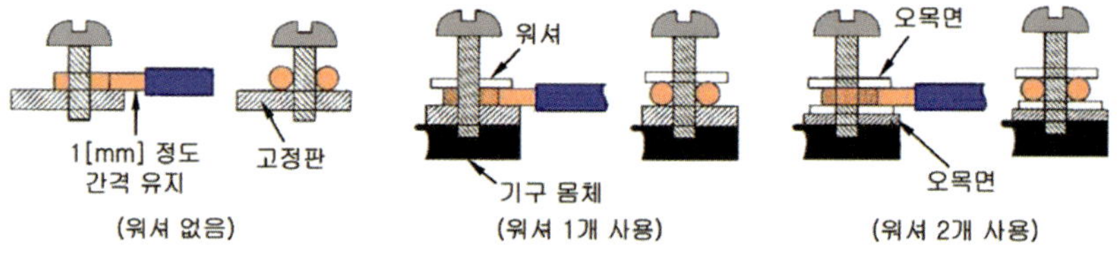

(a) 1선 접속 예

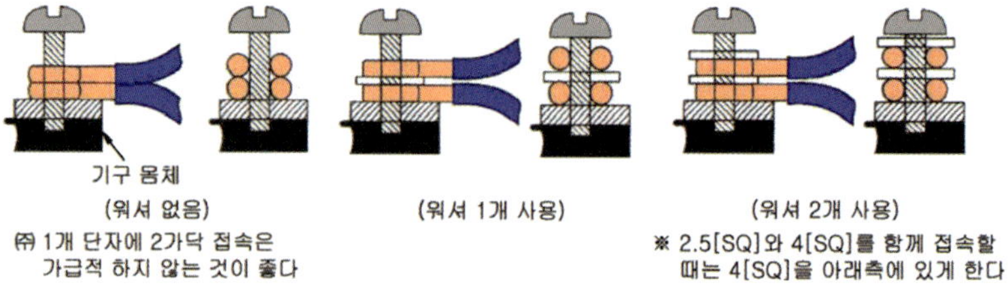

(b) 2선 접속 예시

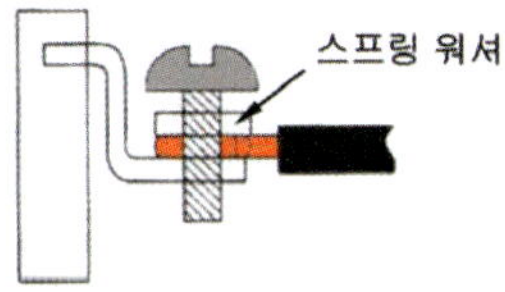

(c) 플러그 퓨즈홀더의 접속

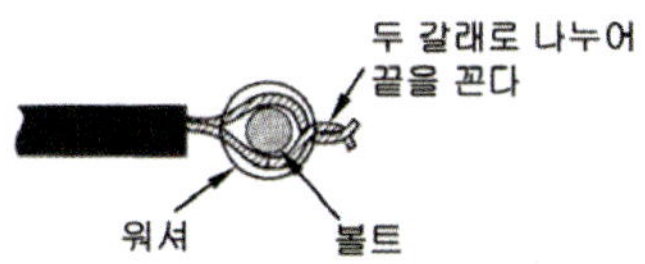

(d) 연선을 2갈래로 나누어 접속한 예시

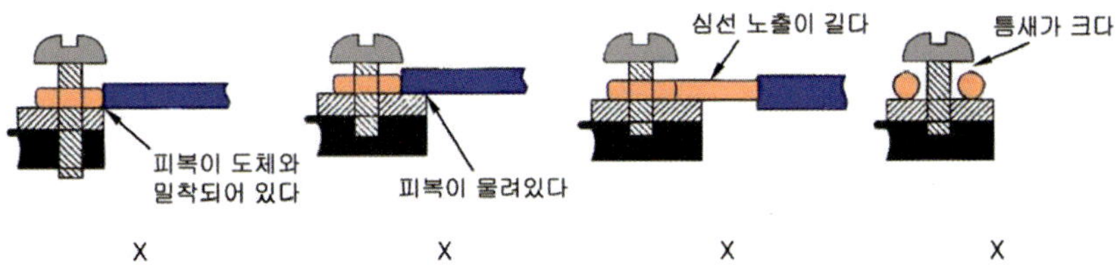

(e) 잘못된 접속 예시

그림 2-38 고리접속 방법

여기서 잠깐

워셔를 사용하는 것은 전선을 단자와 접속함에 있어 접속나사가 조여지면서 심선(소선)이 끊어지거나 손상이 가는 것을 방지하기 위함이다. 또한, 나사 조이는 방향으로 고리가 밀려나가는 것을 방지하기 위함이다. 와셔는 볼록한 면이 전선과 접하게 하고, 오목한 면이 볼트나 너트면에 접하게 한다.

2) 삽입접속(Insert wiring)

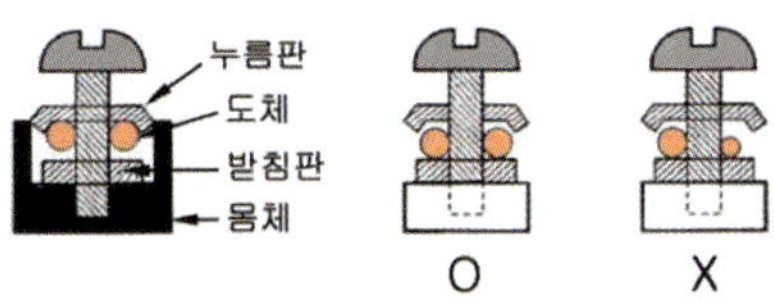

(a) 누름판이 있는 단자

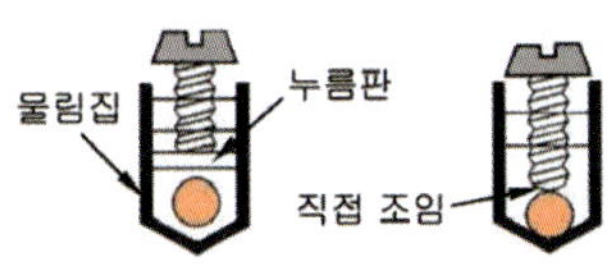

(b) 배선용 차단기 단자

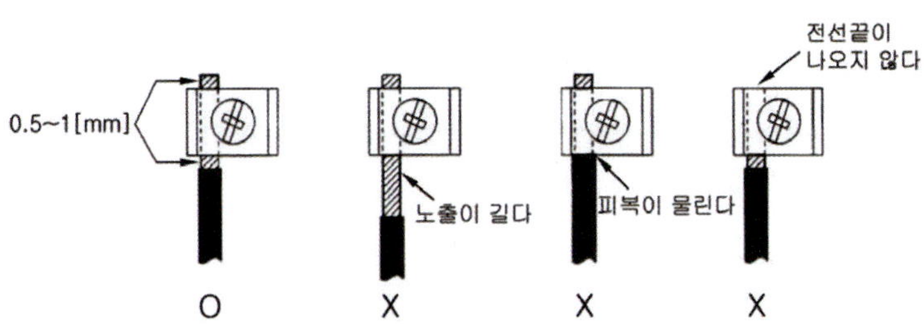

(c) 잘못된 접속 방법

그림 2-39 삽입접속 방법

그림 2-39와 같이 기구의 단자에 고정판(또는 전선 물림집)과 누름판이 있는 단자의 접속은 이들 판 사이에 전선을 넣고 조임나사를 조여서 접속하는 방법이다.

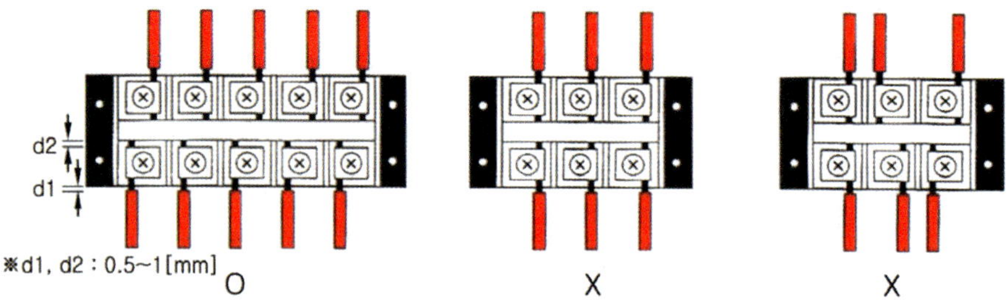

(a) 단자대 접속 예시

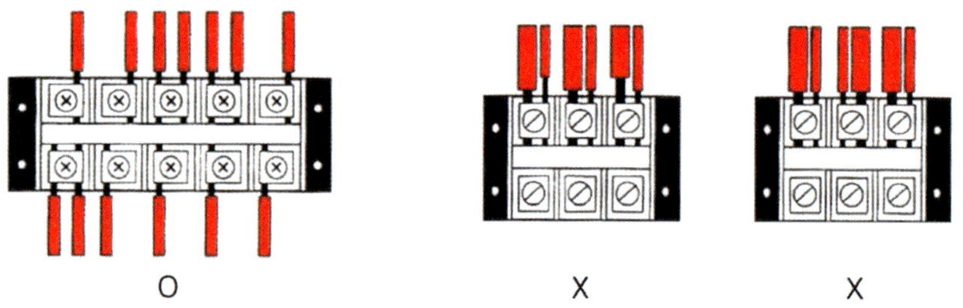

(b) 1개 단자에 2선 접속 예시

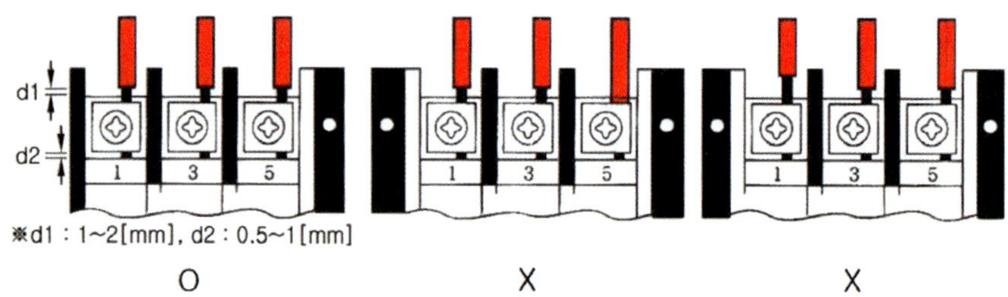

(c) 전자 접촉기의 접속 예시

그림 2-40 삽입접속의 예시

① 단선이나 연선 모두 쉽게 접속할 수 있으면 코드선은 납땜하여 접속하는 것이 바람직하다.

② 연선에 I형 압착단자를 사용하면 단선을 접속하는 것과 같다.

③ 단자대, 철판 조립용 표시등과 푸시버튼, 제어용 계전기 소켓의 단자접속은 삽입접속 방법에 의하여 연선을 접속하는 경우 압착단자를 사용하여 접속한다.

④ 접속할 때는 피복이 누름판에 물리지 않게 하고, 피복 벗긴 부분이 누름판 단면과 0.5~1[mm]정도 간격이 있게 한다. 이는 피복이 누름판에 물리지 않았음을 확인하는 이유이기도 하다. 또한, 동선의 끝은 누름판 밖으로 1[mm]정도 나오게 한다. 누름판과

동선의 접속이 충분하게 하기 위함이다.

⑤ 전선을 접속할 때는 조임나사의 좌측에 삽이하여야 하며, 이는 전선 끝이 나사 조이는 방향으로 힘을 받아 접속이 확실하게 되기 때문이다. 전선을 조임나사의 우측에 삽입하면 전선 끝부분이 누름판 밖으로 밀려 나와 접속이 불완전하게 될 수 있다.

⑥ 1개의 단자에 2가닥의 전선을 접속할 때는 같은 굵기의 전선(또는 크기가 약간 차이 있는 전선)을 조임나사 양쪽으로 삽입하여야 한다. 한쪽 전선이 다른쪽 전선보다 월등하게 굵으면 가는 쪽 전선이 접속되지 않는다.

⑦ 배선용 차단기와 같이 누름판이 없는 기구에서는 조임나사가 전선을 직접 눌러 접속하게 되므로 접속구의 크기에 맞는 동선을 사용하여야 한다. 동선의 굵기가 가는 때에는 끝을 굽히어 삽입하기도 한다.

3) 꽂임 단자접속(Lugless wiring)

조립형 단자대의 전선접속은 1.5[mm²] 또는 4[mm²] 단선을 기구의 접속단자 구멍에 직접 꽂아 접속하는 방법에 의한다.

연선을 접속하고자 할 때는 심선을 납땜하여 사용한다.

① 전선의 피복 벗기는 길이는 16[mm]정도이고, 8[mm]이하가 되면 접속이 안 된다. 최소 길이는 12[mm]이다.

② 접속시에는 접속 부분의 길이를 곧게 펴고, 피복이 꽂임 구멍 깊숙이 들어갈 때까지 힘을 주어 꽂아야 한다.

③ 조립식 단자대의 전선꽂임 구멍 옆에는 멈춤록이 있는데 이는 전선이 빠지지 않게 잡아주는 역할을 하고 있으며 전선을 뽑을 때는 이 멈춤록을 드라이버 등으로 눌러 주어야 한다. 꽂임 단자대에 있어서도 멈춤록이 있으므로 같은 방법으로 전선을 뽑는다.

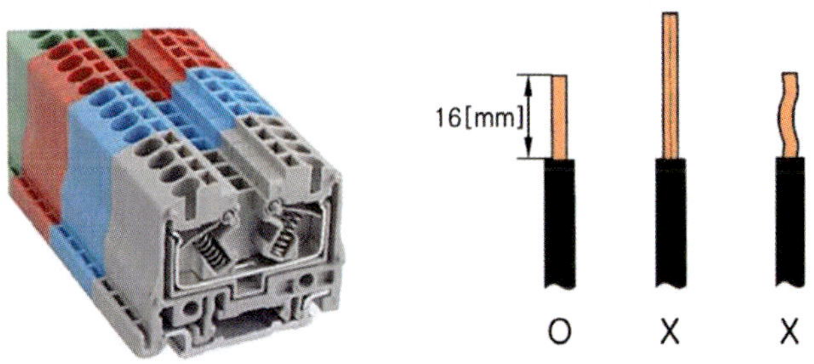

(a) 조립식 단자대 (b) 심선의 상태

그림 2-41 꽂임 단자 접속

(3) 압착 단자접속(Lug terminals wiring)

1) 압착 단자접속

그림 2-42는 O형, I형, Y형 압착단자 예시이다.

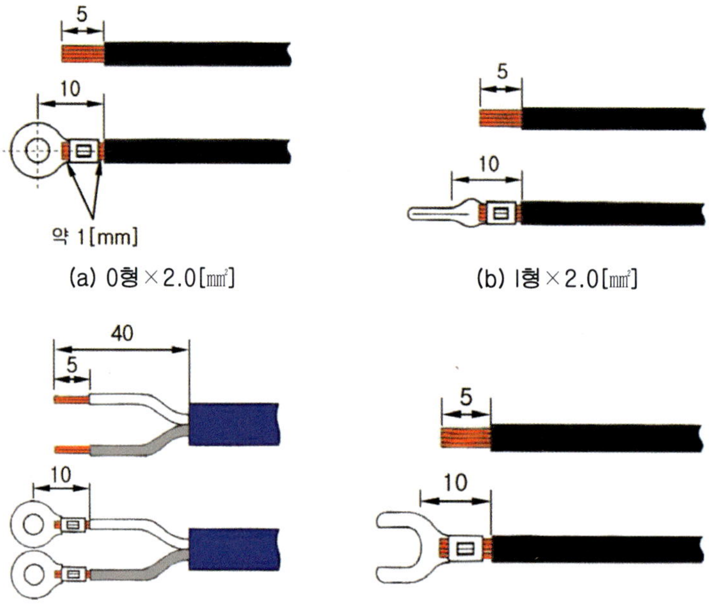

(a) 0형×2.0[㎟] (b) I형×2.0[㎟]

(c) 0형×(2C×3.5[㎟]) (d) Y형×3.5[㎟]

그림 2-42 압착단자 예시

❶ 그림 2-43 (a)와 같이 압착단자의 슬리브 길이보다 1~2[mm] 길게 전선의 피복을 벗긴다.

❷ 심선의 굵기에 맞는 압착단자를 선정하여 압착플라이어에 물린다.

❸ 심선을 압착단자 슬리브에 삽입하고, 압착플라이어을 힘껏 누른다. 1개의 슬리브에 2선을 물릴 수도 있다.

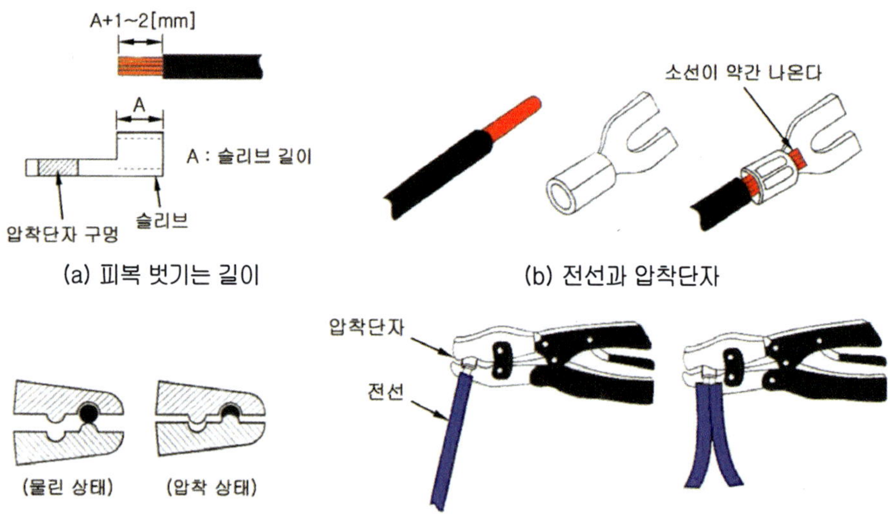

(a) 피복 벗기는 길이 (b) 전선과 압착단자

(c) 압착단자 물리기 (d) 압착단자 물리기

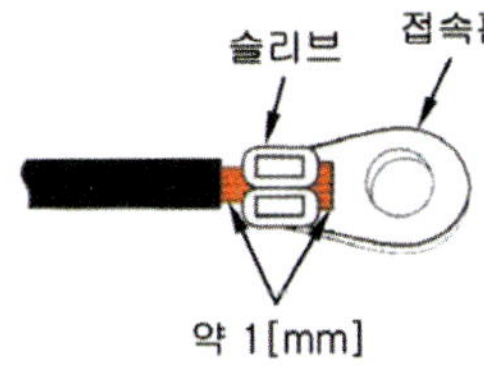

(e) 올바른 접속

그림 2-43 압착단자 접속 및 사용방법

【주의】

① 세심연선을 접속할 때 소선이 슬리브 밖으로 나오지 않게 한다.

② 압착플라이어를 힘껏 누르지 않으면 압착이 충분하지 못하여 손잡이가 펴지지 않는다.

【관련 지식】

(a) 좋은 접속 예시

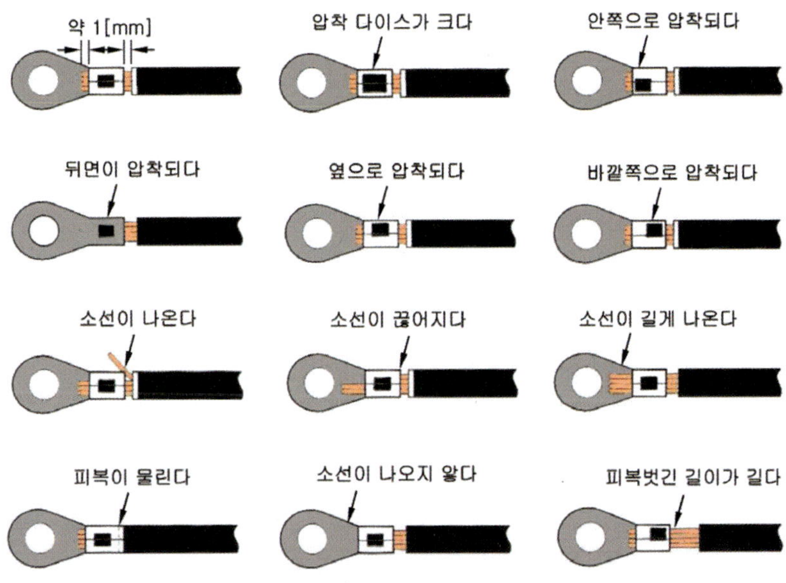

(b) 좋지 않는 접속 예시

그림 2-44 압착단자 접속 예시

① 압착단자의 슬리브와 피복 사이에 약간의 간격이 있게 한 것은 피복이 물리지 않게 하기 위함이며, 소선이 슬리브 밖으로 약간 나오게 하는 것은 전선이 압착단자와 충분히 접속되

도록 하기 위함이다.

② 압착플라이어로 슬리브를 누를 때 슬리브 중심선의 양측이 고르게, 그리고 슬리브 길이의 중간 부분을 압착하여야 한다.

③ 압착단자는 기구단자와 배선을 접속하는데 있어서 전선에 손상을 주지 않고 간편하게, 그리고 접속을 확실하게 하는데 사용되며, 연선을 효과적으로 접속할 수 있다.

④ 2가닥의 연선을 1개의 압착단자에 접속하고자 할 때는 피복 벗기는 길이도 1[mm]정도 더 길게 하고, 소선을 서로 약간 꼬아서 슬리브에 삽입하는 것이 바람직하다.

⑤ 압착단자 슬리브에는 피복이 입혀 있는 것이 있다(PG러그). 3상용 전자 개폐기에 접속할 때는 전선의 색상과 같은 색상의 압착단자를 선정하여 사용한다.

■ 압착단자

① 압착단자는 전선접속 부분인 '슬리브'와 단자접속 부분인 '접속판'으로 구분한다. 크기 호칭은 슬리브의 내경과 접속판 구멍의 내경으로 표시한다.

② 현장에서 사용되고 있는 일반적인 압착단자의 모양은 O형, Y형, ㄷ형, I형이 있다.

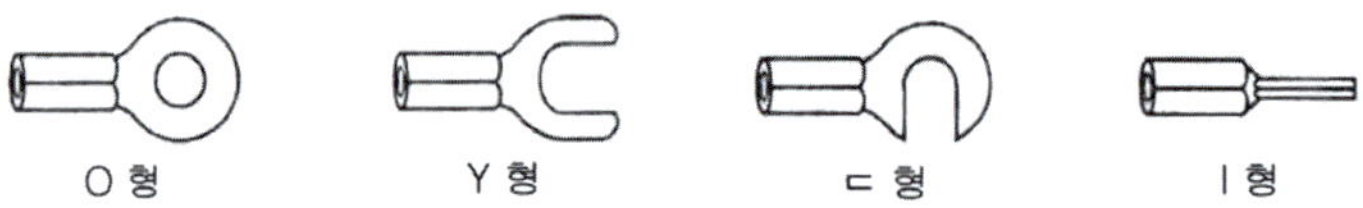

그림 2-45 압착단자 모양

③ 압착단자는 슬리브에 절연이 되어 있는 것과 그렇지 않은 것이 있다. 절연피복이 있는 것은 접촉사고를 방지하는데 효과적이다(PG러그).

④ 절연피복이 있는 압착단자를 사용하는 경우 전선이 슬리브 피복 안으로 들어가게 되므로 전선 피복이 압착단자 슬리브에까지 들어가지 않게 주의한다.

2) 압착단자를 이용한 전선접속

그림 2-46은 압착단자 전선접속이며, 전선 끝에 압착단자를 물리어 접속하는 방법으로서 연선을 기구단자와 접속하는데 널리 사용하고 있다. 압착단자와 전선의 접속방법에서 설명한 바와 같이 전선접속이 확실한 것이 특징이다.

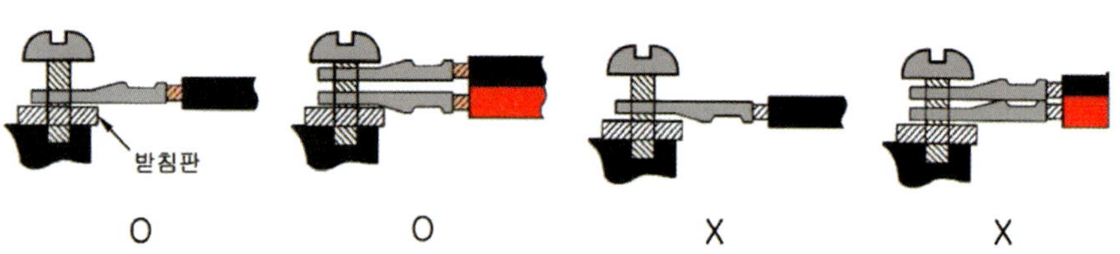

그림 2-46 압착단자 전선접속

4. 배선 요령

(1) 전선 색상별(Color code)배선

1) 색상을 구분하여 배선하는 이유

① 접지선과 중성선을 전압선과 쉽게 구분할 수 있다.

② 전원측의 상(pahse)과 극성(pole)을 부하측에서 쉽게 파악할 수 있다. 그러므로 3상 4선식 배선계통에서 부하분담을 확실하게 할 수 있다.

③ 3상 회로에서 분기 배선하는 경우 같은 색상끼리 접속함으로서 계통파악이 용이하다.

④ 전기사용 장소에서 점검, 보수, 고장개소 찾기가 용이하다.

2) 규정에서 정하고 있는 배선의 색상 표시

① 3상 3선식 배전선로의 색상

㉮ R상 : 흑색(B) ㉯ S상 : 적색(R) ㉰ T상 : 청색(BL)

② 접지선과 중성선의 색상

㉮ 접지선(E) : 녹색(G) 또는 황록 얼룩무늬색(G/Y)

㉯ 중성선(N) : 백색(W), 회색(Gy)

3) 단상회로의 색상표시는 규정에서 정하고 있지 않으나 전압선(L)과 중성선(N, 접지측선)의 색상을 구분하여 배선하여야 한다. 즉, 전압선은 흑색, 적색, 청색 전선 중 하나, 중성선은 백색 전선을 사용하면 된다.

4) 제어회로의 배선은 단일색의 전선을 사용하며(황색, 백색, 적색 등) 계통별로 색상을 달리하여 배선할 수 있다.

5) 본선에서 분기하는 분기선의 색상은 본선의 색상과 같이 한다.

6) 3상 유도전동기를 정 • 역회전시키는 배선계통에 있어서 전자 개폐기 2대를 사용하는 경우 역회전용 전자 개폐기의 2차측 배선 중 2선은 본선의 색상과 일치시킬 수 없다.

7) 2-3-4-5심 등 다심케이블의 심선 색상은 접지선의 색상을 제외하고는 제조자가 임의로 색상을 정하고 있으므로 3상 3선식 배전선로의 지정된 색상대로 배선할 수 없는 경우가 있다. 그러므로 전선과 케이블을 접속하여 배선계통을 이루는 경우 전선의 색상별 배선기준에 따라 배선하되 색상이 맞지 않는 대는 유사한 색상끼리 접속토록 한다.

여기서 잠깐

외국의 전선 색별표시는 우리나라에서 적용하는 색상과 다르며, 접지선은 황록색의 것으로 지정하고 있다.

(2) 배선기구의 배선접속

① 리드선의 접속되어 있는 기구도 전압선과 중성선을 구분하여 접속하는 것이 바람직하다.

② 3상 부하의 단자는 상순표시(U, V, W)가 되어 있으나 전원측의 상순(R, S, T)과 일치하는 것은 아니다(3상 유도전동기 정 • 역회전인 경우).

5. 제어함 전선정리

(1) 일반 사항

1) 전선묶기

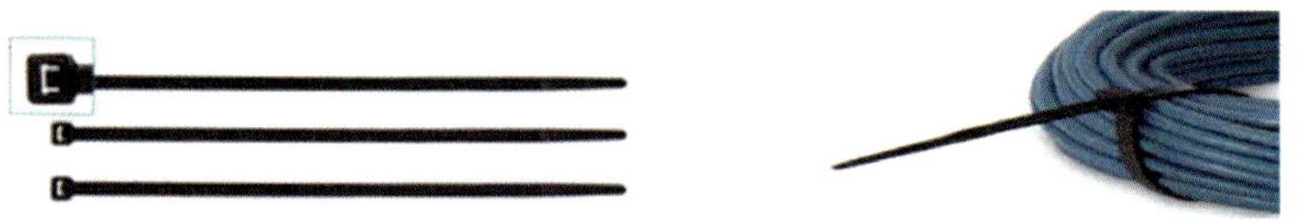

(a) 길이와 폭으로 규격을 정한다. (b) 깔끔한 면이 안쪽으로 간다.

그림 2-47 케이블 타이와 묶기

① 제어함 등과 같이 박스 안에서 여러 가닥의 전선이 배선되는 장소에서는 전선의 흐트러지는 것과 늘어지는 것을 방지하기 위하여 적당한 간격으로 모두 묶어준다(속배선인 경우).

② 전선묶음에는 케이블 타이를 사용한다.

③ 케이블 타이로 묶을 때는 케이블 타이의 꼬리를 일정한 방향에서 넣어주어 묶은 머리가 일정한 모양새로 되게 한다.

④ 묶음매듭(케이블 타이 머리)은 묶음다발(속배선)의 한 면에 일렬로 배열되게 한다.

그림 2-48 묶음매듭의 배열

2) 묶어주는 개소

① 묶음 다발이 길게 직선으로 배선되는 경우 일정한 간격(약 100[mm])으로 묶어준다.

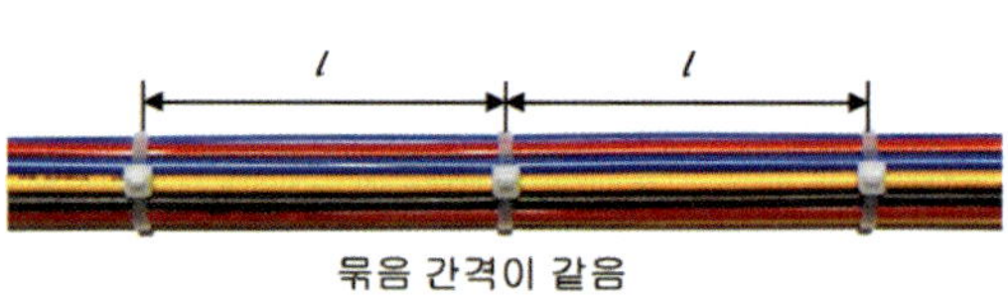

그림 2-49 직선 배선의 묶기

② 직각으로 구부리는 지점은 굽힘점에서 양쪽으로 같은 거리의 직선배선 개소를 묶어준다.

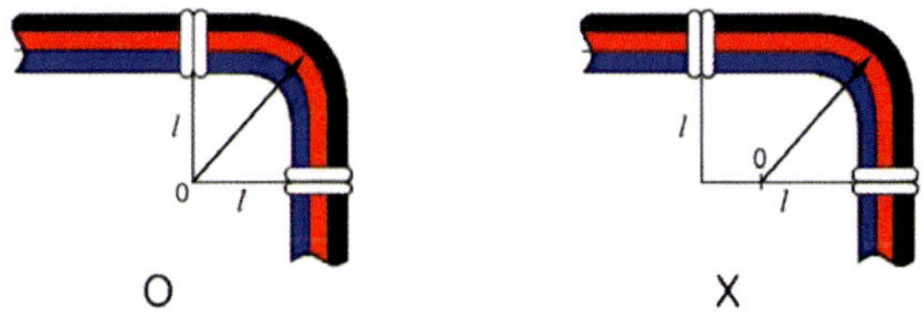

그림 2-50 L형 굽힘 개소의 묶기

③ 표시등, 푸시버튼, 단자대 등이 인입 • 인출되는 선은 여러 가닥의 선이 모여지므로 선이 늘어지지 않도록 적절한 개소를 묶어준다.

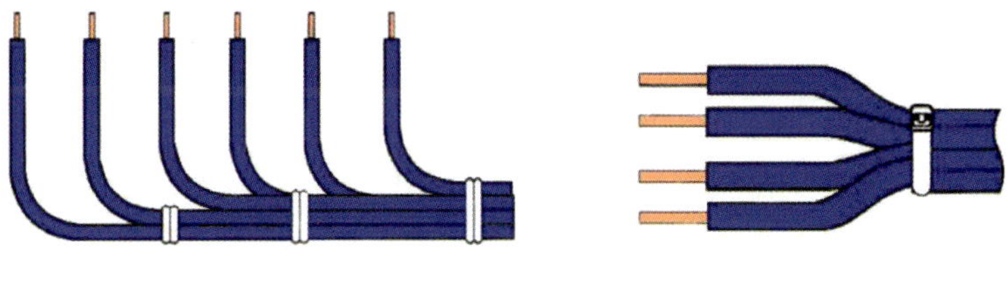

그림 2-51 기구와 접속되는 곳의 묶기

3) 선의 배열

① 가는 전선(예 1.25[mm²]이하)이 여러 가닥으로 배선되는 곳에 속배선으로 묶어줄 때는 전선이 서로 엉키지 않고 엇갈리지 않게 한다.

그림 2-52 속배선의 배열

② 2~5가닥의 전선을 묶어줄 때는 안정감을 가지도록 그림 2-53과 같이 배열하고 묶어준다.

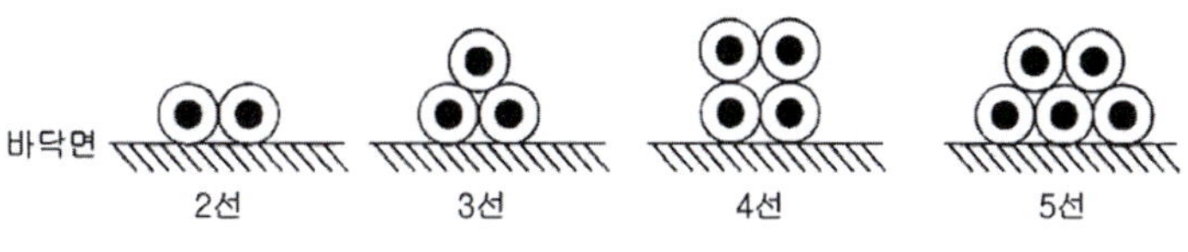

그림 2-53 전선의 배열 단면

③ 제어함의 배선에 있어서 주회로선과 제어회로선을 함께 배선할 때는 주회로선이 아래쪽에, 제어회로선이 주회로선의 위에 배열되도록 한다. 이는 계통의 점검이나 기구의

교체와 재배선을 하는 경우가 주회로보다 제어회로가 많기 때문이다.

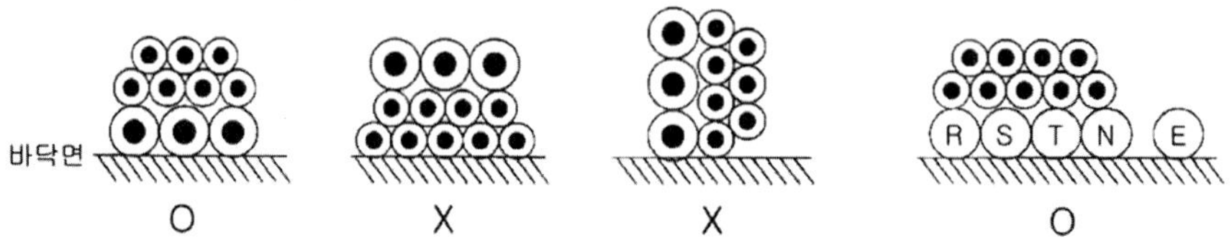

그림 2-54 주회로와 제어회로선의 배열

④ 주회로의 중성선은 전압측선과 함께 묶어주지만 접지선은 함께 묶어주면 안 된다. 다만, 케이블 덕트에 배선할 때는 접지선이 덕트의 바닥에 있게 배선한다.

(2) 푸시버튼 박스의 배선(표시등 배선에도 적용)

① 3구와 4구의 것은 박스 커버의 길이가 기구단자 접속하는 곳이 많으므로 접속 작업량도 많다. 또한, 전선이 위에서 인입되는 경우와 아래에서 인입되는 경우 인출선의 길이가 다르게 되고 박스 안에서의 처리도 다르게 된다.

② 푸시버튼 단자에 접속하는 작업위치는 박스의 아랫부분이 적합하므로 위에서 인입되는 경우는 250~300[mm]정도, 아래에서 인입되는 경우는 150~200[mm]정도의 길이가 필요하다.

③ 작업조건에 따라 위에서 인입되는 경우 작업위치가 위쪽이 될 수도 있다.

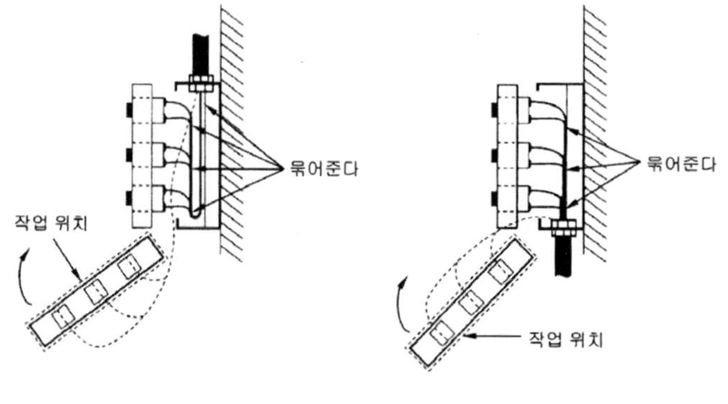

(a) 위에서 인입한 경우　　　(b) 아래에서 인입한 경우

그림 2-55 푸시버튼 박스 전선정리

(3) 제어함의 배선

제어함의 배선방법은 속배선과 덕트배선 방법에 의한다. 속배선 방법은 숙련을 요하며, 전선 가닥수가 많으므로 배선작업이 쉽지가 않고 작업 시간도 많이 걸린다. 제어함 내의 배선은 대부분 제어회로 배선이므로 덕트배선 방식이 적합하다.

그림 2-56 속배선의 전선정리(도어쪽 뒤면)

1) 속배선

① 기구와 접속되는 배선은 급하게 굽혀서는 안 된다.

② 주회로를 먼저 배선하고, 제어회로를 나중에 배선한다.

③ 배선은 서로 엇갈리거나 엉키지 않게 하고, 함 내에서 흐트러지지 않게 하기 위하여 케이블 타이로 묶어준다.

④ 주회로선과 제어회로선은 따로따로 묶어주어야 한다. 원칙적으로 제어함 내에서 주회로와 제어회로는 함께 묶어서는 안 된다.

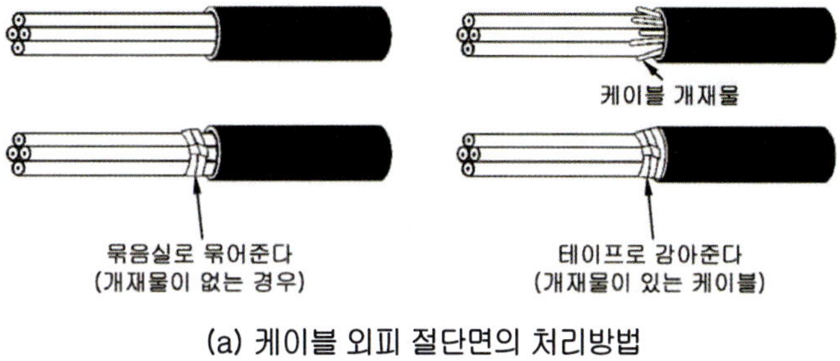

(a) 케이블 외피 절단면의 처리방법

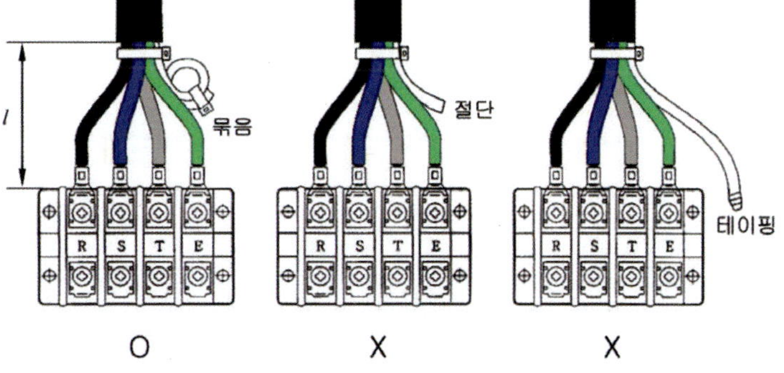

(b) 케이블의 여유전선 처리방법

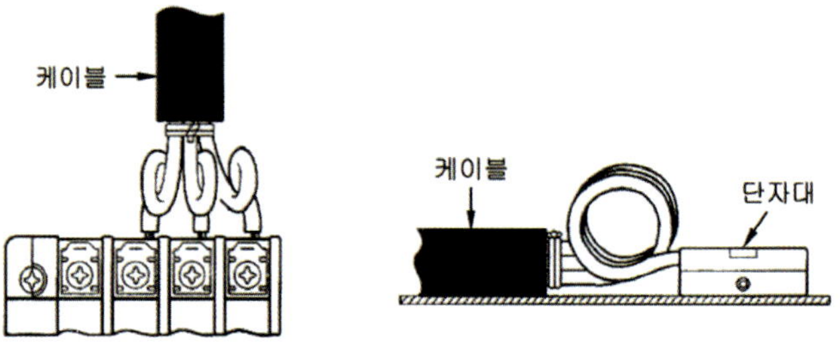

(c) 인입 • 인출 장소의 전선 처리방법 예시
(단자대와 박스면 사이 거리가 좁을 때 적용)

그림 2-57 단자대와 접속하는 케이블의 처리

주 그림 2-57 (b)에서의 길이는 케이블 심선의 굵기와 가닥 수 및 단자대의 크기에 따라 배선에 지장이 없고 외관상 배선상태가 적절한 조화가 이루어지는 범위로 하는 것이 바람직하다. 예를 들면 2.5[mm²]×4C 케이블을 4P 단자대에 접속할 때는 40~50[mm]정도가 적절하며, 2.5[mm²]×3C 케이블을 3P 단자대에 접속할 때는 35~40[mm]정도가 적절하다.

⑤ 주회로선과 제어회로선이 같은 방향으로 함께 배선이 되는 때에는 주회로선이 아래쪽(바닥면)에 제어회로선이 위쪽에 있게 배열한다.
⑥ 같은 기능을 가진 기구에 인입되거나 인출되는 선은 끼리끼리 같은 방향으로 정리하여 묶어준다((예) 단자대, 계전기, 표시등과 누름버튼 등).
⑦ 제어회로선의 가닥수가 20가닥 이상이 되면 가급적 2개 다발로 묶어주는 것이 바람직하다.
⑧ 묶음다발의 배선은 가급적 바닥면에서 5[mm]이상 떨어지도록 하고 제어함 안의 넓은 공간을 이용하여 배선한다.
⑨ 제어함의 외부로부터 인입 • 인출되는 선이 제어함 안의 단자대와 접속하는 부분에서의 선처리는 단자대와 접속하는데 지장이 없는 길이로 하며, 박스면과 단자사이의 간격에 맞추어 보기 좋게 손질하여 놓는다. 그림 2-57 (c)와 같이 원형으로 고리를 만들어 주는 방법도 있다.

여기서 잠깐

1 묶음 위치와 간격은 정하여진 것이 없다. 배선상태, 배선조건에 따라 적정한 개소를 묶어준다. 즉, 전선가닥이 모아지는 곳, 전선이 늘어지는 곳, 전선가닥이 굽어지는 곳을 묶어준다.
2 묶음 위치는 외관도 고려하여 대칭되는 곳, 일정한 간격을 유지하는 것도 고려하여야 한다(전선묶기 참조).

2) 덕트배선(배선구멍 있는 덕트)

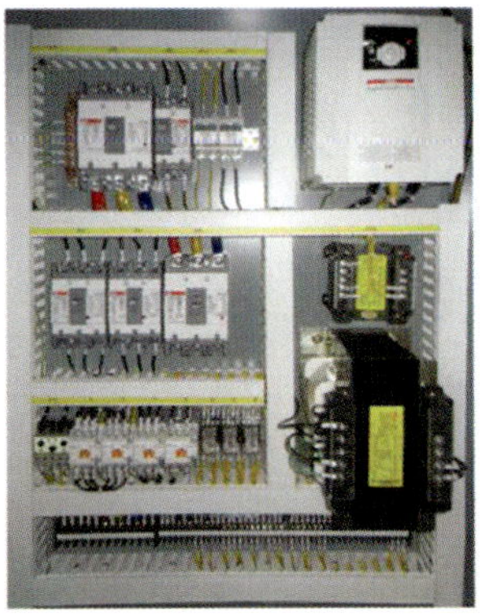

그림 2-58 덕트 배선의 전선 인입과 인출

① 원칙적으로 한 개의 덕트 안에 주회로선과 제어회로선을 함께 배선해서는 안 된다. 그러나 부하용량이 적은 제어함에서는 주회로선과 제어회로선을 함께 배선할 수 있다.

② 덕트에 주회로와 제어회로를 함께 배선할 때는 주회로를 먼저 배선하여 바닥면에 배선되게 하고, 제어회로를 나중에 배선하여 주회로의 위에 배열되게 한다.

③ 전선을 서로 꼬이거나 엉키지 않게 한다.

④ 기구와 접속하는 선은 기구의 단자 바로 아래(위) 구멍에서 빼내거나 넣는다(가까운 거리선택).

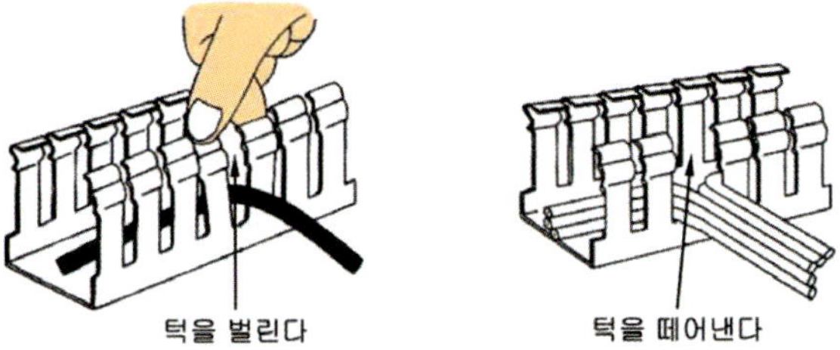

(a) 1선의 인입 • 인출 (b) 많은 선의 인입 • 인출

그림 2-59 덕트 구멍의 전선 인입과 인출

⑤ 한 개의 구멍에 3가닥 이상의 전선을 빼거나 넣지 않는다.

⑥ 덕트의 절단면에서는 전선을 넣거나 빼내지 않는다.

⑦ 덕트 안에서 전선을 접속하지 않는다.

⑧ 접지선을 덕트에 배선할 수 있으나 바닥면에 있게 한다.

여기서 잠깐

산업현장에 시설된 제어함에서는 주회로는 노출배선으로 처리하고, 제어회로는 덕트배선으로 처리한다.

3) 접지선과 접지단자

① 접지선은 주회로선 및 제어회로선과 분리하여 바닥면에 가깝게 배선하고, 함께 묶어 주지 않는다.

② 접지선의 가닥수는 가급적 적게 하는 것이 좋다.

③ 제어함의 접지단자는 될 수 있는 한 지면과 가까운 아래면 우측에 만드는 것이 좋다. 접지자체가 대지에 대한 "0"전위를 만들어 주는 것이므로 대지와 가까운 면이 접지선을 짧게 해주고, 배선도 간결하게 되고, 외관상으로도 좋은 점이 있다. 또한, 제어함의 바닥면에 접지단자를 만들어 주는 경우도 있으나 바람직하지 않다.

여기서 잠깐

대부분의 기계기구는 접지단자가 그 기계기구를 설치하는 바닥면 가까운 곳에 부착되어 있다.

4) 표시등과 푸시버튼의 배선

제어함의 표시등과 푸시버튼, 조작 스위치는 도어에 조립하고 있다. 따라서 제어회로선은 몸체에서 도어로 넘어가면서 접속하게 된다.

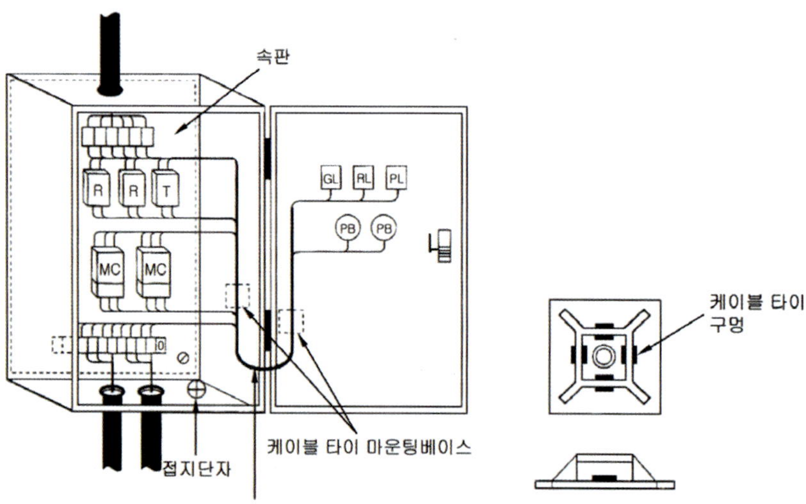

(a) 속배선 처리 (b) 마운팅 베이스

(c) 케이블 타이 사용법

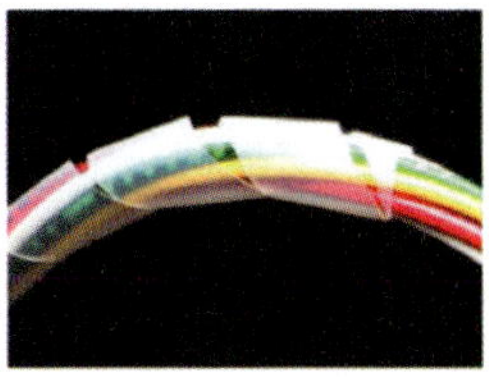

(d) 헤리컬벤드 사용법

그림 2-60 도어로 가는 묶음선의 처리

① 본체의 단자대(기구)로부터 도어에 조립한 기구까지의 거리에 맞추어 제어회로선을 적정한 길이로 자른다.

② 기구의 배열에 따라 전선을 모아 임시로 묶어준 후 기구와 접속한다. 이때 실제 필요한 길이로 한다.

③ 도어에 조립한 기구와 접속하는 전선은 2가닥일지라도 필요한 개소를 묶어준다(선이 가늘어 늘어지기 쉽다).

④ 접속이 완료되면 몸체에서 도어로 넘어가는 전선을 모아 묶어준다. 이 때 묶어주거나 대신 **헤리컬밴드(Herical band)**를 사용하면 더욱 효과적이다.

⑤ 도어로 넘어가는 묶음 다발은 충분한 길이가 필요하므로 그림 2-60 (a)에서와 같이 U자형으로 구부려 처리한다.

⑥ 제어함의 위쪽 단자에서 인출되는 경우 아래까지 늘리어 U자형으로 하지 않고, 함안의 기구나 도어에 조립한 기구에 지장이 없는 정도로 중간 부분에서 U자형으로 처리한다.

⑦ 넘어가는 묶음선이 기구단자에 장력을 미치게 할 우려가 있을 때에는 몸체바닥(속판)과 도어에 '마운팅 베이스'를 부착하고 케이블 타이로 묶어준다.

(4) 전동기 단자 박스의 배선

일반적으로 전동기의 리드선 단자는 단자함 박스가 있어 그 안에서 배선과 접속하도록 되어 있다. 여기에는 단자가 볼트로 되어 있어 배선은 압착단자를 사용하거나 또는 직접 볼트에 고리를 만들어 너트로 조여서 접속한다. 그러나 소형 전동기는 리드선이 나와 있어서 직접 배선과 꼬아서 접속하거나 압착단자와 볼트, 너트를 사용하여 접속하면 된다. 압착단자를 사용하여 전선 상호간을 접속하는 경우 그림 2-61과 같이 워셔를 사용한다. 전동기 리드와 배선과의 접속은 이 방법에 의한다.

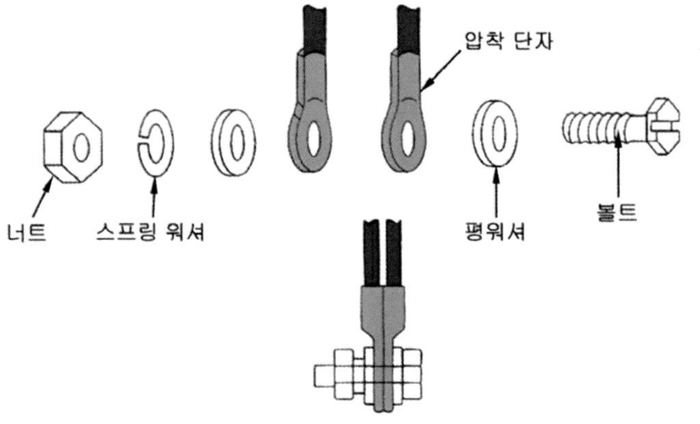

그림 2-61 압착단자를 이용한 전선 상호 접속법

(5) 기타 기구용 박스의 배선

타임스위치, 각종 센서 등을 전용박스에 고정할 때는 아울렛(정크션) 박스에서 정리하는 방법과 같다. 이들 기구와 전원선을 접속함에 있어서 단자로 된 것과 리드선이 있는 것이 있으므로 접속선의 길이에 주의한다.

제 3 장 전기 배선도

3.1 전기 배선도 기호

표 3.1 전기 배선도 기호

명 칭	KS 기호	이 책 도면에 사용한 다른 기호		비 고
		배선도	회로도	
일반배선				
(배관 • 배선)				
(접지선)				
접지극	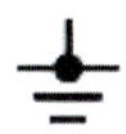			
접지 단자				
전선 접속점				
수전점				
단 상		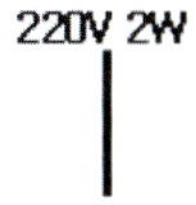	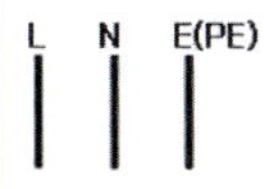	L, L1, L2, L3 : 전압측 선 (R, S, T) N : 중성선 E(PE) : 접지선
단상 3선식		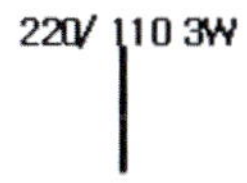	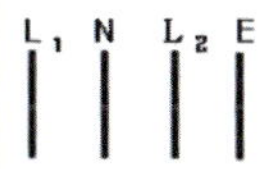	
3상 4선식		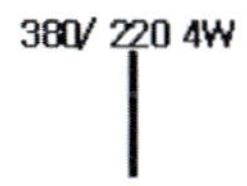	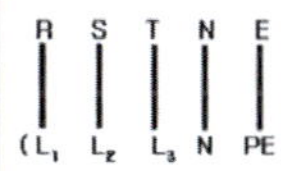	
개폐기				
퓨즈(일반)				Fuse
플러그 퓨즈		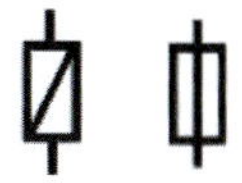		Plug fus

명 칭	KS 기호	이 책 도면에 사용한 다른 기호		비 고
		배선도	회로도	
개폐기(일반)			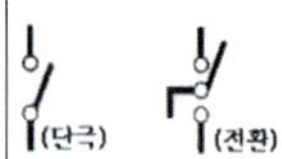	극수와 용량은 기호 옆에 표기 2p 30A, 3p 20A 등
온•오프 버튼 스위치		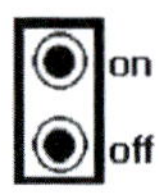	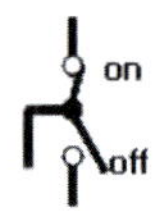	ON – OFF button switch
타임 스위치	TS		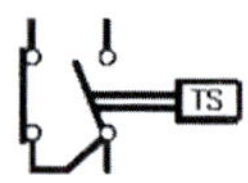	Time regulator switch
배선용 차단기 (NFB, MCB, MCCB)	B		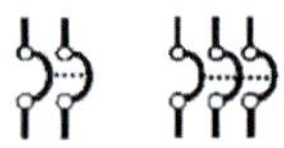	No–Fuse Breaker, Molded Circuit Breaker, Molded Case Circuit Breaker
누전 차단기 (ELB, ELCB)	E	ELB		Earth Leakage Breaker, Earth Leakage Circuit Breaker
전자 접촉기		MC	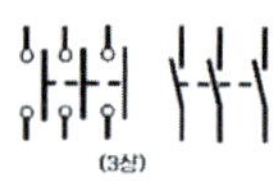	Magnetic contactor
전자 접촉기 코일			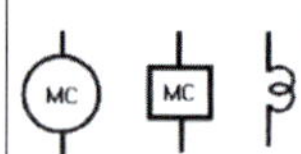	Magnetic contactor coi
전자 개폐기		MS		Magnetic switch
열동 과전류 계전기		TH	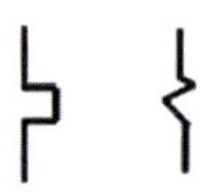	Thermal overload relay (기호 옆에 TH, O.L 등 표기)
전자 개폐기용 누름버튼 스위치				Push – button switch
셀렉터 스위치			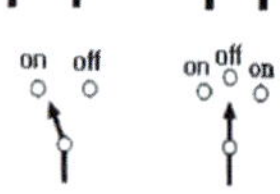	Change – over switch (Selector switch)
리미트 스위치		LS	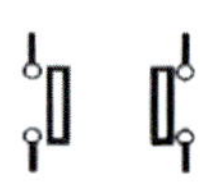	Limit switch
풋 스위치				Foot switch
적외선 감지 광전 스위치				Infra – red movement detector
표시등		PL 		Pilot lamp RL GL YL WL OL

명 칭	KS 기호	이 책 도면에 사용한 다른 기호		비 고
		배선도	회로도	
경보 • 호출 • 표시 장치				
누름버튼		P.B		Bell press push button
표시등				Indicator lamp
벨				Bell
버저		BZ		Buzzer
계전기				
계전기 코일			x	Relay coil
보조 계전기		R Ry		Control relay
타이머		TR		Time relay(Timer)
플리커 릴레이		FR		Flicker relay
플로트리스 릴레이		FL		Floatless relay
플로트 스위치	F	F		Float switch (Liquid level actuated switch)
플로트리스 전극	LF		E_3 E_2 E_1	Liquid level electrode
압력 스위치	P		P	Pressure actuated switch
온도 스위치		t	t	Thermal switch

명 칭	KS 기호	이 책 도면에 사용한 다른 기호		비 고
		배선도	회로도	
박 스				
배전반				Panel board
분전반				Safety breaker box
제어반				Control circuit box
단자대		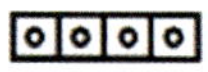	R S T N E 1 2 3 4 5	Terminal blocks

3.2 전기 기본기호와 문자기호

표 3.2 전기 기본회로와 문자기호

명 칭	기 호	비 고	명 칭	기 호	비 고
기본 기호			문자 기호		
교 류		Alternating current	전동기	M	Motor
직 류		Direct current	발전기	G	Generator
교류전원		A.C source	전동 전동기	MG	Motor Generator set
직류전원(전지)	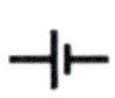	D.C source(Battery)	유도 전동기	IM	Induction Motor
정류기		Rectifier	변압기	T	Transformer
저항		Resistance	변류기	CT	Current transformer
가변저항		Rheostat	계기용 변압기	PT	Potential transformer
인덕턴스(코일)		Inductance(Coil)	계기용 변압-변류기	PCT	P.C Transformer
가변 인덕턴스		Variable inductance	공기 차단기	ABB	Airblast Circuit Breaker
정전용량(콘덴서)	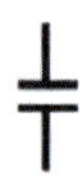	Capacitance(Condenser)	기중 차단기	ACB	Air Circuit Breaker
가변 정전용량		Variable capacitance	가스 차단기	GCB	Gas Circuit Breaker

3.3 전기 입 • 출력 표시

1. 복선도와 회로도 입 • 출력 표시

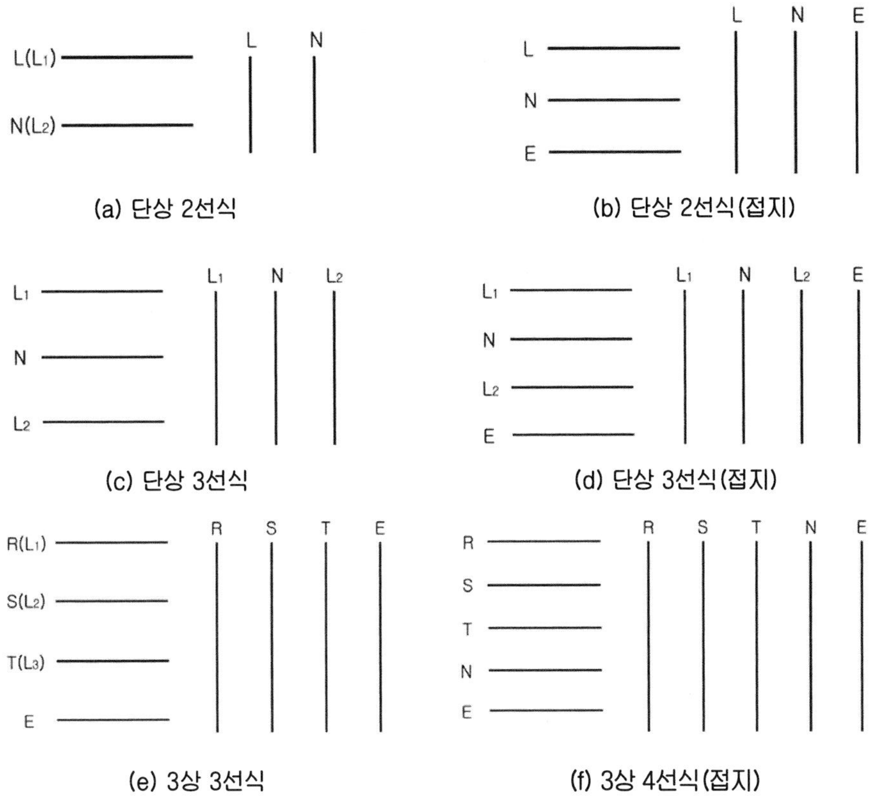

그림 3-1 입력측 기호 표기방법

복선도와 회로도 입력측에는 전기방식과 배선계통을 알아볼 수 있게 문자기호를 입력측선(또는 단자표시) 앞에 기재한다. 입력측 기호는 L_1, L_2, L_3, N 또는 R, S, T, N 문자를, 출력측 기호는 l_1, l_2, l_3, N 또는 U, V, W, N(u, v, w)의 문자를 사용한다. 가로 배선도와 세로 배선도의 문자기호 표기방법은 그림 3-1과 같다.

2. 제어함 내의 단자대 입 • 출력 표기

단자대의 문자기호 표기방법은 그림 3-2와 같으며 제어함 내의 단자대는 기구의 배치에 따라 여유있는 공간을 택하여 고정하게 되지만 대체로 위쪽과 아래쪽에 가로로 배치한다. 산업현장의 제어함이나 제어반에서는 주로 가로로 배치한다.

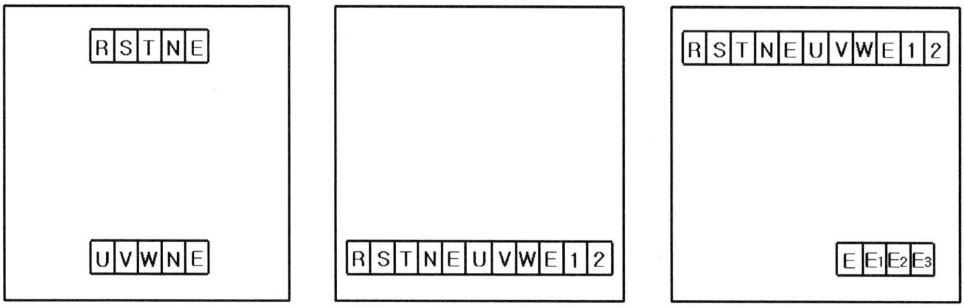

그림 3-2 단자대의 문자기호 표기방법

단자대의 입력기호 표기도 그림 3-2과 같은 방법에 의하지만 입력측 회로와 출력측 회로를 각각의 단자대에 표기하는 경우와 1개의 단자대에 입•출력회로를 함께 표기하는 경우 아래와 같이 한다.

① 단자대에 표기하는 문자(숫자)기호는 왼쪽(위쪽)에서 오른쪽(아래쪽)으로 표기한다.

② 주회로가 분기회로를 가질 때는 주회로 다음(열)에 분기회로의 배선용 차단기 순서에 따라 표기한다.

③ 접지선 기호(단자)는 해당 회로와 한 회로군이 되게 표기한다. 별도의 접지 단자대를 사용하는 경우에는 회로군에 해당하는 기호(예 E_1, E_2, E_3 등)를 회로군의 숫자기호로 표기한다.

제 4 장 케이블공사

4.1 케이블 배선

1. 케이블 시공

(1) 케이블 시공 요령

① 케이블은 절연성이 좋고, 시공이 간편하여 노출배선이 가능한 장소에 널리 시공된다. 한편, 기계적 강도가 약하여 외상을 받을 우려가 있는 장소에서는 전선관이나 덕트에 넣어 시공한다.

② 전선관과 케이블이 교차하는 경우 케이블이 전선관의 위에 있게 한다. 이 때, 전선관과 케이블이 접촉되어도 잘못 시공되는 것은 아니다.

③ 케이블과 케이블이 교차되는 경우 길게 배선되는 케이블이 위로 있게 하며 이는 굽힘과 지지를 쉽게하기 위함이다.

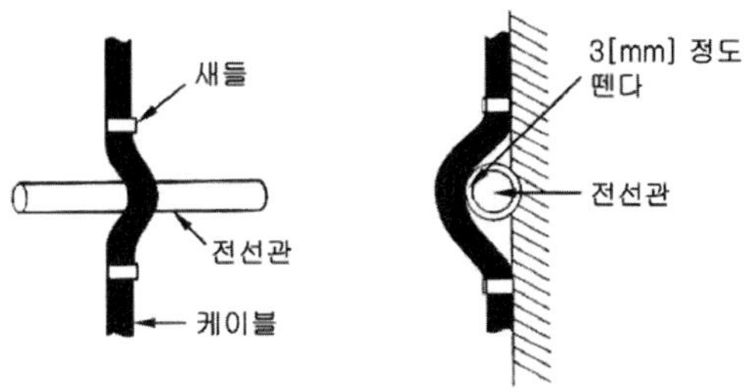

그림 4-1 전선관과의 교차

④ 케이블을 금속박스와 접속하는 경우 **케이블 그랜드(케이블 커넥터)**를 사용한다.

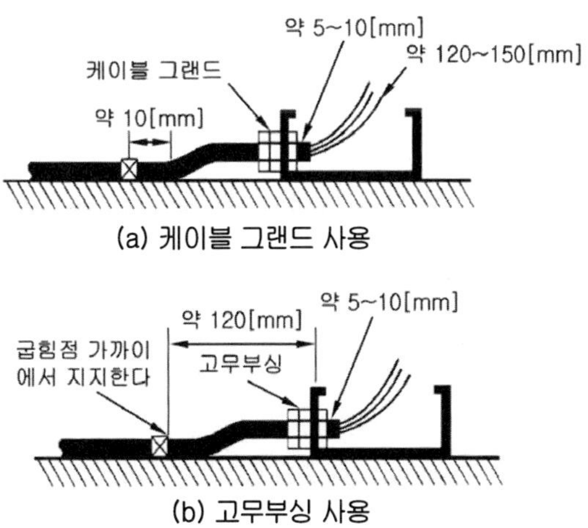

그림 4-2 박스와 접속(2.5~4[mm^2] 4심 이하인 경우)

(가) 케이블을 박스 밖으로 빠질 우려가 없는 곳에서는 고무부싱을 사용하여도 된다.

(나) 케이블 그랜드를 사용하면 케이블이 박스에 견고하게 지지되므로 고무부싱 사용시보다 안정성이 좋다.

(다) P.V.C 박스에서는 고무부싱을 사용하지 않아도 된다.

(라) 케이블을 박스 안으로 삽입하는 경우 케이블 외피가 케이블 그랜드(또는 고무부싱) 밖으로 5~10[mm]정도 나오게 하며, 이는 심선의 손상을 방지하기 위함이다.

⑤ 케이블을 절단할 때는 아웃렛 박스 내에서 150[mm]정도, 스위치 박스에서 100[mm]정도의 여유를 두고 자른다.

⑥ 굴곡이 시작되는 곳에 새들을 먼저 고정하여 L형 굴곡을 만든 다음 굴곡 끝 부분에 새들로 고정한다. 이 때, 새들 고정 지점은 굴곡부의 시작과 끝에 10[mm] 전 • 후 지점에 고정한다.

⑦ 바닥면에 노출로 배선할 때 케이블을 곧게 펴서 바닥면에 밀착시켜 지지하여야 한다.

⑧ 그림 4-3과 같이 2~3가닥의 케이블이 같은 방향으로 배선되는 경우 바닥면에 지지할 때는 2층으로 배선하지 않도록 하며, 케이블 덕트나 제어함 안에서는 2~3층으로 모아 배선하되 케이블 타이로 묶어준다.

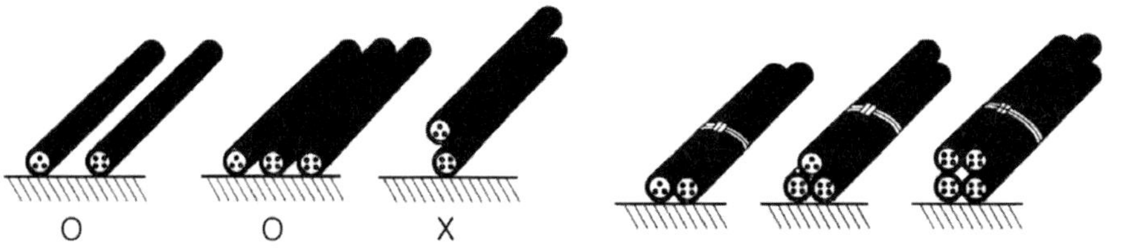

(a) 평면 배선　　　(b) 덕트 및 캐비넷 배선

그림 4-3 케이블의 배열

(2) 케이블 구부리기

① 케이블을 구부릴 때는 보호피복과 심선에 손상이 가지 않게 한다. 굴곡 반경은 외경의 6배 이상으로 규정하고 있으나 사무실 등에서 불가피한 경우 그 이하로 구부릴 수 있다. 케이블을 급하게 구부리면 심선에 손상이 갈 수 있으며, 보호 피복의 절연내력이 저하될 우려가 있다.

② 굽힘 형태는 L형, S형, 반L형, ∩형, 및 U형 등이 있다.

(가) L형 굽힘 : 건축물의 천장 또는 바닥에서 벽면으로 배선되는 곳, 벽면에서 다른 벽면으로 배선되는 곳 또는 평면배선에서 수평-수직으로 배선되는 곳에 적용된다.

(나) S형(off set) 굽힘 : 평면(벽면) 노출 배선시 박스 등에 삽입하는 곳에 적용된다.

(다) 반L형 굽힘 : 평면(벽면) 노출 배선시 노출형 배선기구와 접속하는 곳에 적용된다.

(라) U형 굽힘 : 노출 시공시 건축물의 보, 기둥을 감아야 하는 곳에 적용된다.

(마) ∩형 굽힘 : 노출 시공시 전선관과 교차하는 곳에 적용된다.

③ 케이블을 박스 등에 삽입할 때 케이블 그랜드를 사용하는 곳에서는 삽입부분을 S형으로 구부린다.

④ 케이블과 노출형 기구를 접속하는 경우 기구의 턱이 높은 곳에서는 반L형으로 구부리고 턱이 낮은 곳에서는 구부릴 필요가 없다.

⑤ S형 굽힘과 반L형 굽힘에서 구부리는 곳의 길이, 높이 등은 케이블의 굵기와 배선 기구단자의 위치에 따라 각각 다르게 되며, 일반적으로 사용하는 케이블과 배선기구를 기준으로 할 때 각 부분의 길이는 그림 4-4 (b), (c)와 같다.

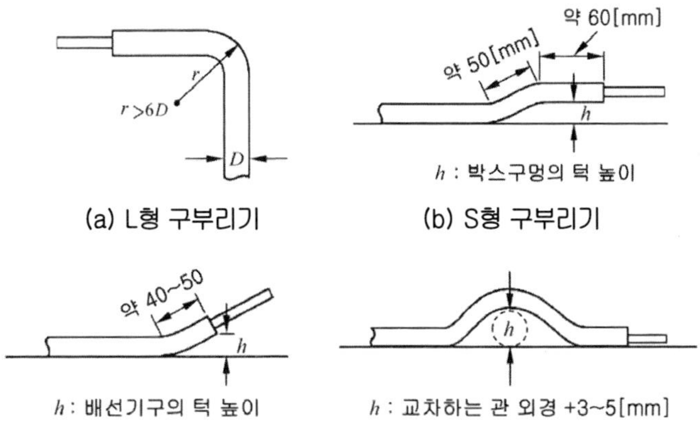

(a) L형 구부리기 (b) S형 구부리기

(c) 반L형 구부리기 (d) ∩형 구부리기

그림 4-4 케이블의 굽힘 형태

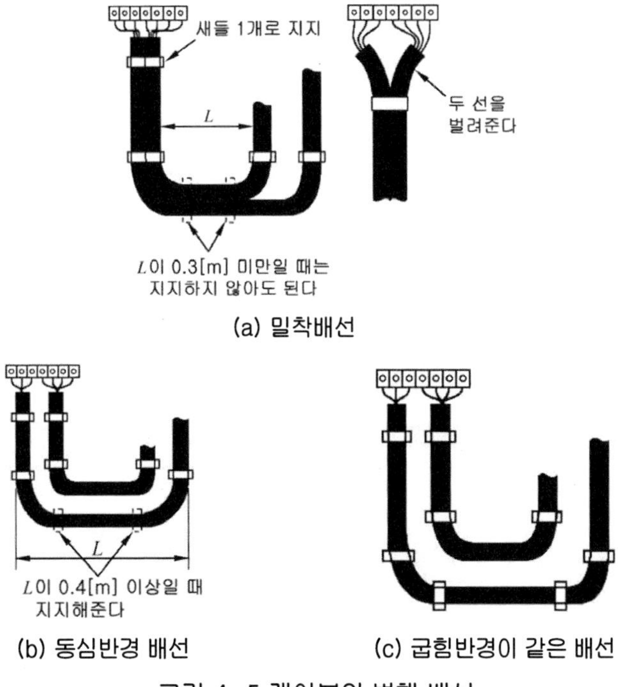

(a) 밀착배선

(b) 동심반경 배선 (c) 굽힘반경이 같은 배선

그림 4-5 케이블의 병행 배선

⑥ 2개 이상의 케이블을 병행하여 배선하는 장소에서 L형으로 구부릴 때 다음과 같이 하는 것이 바람직하다.

(가) 그림 4-5 (a)와 같이 케이블이 서로 밀착되어 배선되는 경우 굽힘 곳에서도 서로 밀착되게 구부려준다.

(나) 그림 4-5 (b)와 같이 케이블이 서로 일정한 간격을 가지면서 배선되는 경우 굽힘 반경을 동심반경으로 할 수 있다.

위의 경우 각각의 케이블을 r > 6D 기준으로 구부려 주어도 잘못 시공되는 것은 아니다. 다만, 외관상의 관점에서 볼 때 배선조건에 따라 좋은 방법을 선택하면 된다.

(3) 케이블 지지

① 지지방법

(a) 둥근 케이블용 새들

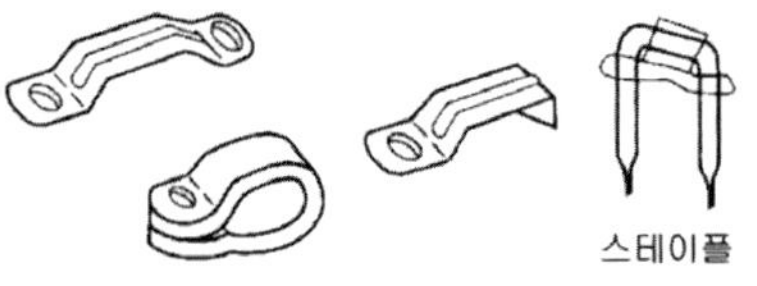

(b) 평형 케이블용 새들

그림 4-6 케이블 새들의 종류

(가) 그림 4-6을 사용하여 평면배선에서는 케이블용 새들로 지지한다.

(나) 평형 케이블은 전용 스테이플을 사용하여 지지할 수 있다.

(다) 케이블 덕트나 제어함 안에서는 케이블을 묶어주는 것으로 지지하는 것을 대신한다.

② 지지점간 거리

규정에 의할 때 직선배선에서는 지지점간 거리를 2[m]이하로 정하고 있으며, 케이블 상호간을 접속한 곳, 케이블과 기구와의 접속하는 곳에서는 30[cm]이하로 정하고 있다.

(가) 수평(가로)으로 배선하는 곳 : 50[cm]이내, 케이블이 가늘어 늘어질 우려가 있는 개소에서는 30[cm]정도로 한다.

(나) 수직(세로)으로 배선하는 곳 : 50~70[cm]

2. 케이블의 단말처리

① 케이블 피복이 절단면에 돌출된 개재물은 벗기지 않는 외피속으로 밀어 넣거나 절단하여 깨끗이 처리한다.

② 케이블 피복 절단면에 테이프를 감는다.

(a) (b)

그림 4-7 케이블의 단말처리

3. 관의 지지

규정에 의한 관의 지지점간 거리는 직선 배관에서는 2[m]마다, 박스와 접속하는 곳에서는 30[cm]이내로 지지하여 주도록 정하고 있다. 또한, 직각 굽힘하는 장소나 긴 거리의 S형 굽힘 장소에서도 굽힘점에서 30[cm]이내의 위치에 지지하도록 하고 있다. 다만, 일반적인 관례와 외형적 균형을 맞춤으로 위와 같은 요건을 충족시켜 주는 범위에서 지지하여 주면 된다.

① 새들의 선정

(가) 바닥면, 벽면 등 평면배관 : 평면 새들(Flat saddle)

(나) 천장(또는 바닥면)과 벽면 모서리 배관 : 한쪽지지 코너 새들(Conner saddle)

(다) 벽면과 벽면 모서리 배관 : 양쪽지지 코너 새들

(라) 2개 관의 평행배관 : 멀티플 새들(Multiple saddle)

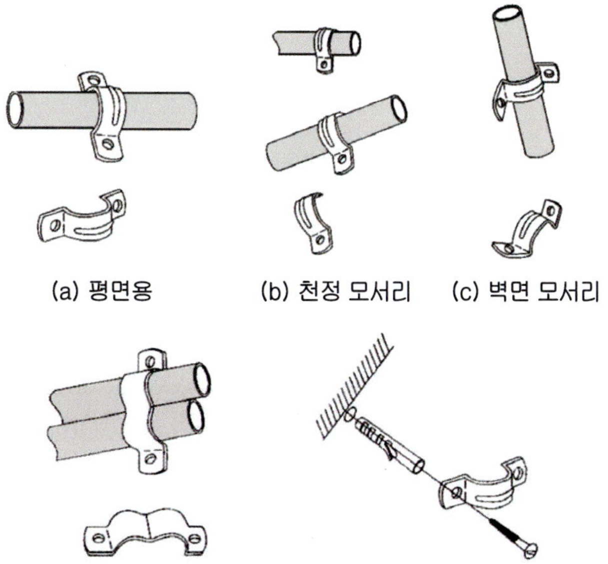

(a) 평면용 (b) 천정 모서리 (c) 벽면 모서리

(d) 평형 2개 배관용 (e) 콘크리트 벽의 새들 지지방법

그림 4-8 배관 위치에 따른 새들의 선정

여기서 잠깐

콘크리트 벽에 노출배관 시공의 경우 콘크리트 드릴로 새들 지지 구멍을 뚫고, 칼블럭을 박은 후 새들로 지지한다.

4. 전선 넣기

현장에서의 전선 넣기는 건축물의 구조와 전선 넣기의 특성상 2인 이상이 한조가 되어 협동 작업에 의해 이루어진다. 안내선(요비선) 고리에 전선을 매고 안내선 넣은 쪽에서 잡아당기되 전선을 맨 쪽에서는 전선가닥을 정돈하면서 밀어준다. 이 때, 서로간에 일정한 신호를 보내면서 전선 넣기 작업을 진행한다.

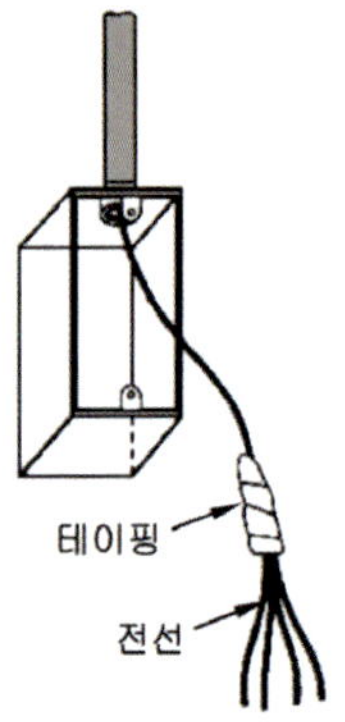

그림 4-9 전선 넣기

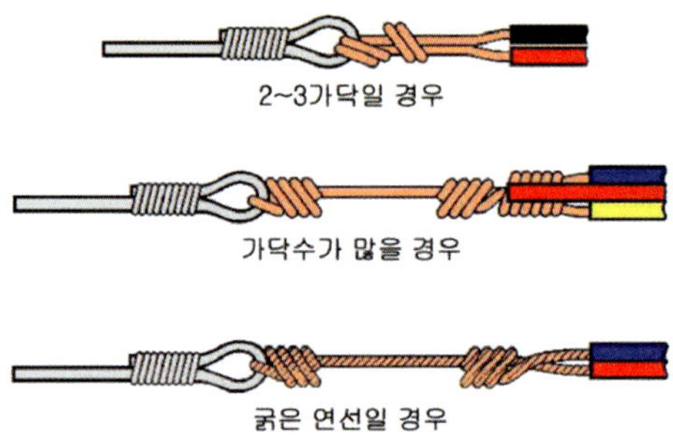

그림 4-10 전선 매기

전선 굵기가 4[mm²](또는 10[mm²])이하의 가는 전선으로 2~4가닥인 때는 서로 모아 한 개의 고리에 맬 수 있으나 그 이상의 굵기와 가닥수가 많을 때는 전선묶는 매듭이 크지 않도록 층층이 매어준다. 또한, 7/1.0[mm]이상의 굵은 연선을 3가닥 이상 넣을 때는 소선 중 4가닥을 잘라내고 3가닥만을 고리에 묶고, 묶은 곳을 테이프로 감아주어 전선 넣을 때 관의 접속부분에서 걸리지 않게 한다.

관련 지식

❶ 한 개의 전선관에 넣은 전선은 모두 동시에 넣는다. 또한, 한 개의 전선관에 넣을 수 있는 전선의 최대 가닥수는 10가닥이다. 다만, 전선의 굵기에 따라 다르다.

❷ 접속한 전선은 전선관에 넣을 수 없다. 전선을 넣을 때 끊어질 수 있으며, 테이프 같은 것이 벗겨질 수 있다.

❸ 여러 가닥의 전선을 넣을 때는 전선 가닥별로 양쪽 끝에 접속하고자 하는 기구의 단자기호(숫자)를 표시한 스티커를 붙여 놓으면 기구접속 때 편리하다.

※ 현장에서 사용하는 범용 공구

그림 4-11 현장에서 사용되는 범용 공구

❶ 홀소우(Hole saw)

분전함, 제어함, 풀박스 등과 전선관(케이블 포함)을 접속하는데 있어서 구멍을 뚫을 때 전동 핸드 드릴에 물리어 사용한다. 크기는 12~28[mm](직경)의 것이 있다.

❷ 전동 핸드 드릴(Electric hand drill)

주로 철제의 판, 앵글, 관 등에 구멍을 뚫고자 할 때 드릴 날(Twist drill)을 물리어 사용한다.

❸ 충전식 핸드 드릴(Cordless hand drill)

배터리를 전원으로 사용하는 핸드 드릴이다. 회전력이 약하고, 속도가 느려(230~800[rpm]) 볼트를 박거나 뽑는데, 배선기구 등의 조립용 나사를 조이거나 푸는데 사용한다.

❹ 워터 펌프 플라이어(Waterpump pliers)

로크너트, 케이블 그랜드, 부싱, 커플링 등을 조이거나 푸는데 사용되며, 전선관을 잡아주는데도 사용한다. 크기는 230~260[mm]정도의 것이 적절하다.

4.2 덕트 배선

1. 개 요

공장, 빌딩 등 수요가 많은 장소에서 굵은 전선과 많은 양의 전선을 전선관에 의하여 배선하는 데는 한계가 있다. 전기설비가 집중적으로 설치된 전기실에서 직각 벽면이나 각층에 설치된 배전반(또는 분전반)에 이르는 많은 회로의 간선과 분기선은 한 개의 덕트를 통하여 배선하면 매우 편리하다.

덕트는 일정한 규격이 없으며, 필요에 따라 제작하여 시설한다. P.C.V 덕트는 폭 35[mm]이상, 두께 2[mm]이상이어야 하고, 금속 덕트는 폭 50[mm]이상, 두께 1.2[mm]이상의 철판으로 제작하고, 아연도금이나 에나멜 페인트를 칠하여야 한다.

덕트의 시공은 노출장소와 점검이 가능한 은폐장소(건물지하 덕트 등)에 노출로 시공하며, 크기가 작은 것은 바닥(또는 벽)에 직접 고정하지만 큰 것은 천장에 매달아 시공한다.

덕트 배선에서 주의 사항은 다음과 같다.

① 덕트 안에서 전선을 접속하지 않는다.

② 덕트 안에 배선에 지장이 있는 기구를 설치하지 않는다.

③ 전선은 내부 단면적의 20[%]이하로 배선한다(제어회로인 경우 50[%]까지 가능하다).

④ 덕트에서 전선을 빼낼 때는 전선관 또는 가요전선관을 사용하며 케이블인 경우 직접 인출할 수 있다. 케이블 관통부분에서 케이블 외피에 손상이 가지 않게 처리한다.

⑤ 덕트의 양쪽 끝은 막아 주어야 한다.

⑥ 덕트 안의 배선에서 전선의 이동을 방지하기 위하여 적당한 간격으로 전선을 묶어주고 또한 덕트에 지지하여 준다.

⑦ 금속 덕트는 제3종 접지공사를 한다.

2. P.V.C 덕트

P.V.C 덕트는 비교적 크기가 작으므로 노출배선이 필요한 장소에 시설하며, 최근에는 사무자동화 시설에 따라 통신선, 컴퓨터 전용선 등 정보통신선을 한 개의 덕트 안에 배선하는 추세이며 병원, 사무실에서 시공되고 있다.

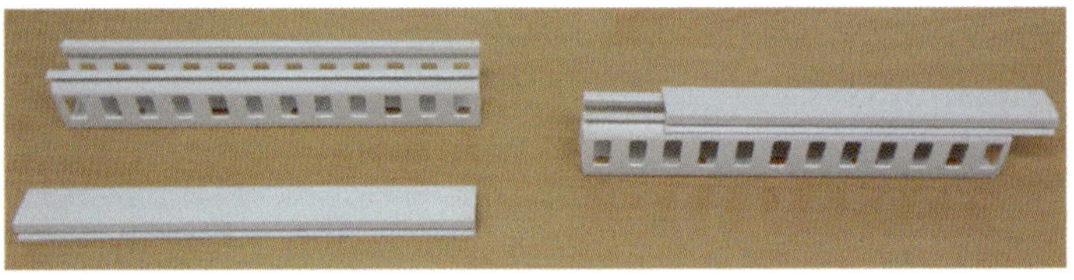

(a) 제어함용 덕트

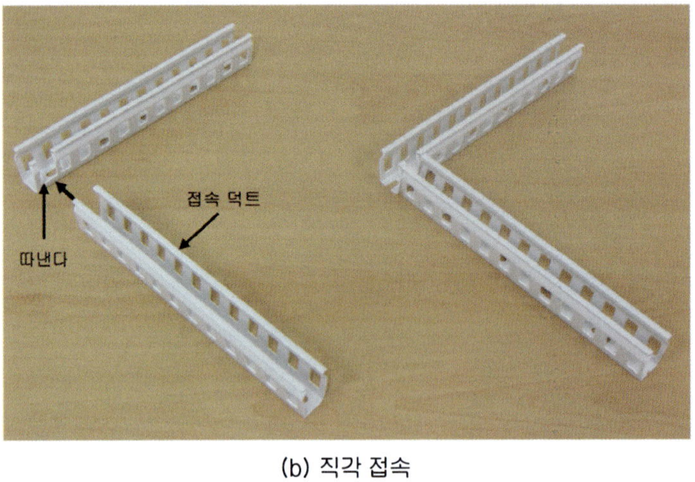

(b) 직각 접속

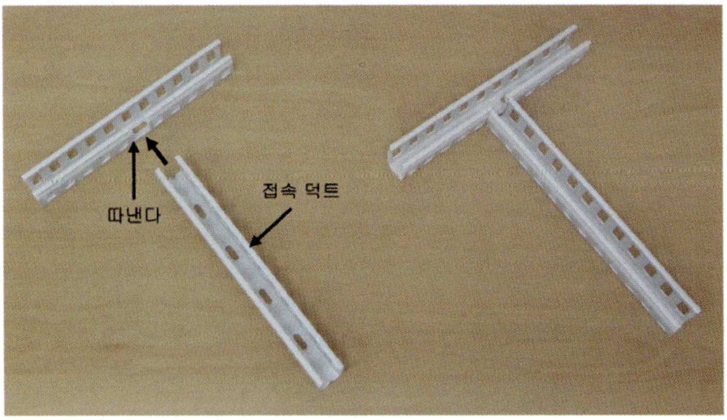

(c) T 접속

그림 4-12 제어함용 덕트 접속 방법

P.V.C 덕트는 몸체와 덮개로 이루어지며, 몸체에는 덮개을 덮으면 벗겨지지 않도록 하는 턱이 양면에 있다.

① 제어함에 쓰이는 덕트는 내부배선인 제어회로의 인입과 인출이 용이하도록 양면이 절개되고 전선배선이 가능하도록 적절한 크기의 구멍이 있다.
그림 4-12는 제어함용 덕트의 평면 직각접속과 T접속 방법을 표시한 것이다.

② 일반용 덕트의 평면 T형 접속과 모서리 접속방법은 그림 4-13와 같다.

③ 몸체를 바닥에 고정할 때는 폭이 35[mm]이하인 것은 25[cm] 간격으로 나사못을 직선상으로 박고, 폭이 50[mm]이상인 것은 20~30[cm] 간격으로 바닥면 양 모서리 면에 연하여 교대로 박는 지그재그 형으로 박는다.

(a) T형 접속

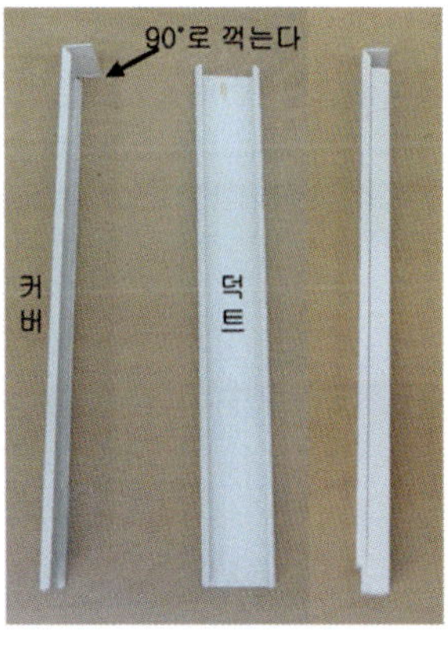

(b) 덕트 끝면 덮기

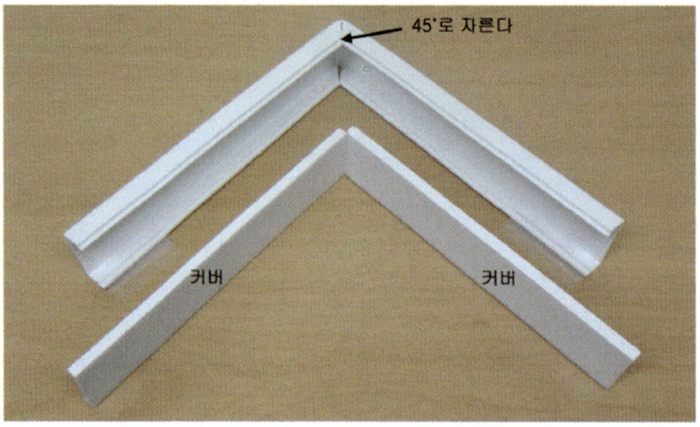

(c) 모서리 직각 접속

그림 4-13 P.V.C 덕트 접속

3. 와이어덕트(Wire duct)

금속 덕트 중 비교적 단면이 적은 소형의 것을 레이스웨이라고 호칭하며 때로는 **와이어덕트(Wire duct)**라고도 한다. 반면 단면이 큰 것을 덕트라고 한다.

공장의 공장자동화 설비와 사무실의 사무자동화 기기 설치에 따라 전력선, 통신선, 제어회로선 등 전기적 특성이 각각 다른 많은 양이 전선을 배선하게 되므로 이에 적합한 도관으로 레이스웨이가 P.V.C 덕트와 함께 시공되고 있다.

최근에는 가공이 쉽고 전용회로의 내부 통로를 가진 알루미늄 제품이 시판되고 있으며 이들은 여러 가지 색상으로 착색되어 있어 사무실 환경에 맞는 색상의 것을 선택할 수 있는 장점이 있다.

한 개의 덕트에 전력선과 통신선을 함께 배선하는 경우에는 적당한 방법으로 각각의 회로를 분리시키고 서로 엇갈리(교차)는 배선이 안 되도록 주의한다. 부속품으로 레이스웨이 박스(2구, 3구, 4구), 밴드, 엔드캡 등이 있으며, 시공 방법은 P.V.C 덕트와 같다.

철근 콘크리트 건물이나 벽돌벽 등에 고정할 때는 칼블럭를 사용하여 나사못으로 고정하거나 고정용 클램프를 사용하고 그 위를 볼트로 지지한다.

제 5 장 시퀀스 제어

5.1 자동제어의 개념

자동화(Automation)란 기계장치와 설비시스템을 조작하는데 있어 사람의 손에 의존하지 않고 전기, 온도, 압력, 유량 등을 이용한 장치에 의하여 자동적으로 운전이 되는 것을 말하며 이에 따라 작업이 자동적으로 수행되게 된다.

이와 같이 작업이 자동적으로 수행되기 위해서는 전기적, 물리적 조건에 의해 원하는 상태로 조절되어야 하며 자동화를 위한 조절을 **제어**(Control)라 하고, 자동화를 위한 제어를 **자동제어**(Automatic control)라 한다. 또한, 조절하는 조건을 제어신호 또는 제어명령이라고 한다. 자동제어의 특성에 대하여 광고용 네온사인을 예를 들어 설명한다.

네온사인은 점멸을 시키는 조건과 점멸의 시간을 유지하는 조건이 있다. 여기서 점멸을 시키는 조건은 전기회로에 스위치를 넣어 회로를 닫거나 여는 것으로서 이를 **정성적신호**라고 하고, 점멸의 시간은 양을 지칭하는 것으로서 **정량적신호**라고 한다. 또한 위와 같이 신호를 주는 것을 **제어명령**이라고 하며, 제어명령은 스위치의 개폐 또는 밸브의 개폐와 같이 정성적인 명령과 시간, 온도, 압력, 위치, 속도, 전압 등과 같이 시시각각으로 변화되는 정량적인 명령으로 구분한다. 즉, 정성적신호는 정성적 명령에 의하여 수행되는 제어를 **정성적 제어**, 정량적신호는 정량적 명령에 의하여 수행되는 제어를 **정량적 제어**라고 한다.

5.2 시퀀스 제어의 개요

1. 시퀀스 제어의 정의

시퀀스는 순서 또는 연속의 뜻을 가지고 있으며, 제어는 어떤 대상물을 현재의 상태에서 원하는 상태로 조절하는 것을 말한다.

2. 시퀀스 제어의 분류

시퀀스 제어는 제어명령에 따라 정성적 제어와 정량적 제어로 분류된다. 자동제어를 말할 때 제어계가 어떤 기능을 어느 범위까지 갖추고 있느냐에 따라 시퀀스 제어와 피드백 제어로 구분한다. 시퀀스 제어는 정성적 제어로 본다면 피드백 제어를 정량적 제어로 볼 수 있다. 그러나 시퀀스 제어는 단순히 열고 닫는 정성적 제어뿐만 아니라 어떠한 순서로 언제 열고 닫느냐 하는 것을 포함하고 있다. 즉, 명령 처리과정이 뒤따르게 된다. 이와 같이 시퀀스 제어는 정성적인 제어와 그에 필요한 명령처리 기능이 포함된 제어라 말할 수 있다.

(1) 시퀀스 제어(Sequence control)

시퀀스 제어란 전열기를 사용할 때 온도가 높거나 낮거나, 열량이 많고 적음에 관계없이 전류를 흐르게 하거나 흐르지 않게 하는 제어명령 만을 자동적으로 행하는 제어를 말하며, 제어명령은 두가지 상태뿐이므로 이를 **2값 신호**(Binary signal)라 한다. 시퀀스 제어는 목표값과 제어량의 오차를 정정할 수 있는 부분을 갖지 않는 것이 특징이다.

그림 5-1은 스위치 S1을 투입하면 전자 계전기 X가 여자되어 X-a접점이 붙음으로서 전류가 흘러 전열기가 가열된다. 이는 단지 전열기의 발열량에 관계없이 스위치를 개폐하여 전류를 흐르게 하거나 차단시키는 두 동작 가운데 어느 한 동작에 의하여 제어명령이 내려지는 것으로 이는 정성적 제어의 예이다.

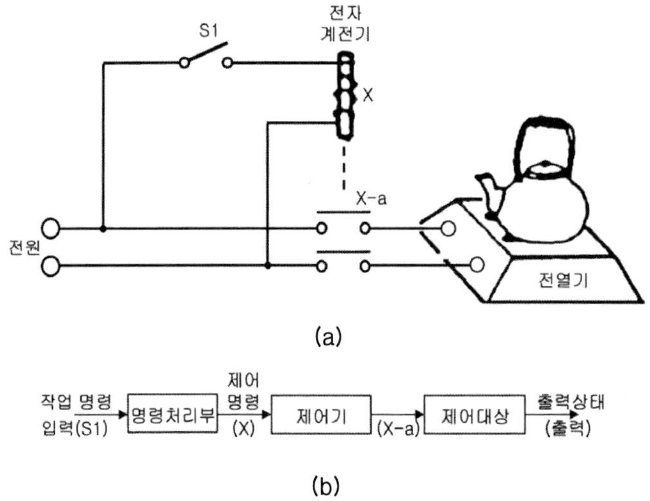

그림 5-1 시퀀스 제어의 예 및 제어계 구성

자동판매기, 네온사인 광고, 교통신호기, 엘리베이터 등은 시퀀스 제어를 활용한 자동화 장치이다. 시퀀스 제어에서 제어소자는 전자 릴레이가 주로 사용되어 왔으나 전자기술의 발달로 현재는 무접점 로직(Logic)이나 IC(Integrated circuit) 또는 P.L.C(Programmable Logic Controller : 논리 연산 제어장치)가 사용되고 있으며, 산업현장의 설비운전은 컴퓨터에 의해 제어되고 있다. 여기서 P.L.C는 시스템화 된 각종 기계장치의 제어를 하는데 있어서 시퀀스, 로직, 타이머, 검출기, 연산기능 장치와 메모리를 갖춘 제어장치를 말한다.

표 5.1 제어 시스템계와 인간계 신호 흐름

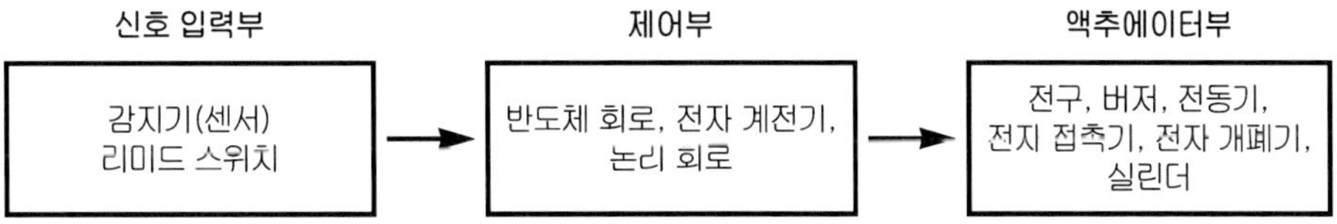

(a) 시스템계

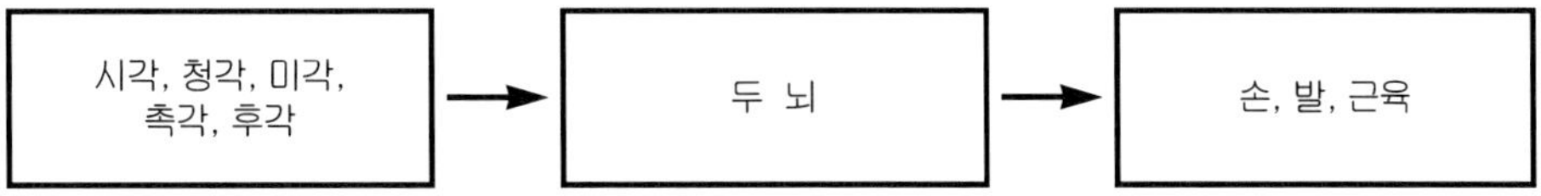

(b) 인간계

(2) 피드백 제어(Feed back control)

피드백 제어는 제어결과를 시시각각으로 측정하여 그 값을 명령값과 비교하여 차이가 있으면 즉시 정정하도록 하는 제어방법을 말한다. 즉, 제어결과를 제어명령 쪽으로 되돌려준다는 의미이다.

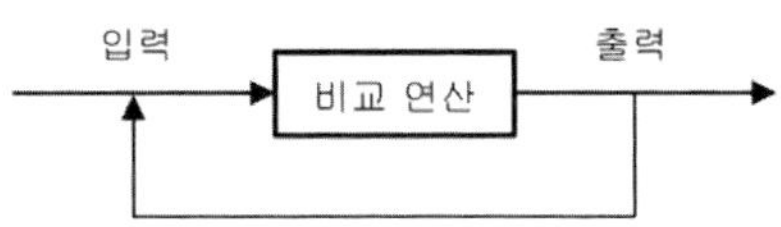

그림 5-2 피드백 제어

전기로와 같이 발열량의 많고 적거나, 온도가 높고 낮음, 즉 크기 및 양에 대하여 제어명령이 내려지는 것을 피드백 제어라고 말하고, 제어명령은 온도가 낮은 값으로 부터 높은 값에 이르기까지 여러 상태를 구별하여야 한다. 즉, 크기를 연속적으로 나타낼 수 있으므로 이를 **아날로그 신호**(Analog signal)라 한다.

그림 5-3은 전기로 안의 온도를 일정하게 유지하기 위한 전압조정기 사용 예이다. 이 제어계의 제어명령인 목표값이 미리 정해졌을 때, 이에 따라서 제어하려면 전압조정기의 손잡이 위치를 목표값에 대응하여 움직이면 되지만 경우에 따라서는 주위온도나 전원전압의 변화 또는 가열물질의 크기에 따라 손잡이를 어느 위치에 고정시켜도 전기로 안의 온도가 변하는 때가 있다. 이와 같은 제어를 목표값에 따라 제어하기 위해서는 전기로 안의 온도, 즉 제어량의 지시와 목표값의 지시를 비교하여야 한다. 그 결과 제어량이 목표값에 이르지 못한 때는 전기로의 온도를 높이고, 목표값 보다 클 때는 온도를 내리도록 손잡이를 움직여서 항상 조정해야 한다. 이는 양의 조절을 의미하여 정량적 제어라 하고, 정량적 제어는 오차를 자동적으로 정정할 수 있어 피드백 제어라고 하며, 이를 **폐회로 제어**(Closed loop control)라고도 말한다.

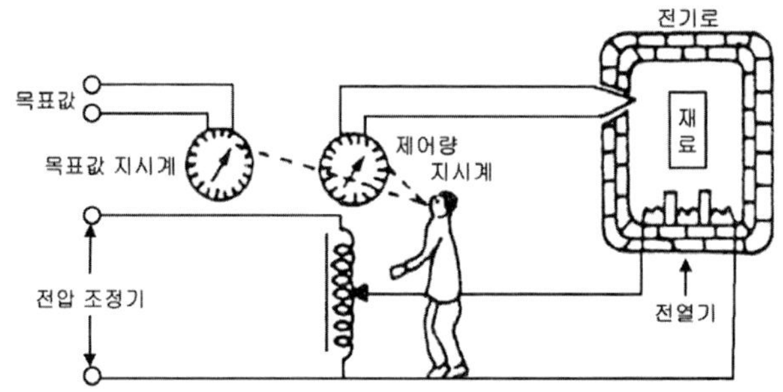

(a)

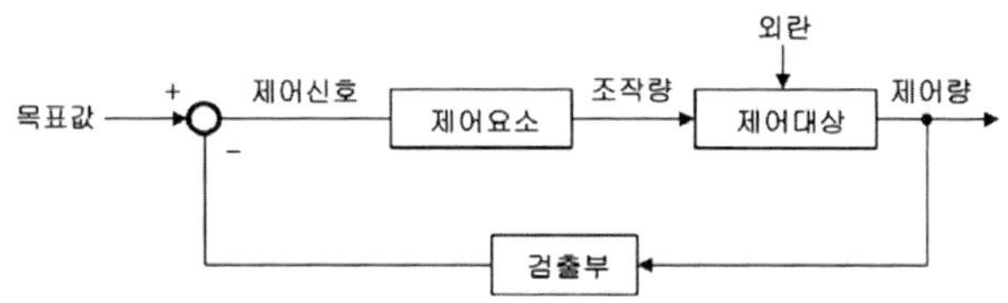

(b)

그림 5-3 피드백 제어의 예 및 제어계 구성

5.3 시퀀스 제어의 필요성

오늘날 많은 현장에서 시퀀스 제어와 PLC(Programmable logic controller) 제어를 병행하여 생산 시스템을 구축함으로서 원인이 반감되고 작업능률이 향상되며, 근로자의 안전작업과 작업 환경 측면에서도 많은 진보가 되었으며 따라서 경제적으로 경영의 합리화를 기여하고 있다.

시퀀스 제어로 인한 효과적인 이점은 다음과 같다.

① 제품의 품질이 균일화되고 향상되어 불량품이 감소한다.
② 생산속도를 증가시킨다.
③ 생산능률이 향상된다.
④ 작업의 확실성이 보장된다.
⑤ 생산설비의 수명이 연장된다.
⑥ 작업원이 감소되어 인건비가 절감되고, 경제성이 향상된다.
⑦ 노동조건이 향상된다.
⑧ 작업자의 위험방지 및 작업환경이 개선된다.

5.4 시퀀스 제어장치의 분류

시퀀스 제어를 구성하는 장치에 따라 분류하면 단순한 제어시스템인 경우에는 하나의 제어방식으로 제어회로를 구성하지만 제어의 내용이 복잡한 경우는 각 방식의 특징을 조합히여 이용하는 경우가 많다.

전자 계전기와 같이 접점을 가진 유접점 시퀀스 제어와 IC, Diode, Transistor, SCR등을 이용한 제어를 무접점 시퀀스 제어라 한다. 논리식에 따른 동작은 같으나 특성이 다르므로 제어하고자 하는 시스템 회로 특성에 따라 선택한다.

1. 와이어드 로직형(Wired logic type)

와이어드 로직형은 배선을 사용하여 어떤 논리 시퀀스 회로를 만드는 것으로 전자 계전기 또는 무접점 계전기로 그 사이의 배선에 의하여 구성할 수 있다. 따라서 시퀀스 회로의 변경이 필요한 경우에는 다시 배선작업을 하여야 한다.

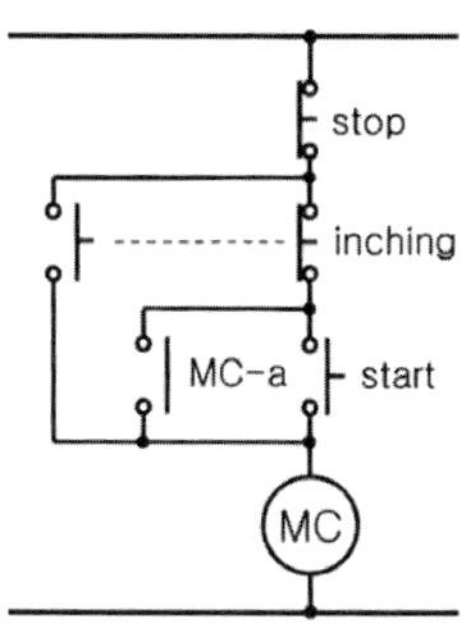

그림 5-4 유접점 시퀀스 회로

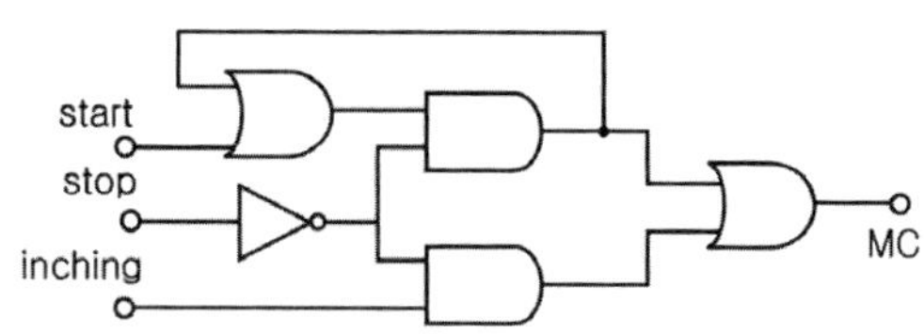

그림 5-5 무접점 시퀀스 회로

① 유접점 계전기 제어(유접점 시퀀스 제어)

그림 5-4와 같이 유접점 계전기 제어회로는 기계적 접점을 가진 계전기로 논리회로를 구성하는 것을 말하며, 계전기는 코일이 여자되면 접점이 열리거나 닫히고, 무여자로 하면 반대의 동작을 한다.

② 무접점 계전기 제어(무접점 시퀀스 제어)

그림 5-5와 같이 무접점 계전기 제어회로는 제어계에 반도체 소자를 사용하여 시퀀스 제어회로를 구성하는 것을 말하며, IC, Diode, Transistor, SCR등의 반도체 스위칭 소자를 사용함으로서 가동접점 부분이 없고 동작상태는 유접점 계전기와 같다.

표 5.2 유접점 계전기와 무접점 계전기 장•단점을 비교한 것이다.

표 5.2 유접점 계전기와 무접점 계전기 비교

유접점 계전기 장점	유접점 계전기 단점
• 큰 개폐부하용량 • 과부하에 견디는 힘이 큼 • 전기적 노이즈에 안전 • 온도특성의 양호 • 입력과 출력이 분리 가능 • 독립된 다수의 출력회로 동시 가능 • 동작상태 확인용이	• 비교적 큰 소비전력 • 접점 소모에 따른 수명 한계 • 늦은 동작속도 • 기계적 진동, 충격 등에 비교적 약함 • 외형 소형화에 한계
무접점 계전기 장점	**무접점 계전기 단점**
• 빠른 동작 속도 • 고 빈도 사용에 견디며, 긴 수명 • 높은 정밀도 • 진동, 충격에 대한 오동작 없음 • 장치의 소형화가 가능	• 전기적 노이즈, 서지에 약함 • 온도 변화에 약함 • 신뢰성이 떨어짐 • 별도의 전원이 필요 • 동작확인의 어려움

2. 프로그램형(Program type)

PLC제어는 유접점 계전기 또는 무접점 계전기 회로의 배선 작업과 비교하여 많은 배선작업을 생략할 수 있고, 계전기와 타이머 등이 내장되어 프로그램만 변경하여도 쉽게 다른 동작의 시스템을 구현시킬 수 있다.

이는 컴퓨터처럼 복잡한 제어명령을 미리 기억시켜 놓은 기기속에 프로그램을 입력시켜 시퀀스 회로를 만드는 것으로서 프로그램 내용이 각각의 시퀀스에 따라 바뀌게 된다. 여기서 프로그램이란 일의 처리순서, 시스템을 동작시키는 순서를 말한다.

표 5.3은 시퀀스 제어와 PLC 제어를 비교한 것이다.

표 5.3 시퀀스(유접점/무접점) 제어와 PLC 제어 비교

구분	시퀀스 제어	PLC 제어
제어방식	하드 와이어드 로직(계전기 배선으로 조립)	소프트 와이어드 로직(하드웨어는 규격품)
제어기능	릴레이, 타이머, 프리셋 카운터 등등	릴레이, 업다운 카운터, 시프트 레지스터, 간단한 가감산
제어요소	유접점	무접점
제어내용 변경	기구부품간의 배선 변경	프로그램 변경만으로 가능
공사기간	사양 결정 후 제어반 제작, 검사와 시운전 기간의 장기화	사양 결정과 하드의 취합이 병행, 검사와 시운전 기간의 단축
시스템 특성	독립된 제어장치	시스템 확장이 용이, 컴퓨터와 연결 가능
보전성	보수 및 수리공사 시 장기간 소요	고신뢰성, 긴수명
크기	소형화가 곤란	소형화가 가능

5.5. 시퀀스 제어의 3가지 기본형

실제적인 시퀀스 제어에 있어서는 어느 범위까지의 명령처리 기능을 가지고 있느냐에 따라 아래와 같이 3가지 기본형으로 분류한다.

① 시한 제어

기억기구와 시한기구를 가지며, 정해진 순서에 따라 정해진 시간에 수행하는 제어를 말한다. 교통신호, 네온사인의 점멸 등이 이에 속하며 타이머가 사용된다.

② 순서 제어

기억기구와 판단기구를 가지며, 제어의 순서만 기억되고 시간은 검출기구나 조작기구에 의해 이루어지는 제어를 말한다. 즉, 제어하고자 하는 순서만 기억하고 제어 수행에 따른 시간은 검출기에 의해 진행된다.

순서 제어에 있어서는 기억기구 이외에 리미트 스위치, 압력 스위치, 위치 스위치 등의 검출기가 필요하며 타이머 같은 시한기구는 없어도 된다.

예를 들면, 선반 작업에 있어서 공작물이 움직이는 순서를 정해 두고 리미트 스위치에 의해 각각의 동작이 완료되는 것을 검출하여 차례 차례로 절삭하여 나가는 것을 순서 제어라고 말한다.

③ 조건 제어

판단기구를 가지며, 검출기구나 조작기구의 신호에 따라 다음 동작을 어떤 방법으로 할 것인가를 미리 정해진 조건에 따라 동작이 진행되는 제어를 말한다. 즉 검출 결과에 따라 제어명령이 결정되는 제어이며, 조건 제어는 위험방지, 기기 파손 방지 등에 응용된다.

5.6 전기 접속도의 종류

1. 접속도에 따른 분류

접속도는 장치 및 기구, 부품 상호간의 전기적 접속관계를 나타낸 도면을 말한다.

① 배선도

장치의 제작, 시험, 점검 등을 위하여 부품의 배치, 배선상태 등을 실제 구성에 맞추어 그린 것이다. 전자 계전기 등은 보통 배전반에 설치하여 그 이면에 배선을 하게 되므로 이것을 이면 배선도(내부 접속도)라 하며, 배선도는 실제의 배선 작업 및 보수시에 매우 편리하다.

② 전개 접속도(시퀀스도)

전개 접속도를 보통 시퀀스도 또는 회로도라고도 하는데 이것은 동작순서를 알기 쉽게 전개하여 그린 접속도이다.

③ 논리 회로도

논리 회로도는 시퀀스 제어계에서 2값 신호의 동작을 논리기호로 조합하여 세부적으로 나타내는데 사용된다. AND, OR, NOT 등이 많이 쓰이고 이들 동작들은 무접점 계전기등에 의하여 이루어진다.

④ 플로우차트(Flow chart)

플로우차트는 블록선도 일종으로서 제어계의 동작 관련성 및 작업 순서를 나타낸 것으로 유선도라고도 한다. 또한, 시퀀스도는 플로우차트를 기초로 하여 작성한다.

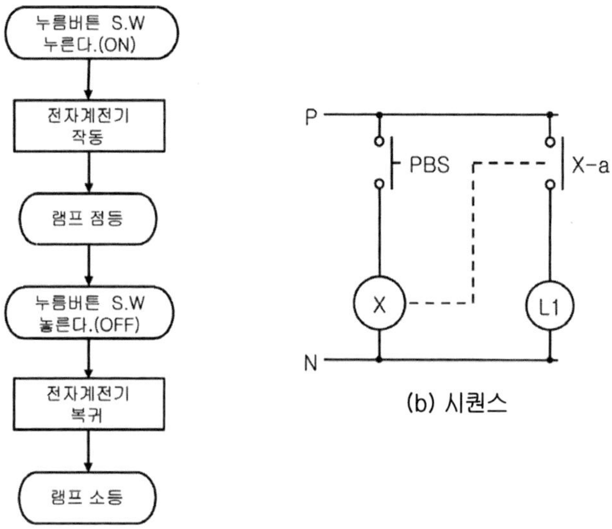

(a) 램프 점멸시의 기기동작 플로우차트

(b) 시퀀스

그림 5-6 플로우차트의 예

⑤ 타임차트(Time chart)

플로우차트는 시퀀스 동작의 연속적인 관계를 나타낸 것으로 동작순서는 이해하기 쉽다. 그러나 이 플로우차트에서 각 기기가 시간의 경과에 따라 어떤 동작을 하고 있는가에 대해서는 자세히 읽을 수가 없다. 그러므로 시퀀스 제어에 있어서 각 기기의 동작을 시간적으로 표시한 것이 타임차트이다.

가로축에 시간 또는 시간적 순서를 취하고, 세로축에는 2값 신호 "1", "0" 또는 온(on), 오프(off)로 표시한다. 그림 5-6 플로우차트의 경우를 타임차트로 나타내면 그림 5-7과 같다.

시퀀스 제어회로 타임차트의 경우 각 기기의 시간적 동작을 잘 알수 있으므로 타임차트와

그림 5-7 램프 제어회로의 타임차트

플로우차트는 시퀀스 회로 동작을 이해하기 쉽게 되어 있다.

2. 시퀀스 제어 기능에 관한 용어

① **개로(Open, OFF)**

회로의 일부를 스위치나 계전기 접점으로 여는 것을 말한다.

② **폐로(Close, ON)**

회로의 일부를 스위치나 계전기 접점으로 닫는 것을 말한다.

③ **동작(Actuation)**

어떤 원인을 제공하여 소정의 동작을 하도록 하는 것을 말한다.

④ **복귀(Reseting)**

동작 이전의 상태로 되돌아오는 것을 말한다.

⑤ **기동(Starting)**

기기 또는 장치를 정지상태에서 운전상태로 변하는 과정을 말한다.

⑥ **운전(Running)**

기기 또는 장치가 소정의 동작을 하는 상태를 말한다.

⑦ **정지(Stop)**

운전의 반대, 기기 또는 장치가 정지된 상태를 말한다.

⑧ **조작(Operation)**

인력 또는 기타의 방법으로 기기나 장치를 운전, 정지하도록 하는 것을 말한다.

⑨ **투입(Closing)**

차단의 반대, 전기회로를 닫아 전류가 통하게 하는 것을 말한다.

⑩ **여자(勵磁), 부세(賦勢)**

전자 계전기의 코일에 전류가 흘러 가동철편을 당기는 현상을 말한다.

⑪ **무여자(無勵磁), 소세(消勢), 소자(消磁)**

전자 릴레이의 코일에 전류를 차단하면 자화성질을 읽게하여 가동철편이 제자리에 오는 것을 말한다.

⑫ **연동**

전자 계전기 코일이 여자 또는 소자의 경우 복수적으로 같이 접점이 동작하는 것을 말한다.

⑬ **자기유지**

전자 계전기 가동부가 동작 후 계속해서 동작 기능을 유지하는 것을 말한다.

⑭ **인칭(Inching : 촌동, 조그(Jog))**

기기를 잠깐 동안 동작을 시키는 것을 말하며, 손을 때면 곧 정지된다.

⑮ **인터록(Interlock : 쇄정)**

복수의 동작을 관련시키는 것으로 어떤 조건이 갖추기까지 타 동작을 저지시키는 것, 즉

보호회로에서 채용된다.

⑯ **순시**

입력신호를 주면 출력접점이 시간을 고려하지 않고 즉시 동작하는 것을 말한다.

⑰ **한시**

동작되기 전에 일정한 시간이 걸리는 것을 말한다.

⑱ **시한**

입력신호가 가해진 후 출력접점이 동작할 때까지 시간간격을 말하며, 한시 간격을 가진 계전기를 한시 계전기, 출력접점을 한시접점이라 한다.

5.7 시퀀스 작성법

1. 시퀀스 제어에 사용되는 접점 및 접점의 심벌

(1) 접점(Contact)

전기를 이용한 제어에서의 목적은 제어대상에 전류를 흐르거나 또는 흐르지 못하게 하는 목적에 이용하는 것으로 이 전류를 통전(ON) 또는 단전(OFF)시키는 역할을 하는 것을 **접점**이라 한다.

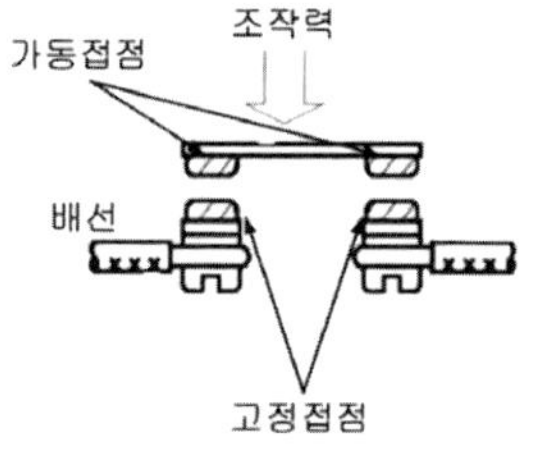

그림 5-8 접점의 구조

접점은 그림 5-8과 같이 고정접점과 가동접점으로 구성되어 있다. 고정접점에는 배선을 접속하도록 나사 조임 단자로 되어 있으며, 가동접점은 조작력에 의해 고정접점과 접촉하도록 되어있다. 보통 접점수를 앞에 붙여 2a, 2b, 2c등으로 표시되며, 기호는 소문자를 사용한다.

(2) 접점의 종류

1) a접점

외부에서 전압이 가해지거나 조작했을 때 닫히는 접점을 말한다. a접점 스위치는 외력이 작용하지 않는 평상시에는 접점이 열려져 있기 때문에 **상시 열림형 접점(Normal open contact, NO형)**이라고 한다. 그리고 접점에 외력이 작용하지 않은 상태에서는 접점이 열려져 있어 전기가 통할 수 없고 일을 할 수 없게 되나, 스위치가 작동되면 접점이 연결되어

일을 할 수 있기 때문에 arbeit contact라 하며, 이를 **a접점**이라 한다.

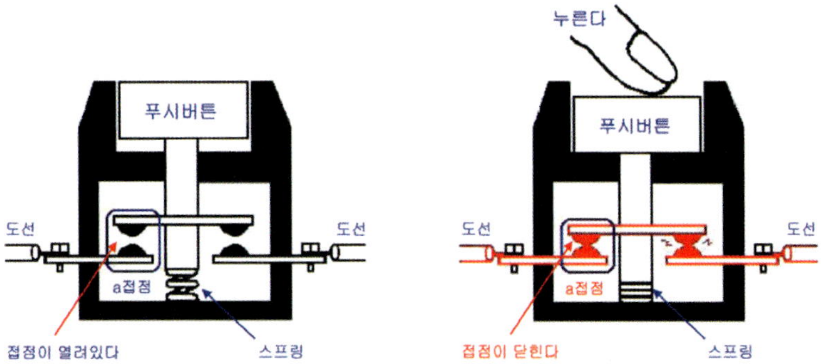

그림 5-9 a접점의 구조

평상시에 열려 있다가 힘을 가하면 닫히는 접점으로 동작부를 오른쪽 또는 위쪽에 그린다.

표 5.4 a접점 기호표시

세로 그리기	가로 그리기
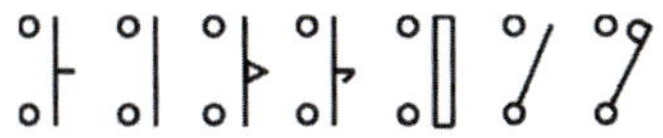	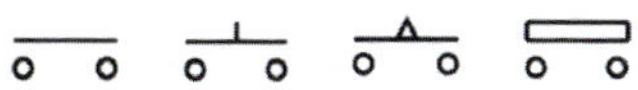

2) b접점

a접점의 반대 동작을 하는 접점을 말한다. b접점 스위치는 a접점 스위치와는 반대로 스위치가 작동되지 않은 평상시에는 접점이 닫혀져 있기 때문에 상시 **닫힘형 접점**(Normal closed contact, NC형)이라고 한다. 그리고 스위치를 작동시키면 연결되어 있던 접점이 떨어지게 되기 때문에 break contact라 하며, 이를 **b접점**이라 한다.

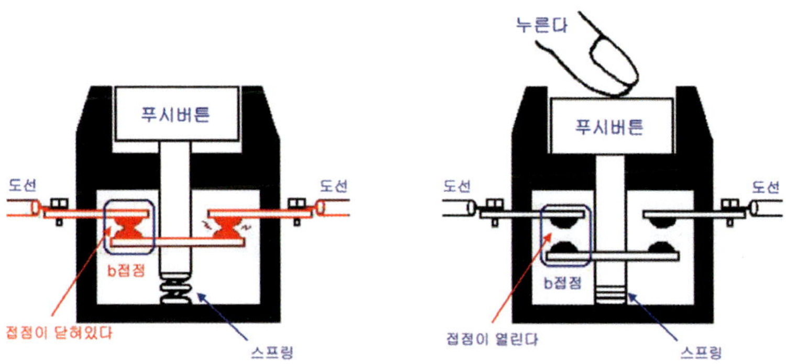

그림 5-10 b접점의 구조

평상시에 닫혀 있다가 힘을 가하면 열리는 접점으로 동작부를 왼쪽 또는 아래쪽에 그린다.

표 5.5 b접점 기호표시

세로 그리기	가로 그리기
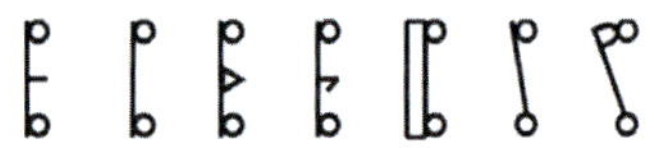	

3) c접점

c접점이란 a접점과 b접점이 모두 가동접점을 공유한 형식의 전환접점을 말하며, 스위치가 작동되면 접점의 Change-over가 일어나기 때문에 **c접점**이라 한다. c접점을 사용하는 계전기의 모습을 그림 5-11에 나타내었다.

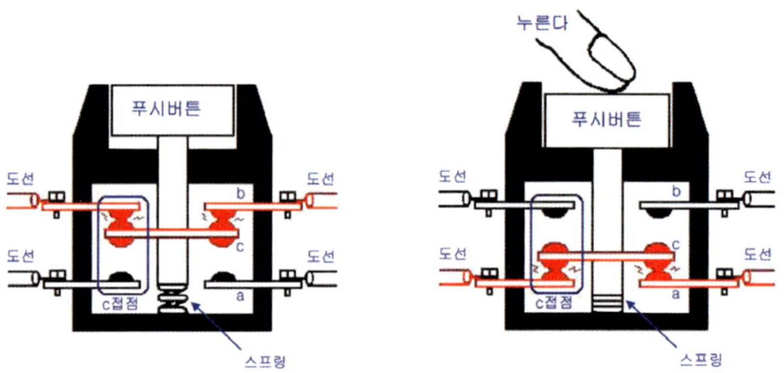

그림 5-11 c접점의 구조

계전기 접점의 형태는 가동접점이 고정접점의 b접점과 접속되어 있다. 계전기 코일에 전류를 인가하면 가동접점은 고정접점 b접점으로부터 떨어져 a접점과 접촉한다. 이와 같이 한 개의 가동 접점이 조작력에 따라 b접점, 또는 a접점과 접촉하여 신호를 전환시킨다는 뜻에서 **트랜스퍼 접점**(Transfer contact)이라고도 한다.

한쪽의 가동 접점부를 공유하는 접점을 말하며 필요에 따라 a접점 또는 b접점을 선택하여 사용한다.

표 5.6 c접점 기호표시

세로 그리기	가로 그리기
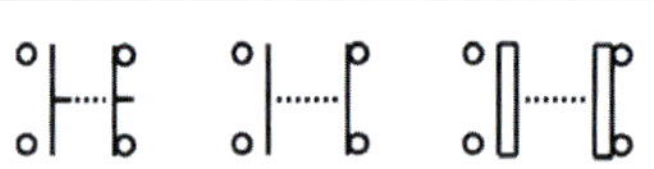	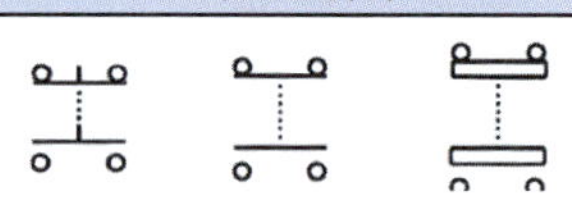

(3) 접점 사용 규칙

접점은 동작하지 않은 상태로 그린다. 즉, a접점은 떨어진 모양으로 그리고, b접점은 붙은 모양으로 그린다.

2. 접점 기호

시퀀스를 그릴 때 사용되는 전자 개폐기, 전자 계전기, 전자 타이머, 램프, 전동기 등의 외형도를 그리거나 문자를 기입하는 것이 까다롭고 불편하기 때문에 시퀀스를 이용하는 사람이 쉽게 이해할 수 있고 간단히 그릴 수 있는 전기기기의 공통된 그림기호가 필요하다. 시퀀스를 핀독하고 그리기 위해서는 이와 같은 그림기호(심벌)를 기억하는 것이 중요하다.

기본적인 그림기호는 표 5.7과 같다.

표 5.7 시퀀스 접점 기호

※ 수동 조작 접점

접점 기호	기 능
① 수동조작 자동복귀 접점 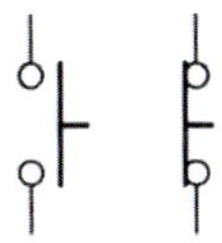 a b	손으로 버튼을 누르면 a접점은 접점이 닫히어 회로가 '폐로' 상태가 되고 누르지 않으면 스프링의 힘에 의해 접점이 열리어 회로가 '개로' 상태가 된다. 반면 b접점은 버튼을 누르면 '개로' 상태로, 누르지 않으면 '폐로' 상태로 된다. 푸시버튼 스위치가 있다.
② 수동동작 유지형 접점 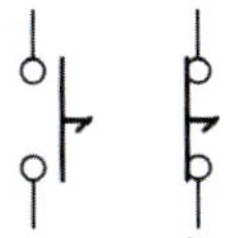 a b	손으로 조작하여야만 접점이 열리거나 닫히는 스위치의 접점을 말한다. 셀렉터 스위치, 로터리 스위치가 있다.
③ 일반 접점 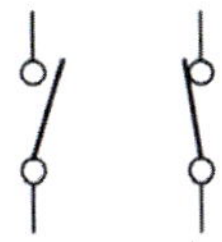 a b	개폐기, ON-OFF 스위치 등을 말한다.

※ 기계적 동작 접점

접점 기호	기 능
① 리미트 스위치 접점 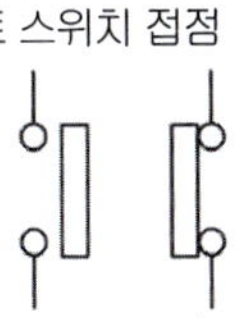 a b	스위치 내부에 장치된 접점이 캠 또는 레버와 접속되어 이동하는 물체에 의해 접점이 열리거나 닫힌다.
② 플로트 스위치 접점 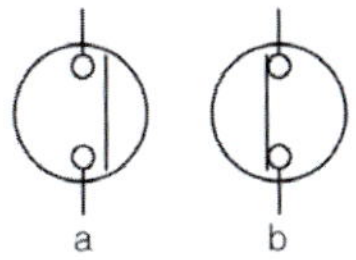 a b (액면, 압력, 온도스위치)	수압 또는 유압에 의해 접점이 열리거나 닫힌다.

전자력 동작 접점

접점 기호	기 능
① 자동복귀 a접점 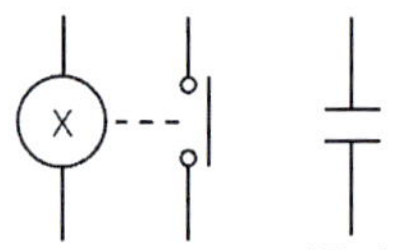 미국기호	전자 릴레이(계전기) 코일 ⓧ가 여자되면 접점이 닫히어 'ON'이 되고 여자가 풀리면 접점이 열리어 'OFF'가 된다. Make 접점, NO 접점이라고도 한다.
② 자동복귀 b접점 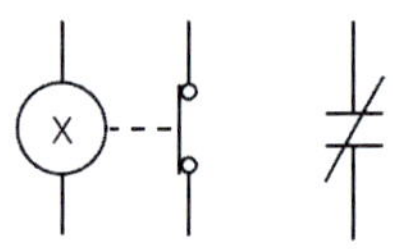 미국기호	전자 릴레이 코일 ⓧ가 여자되면 접점이 열리어 'OFF'가 되고 여자가 풀리면 접점이 닫히어 'ON'이 된다. Break 접점, NC 접점이라고도 한다.
③ 자동복귀 c접점 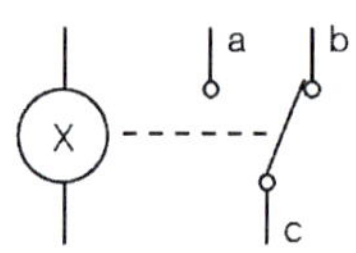	트랜스퍼(Transfer) 접점이라고도 하며, a접점과 b접점이 교차로 닫히고 열린다.
④ 한시동작 순시복귀 접점 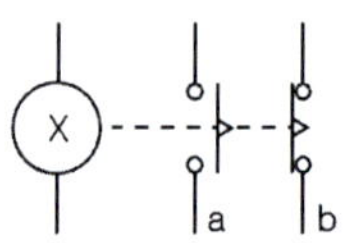	온 딜레이 타이머를 말하며, 코일이 여자되고 일정한 시간이 지나면 a접점이 닫히고(ON), b접점은 열린다(OFF). 여자가 풀리면 즉시 a접점은 열리고(OFF), b접점은 닫힌다(ON).
⑤ 순시동작 한시복귀 접점 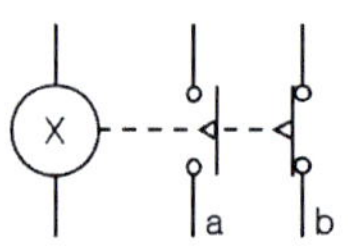	오프 딜레이 타이머를 말하며, 코일이 여자되면 즉시 a접점이 닫히고, b접점이 열린다. 그리고 여자가 풀리면 일정 시간이 지난 후에 a접점은 열리고, b접점은 닫힌다.
⑥ 한시동작 한시복귀 접점 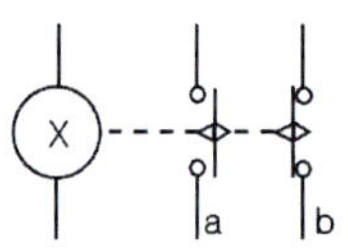	플리커 릴레이를 말하며, 코일이 여자되고 일정한 시간이 지난 후에 a접점은 닫히고, b접점은 열린다. 한편, 여자가 풀려도 일정한 시간이 지나야만 a접점이 열리고 b접점은 닫힌다.
⑦ 수동복귀 접점(열동 소자) 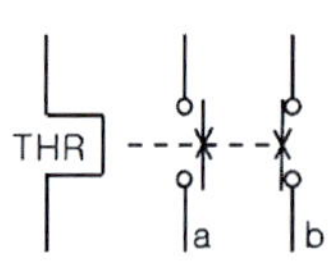	열동 계전기의 경우 접점이 일단 동작(열림)된 후 본래의 상태로 복귀시키려면 수동으로 조작하여야만 되는 접점을 말한다.

(1) 자동복귀 a접점 회로(ON회로 : make회로)

① 전자 계전기 코일 X가 여자되면 X–a 접점이 닫히고, X가 소자되면 X–a 접점은 열린다.

② 접점의 타임차트에서 “1”은 닫혀 ON을 나타내는 상태이고, “0”은 열려 OFF되는 상태이다.

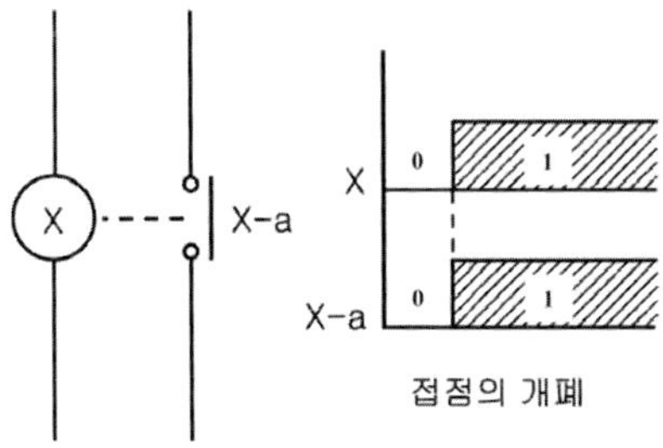

그림 5–12 자동복귀 a접점 회로

(2) 자동복귀 b접점 회로(OFF회로 : break회로)

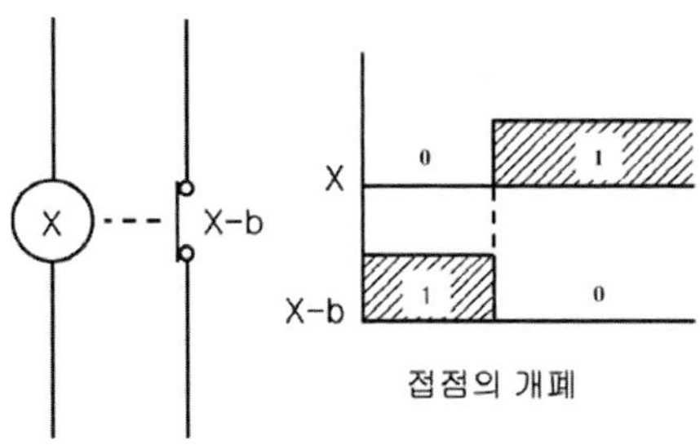

그림 5–13 자동복귀 b접점 회로

① 전자 계전기 코일 X가 여자되면 X–b 접점이 열리고, X가 소자되면 X–b 접점은 닫힌다.

② 접점의 타임차트에서 “1”은 닫혀 ON을 나타내는 상태이고, “0”은 열려 OFF되는 상태이다.

(3) 자동복귀 c접점 회로

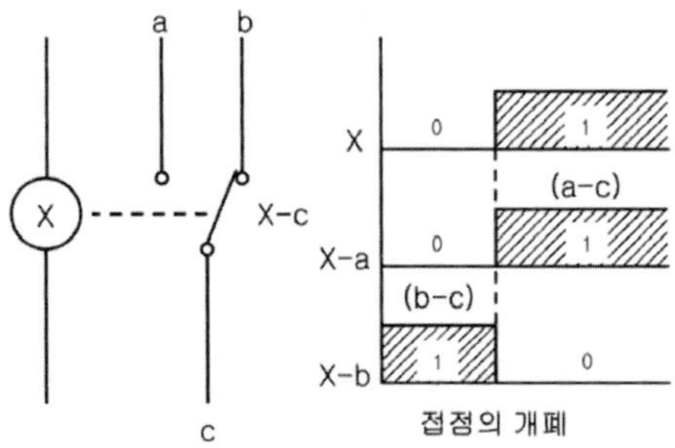

그림 5–14 자동복귀 c접점 회로

① 전자 계전기 코일 X가 여자되면 a접점이 닫히고, b접점은 열리는 회로이다.
② 접점의 타임차트에서 "1"은 닫혀 ON을 나타내는 상태이고, "0"은 열려 OFF되는 상태이다.

(4) 한시 접점 회로

1) 한시동작 순시복귀 접점 회로

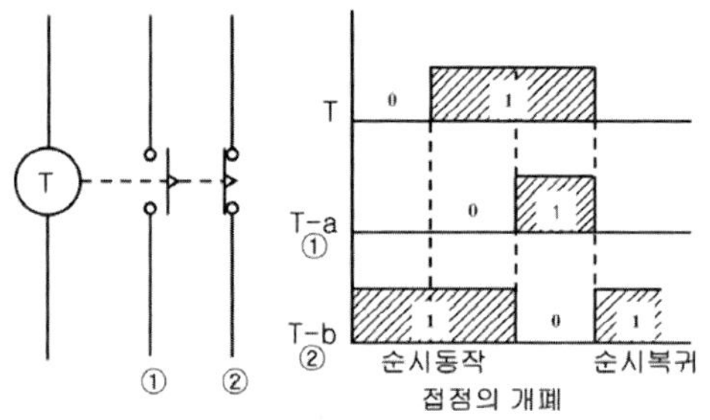

그림 5-15 한시동작 순시복귀 회로

① a접점 : 전자 타이머 코일 T가 여자되면서부터 정해진 시간이 경과하면 닫히는 접점(닫힐 때 시간 지연이 있다).
② b접점 : 전자 타이머 코일 T가 여자된 후부터 정해진 시간이 경과하면 열리는 접점(열릴 때 시간 지연이 있다).
③ 전자 타이머 코일이 소자되면 즉시 접점이 여자 전의 상태로 복귀한다.

2) 순시동작 한시복귀 접점 회로

① a접점 : 전자 타이머 코일 T가 여자되면 즉시 닫히는 접점(열릴 때 시간지연이 있다).
② b접점 : 전자 타이머 코일 T가 여자되면 즉시 열리는 접점(닫힐 때 시간지연이 있다).
③ 전자 타이머 코일이 소자되면 a접점은 일정시간 후 OFF(열림)되고, b접점은 일정시간 후 ON(닫힘)으로 된다. 기호에서 꼭지가 있는 곳을 잡아 당겨서 동작이 지연된다고 생각하면 된다.

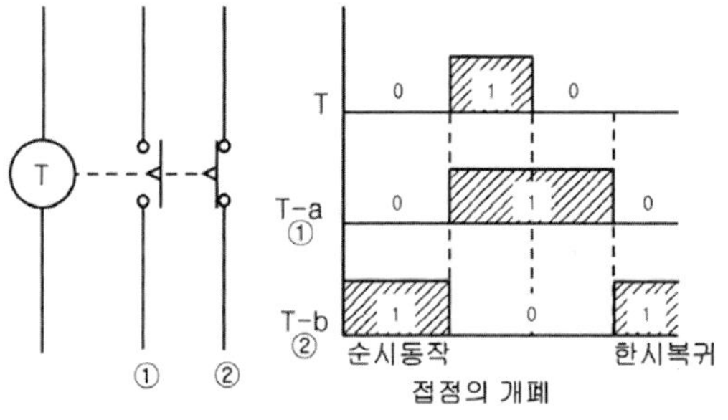

그림 5-16 순시동작 한시복귀 회로

3) 한시동작 한시복귀 접점 회로

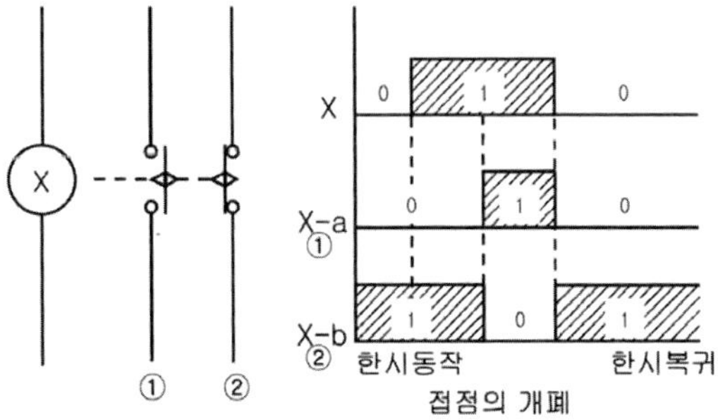

그림 5-17 한시동작 한시복귀 회로

① a접점 : 전자 계전기 코일 X가 여자된 다음 일정시간 후에 닫히고(ON), 소자되면 일정시간 후에 열리는(OFF) 접점.

② b접점 : 전자 계전기 코일 X가 여자된 다음 일정시간 후에 열리고(OFF), 소자되면 일정시간 후에 닫히는(ON) 접점.

(5) 수동복귀 접점 회로

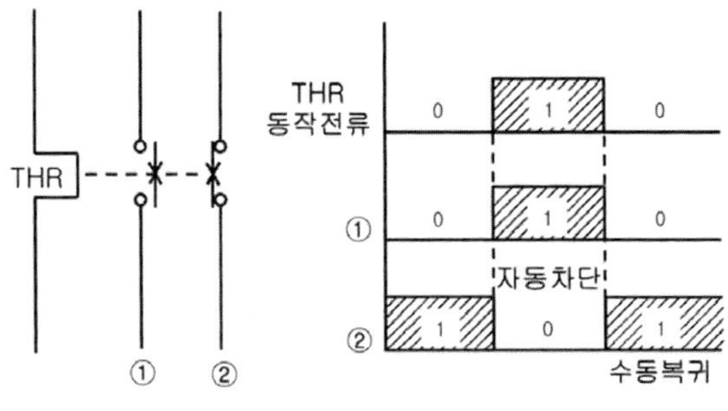

그림 5-18 수동복귀 접점 회로

전자 계전기의 접점은 가해진 전류가 차단되면 동작과 함께 접점도 원래의 위치로 복귀되지만 열동 계전기의 접점과 같이 한번 자동적으로 동작한 접점은 세력을 풀어도 복귀되지 않으므로 이것을 복귀시킬 때는 수동으로 해야 한다.

3. 제어기기 문자기호

대표적인 제어기기 문자기호를 표 5.8에 나타내었다. 이들은 모두 기기의 구조, 외관, 기능 등의 특징을 간략하게 도안화한 것이다. 그림기호는 ○를 사용하는 것이 많고, ○속에 기기의 기호와 번호를 잊으면 시퀀스를 잘못 판독할 우려가 있다. 그래서 전자 계전기의 코일인가 램프, 계기인가를 확실히 구별해야 한다.

표 5.8 시퀀스에 사용하는 제어기기 문자기호

문자기호	용 어	영 문
기 기		
M	전동기	Motor
IM	유도 전동기	Induction motor
Tr	변압기(소형)	Transformer
차단기, 스위치		
MCCB NFB	배선용 차단기	Molded Case Circuit breaker. No-fuse breaker
MCB	회로 차단기	Molded circuit breaker
ELB	누전 차단기	Earth leakage circuit breaker
F	퓨즈	Fuse
MC	전자 접촉기 전자 코일	Magnetic contactor Magnetic coil
P.B, P.B.S	누름버튼 스위치	Push button switch
S.S	절환 스위치	Selector switch
L.S	리미트 스위치	Limit switch
계 전 기		
THR(Th)	열동 계전기	Thermal relay
O.L	과부하 계전기	Over-load relay
T.C	트립 코일	Trip coil
R, Ry	릴레이(계전기)	Relay
Aux, Ax	보조 계전기	Auxiliary relay
T, TR	타이머	Timer, Time relay
FL	플로트 릴레이	Float relay
SV	솔레노이드 밸브	Solenoid valve
X	릴레이 코일	Relay coil
기 타		
P.L(RL, GL, YL, WL)	표시등(적, 녹, 황, 백)	Pilot lamp
BL	벨	Bell
BZ	부저	Buzzer
X	단자대	Terminal blocks
ON	폐로, 닫음	Close
ST	시동(기동)	Start
STP	정지	Stop
F, For	정회전	Forward
R, Rev	역회전	Reverse
AUT	자동	Automatic operation
MAN	수동	Manual operation
배 선		
L	배선	Line
H	전압측선	Hot line
P	전압측선	Positive line
N	중성선	Neutral line
	접지측선	Negative line
E	접지, 접지선	Earth, Earth line

5.8 시퀀스 그리는 방법

1. 시퀀스를 그릴 때 기본원칙

① 전자 개폐기의 주접점 및 보조접점 등은 모두 전원이 끊긴 상태, 검출기 스위치는 검출되지 않은 상태를 표시한다.

② "자동-수동"등의 전환 스위치가 있는 경우, 통상적으로 선택되는 상태로 표시한다.

③ 전동기의 경우, 세로방식의 경우 주회로는 좌측에, 제어회로는 우측에 표시, 가로방식일 때는 주회로는 위에 제어회로는 아래에 표시한다.

④ 전원의 상순은 세로방식의 경우 좌로부터 우로 R, S, T 또는 가로방식의 경우 위로부터 아래로 R, S, T 순으로 표시한다.

⑤ 제어회로의 동작순서는 세로방식의 경우는 좌측에서 우측으로, 가로방식의 경우는 위에서 아래로 표시한다.

⑥ 세로방식의 경우 제어회로 모선의 전원 극성은 교류(직류) 전원의 경우, 상측 모선을 R상(P상), 하측 모선을 T상(N상)으로 하며, 가로방식의 경우 제어회로 모선의 전원 극성은 교류(직류) 전원의 경우, 좌측 모선을 R상(P상), 우측 모선을 T상(N상)으로 한다. 코일은 가급적 T상측에 위치하도록 한다.

⑦ 긴 시퀀스를 그릴 때는 명령부분, 운전부분 등과 같이 나누어 표시하고 간단한 설명을 달아둔다. 이 경우 접점의 위치를 명확하게 하기 위해 번지를 붙인다.

2. 시퀀스 세로방식과 가로방식 작성방법

시퀀스를 동작회로라고도 하며, 그리는 방법은 전기회로도와는 다르다. 전동기의 운전제어에 필요한 시퀀스는 제어회로 이므로 전원인 2개의 선을 수평 또는 수직으로 긋고 그 사이에 각종 제어요소의 기호를 그리게 된다.

그림 5-19는 시퀀스 제어회로를 작성하는 방법은 세로로 그리는 세로방식과 가로로 그리는 가로 방식으로 나뉘며, 이 두 방법은 그리는 방향만 틀릴 뿐 일반적인 모든 약속은 동일하다.

① 먼저 전원 모선을 수평 평행하게(가로방식은 수직 평행하게) 2줄을 그리고 그 사이에 전기기기의 기호를 위에서 아래로(가로방식은 좌에서 우로) 그린다.

② 스위치나 검출기 및 접점 등은 회로의 위쪽(가로방식은 좌측)에 그리고, 전자 릴레이 코일, 솔레노이드, 표시등은 아래(가로방식은 우측)에 그린다.

③ 회로의 전개 순서는 기계의 동작 순서에 따라 좌측에서 우측으로(가로방식은 위에서 아래로) 그린다.

④ 회로도의 기호는 동작 이전의 상태 또는 조작하는 힘이 가해지지 않은 상태로 표시한다.

⑤ 검출기의 접점은 동작하는 계전기의 코일기호와 연계시켜 표시한다(문자기호 사용).

⑥ 전원에는 반드시 전원 개폐기와 퓨즈를 넣는다.

⑦ 제어회로에 직류 전원을 사용하는 경우 변압 정류장치를 사용한다.

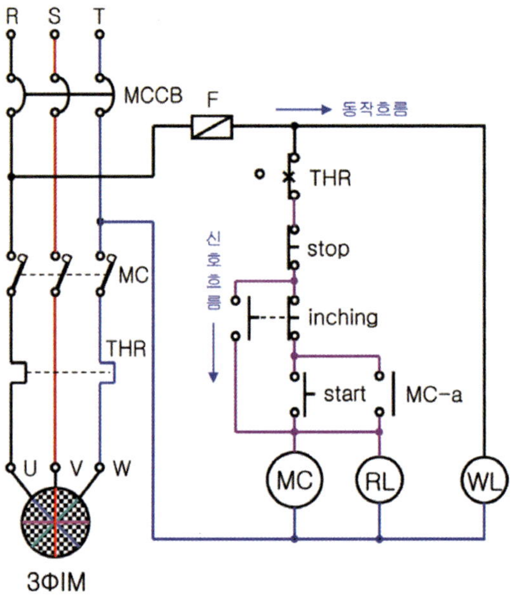

(a) 세로방식

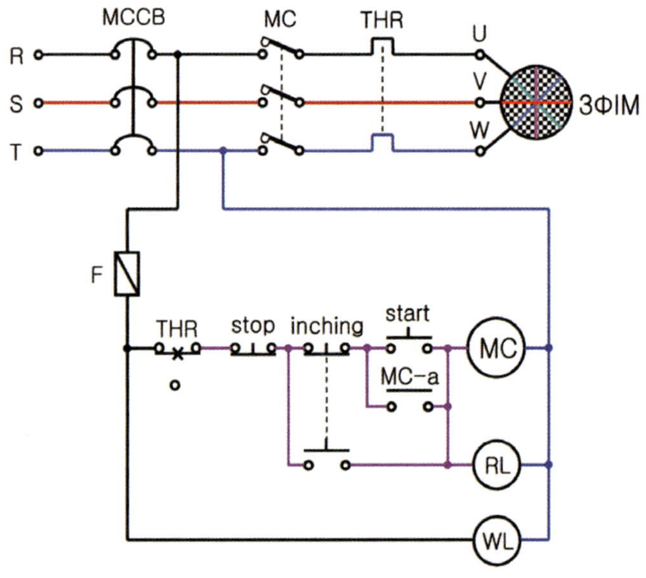

(b) 가로방식

그림 5-19 시퀀스 회로 작성 방법

⑧ 회로도를 쉽게 읽고 보수 점검을 용이하게 하기 위해서는 선 번호 및 릴레이 접점번호 등을 표시하기도 한다.

또한, 시퀀스를 읽고 그리기 위해서는 전원 개폐기, 조작 스위치(푸시버튼), 기계적 접점, 전자력 동작 접점(릴레이 접점), 전자 계전기 코일, 표시등, 검출기의 기능을 확실하게 알고 있어야 한다.

5.9 시퀀스 회로 조립 및 배선

① 시퀀스도를 작성한다.
② 시퀀스 회로를 완성하는데 필요한 제어기기를 선정한다.
③ 제어기기의 각 부분을 그린 다음, 시퀀스도를 완성한다.
④ 완성된 시퀀스 회로에서 전자 계전기나 타이머 베이스의 핀 번호를 해당접점과 전자 코일에 표시한다.
⑤ 실제의 제어기기를 조립판(속판)에 배치하고 비닐절연전선을 사용하여 배선한다.

5.10 시퀀스 제어의 제어 기구

시퀀스 제어회로 구성을 위하여 다양한 많은 종류의 구성 부품이 필요하다. 따라서 이들 구성 부품의 종류 및 동작원리, 특성 등을 이해를 하고, 시퀀스 제어회로에 많이 사용되고 있는 제어기기에 대하여 설명하고자 한다.

표 5.9 회로에 사용되는 각종 기기

분 류	종 류
릴레이류	제어용 릴레이, 전자 타이머, 전자 접촉기, 전자 개폐기, 열동 릴레이 등
검출용 스위치	마이크로 스위치, 리미트 스위치, 근접 스위치, 광전 스위치, 압력 스위치 등
조작용 스위치	누름버튼 스위치, 셀렉터 스위치, 로타리 스위치, 풋 스위치 등
작동기기	전동기, 전자 클러치, 전자 브레이크, 전자 밸브, 솔레노이드 등
표시 및 경보기구	표시등, 부저, 벨 등
기타	변압기, 정류기, 저항기, 전자카운터 등

1. 조작용 스위치의 종류

조작용 스위치는 사람이 손으로 조작하여 작업명령을 주거나 명령처리의 방법을 변경 또는 수동 • 자동으로 변환되는 스위치를 말한다. 즉 외부의 조작에 의하여 제어장치에 신호를 넣어주는 기구를 말한다.

(1) 전원 개폐기(Line switch)

전원 개폐기는 회로의 전원측에 설치하여 부하에 전기를 공급하거나 차단하는 기능을 가진다. 배선용 차단기의 역할은 회로에 이상이 생겼을 때 재빨리 회로를 차단함으로서 배선, 접속기기 파손이나 화재발생을 방지하는 기기로서 과부하 차단 및 단락전류와 같은 사고 시 회로를 차단하는 목적을 한다.

배선용 차단기는 Mold case로 둘러쌓인 차단기로 미국 규격과 같이 Molded case circuit breaker(MCCB)라 부르며, 이는 국제적으로 통용되는 명칭이다.

국내에서는 전기설비기술기준과 내선규정 등에서 설치를 의무화하고 있다. 개폐기구, 트립장치 등을 절연물의 용기내에 일체로 조립한 것으로 통전상태의 회로를 수동 또는 전기조작에 의하여 개폐할 수 있으며, 과부하 및 단락 등의 상태일 때 자동적으로 회로를 차단하는 기구를 말한다.

AF(Ampere Frame)는 Frame 용량을 말하며, 정격전압, 절연성능, 차단용량 등 차단기의 주요기능을 동일한 크기에서 구현 가능한 최대정격전류(kA)값을 말한다. AT(Ampere Trip)는 배선용 차단기의 과전류 트립 기준치로 정격사용전류를 말한다. 즉, 피보호 전기기기나 선로의 용량과 특성에 의해 정해지는 값이다.

표 5.10 전원 개폐기 실물 및 접점 표시

실물	접점 기호	
	단상 2P 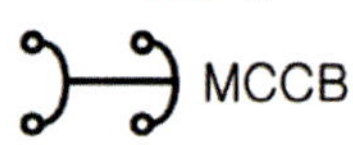	삼상 3P 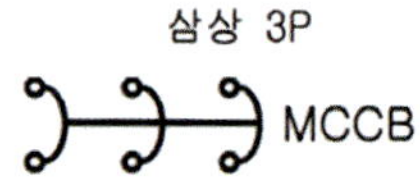

그림 5-20은 배선용 차단기의 트립(Trip) 시 핸들 상태를 나타낸 것으로 트립 시 핸들이 ON, OFF의 중간 위치에 놓이게 된다. 트립된 상태에서 핸들을 ON하여도 2차측에는 전원을 공급하지 않는다. 이 경우에는 트립 상태에서 핸들을 완전히 OFF한 다음 핸들을 ON으로 투입하면 2차측으로 전원이 공급된다.

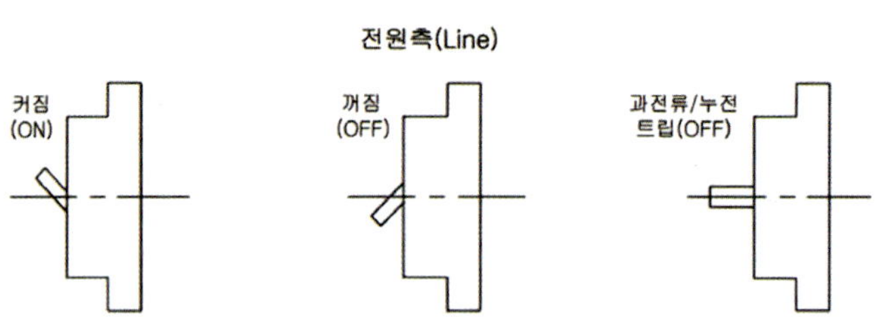

그림 5-20 배선용 차단기 트립 시 핸들 상태

(2) 누전 차단기(Earth leakage breaker : ELB 또는 Earth leakage circuit breaker : ELCB)

누전 차단기는 과부하 차단도 목적이 되지만 주목적은 누전차단이 목적이다. 누전 • 감전이 발생할 시에 그 이상을 감지하여 자동적으로 회로를 차단하고 전기를 끊는 작용을 한다.

표 5.11 누전 차단기 실물 및 접점 표시

실물	접점 기호	
	단상 2P 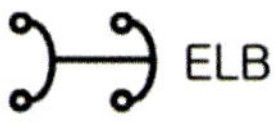	삼상 3P 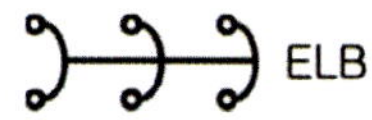

과부하란 합선에 의한 과대전류, 부하(기기, 기계)의 과다 사용으로 인한 전류의 과다한 흐름 그리고 누전에 의한 과전류를 말한다. 누전 차단기나 배선용 차단기나 모두 "차단기"라 부르는 이유는 ELB나 MCCB의 목적이 전류를 흐르게 하는 것이 아니고 그 2차측에 사고가 나면 재빨리 차단이 되어 사고가 더 이상 확대되는 것을 막고자 하는 것이다.

누전 차단기의 적색버튼인 경우 누전차단(지락차단) 및 과전류차단에 사용되는 것이며, 녹색 버튼은 누전차단(지락차단) 전용으로 사용된다.

1) 누전 차단기의 종류

누전 차단기의 설치규정에 따라 저압선로에 시설하는 누전 차단기 등은 전류 동작형으로서 다음과 같다.

표 5.12 저압선로에 시설하는 누전 차단기 종류

구 분		정격감도 전류(mA)	동작시간
고감도형	고속형	5, 10, 15, 30	• 정격감도전류에서 0.1초 이내 • 인체감전보호형은 0.03초 이내
	시연형		• 정격감도전류에서 0.1초를 초과하고 2초이내
	반한시형		• 정격감도전류에서 0.2초를 초과하고 2초 이내 • 정격감도전류 1.4배의 전류에서 0.1초를 초과하고 0.5초 이내 • 정격감도전류 4.4배의 전류에서 0.05초 이내
중감도형	고속형	50,100, 200, 500,1000	• 정격감도전류에서 0.1초이내
	시연형		• 정격감도전류에서 0.1초를 초과하고 2초이내

- 고속형 – 감전방지가 주목적이다.
- 시연형 – 동작시한을 임의 조정이 가능. 보안상 즉시 차단하여서는 아니되는 시설물.
- 반한시형 – 지락전류에 비례하여 동작 접촉전압의 상승을 억제하는 것이 주목적이다.

(주) 전기용품 기술기준에 관한 규칙에 정하고 있는 감전 보호용 누전 차단기의 정격감도전류 30[mA]이하, 0.03초 이내임

2) 누전 차단기의 구조

누전 차단기의 내부는 누전검출부, 영상변류부, 차단부로 구성되어 있으며 대단히 적은 누설전류를 정확하게 잡는 것은 영상변류기와 누전검출부이다.

① 개폐기구

누전 차단기는 핸들(Handle)을 ON, OFF의 위치로 조작하는 것에 의하여 접촉자가 동작하여 회로를 개폐하는 구조로 되어있다. 또한, 누전 트립장치나 과전류 트립장치가 동작하여도 접촉자가 개로(OFF)되면 핸들은 폐로(ON)의 위치에 있어도 트립동작은 방해 받지 않는 구조로 되어있다. 트립장치가 동작하면 핸들은 ON, OFF의 중간위치에 오게 되어 표시을 하게 된다. 재투입하는 경우 먼저 트립위치의 핸들을 OFF의 방향으로 세게 당겨 리셋(Reset)시켜야 한다.

핸들은 그림 5-20과 같이 3가지의 위치를 나타내며 이 위치에 의하여 동작상태를 알 수 있게 된다.

② 누전 트립(Trip)장치

❶ ZCT(Zero Current Transformer : 영상변류기)

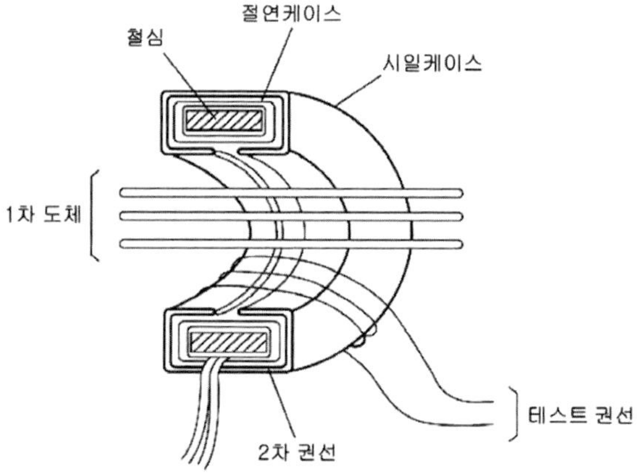

그림 5-21 ZCT의 구조

그림 5-21은 미소한 지락전류를 검출하여야하는 변류기 이므로 일반변류기(CT)와는 구별하여 생각할 필요가 있다. 재질도 고투자율의 퍼말로이가 주류를 이루고 있다.
구성은 퍼말로이 철심, 주회로 전류가 흐르는 1차 도체와 철심에 감긴 2차 권선이 기본으로 되어있다.
1차 도체 각상 전류에 의하여 발생하는 자속을 철심이 벡터(Vector) 합성하여 각상의 자속차에 해당하는 자속에 의하여 2차 권선에 기전력이 발생한다. 따라서 1차 전류의 크기에 관계없이 각상 전류의 벡터합이 "0"으로 되면, 자속이 철심에서 서로 상쇄되어 2차 권선에 기전력은 발생하지 않는다. 만일, 지락사고가 발생하면 각상의 전류 균형이 붕괴되고, 지락전류의 크기에 해당하는 자속에 의하여 철심이 여자되어 2차 권선에 기전력이 발생한다.

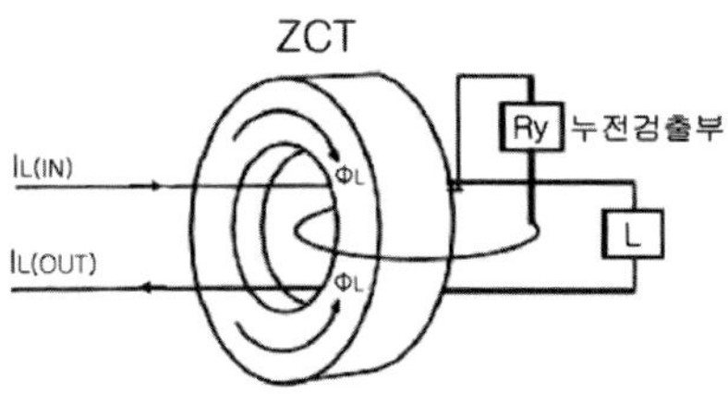

(a) 누전이 없는 정상상태

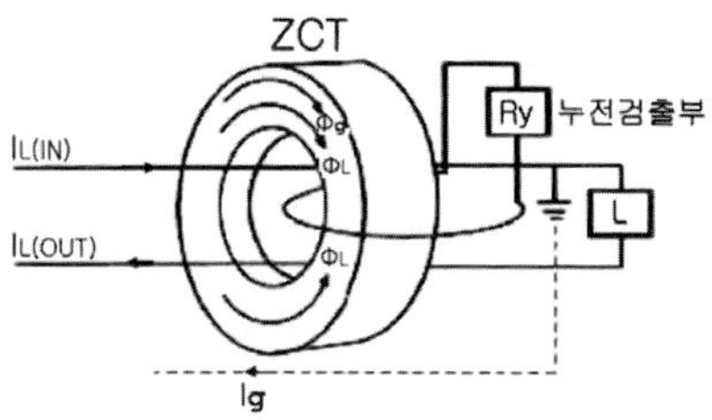

(b) 누전이 발생한 누전상태

그림 5-22 영상변류기 동작원리

그림 5-22는 영상변류기의 동작원리를 표시한 것이며, (a)의 그림은 누전이 없는 정상상태에서 영상변류기를 관통하여 흘러 들어가는 전류 $I_{L(IN)}$과 흘러나오는 전류 $I_{L(OUT)}$에 의해서 발생하는 자속이 같기 때문에 영상변류기의 2차측에는 출력전압이 나타나지 않는다. 또한 (b)의 그림은 누전이 발생한 누전 또는 지락상태에서는 누전전류 또는 지락전류(Ig)에 의해서 영상변류기를 관통하여 흘러 들어가는 전류와 흘러나오는 전류는 다르며, 이들 전류의 차를 **정격감도전류**라 부르며, 영상변류기의 2차측에는 출력전압이 발생하여 전자회로부에 전달되어 차단기의 주접점을 개로(Open)시킨다.

❷ 전자회로부

전자회로부 구성은 그림 5-23과 같이 되어 있으며, 제어전원은 누전 차단기 내부 주선로의 R, T상에서 취하여 충격파 흡수회로를 거쳐 전원회로에서 DC로 정류되어 노이즈 필터(Noise Filter)를 거쳐 IC에 인가되어진다. 한편, ZCT에서 발생한 신호 세력은 노이즈 필터를 거쳐 감도 선택회로를 지나 IC에 인가된다.

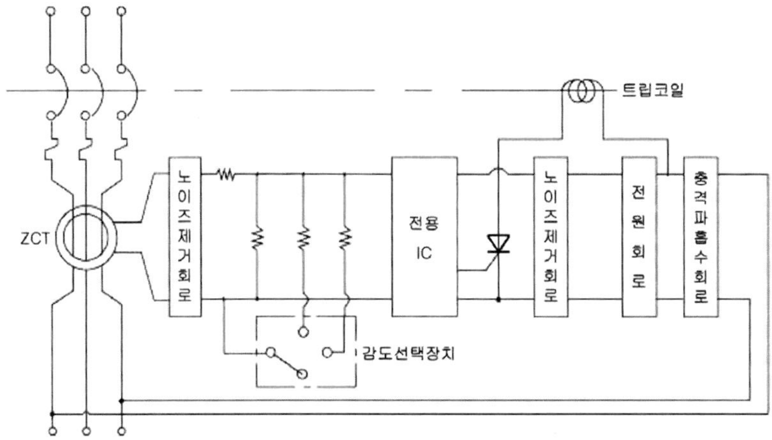

그림 5-23 전자회로 구성도

누전 차단기 전용으로 설계된 신뢰성 높은 IC의 내부에서는 ZCT에서 발생한 신호세력을 받아 들여 이를 증폭하고 그 크기를 판별하여 일정기준을 초과하면 출력을 발생하여 IC우측 단의 SCR 사이리스터를 ON시키게 되고 SCR 사이리스터가 ON 상태로 되면 트립 코일(Trip Coil)에 전류가 흘러 누전 차단기를 트립(Trip)시키게 된다.

이와 같은 회로구성에서 전자회로부의 신호단(ZCT) 및 전원단에서 유입되는 노이즈를 차단하고 전원단(주선로)을 유입되는 각종 써지(Surge)를 흡수하여 노이즈 및 써지에 의한 오동작을 방지하도록 되어 있다. 또한 3극의 누전 차단기를 단상 2선 회로에 사용할 경우 반드시 R, T상에 결선해야 내부의 전자회로에 전원이 공급되어지므로 주의하여야 한다.

❸ 트립 코일(Trip Coil)

지락전류가 소정의 값 이상으로 될 경우 사이리스터가 ON되고 이에 의하여 트립 코일에 전류가 흐르게 되며 트립 코일은 여자되어 아마추어(Armature)를 흡인하여 누전 차단기를 순간적으로 트립시키게 된다. 그림 5-24에 트립 코일의 일례를 나타내었다.

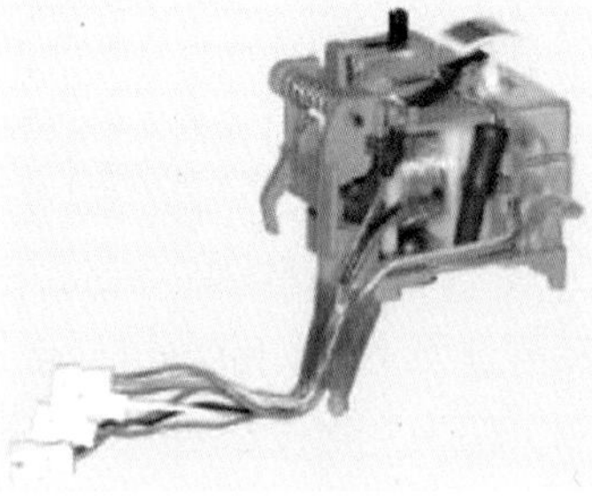

그림 5-24 트립 코일

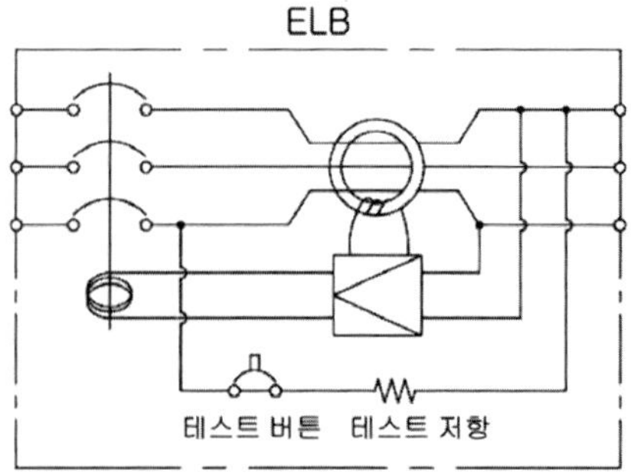

그림 5-25 테스터장치 회로

③ 테스트(Test) 장치

지락사고는 인명에 관계되기 때문에 동작 확인이 필요하다. 테스트 장치는 그림 5-25와 같이 지락 모의회로를 만들고 테스트 버튼을 누름으로써 전류를 흐르게 하여 지락사고 시 확실히 동작하는지를 확인할 수 있게 한 장치이다. 모든 누전 차단기에는 이러한 테스트 장치가 갖추어져 있다.

④ 누전표시 장치

누전 차단기가 누전에 의하여 동작한 경우 과부하 단락에 의한 동작과의 구별을 할 수 있게 누전 차단기 전면에 누전표시창 또는 누전표시 버튼이 장착되어 있다. 그림 5-26과 같이 누전 표시 창은 정상상태시 표시창에 녹색, 누전에 의한 트립시 표시창에 적색으로 표시된다. 그리고 그림 5-27과 같이 누전표시 버튼은 누전에 의한 차단시에 노란색 버튼이 돌출하여 과전류로 인한 트립과 구분을 용이하게 한다.

그림 5-26 누전 표시창 위치

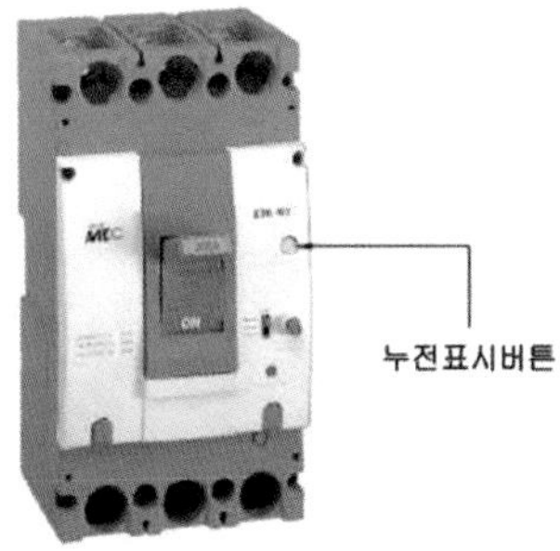

그림 5-27 누전 표시 버튼 위치

(3) 조작 개폐기(Operation switch)

시퀀스 회로에서 전동기를 운전하고, 전동기나 계통 고장시 부하를 보호하는 개폐기로 전자 개폐기가 사용된다. 이와 같이 부하의 운전을 조작하는 개폐기를 **조작 개폐기**라 한다.

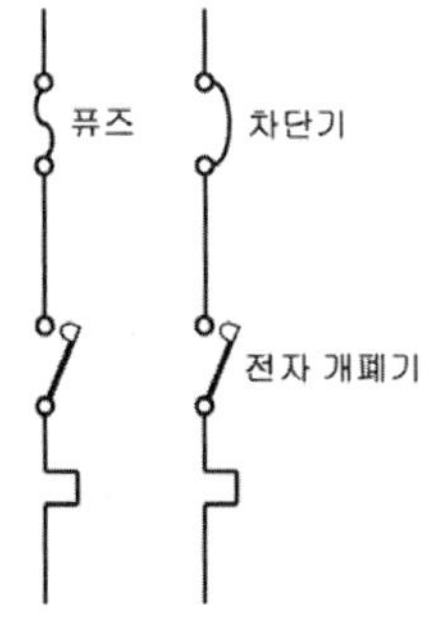

그림 5-28 계통회로의 보호협조

전원 개폐기와 조작 개폐기를 시설하는데 있어서는 부하를 보호하기 위하여 보호협조가 이루어져야 한다. 특히, 전자 개폐기는 과부하 전류로부터는 부하를 보호하지만 단락 고장전류로부터는 부하를 보호하지 못한다. 그러므로 계통회로의 부하를 단락 고장전류로부터 보호하기 위해서는 그림 5-28과 같이 반드시 조작 개폐기 앞에 배선용 차단기나 퓨즈를 설치하여 동작협조가 이루어지도록 하여야 한다.

(4) 퓨즈 및 회로 보호기

1) 퓨즈(Plug fuse)

(a) 실물

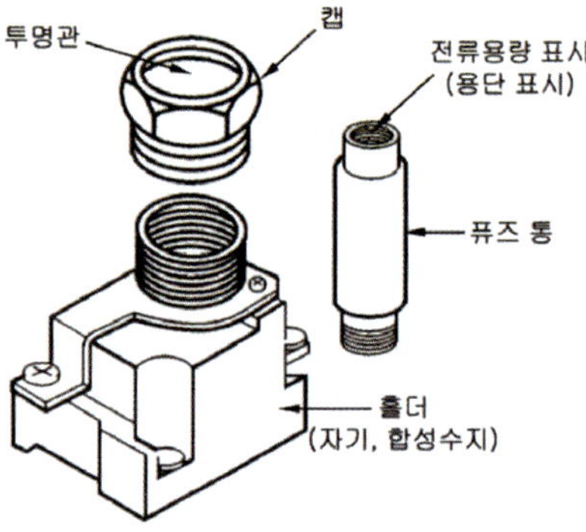

(b) 내부구조 및 결선방법

그림 5-29 플러그 퓨즈의 실물, 내부구조 및 결선방법

시퀀스 회로에서 제어회로에는 여러 종류의 제어기구와 표시등 및 기타 기구가 접속된다. 이들을 고장 전류로부터 보호하기 위하여 퓨즈나 회로 차단기를 설치한다.
일반적으로 시설하는 퓨즈는 퓨즈의 용단상태를 쉽게 알아볼 수 있는 플러그 퓨즈이며, 전자 개폐기의 전원측(배선용 차단기의 2차측)에서 분기하는 회로에 시설한다.
플러그 퓨즈는 그림 5-29와 같이 퓨즈 홀더와 조합되며, 퓨즈 머리(Fuse fing)에는 퓨즈의 전류 용량이 색깔로 표시되어 있는 것도 있으며, 퓨즈가 용단되면 색깔 표시판이 튀어나와 용단상태를 알려준다.

표 5.13 퓨즈 용량과 색 표시

전류값	색 상	전류값	색 상
3A	오렌지색	15A	회 색
5A	갈 색	20A	청 색
7A	녹 색	30A	보라색
10A	적 색	40A	흑 색

2) 회로 보호기(Circuit protector : CP)

그림 5-30 회로 보호기 실물

그림 5-30은 회로 보호기 실물이며, 회로 보호기는 회로를 보호하는 기기로서 기종이 매우 다양하다. 전류차단에 가장 빠른 특성 순서에 따라 순시형, 고속형, 중속형, 저속형의 종류가 있으며, Delay unit을 설치하여 속도를 더욱 늦추도록 하고 있다. 배선용 차단기와 비교하여 0.1[A], 0.25[A] 등 소전류의 트립 특성을 가지고 있어 소전류 차단도 가능하다. 이상전류에 의해 트립되며, 정확한 값에 의해 동작한다.

배선용 차단기의 경우 차단용량이 크기 때문에 분기회로에서 쇼트나 이상 동작이 있어도 차단하지 않을 수 있지만 회로 보호기는 좀 더 예민하고 정교하기 때문에 차단을 할 수 있다. 따라서 고가의 서보 엠프나 기기의 보호 목적으로 많이 사용하고 크기도 작기 때문에 제어반에 주로 사용한다. 퓨즈 대신 사용 가능하다.

◈ 특징

- 반도체, LCD, 기계설비 회로 보호
- AC/DC 겸용사용
- 17.5mm 폭(1극 기준)으로 분전반내 설치 사이즈 감소
- 표시창을 통한 제품 On/Off 상태 확인
- 회로보호차단기
- 외부영향에 의한 보호 목적
- 퓨즈 대용으로 사용
- 퓨즈보다 동작특성 및 재활용성이 우수
- MCCB보다 외형이 작고 보호 성능이 우수
- 주로 PLC등 전자 장비 보호에 사용

(5) 푸시버튼 스위치(Push button switch : 약자 PB 또는 PBS)

전자 개폐기의 개폐 조작은 푸시버튼 스위치에 의해 동작한다. 푸시버튼 스위치는 a접점 스위치와 b접점 스위치로 구분되며, a접점은 평상시에는 접점이 열려 있고, 버튼을 누르면 접점이 닫히어 회로를 폐로로 만든다.

누르는 것을 놓으면 스프링의 힘으로 원래 상태로 되돌아오는 것을 '자동복귀형 a접점 스위치' 라하고, 평상시에는 스프링의 힘으로 접점이 닫혀 있다가 버튼을 누르면 접점이 열리는 것을 '자동복귀형 b접점 스위치' 라고 한다. 전자를 'ON' 스위치, 후자를 'OFF' 스위치라고도 한다.

푸시버튼 스위치의 동작(수동조작 자동복귀 접점)은 버튼을 누르면 접점이 열리거나 닫히는 동작을 한다(수동조작). 손을 떼면 스프링의 힘에 의해 자동으로 복귀한다(자동복귀).

표 5.14 푸시버튼 스위치 실물 및 접점 표시

실물	접점 기호	단자구조
	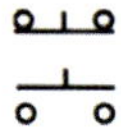 b 접점 a 접점	b 접점 : (Normal Close : NC) a 접점 : (Normal Open : NO)

전기사용의 안전관리상 **정지(stop)버튼은 캡이 적색**의 것, **운전(start) 버튼은 캡이 녹색**으로 되어 있다.

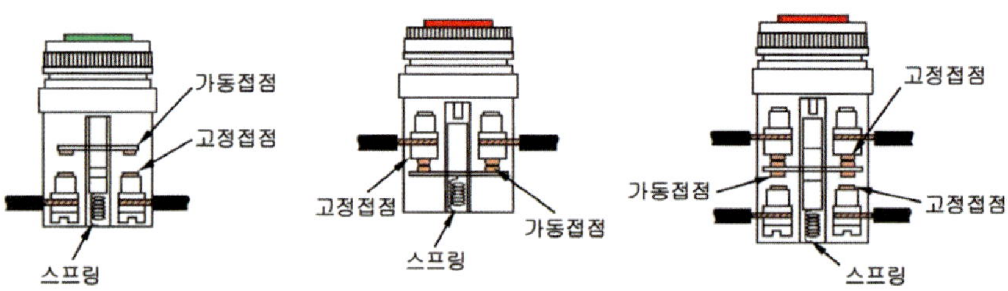

(a) a접점 (b) b접점 (c) c접점

그림 5-31 푸시버튼 스위치 외관 및 내부구조

그림 5-31과 같은 종류의 스위치는 자동화 설비의 운전, 정지와 회로의 조작 및 전원제어를 하는데 널리 사용된다.

최근에는 푸시버튼에 표시등 램프를 내장한 일명 '램프 푸시버튼' 이 널리 사용되고 있다. 전자 개폐기와 조합하여 사용하는 조작용 푸시버튼은 단독으로 된 것과 2개 또는 3개용으로 된 것이 있다. 단독으로 된 것은 ON버튼과 OFF버튼이 따로 따로 있으며, 접점도 a접점과 b접점이 따로 따로 있는 것과 1개의 버튼에 a접점과 b접점이 함께 있는 것(c접점)도 있다. 2개용은 ON버튼과 OFF버튼이 하나의 박스에 조립되어 있고, 3개용은 ON버튼 2개와 OFF버튼은 1개로 조립되어 있다.

전동기 운전 제어회로에서 ON버튼은 기동(start)버튼이라 하고, OFF버튼은 정지(start)버튼이라고 한다. 3개로 조립된 버튼은 3상 유도전동기의 정 • 역(FOR-REV) 운전에 사용하며, ON

버튼 1개는 정방향 운전(Forward), 다른 1개는 역방향 운전(Reverse)에 사용하고, OFF버튼은 정지용이다.

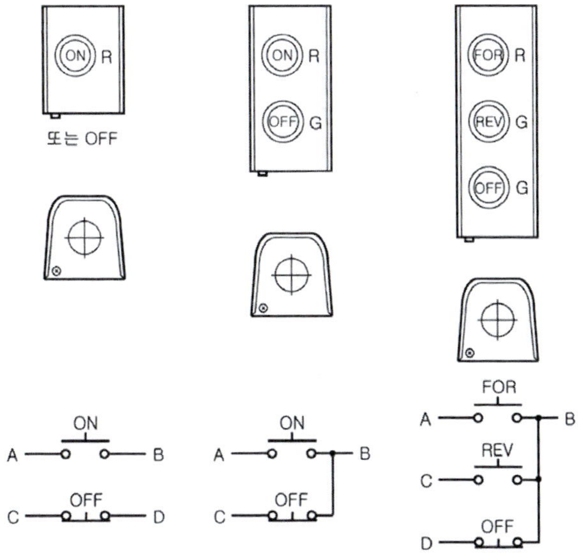

(a) 1구용 (b) 2구용 (c) 3구용

그림 5-32 전자 개폐기 조작용 푸시버튼

(6) 셀렉터 스위치(Selector switch : SS)

셀렉터 스위치는 손잡이나 레버에 의하여 개폐하며, 운전과 정지 또는 자동과 수동으로 사용한다.

표 5.15 셀렉터 스위치 실물 및 접점 표시

실물	접점 기호	2단자 스위치 단자구조
	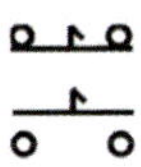 b 접점 a 접점	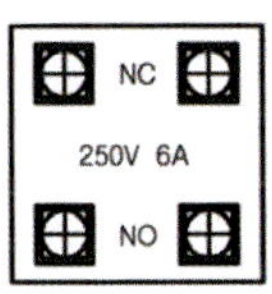 b 접점 : (Normal Close : NC) a 접점 : (Normal Open : NO)

◈ 셀렉터 스위치의 동작

① 셀렉터 스위치는 1단, 2단, 3단 등 여러 가지 종류가 있으며 용도에 맞게 사용한다.

② 회로에 표시된 기호를 확인하여 a접점, b접점을 연결한다.

③ 셀렉터 스위치의 조작방법 및 올바른 위치

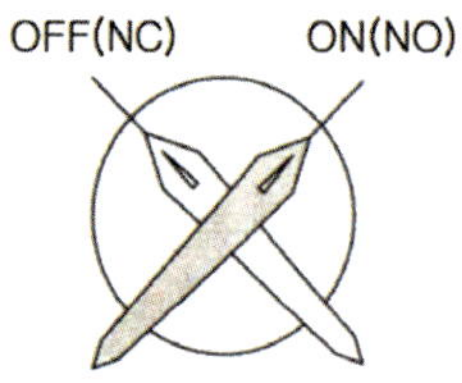

손잡이를 오른쪽으로 돌리면 동작

그림 5-33 2단식 셀렉터 스위치

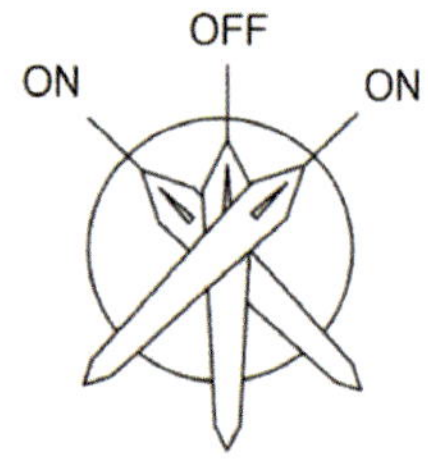

손잡이를 왼쪽이나 오른쪽으로 돌린다

그림 5-34 3단식 셀렉터 스위치

(7) 비상 스위치(Emergency switch : E/S)

비상 스위치는 유지형 스위치의 일종으로 비상일 때 전원을 급히 차단할 목적으로 사용한다.

표 5.16 비상 스위치 실물 및 접점 표시

실물	접점 기호	2단자 스위치 단자구조
	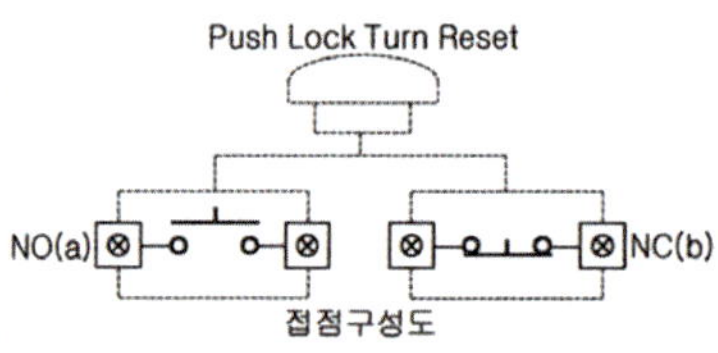	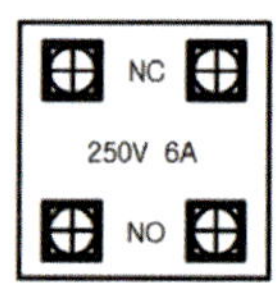 b 접점 : (Normal Close : NC) a 접점 : (Normal Open : NO)

(8) 풋 스위치(Foot switch) 또는 발판 스위치

그림 5-35는 풋 스위치 외형 및 접점이며, **풋 스위치**는 양손으로 작업을 할 때 기계장치의 운전 및 정지의 조작을 위하여 스위치 조작을 발로 할 수 있는 스위치이다. 응용 예로는 자동재봉틀, 프레스기계 등 산업현장에서 널리 사용된다.

(a) 실물

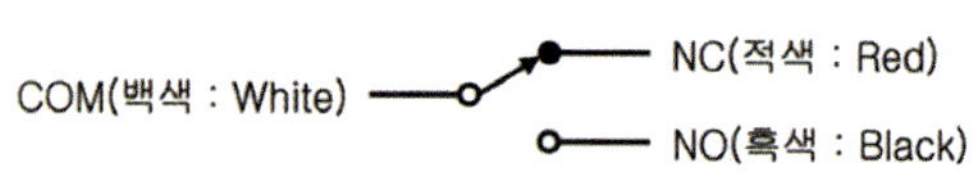

(b) 접점

그림 5-35 풋 스위치 외형 및 접점

(9) 캠 스위치(Cam switch)

캠 스위치는 회로의 캠과 접점을 한 플러그로서 여러 단수에 연결해서 한 몸체로 된 것으로서 드럼 스위치보다 이용도가 많으며 소형이다. 이것은 밀폐형이기 때문에 접점부에 산화 및 먼지 등이 끼지 않는 특징이 있다. 이것은 주로 전류계, 전압계의 절환용으로 이용되고 있다.

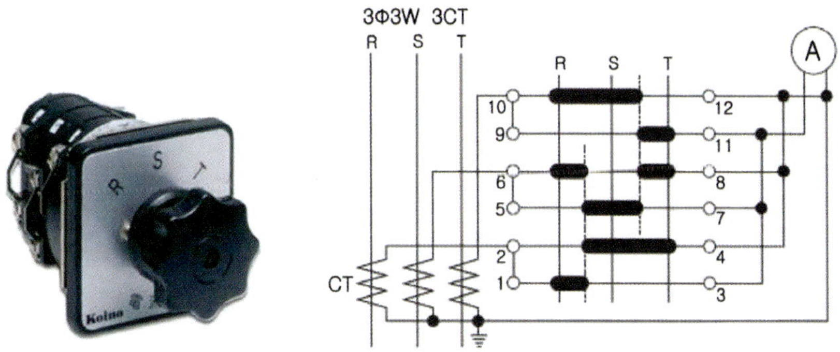

(a) 실물 (b) 접점

그림 5-36 캠 스위치 실물 및 접점

5.11 표시 및 경보용 기구

램프, 부저, 벨, 전압계, 전류계 등이 있다.

1. 표시등(Pilot lamp)

표시등은 회로의 동작상태를 나타내는 일종의 감시 장치이다. 즉, 부하가 운전중에 있거나 정지하고 있음을 알려주며, 회로가 끊어졌거나 기구가 작동하지 않고 있는 등 계통에 이상이 있음

표 5.17 표시등 실물 및 접점 표시

실물	표시 기호 및 약호	표시등의 단자구조
	(PL) RL : 운전 GL : 정지 OL : 경보 YL : 고장 WL : 전원	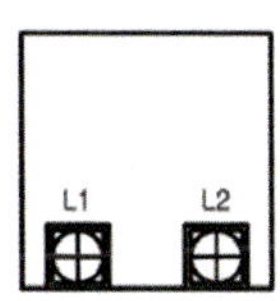 L2단자는 회로의 공통선에 연결하여 사용한다.

표 5.18 표시등 색상과 기능 표시

색상	기 호	기능 표시	비 고
적 색	RL(Red Lamp)	동 작	운전 표시 색상
녹 색	GL(Green Lamp)	정 지	정지 표시 색상
오랜지색	OL(Orange Lamp)	경 보	경보 표시 색상
황 색	YL(Yellow Lamp)	고 장	시스템 고장시 색상
백 색	WL(White Lamp)	전 원	전원은 적색도 사용

을 알려주는 기능을 가지고 있다. 표시등의 구조는 몸체와 램프 및 캡으로 되어 있으며, 색상은 캡으로 표시한다. 대부분 단독으로 되어 있으나 푸시버튼에 내장되어 있는 것도 있다.

일반적으로 **운전상태을 표시하는 표시등은 적색(RL), 정지되어 있는 상태를 표시하는 표시등은 녹색(GL)**을 사용한다.

2. 부저(Buzzer : Bz)

벨이나 부저는 경보용 기구로서 시퀀스 제어장치 고장이나 이상이 발생할 때 그 발생을 알리는 경보기이며, **보통 고장은 벨, 가벼운 고장은 부저로 경고**하도 있다. 일반적인 자동화 장치에는 안전과 확인을 위해 어딘가 불합리한 점이 발생한 경우에는 반드시 부저를 설치하여야 한다.

표 5.19 부저 실물 및 접점 표시

실물	표시 기호	부저의 단자구조
		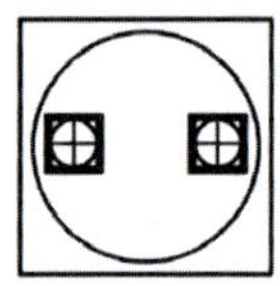 노출형, 매입형이 있다.

5.12 검출용 스위치

검출용 스위치는 제어대상의 상태나 변화를 검출하기 위한 것으로 어떤 물체의 위치나 액체의 높이, 압력, 빛, 온도, 전압, 자계 등을 검출하여 그에 따라 조작기기를 작동시키는 스위치이다. 따라서 검출용 스위치는 사람의 눈이나 귀 등의 감각에 해당하는 작용을 한다.

1. 검출기(Detecting element)

검출기는 기계장치의 각 개소에 설치하여 외부로부터 오는 물리량에 의해 기계장치의 움직임을 파악하여 제어장치에 신호를 보내는 기능을 가지고 있다.

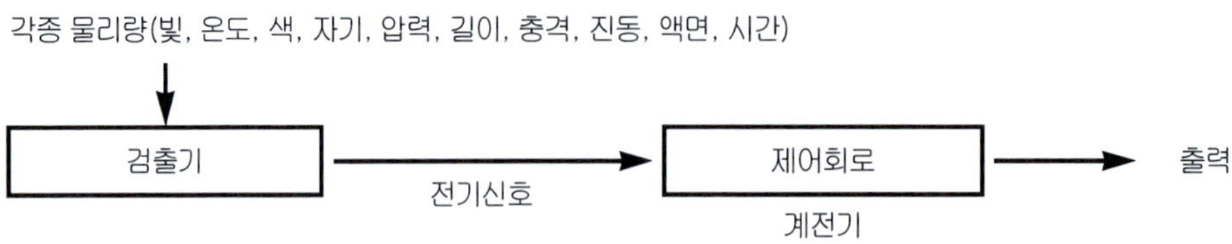

그림 5-37 검출기와 제어회로의 관계

(1) 리미트 스위치(Limit switch : LS)

리미트 스위치는 위치 검출용 검출기로서 접촉자에 움직이는 물체가 닿으면 접점이 개폐되어 회로를 제어하는 스위치이다. 구조는 스위치 외부에 캠(Cam) 또는 플런저(Plunger)가 있고, 내부에 캠과 연결된 2개의 a, b접점이 있어 캠이 작동하는데 따라 접점이 개폐된다. 따라서 접속된 릴레이에 전기신호가 보내지며 릴레이의 동작에 의해 출력을 제어하게 된다. 배선 접속단자는 3개이며, 캠 레버가 공통단자이다.

표 5.20 리미트 스위치 실물 및 접점 표시

실물	접점 기호	리미트 스위치의 단자구조
	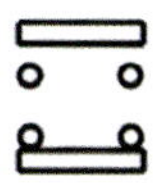 a 접점 b 접점	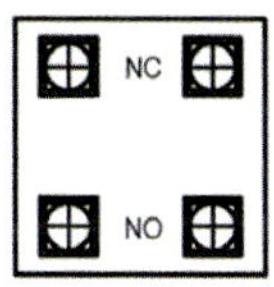 a 접점 : (Normal Open : NO) b 접점 : (Normal Close : NC)

(a) 레버형 (b) 스프링형 (c) 플런저형

그림 5-38 리미트 스위치 종류

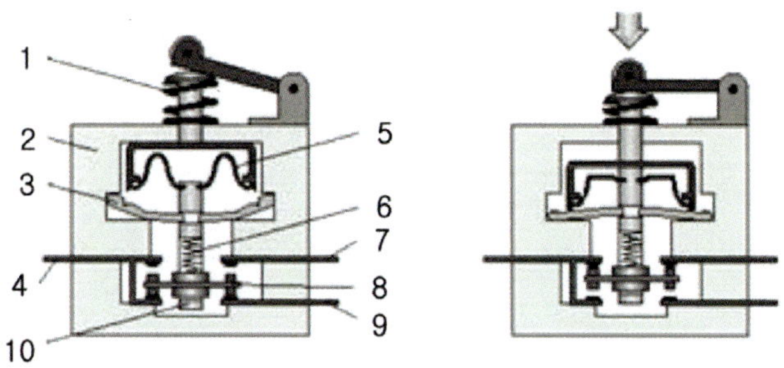

1. 압축스프링
2. 보호케이스
3. 정지레버
4. 통단자
5. 아치형스프링
6. 접점 압축 스프링
7. a접점
8. 접점날
9. b접점
10. 고정볼트

그림 5-39 리미트 스위치 구조 및 동작원리

리미트 스위치는 기계나 실린더 운동에서 특정의 최종위치를 확인하는데 사용하는 스위치이다. 선반, 밀링 등의 공작기계와 엘리베이터, 컨베이어 시스템에 많이 사용되며 모든 산업현장에서 검출용 스위치로 많이 사용되고 있다.

(2) 마이크로 스위치(Micro switch)

마이크로 스위치는 성형케이스에 접점 기구를 내장하고 있는 소형 스위치를 말하며 압력검출, 액면검출, 바이메탈을 이용한 온도조절, 중량검출 등 여러 곳에 사용된다. 미소접점 간격과 스냅 액션 기구를 가지고 정해진 힘과 움직임으로 개패하는 접점 기구를 절연 물질인 케이스에 내장하여 그 외부에 액추레이터를 갖춘 소형의 스위치로 리미트 스위치와 같은 용도로 사용된다.

그림 5-40은 마이크로 스위치 실물 및 내부구조를 나타낸 것이다.

(a) 실물

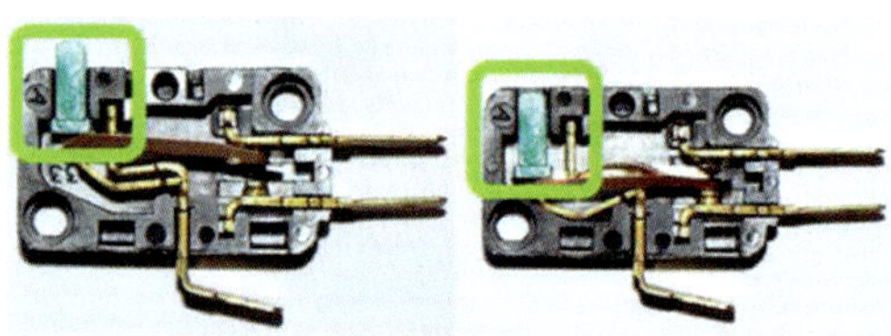

(b) 내부구조

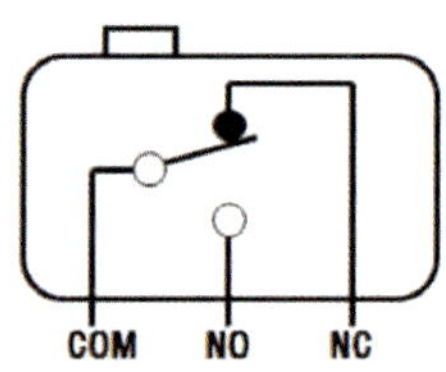

(c) 접점

그림 5-40 마이크로 스위치 구조 및 기호

(3) 근접 스위치(Proximity switch)

자계의 에너지를 이용하여 검출단자에 접근하는 물체를 검출하여 전기신호를 릴레이에 보내는 스위치이다. 근접 스위치는 검출헤드와 컨트롤 유니트로 구성되며, 컨트롤 유니트가 접점을 개폐하여 외부회로를 제어한다.

표 5.21 근접 스위치 실물 및 접점 표시

실물	접점 기호
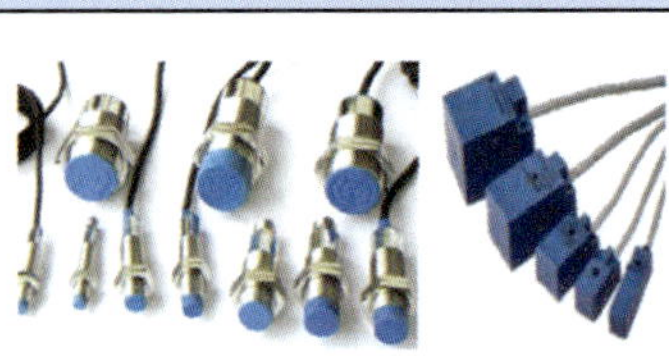	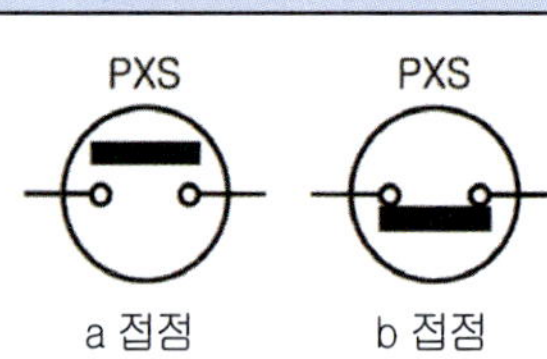

1) 물체 검출용 근접센서

① 전기 리드 스위치

표 5.22는 전기 리드 스위치 실물 및 접점 표시이며, 그림 5-41은 전기 리드 스위치 동작원리를 나타낸 것이다. 전기 리드 스위치는 자석에 의하여 작동되는 스위치이며 주로 공압실린더 위치검출용으로 많이 사용되며, 전기 리드 스위치는 접점용량이 작기 때문에 직접 솔레노이드 밸브를 작동시키게 되면 스위치의 접점이 녹아서 붙을 수 있기 때문에 반드시 제어용 릴레이를 거쳐서 사용하여야 한다.

표 5.22 전기 리드 스위치 실물 및 접점 표시

실물	접점 기호
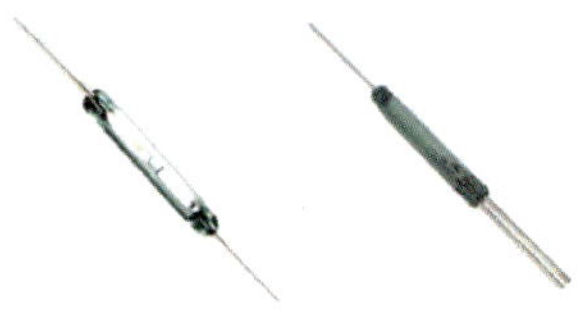	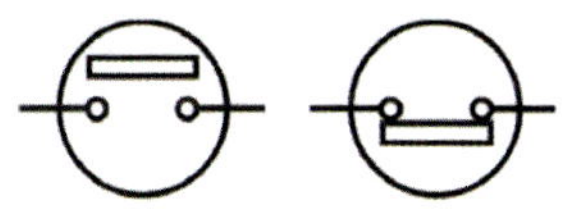 a 접점 b 접점

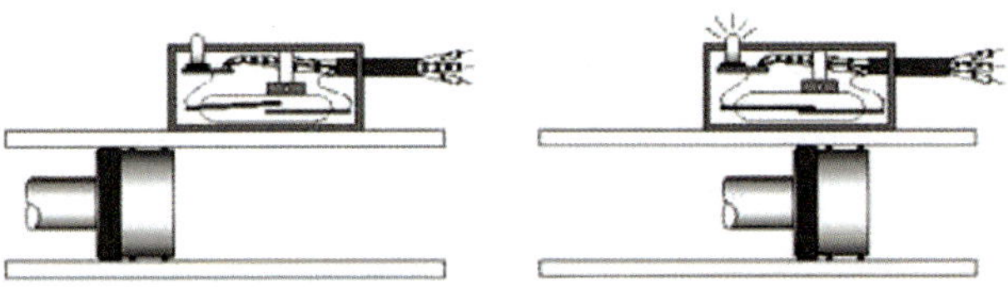

그림 5-41 전기 리드 스위치 동작원리

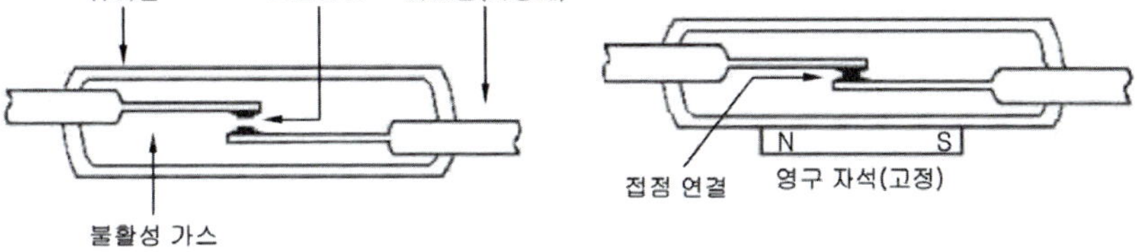

(a) N.O (b) N.C

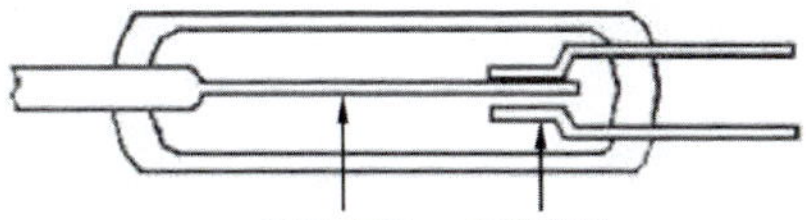

(c) c접점

그림 5-42 전기 리드 스위치의 구조

그림 5-42는 전기 리드 스위치의 구조이며, 전기 리드 스위치는 밀폐된 튜브 안에 질소와 같은 불활성 가스를 봉입하여 강자성 재질의 접점(a 혹은 c접점)이 산화되는 것을 방지한다.

❶ 전기 리드 스위치의 사용 예

- 실린더 튜브 위에 설치하여 피스톤의 위치를 감지
- 축에 강자성의 자석을 붙이고 Reed S/W를 근처에 설치하여 펄스 출력을 카운팅하고 신호처리를 통해 각 변위, 각속도 및 각가속도를 측정

❷ 전기 리드 스위치의 특성

- 구조간단, 저렴
- 높은 빈도의 검출이 필요하고 리미트 스위치를 설치할 공간이 안 되는 곳
- 주변에 다른 강자성이 형성되지 않는 곳
- 설치 간격은 자석의 자력에 따라 다름
- 응답속도는 보통 1[ms]이하
- 먼지, 모래, 습기 등의 외부 환경에 강함
- 약하므로 충격과 진동에 약함

2) 유도형 센서

그림 5-43은 유도형 센서 실물 및 동작원리를 나타낸 것이다. 검출코일에서 발생하는 고주파자계 내의 검출물체(자성금속)가 접근하면 전자유도현상에 의해 근접 물체 표면에 유도전류가 흘러 검출물체내의 에너지 손실이 발생하게 된다. 이 유도전류에 의해 에너지 손실이 발생하게 되면 검출코일에서 발생하는 발진 진폭이 감쇠 또는 정지하게 되는데 이 진폭의 변화량을 이용하여 검출물체의 유•무를 판별하는데 사용하는 센서이다.

(a) 실물

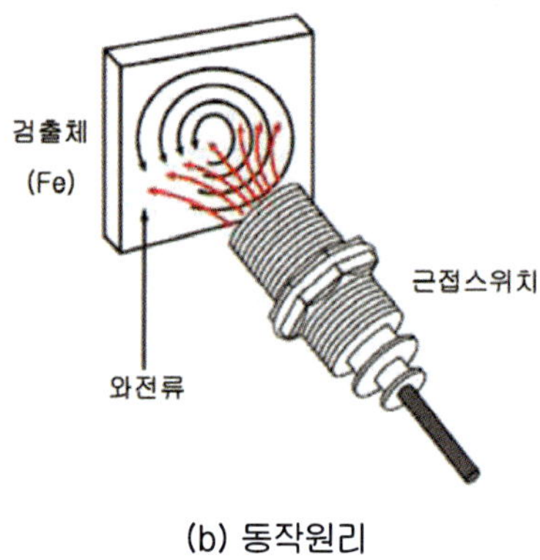

(b) 동작원리

그림 5-43 유도형 센서 실물과 동작원리

표 5.23 유도형 센서 재질에 따른 검출거리

재질	검출거리[%]
철	100[%]
스텐레스	약 60[%]
황동	약 40[%]
알루미늄	약 30[%]
동	약 28[%]

유도형 센서의 특성은 다음과 같다.

- 금속은 철, 니켈 등 강자성체에 대한 감도가 좋음
- 감지거리는 보통 15[mm]내외 정도
- AC(교류형) 및 DC(직류형) Type

(4) 광전 스위치(Photo electric switch)

광전 스위치는 빛의 반사, 흡수, 투과, 차광하는 성질을 이용하여 광전소자에 빛이 닿으면 미소 전류가 흐르는 원리를 이용한 스위치이다. 빛이 차광하는 성질을 이용한 일광 스위치, 투과하는 빛을 차단하는 성질을 이용한 광전 스위치, 적외선의 반사와 흡수 성질을 이용한 적외선 감지 스위치, 인체 감지 스위치 등 광전소자의 기능에 따라 여러 종류의 스위치가 시판되고 있다. 일반 주택의 차고, 자동도어 개폐장치, 빌딩 현관문의 자동 개폐장치, 인체(동물)가 접근하면 경보를 발생하는 보안시설 등 다양하게 이용되고 있다.

표 5.24 광전 스위치 실물 및 접점 표시

실물	접점 기호
	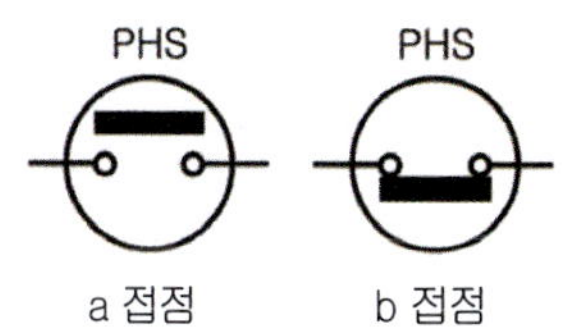

1) 포토센서

① 투과형 포토센서

투광기와 수광기를 동일 광축선상에 서로 마주보게 설치해 두고, 그 사이를 통과하는 검출물체에 의해 광량(光量)의 변화가 발생하는 것을 검출하여 출력하는 포토센서를 의미한다.

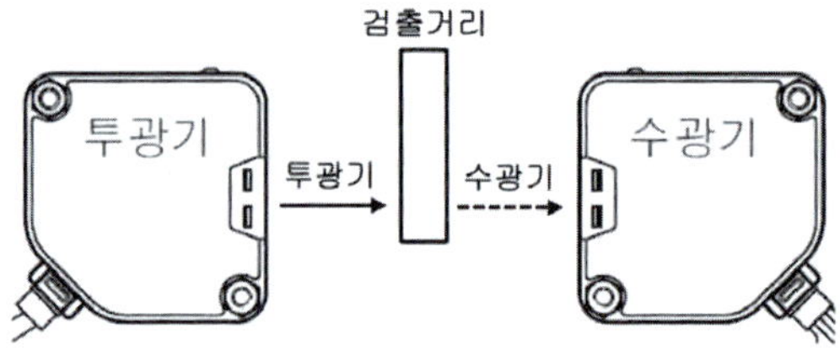

구분	입광 동작(Light ON)	차광 동작(Dark ON)
투과형	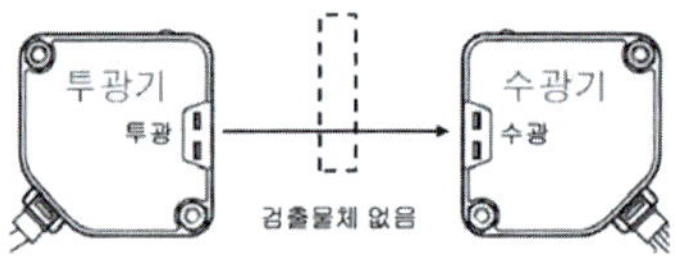	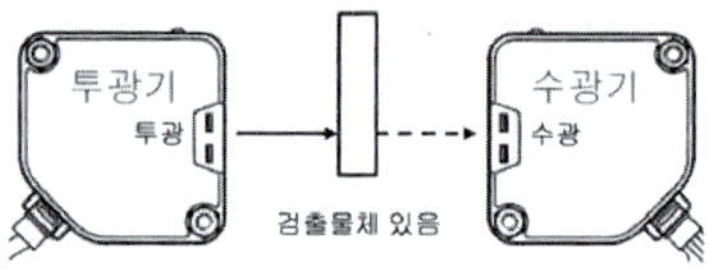

그림 5-44 투 • 수광형 포토센서 동작원리

② 미러 반사형 포토센서

투 • 수광부가 일체로 된 포토센서와 반사율이 높은 미러를 사용하며, 투광부에서 발광된 광이 미러 반사경에서 반사되는 광량과 검출물체에서 반사되는 광량의 차이를 검출하여 출력하는 포토센서이다.

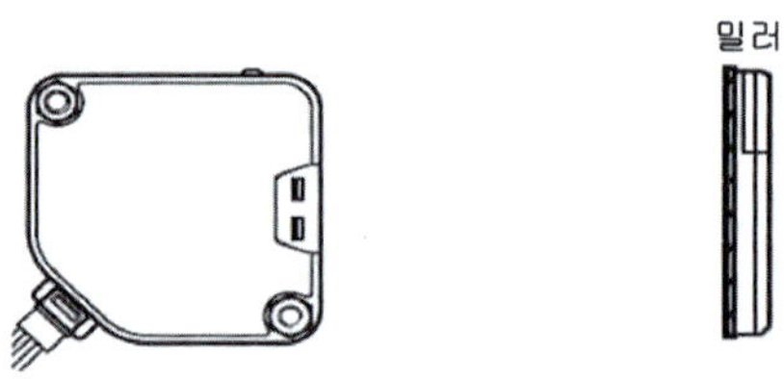

구분	입광 동작(Light ON)	차광 동작(Dark ON)
밀러반사형	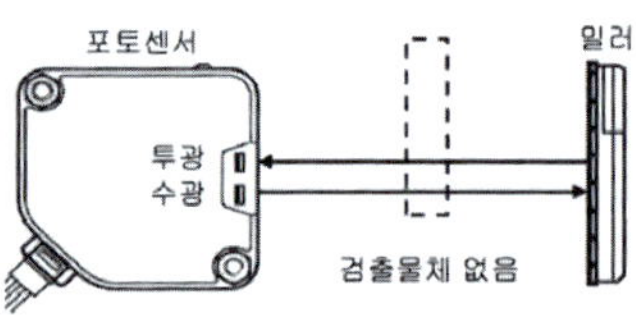	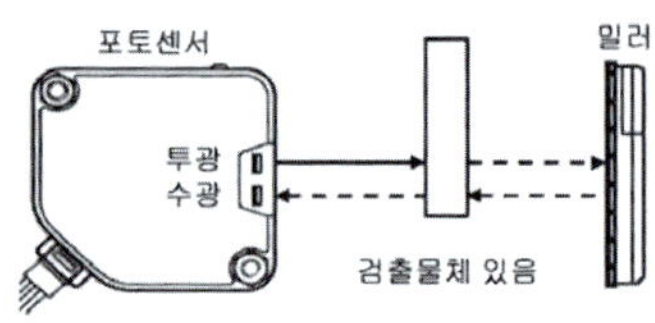

그림 5-45 미러 반사형 포토센서 동작원리

③ 직접 반사형 포토센서

투 • 수광부가 일체로 되어 있으며, 투광부로부터 발광된 광이 검출물체에서 반사되어 돌아온 광이 수광부에서 입광되는 광량의 세기를 판별하여 출력하는 포토센서이다.

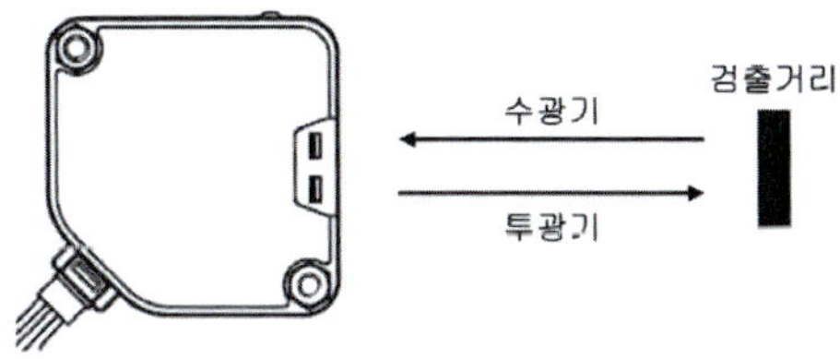

구분	입광 동작(Light ON)	차광 동작(Dark ON)
직접반사형	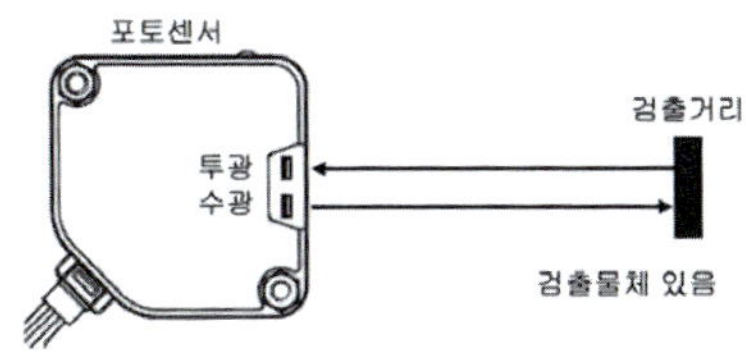	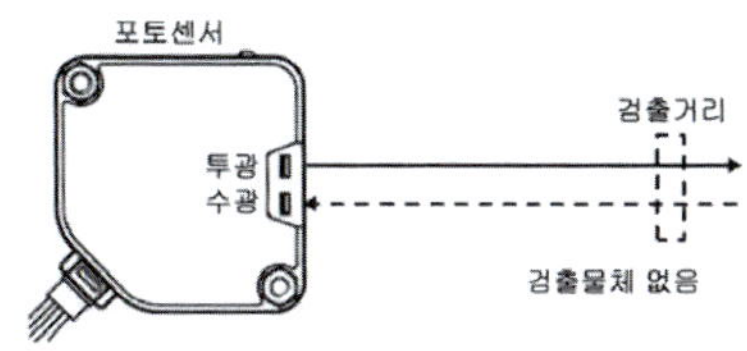

그림 5-46 직접 반사형 포토센서 동작원리

(5) 플로트 스위치(Float switch : FS)

플로트 스위치는 여러 가지 물질의 표면과 기준면과의 거리를 검출하는 스위치를 말한다. 주로 액체의 레벨을 검출하기 때문에 **액면 스위치**라고 말한다.

표 5.25는 플로트 스위치 실물이며 액면 검출용으로서 액면 부자와 액면 검출기가 조합된 스위치이다.

표 5.25 플로트 스위치 실물 및 접점 표시

실물	접점 기호
 전극식 레벨  플로트식 레벨	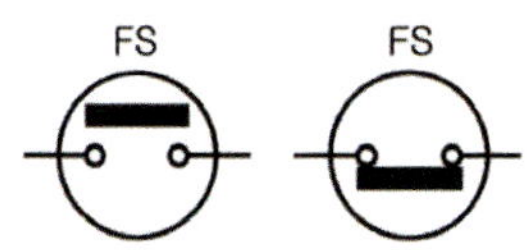 a 접점 b 접점

액체의 높고 낮음에 따라 부자(Float)가 부력으로 떠오르거나 내려가는데 수위에 따라 액면 검출기가 회로를 열거나 닫는다. 주로 물탱크, 유류 탱크의 유량을 조절하는데 시설된다.

(6) 압력 스위치(Pressure switch)

일정한 압력(수압 또는 유압)에 이르면 소자가 신축작용을 하여 접점을 열고 닫는 원리를 이용한 스위치이다.

표 5.26 압력 스위치 실물 및 접점 표시

실물	접점 기호
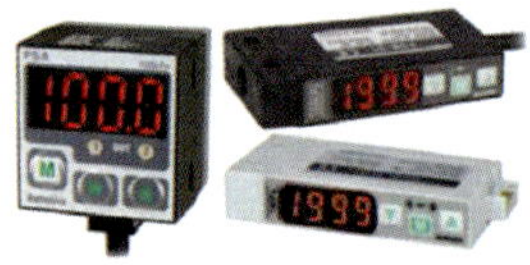	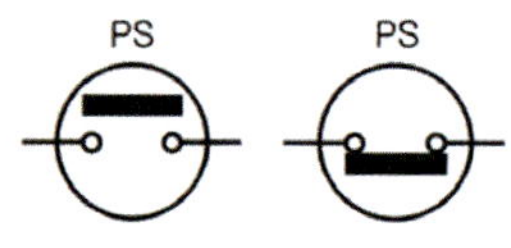 a 접점 b 접점

(7) 온도 스위치(Thermo switch)

온도의 변화에 의하여 열기전력이 발생하는 열전대 또는 저항이 변하는 서미스터를 이용한 스위치이다. 난방시설, 가전기기(밥솥, 전기다리미, 냉장고 등)에 이용된다.

표 5.27 온도 스위치 실물 및 접점 표시

실물	접점 기호
	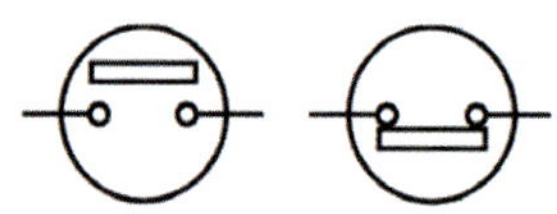 a 접점 b 접점

(8) 터치 스위치

손에 닿게 함으로서 검지기 내부의 전자회로 또는 스위치의 조건을 변하게 하여 동작한다.

(9) 매트 스위치(Mat switch)

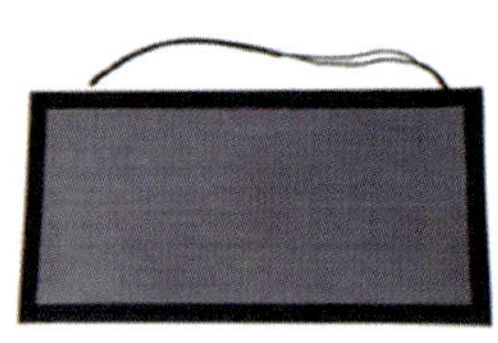

(a) 실물

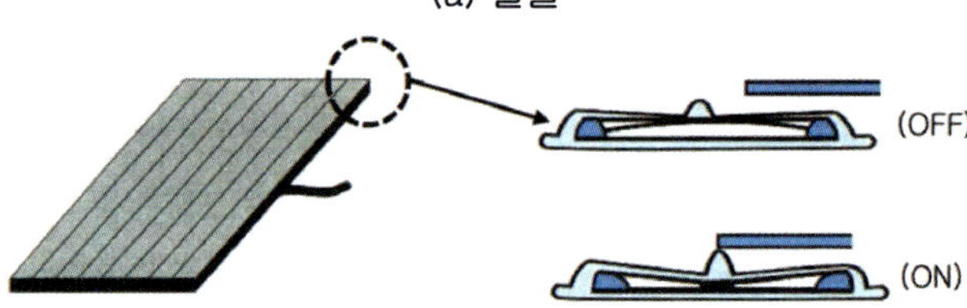

(b) 접점 동작

그림 5-47 매트 스위치 실물 및 접점 동작

그림 5-47은 매트 스위치 실물 및 접점 동작을 나타낸 것이며, 출입구 바닥에 설치하여 사람이나 출입물의 무게로 작동하는 스위치이다. 매트 스위치는 테이프 스위치를 병렬로 붙여 놓은 구조를 가지고 있는 것으로 생산현장의 자동화용 기기들이 무인화 경향으로 흐름에 따라 작업자의 안전을 확보할 목적으로 사용하고 있다.

매트 스위치는 매트에 외력이 가해지지 않는 상태에서는 매트 상하에 설치되어 있는 전극이 분리되어 있어 전류가 흐르지 않는다. 매트 상부에 압력이 가해지면 상하 전극이 접촉하여 주 전극 사이에 전류가 흐르게 된다.

5.13 계전기의 종류

1. 계전기(Electromagnetic relay)

푸시버튼 스위치는 접점이 수동에 의하여 닫히거나 열리지만 전자력에 의하여 접점이 닫히거나 열리게 하는 장치를 **계전기 또는 릴레이**라고 한다.

릴레이는 작은 전류를 이용하여 큰 전류를 다른 회로에 보내는 일과 온도, 빛, 열, 압력, 시간, 접촉 등 외부조건에 의해 전기회로를 닫아주거나 열어주는 일을 하는 것이라고 할 수 있다.

리미트 스위치나 센서는 일반적으로 하나의 독립된 접점 밖에는 없다. 그러므로 독립된 여러 개의 접점이 필요한 경우에는 다른 전기부품을 이용하여 접점을 늘려 주어야만 한다. 이 때에 접점을 늘려주는 것이 릴레이이다. 릴레이의 기호는 R, Ry, X등으로 표시하며, 릴레이는 소켓(베이스)에 꽂아 사용하고, 배선은 소켓에 한다.

(1) 릴레이의 특성

① 주위온도에 거의 영향을 받지 않음(−40~80[℃]에 사용가능)

② 각 접점들 사이에 절연되어 있고 동작확인이 가능

③ 개폐용량이 크고 노이즈에 안정됨

④ 소음이 있고, 기계적 마찰로 인해 무접점 릴레이에 비해 수명이 비교적 짧음

⑤ 응답시간은 3~17[ms]

⑥ 순간적으로 접점이 떨어질 때 아크(arc)발생으로 산화될 수 있음

⑦ 이 물질이 릴레이에 들어가면 오 동작할 수 있음

⑧ 접점이 붙었다 떨어질 때 스프링에 의해 진동하는 Chattering현상 발생

(2) 원리

릴레이의 원리는 고정된 철심(코어)에 코일을 감고 전류를 흘리면 자속이 발생하여 전자석이 된다. 이 때 철심 가까이에 철편(가동철심)을 두면 전자력에 의하여 철편이 철심에 흡인된다. 이 원리를 이용하여 철편에 접점이 있는 도체판을 붙여 놓아 철편이 움직이는데 따라 접점이 닫히거

나 열리게 만들어 놓은 것이 보조 릴레이이다.

(3) 구조와 기능

보조 릴레이의 기본 구조는 고정철심, 가동철편, 코일, 접점과 이들을 지지하는 계철 및 스프링으로 되어 있다.

그림 5-48에서 고정철심에 코일을 감고 전류를 흘리면 철심이 여자되어 자기회로가 형성되고, 가동철편과 고정철심 사이의 공극에서 N극과 S극이 나타나 고정철심은 가동철편을 흡인한다. 이 때 가동철편이 고정철심에 밀착하면서 판스프링의 접점(가동접점이라고 함)이 고정접점에 맞닿게 되고, 각각의 접점에 연결되어 있는 리드선을 통하여 전류가 흐르게 된다. 한편, 코일에 흐르는 전류를 끊으면 고정철심은 자력이 발생하지 않으므로 가동철편을 흡인하는 힘이 없어지며, 가동철편은 인장 스프링에 의해 원래의 위치로 되돌아가 접점은 서로 떨어지게 된다.

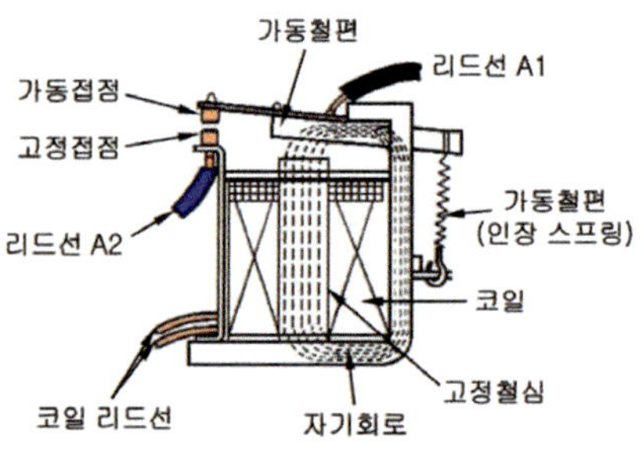

그림 5-48 보조 릴레이의 구조

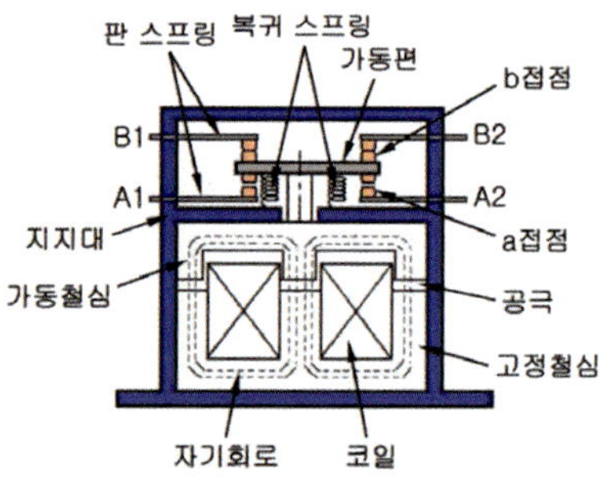

그림 5-49 제어용 릴레이의 구조

그림 5-48과 같은 구조의 릴레이는 소용량의 릴레이에 적용하고 있으며, 전류용량이 큰 릴레이는 그림 5-49과 같이 가동판이 가동철심에 연결되어 있고, 접점 a, b는 고정되어 있어 가동판의 가동접점에 의해 회로를 닫거나 열어주도록 하고 있다.

코일에 전류가 흐르지 않을 때 가동판의 윗부분 접점은 B접점과 붙어 있어 전류는 B1과 B2를 통하여 흐르고, 코일에 전류가 흐르면 고정철심이 여자되어 가동철심을 흡인하고 이 때 가동판의 윗부분 접점은 B접점과 떨어지고 동시에 가동판의 아래측 접점이 A접점과 붙게 된다. 그리고 전류는 A1과 A2를 통하여 흐르게 된다.

시중의 보조 릴레이는 대부분 그림 5-49와 같은 구조의 것이며, a, b접점이 2개 또는 3개의 것이 있으며, 그 이상의 것도 있다. 또한, 몸체는 소켓과 접속하여 사용할 수 있도록 되어있다. 그림 5-50~52는 릴레이 2a2b, 3a3b, 4a4b의 내부 결선도를 표시한 것이다.

1) 릴레이 a접점의 동작

- 코일 단자에 전류가 흐르지 않을 때에는 접점이 열려 있다.

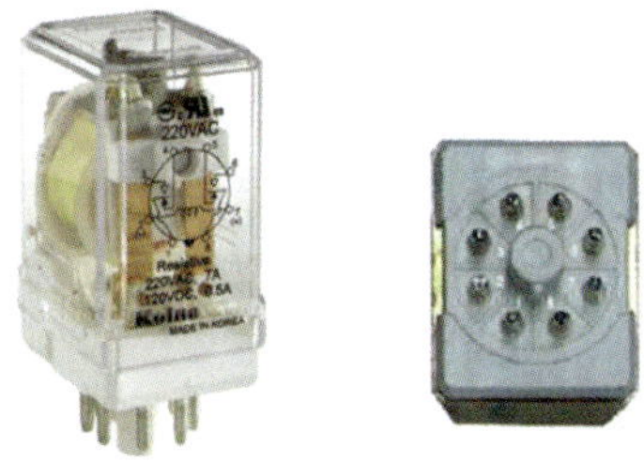

(a) 실물

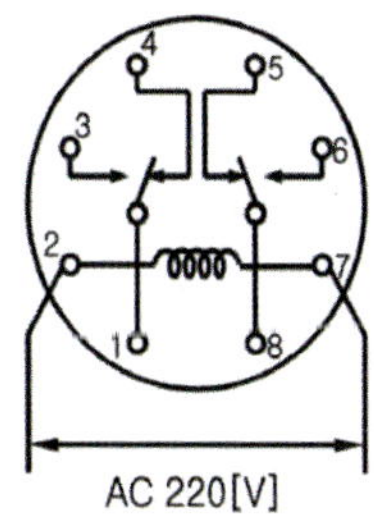

(b) 내부 결선도

릴레이 초기상태(소자) 릴레이 전원단자 릴레이 b접점

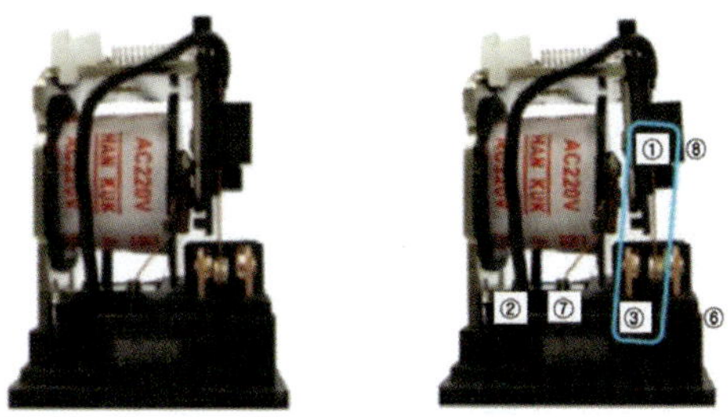

릴레이 동작상태(여자) 릴레이 a접점

(c) 릴레이의 동작에 따른 접점

	접점 기호	접점 핀번호
전 원	Ry	②-⑦ 단자
a접점		①-③, ⑧-⑥ 단자
b접점		①-④, ⑧-⑤ 단자

(d) 기호 및 핀번호

(e) 소켓

그림 5-50 릴레이(8pin, 2a2b)

- 코일 단자에 전류가 흐르면 가동접점이 이동하여 접점이 닫힌다.
- 전류가 끊기면 스프링의 힘에 의해 자동복귀 된다.

2) 릴레이 b접점의 동작

- 코일 단자에 전류가 흐르지 않을 때에는 접점이 닫혀 있다.

(a) 실물

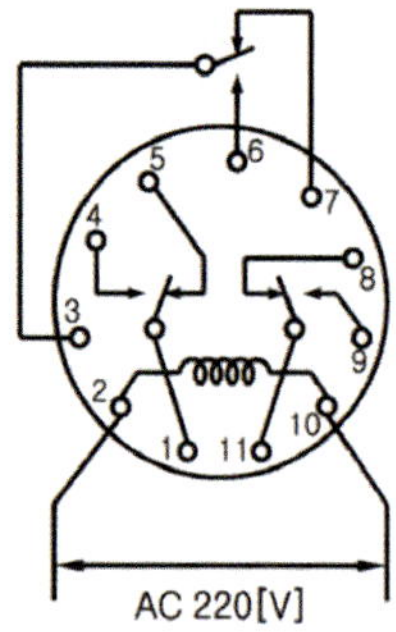

(b) 내부 결선도

	접점 기호	접점 핀번호
전 원	Ry	②–⑩ 단자
a접점		①–④, ③–⑥, ⑪–⑨ 단자
b접점		①–⑤, ③–⑦, ⑪–⑧ 단자

(d) 기호 및 핀번호

(e) 소켓

그림 5-51 릴레이(11pin, 3a3b)

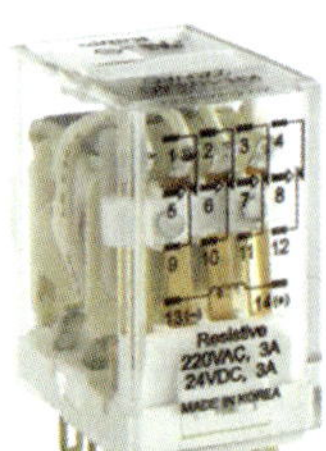

(a) 실물

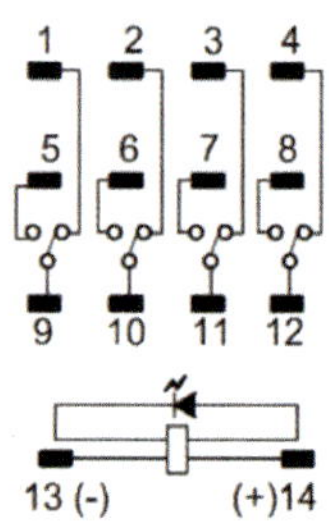

(b) 내부 결선도

	접점 기호	접점 핀번호
전 원	Ry	⑬–⑭ 단자
a접점		⑨–⑤, ⑩–⑥, ⑪–⑦, ⑫–⑧ 단자
b접점		⑨–①, ⑩–②, ⑪–③, ⑫–④ 단자

(c) 기호 및 핀번호

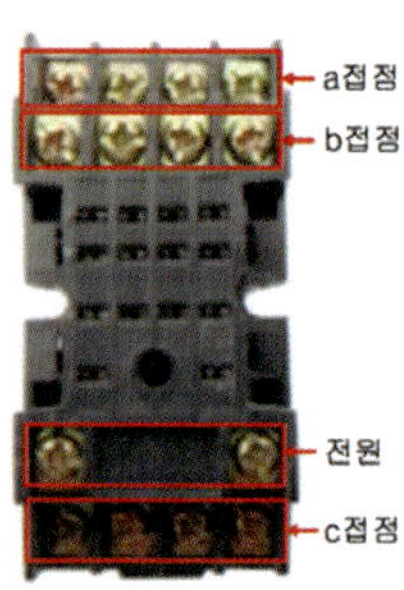

(d) 소켓

그림 5-52 릴레이(14pin, 4a4b)

• 코일 단자에 전류가 흐르면 가동접점이 이동하여 접점이 열린다.

3) 릴레이 c접점의 동작

• 코일 단자에 전류가 흐르지 않을 때에는 b접점에 붙어 있고, a접점은 열려 있다.

• 코일 단자에 전류가 흐르면 가동접점이 이동하여 a접점으로 붙게되고 b접점은 열린다.

• 릴레이는 c접점의 형태로 되어 있으며 필요에 따라 a, b접점을 선택하여 사용한다.

(4) 릴레이의 표시 방법

그림 5-53은 릴레이 기호의 접속 예시이며, 릴레이의 일반 기호는 Ⓡ로 표시한다. 그러나 시퀀스에서는 코일과 접점을 분리하여 그리게 되므로 릴레이 코일을 Ⓧ 또는 Ⓡ로 표시한다.

유럽지역에서는 □안에 해당 릴레이의 약자기호를 넣어 표시한다. 전자 릴레이가 여러 개인 회로에서는 X_1, X_2, ... 등과 같이 숫자를 기입하며, 접점표기도 X_{1-a}, X_{1-b} 등과 같이 기호 옆에 기입한다.

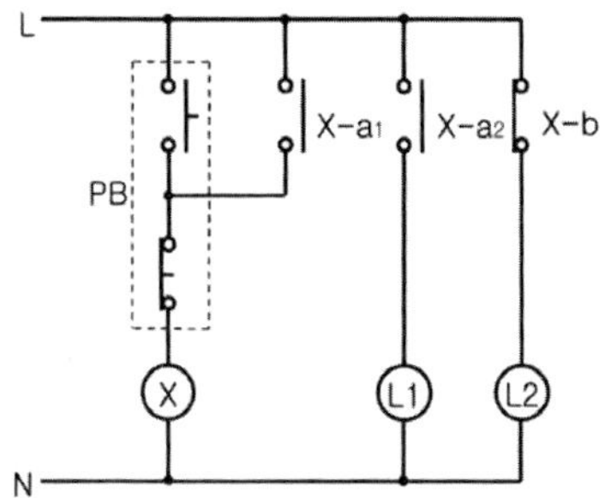

(a) 시퀀스

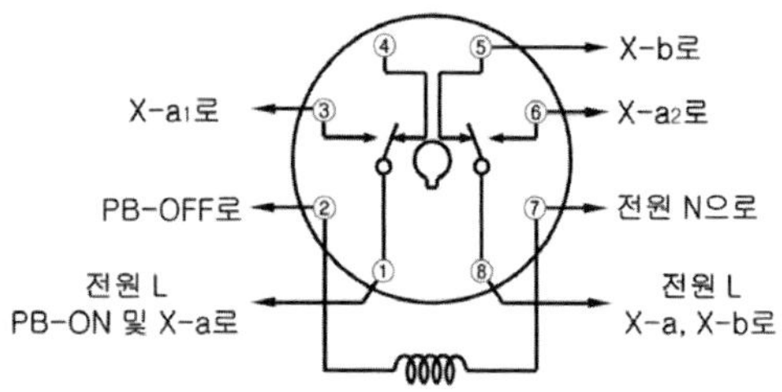

(b) 릴레이 결선도

그림 5-53 릴레이 기호 접속 예시

(5) 릴레이 사용시 주의사항

① 직류용과 교류용을 확인한다.

② 정격전압 및 정격전류를 확인한다.

정격전압을 사용하지 않을 경우 코일이 파손될 염려가 있고, 접점에 과전류가 흐르면 수명이 짧아지므로 정격차단용량 이하로 사용하여야 한다.

③ 가능한 한 건조하고, 먼지나 진동이 적게 한다.

④ 2개 이상의 릴레이를 사용할 때 적당한 간격을 주어야 한다.

⑤ 본체 취부시 확실히 고정하여야 한다.

2. 타이머(Timer, Time relay)

타이머라고 하는 계전기로서 타임스위치와는 구분된다. 이 계전기는 입력신호에 대하여 일정 시간이 지나면 회로를 열어 주거나 닫아 주는 한시성 소자를 가지고 있다.

타이머는 미리 정해진 시간이 경과한 후에 회로를 전기적으로 개폐하는 접점을 가진 계전기를 말한다.

(1) 타이머의 접점 동작에 따른 용어

① **순시동작** : 입력신호가 주어지면 즉시 접점이 작동하는 동작을 말한다. 즉 시간의 차이 없이 순간적으로 개폐되는 동작이다.

② **한시동작** : 입력신호가 주어진 후 일정시간이 지나야 접점이 작동하는 동작을 말한다. 즉 시간의 차이를 두고 개폐되는 동작이다.

③ **순시복귀** : 입력신호가 끊어지면 즉시 접점이 원래상태로 돌아가는 것을 말한다. 즉 시간의 차이 없이 순간적으로 복귀되는 동작이다.

④ **한시복귀** : 입력신호가 끊어진 후 일정시간이 지나야 접점이 원래상태로 돌아가는 것을 말한다. 즉 시간의 차이를 두고 복귀되는 동작이다.

타이머는 동작방법에 따라 한시동작 순시복귀형과 순시동작 한시복귀형으로 구분하여 부르고 있다.

(2) 한시동작 순시복귀형(On delay timer)

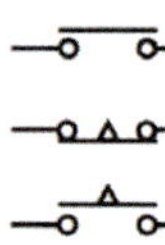

(a) 실물

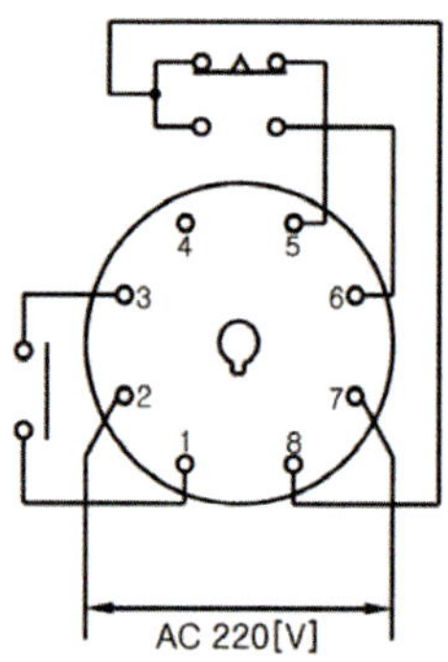

(b) 내부 결선도

	접점 기호	접점 핀번호
전 원	T	②-⑦ 단자
순시 a접점	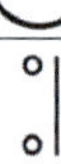	①-③ 단자
한시 a접점		⑧-⑥ 단자
한시 b접점		⑧-⑤ 단자

(c) 기호 및 핀번호

(d) 소켓

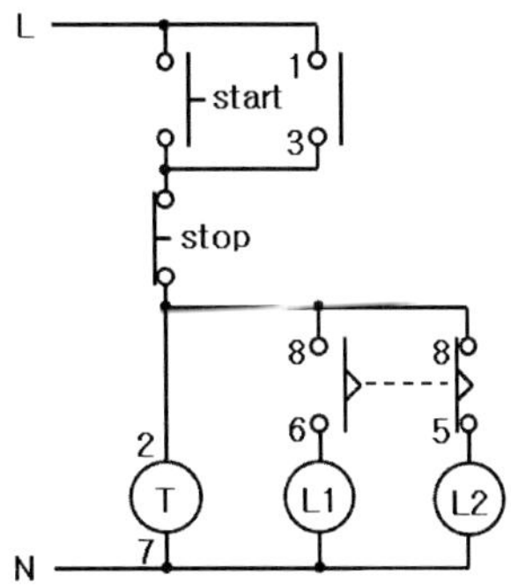

(e) 동작 회로도

그림 5-54 동작 지연 타이머 실물 및 내부 결선도와 동작 회로도

그림 5-54는 일반적으로 가장 많이 사용되고 있는 한시동작 순시복귀형 타이머를 동작 지연 타이머라고도 한다.

입력신호(전원)가 공급하면 한시접점은 설정시간이 경과한 후 동작하고(한시동작), 입력신호(전원)가 OFF되면 즉시 접점이 원래상태로 복귀(순시복귀)하는 타이머이다.

그림 5-55는 동작 지연 타이머 타임차트를 나타낸 것이다.

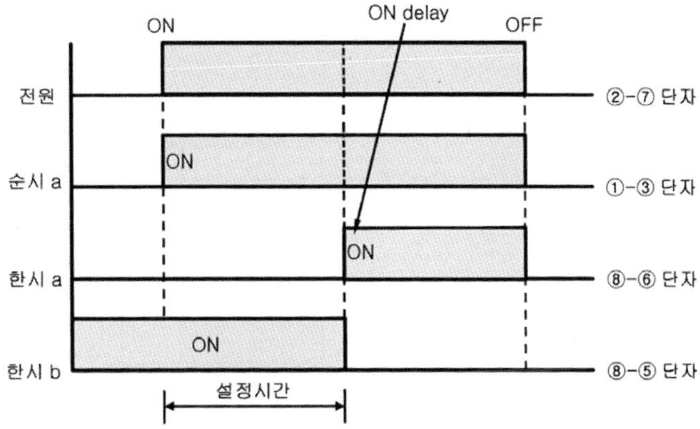

그림 5-55 동작 지연 타이머 타임차트

(3) 순시동작 한시복귀형(Off delay timer)

그림 5-56은 복귀 지연 타이머라고도 하며, 입력신호(전원)가 공급하면 한시접점이 즉시 동작하고(순시동작), 입력신호(전원)가 OFF되더라도 설정시간이 경과한 후 접점이 원래상태로 복귀(한시복귀)하는 타이머이다.

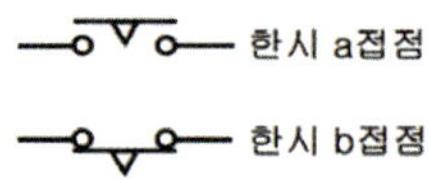

(a) 실물

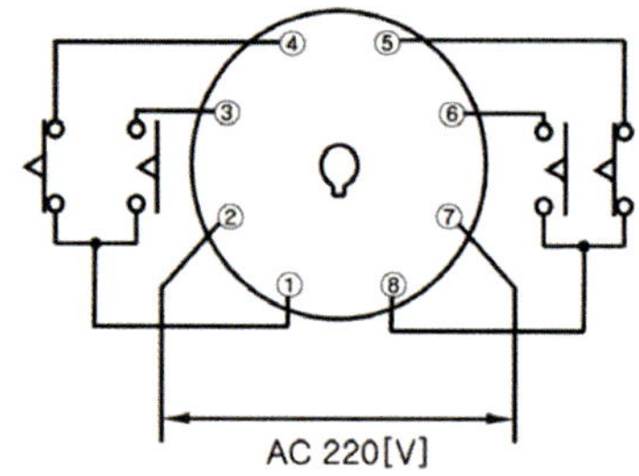

(b) 내부 결선도

	접점 기호	접점 핀번호
전 원		②-⑦ 단자
한시 a접점		①-③ 단자, ⑧-⑥ 단자
한시 b접점		①-④ 단자, ⑧-⑤ 단자

(c) 기호 및 핀번호

(d) 소켓

그림 5-56 복귀 지연 타이머의 실물 및 내부 결선도

그림 5-57은 복귀 지연 타이머 타임차트를 나타낸 것이다.

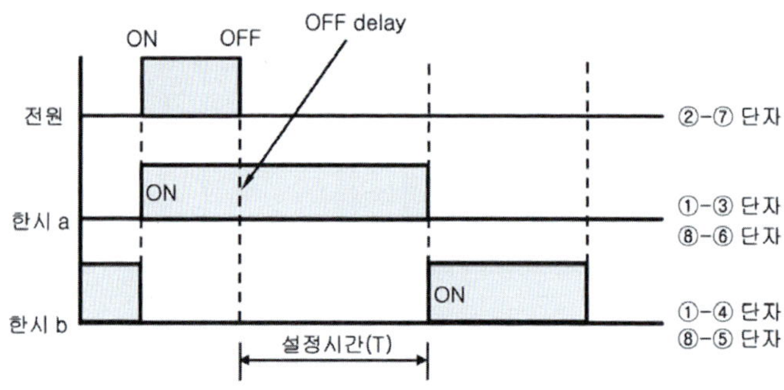

그림 5-57 복귀 지연 타이머 타임차트

3. 플리커 릴레이(Flicker relay : FR)

원리와 구조는 타이머와 같으며, 입력신호가 주어지면 일정한 시간간격으로 접점이 붙었다 떨어지는 동작을 반복하며 점멸되는 시간을 조절할 수 있다. 자동차의 깜박이, 구급차의 경보 및 신호용으로 이용된다. 내부 회로는 그림 5-58 (b)와 같으며, 제조회사에 따라 접점회로가 다를 수 있다.

(a) 실물

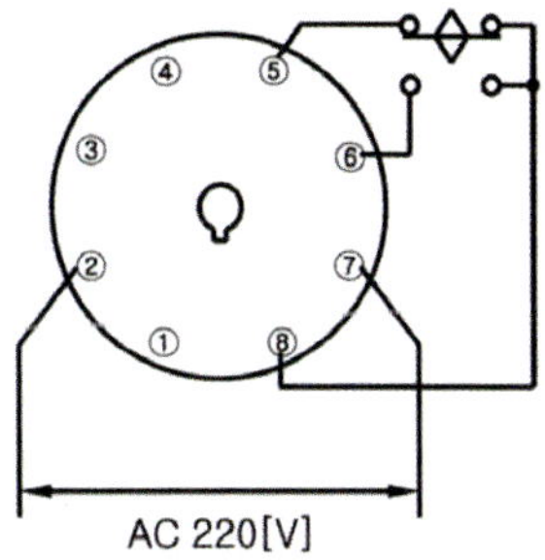

(b) 내부 결선도

	접점 기호	접점 핀번호
전 원	FR	②-⑦ 단자
a접점		⑧-⑥ 단자
b접점		⑧-⑤ 단자

(c) 기호 및 핀번호

(d) 소켓

그림 5-58 플리커 릴레이의 실물 및 내부 결선도

■ 각부의 명칭

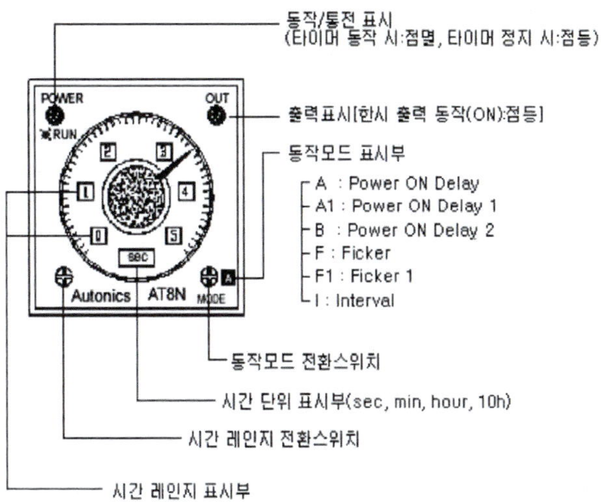

■ 시간 사양

시간레인지	시간단위	설정시간범위
0.5	sec	0.05~0.5
1.0		0.1~1.0
5		0.5~5
10		1~10
0.5	min	0.05~0.5
1.0		0.1~1.0
5		0.5~5
10		1~10
0.5	hour	0.05~0.5
1.0		0.1~1.0
5		0.5~5
10		1~10
0.5	10h	0.05~0.5
1.0		0.1~1.0
5		0.5~5
10		1~10

그림 5-59 오토닉스 제품 각부의 명칭 및 시간 사양

4. 온도 계전기(Temperature controller : TC)

그림 5-60는 온도 계전기와 열전쌍 실물이며, 온도가 일정한 값에 도달하였을 때 동작 검출하는 계전기로 온도 변화에 대해 전기적 특성이 변화하는 소자, 즉 서미스터, 백금 등의 저항이

변화하거나 열기전력을 일으키는 열전쌍 등을 측온체에 이용하여 그 변화에서 미리 설정된 온도를 검출하여 동작하는 계전기이다.

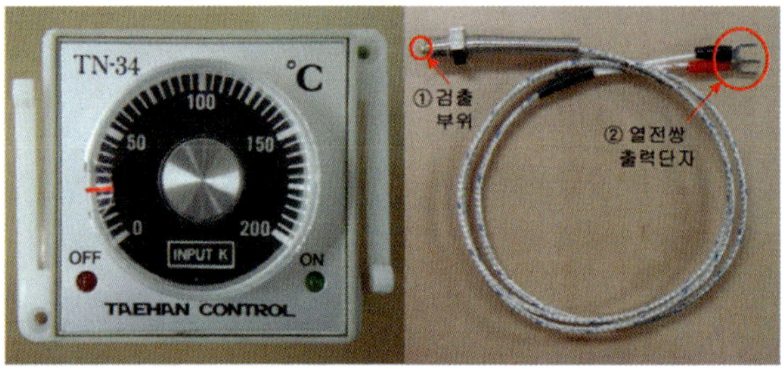

그림 5-60 온도 계전기와 열전쌍의 실물

온도 검출기(열전쌍)는 검출소자가 열의 온도를 검출해 온도 계전기 접점이 작동하는 것이다. 즉, 설정된 온도에 도달하면 접점이 붙거나 떨어지는 동작을 하는 계전기를 말하며, 베이스에 끼워 사용하기도 한다.

동작 원리에 대해 살펴보면 온도 계전기는 설정된 온도보다 측정온도가 낮을 경우에는 계전기가 동작되어 회로를 동작시키며, 설정 온도가 높을 경우에는 계전기가 정지되어 복귀되는 기능을 가지고 있다. 열전대 센서는 강한 고주파를 발생하는 기기로부터 이격하여 사용하는 것이 안전하며, 열전대 리드선은 반드시 규정의 보상 도선 또는 열전대 소선을 사용한다.

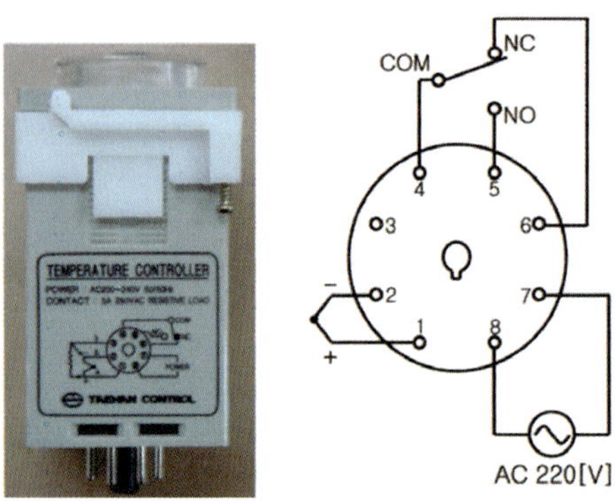

(a) 실물 (b) 내부 결선도

	접점 기호	접점 핀번호
전 원	TC	⑦−⑧ 단자
a접점		④−⑤ 단자
b접점		④−⑥ 단자
감지대		①(+)−②(−) 단자

(c) 기호 및 핀번호

그림 5-61 온도 계전기 실물 및 내부 결선도

1) 그림 5-60에서 ①은 온도 검출기의 검출 부위로서 열을 검출한다.
2) ②는 온도 검출기 출력단자로서 온도 계전기에 연결되어 검출된 자료를 전달한다. 온도 검출기가 물리는 번호(1번 : +극성(적색), 2번 : −극성(흑색))의 극성이 바뀌지 않도록 주의하여야 한다.
3) 그림 5-61에서 전원(AC 220[V]) 단자는 7번, 8번이다.

4) 온도 검출기의 연결은 1번 단자에 적색, 2번 단자에 흑색을 연결한다.
5) 온도 계전기의 접점은 4번 단자는 공통이며, a접점은 5번 단자(NO), b접점은 6번 단자(NC)이다.
6) 온도 계전기의 동작원리는 원하는 온도를 설정하고 전원을 투입하면 설정온도 이하에서는 ON램프가 켜지면서 b접점이 떨어지고 a접점이 붙는다. 설정온도에 도달하면 OFF 램프가 켜지면서 a접점이 떨어지고 b접점이 원상복귀 된다.

5. 카운터(Counter : CNT)

각종 센서와 연결하여 생산 수량 등 숫자를 셀 때 사용되는 기기를 **카운터**라 하며, 단위로 CPS(count per second)가 사용된다. 예를 들면 100 cps란 1초에 100개를 계수한다는 의미이다. 계수를 위한 카운터의 입력은 펄스(pulse)가 사용되며 이 펄스는 앞에서 설명한 조작용 및 검출용으로 사용되는 스위치에 의해 발생시킬 수 있다. 구조에 따라 전자 카운터(Magnetic Counter : MC), 프리셋트 카운터(Preset Magnetic Counter : PMC) 등이 있으며, 계수기에는 전자식 카운터가 많이 사용된다.

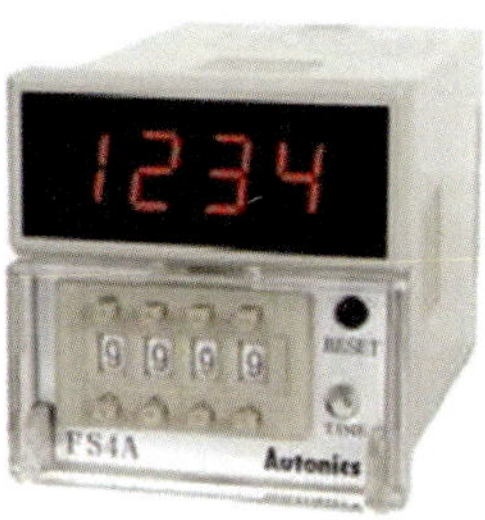

(a) 실물

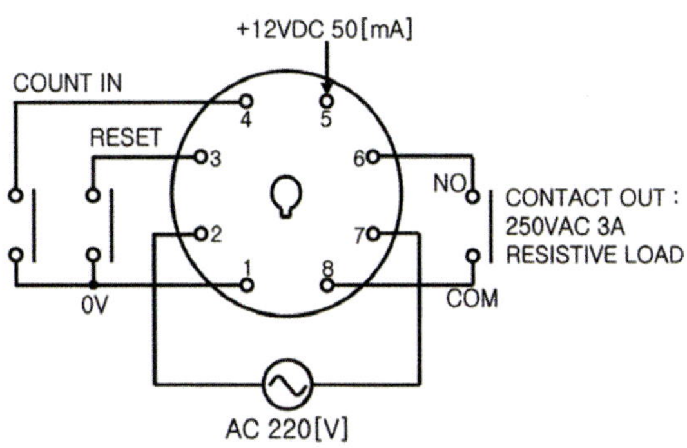

(b) 내부 결선도

	접점 기호	접점 핀번호
전 원	CNT	②-⑦ 단자
RESET a접점		①-③ 단자
COUNT IN a접점		①-④ 단자
CONTACT OUT a접점(저항 부하)		⑥-⑧ 단자
센서 공급전원	Vcc	⑤ 단자

(c) 접점 기호 및 핀번호

그림 5-62 카운터 실물 및 내부 결선도

어떤 물건을 검출하여 카운터하는데, 미리 설정해 둔 값에 도달하면 접점이 동작하게 된다. 물체의 위치나 상태를 검출하여 계수하여 설정값과 같으면 접점을 ON시키는 기기이다. 전자 카운터는 생산량 등을 계수하는 적산용으로 사용되며, 프리셋트 카운터는 설정한 계수량에 도달하면 제어출력이 동작하는 카운터이다. 계수 제어용으로 많이 사용되며, 가산식과 감산식 두 종류가 있다.

① **적산식 카운터** : 0 에서 계수를 시작하고 설정값에 도달하면 접점이 작동되는 카운터이다.

② **감산식 카운터** : 설정값부터 계수하여 0에 도달하면 접점이 작동되는 카운터이다.

그림 5-62는 카운터 실물 및 내부 결선도를 나타낸 것이다.

그림 5-63은 유도형 센서를 이용한 카운터 예를 나타낸 것이다.

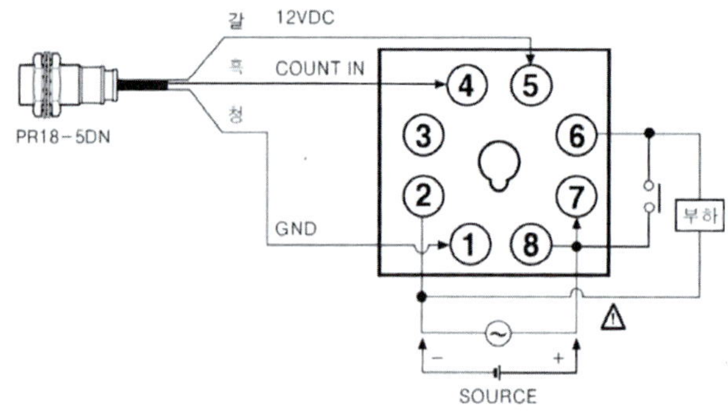

그림 5-63 유도형 센서를 이용한 카운터 예

6. 플로트리스 릴레이(Floatless relay : FL, Float switch : FLS)

플로트리스 릴레이는 빌딩 또는 아파트나 공장 등의 각종 액면제어를 할 때 사용하며, 농업용수, 정수장, 오수처리장 및 일반 가정의 상하수도에 다목적으로 사용된다.

또한, 소형 경량화 되어 설치가 편리하다. 물탱크의 경우 물탱크에 전극봉을 심어 물의 수위를 조절하는 장치로서 플로트리스 스위치라고 부르고 있으나 액면 검출봉과 조합되어야만 기능을 사용할 수 있다. 플로트리스 릴레이는 베이스에 삽입하여 사용하도록 8핀과 11핀 등이 있다.

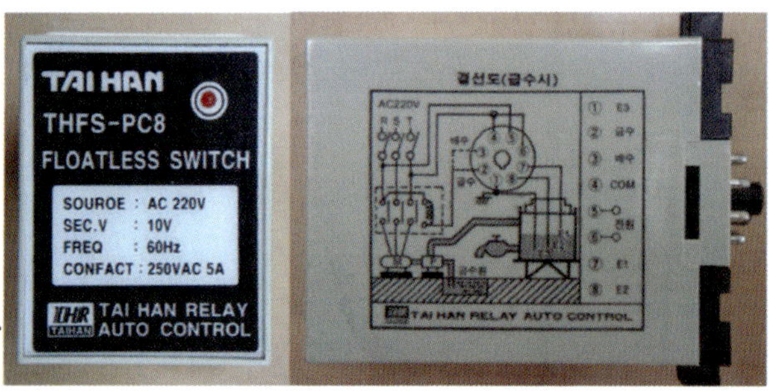

(a) 실물

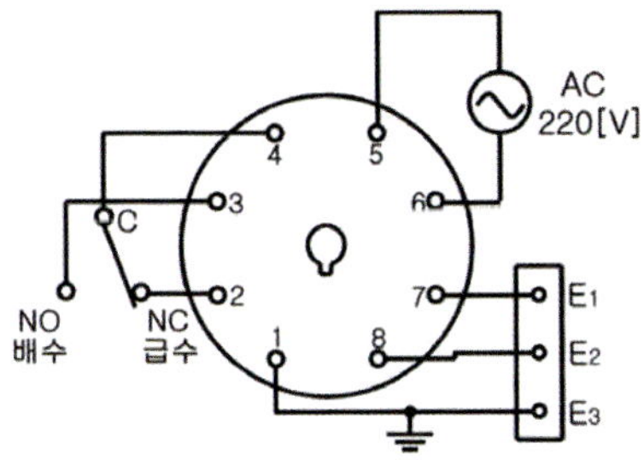

(b) 내부 결선도

	접점 기호	접점 핀번호
전 원	FL	⑤-⑥ 단자
a접점(배수)		④-③ 단자
b접점(급수)		④-② 단자
전극봉	E1 E2 E3	⑦(E1), ⑧(E2), ①(E3) 단자

(c) 기호 및 핀번호

그림 5-64 플로트리스 릴레이 실물 및 내부 결선도

그림 5-64는 플로트리스 릴레이 실물 및 내부 결선도이다.

원리는 액체의 도전성을 이용하여 탱크 속에 액면 검출봉을 시설하고 전극 사이에 액면을 통한 회로가 구성되면 릴레이의 접점소자가 작동하여 급수 펌프가 자동으로 운전하도록 하고 있다. 설치가 간단하고, 기능이 정확하며 유지관리도 쉬워 빌딩, 아파트의 물탱크(수조)에 널리 사용되고 있다.

(a) 위면 (b) 아래면 (c) 전극봉 실물

그림 5-65 전극봉과 연결되는 단자대 모습

그림 5-65 (a)는 전극봉의 단자대에서 3P 케이블이나 선의 한쪽을 물리고, 다른쪽은 판넬에 있는 플로트 스위치에 물려주면 된다. (b)에서 물탱크에 꽂아 사용하는 3개의 전극봉이 연결되는 단자로 E_1(7번), E_2(8번), E_3(1번)이다. 전극봉은 (b)의 그림처럼 길이가 서로 다른 3개의 봉이 단자대와 연결 된 채 달려 있으며, 짧은 순서부터 E_1, E_2, E_3라고 부른다. 전극봉 단자대의 구멍에 각각 해당되는 봉 (E_1, E_2, E_3)을 꽂고 나사로 조여준다.

그림 5-66은 플로트리스 릴레이와 전극봉과의 접속을 표시한 것이다. 릴레이는 출력회로와 수위검출 회로로 이루어져 있다.

(1) 급수

① E_3는 반드시 접지를 해준다.

② 물탱크의 물이 E_1과 E_2를 오갈 때 펌프가 작동과 정지를 반복한다. 즉, 물이 차기 시작해 E_1의 지점까지 수위가 올라오면 E_1의 접지봉이 감지하면서 모터가 정지하게 된다.

③ 반대로 물을 계속 사용해서 수위가 점점 내려오면, E_2의 전극봉이 감지하면서 펌프가 작동하여 물을 공급하게 된다.

(2) 배수

① E_3는 반드시 접지를 해준다.

② 물탱크의 물이 E_1과 E_2를 오갈 때 펌프가 ON과 OFF를 반복한다. 즉, 물의 수위가 점점 높아져 E_1의 전극봉이 감지하면 펌프가 작동하여 물을 빼내기 시작한다.

③ 물이 빠져 수위가 낮아지게 되면 E_2가 감지하면서 펌프가 정지하게 된다.

④ E_2의 위치를 펌프보다 높게 설치해야 펌프가 공회전을 하지 않는다.

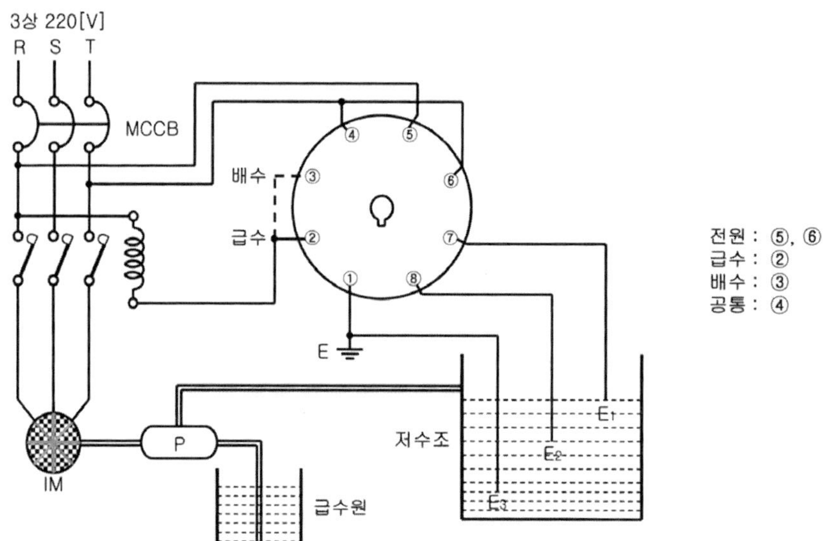

그림 5-66 플로트리스 릴레이와 전극봉과의 접속

7. 전자 접촉기(Magnetic contactor : MC)

전자 접촉기는 전자력에 의하여 작은 힘으로 접점을 개폐시켜 전기에너지를 이동시키는 계전기의 일종이며, 원리는 계전기와 같다.

전자 접촉기는 고정철심에 감겨진 코일에 전원이 인가되면 철심이 전자석이 되어 가동철심을 흡입함으로서 접점을 열거나 닫는 역할을 하고, 코일에 전원이 끊어지면 스프링의 힘으로 접점은 원위치로 복귀한다. 또한, 단독으로는 동작을 할 수 없으며 푸시버튼과 조합하여 설치되며 보조 계전기와 함께 사용된다.

전자 접촉기의 특징은 소형 전자 계전기와 달리 주접점 이외에 보조접점을 가지고 있으며, 코일에 전류가 흐르면 주접점과 보조접점이 동시에 동작하는 구조로 되어 있다.

(1) 구조

전자 접촉기의 주요 구성은 조작 전자석과 접촉자이다. 조작 전자석은 철심과 코일로 이루어지며, 접촉자는 그림 5-67과 같이 주접점(주회로 접점)과 보조접점(보조회로 접점)으로 구분하고, 전기회로의 특성상 a접점과 b접점으로 호칭한다.

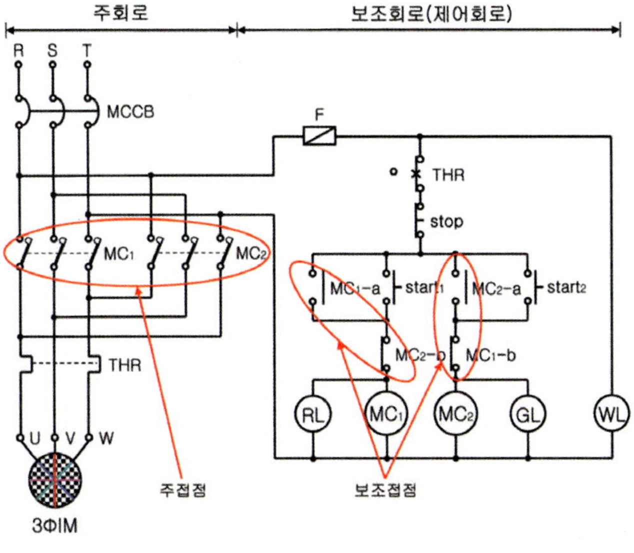

그림 5-67 주접점과 보조점접

◎ 주접점

전원선과 직접 연결되는 부분으로 부하의 입력단자에 연결되며, 전동기와 접속하는 주회로를 개폐하는 기능을 가지고 있다. 주접점은 3상 또는 단상 경우 전원선과 직접 연결되는 부분으로 전동기의 입력단자에 연결된다.

◎ 보조접점

보조접점은 푸시버튼 스위치를 눌렀다 놓아도 코일의 자기유지에 의하여 계속 동작되며, 스위치의 조작과 표시등의 부착용으로 사용되는 접점이다. a접점과 b접점이 있고 개수에 따라 1a-1b 및 2a-2b 등 여러 가지가 있다.

그림 5-68은 전자 접촉기 내부 결선도 및 기호 표시이다.

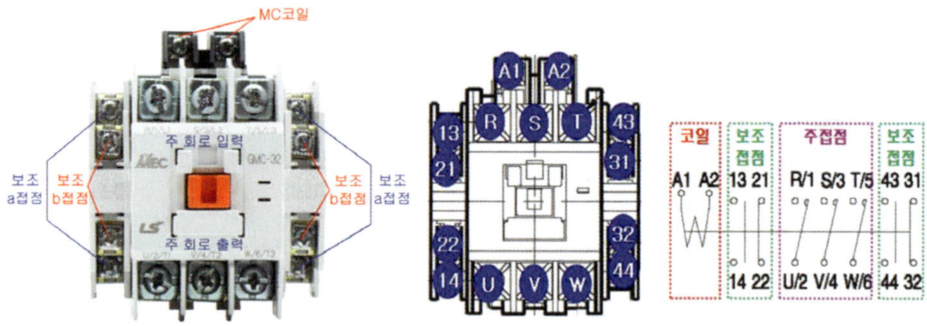

(a) 전자 접촉기 실물 및 접점(5a-2b)

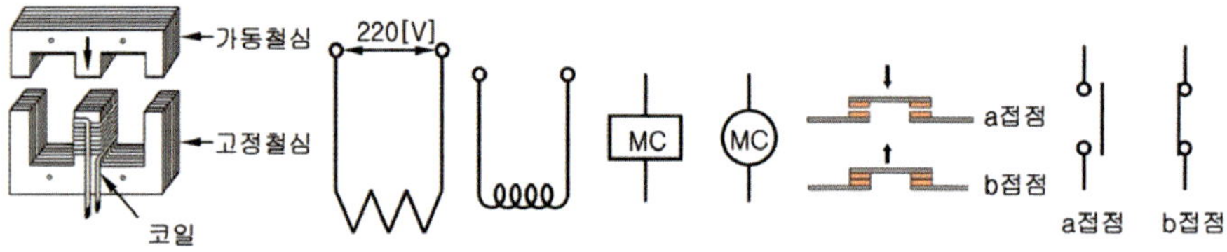

(b) 철심 (c) 코일 (d) 접점

그림 5-68 전자 접촉기의 내부 결선도 및 기호 표시

1) 철심

그림 5-69는 전자 접촉기 상단과 하단의 분리 사진이며, 고정철심과 가동철심으로 구분하고, 고정철심에는 코일이 감겨 있고 가동철심에는 접촉자(접점)가 고정되어 있다. 고정철심과 가동철심의 접촉면(극)은 평활하여야 하고 연마가 잘 되어 있어야만 접촉시에 밀착되어 떨림이 없고 소음이 나지 않는다.

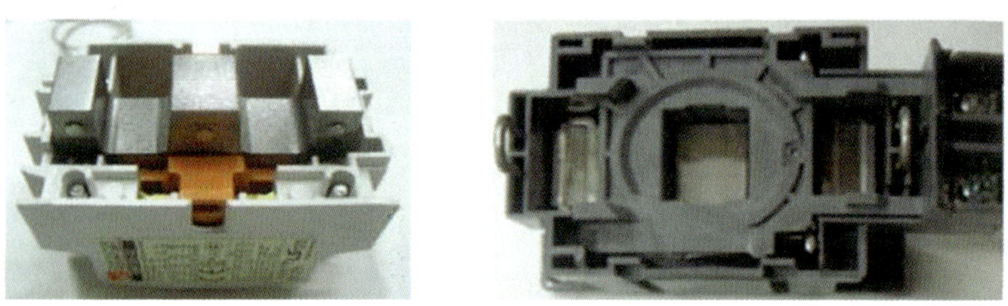

그림 5-69 전자 접촉기 상단과 하단 분리사진

2) 코일

그림 5-70~71은 전자 접촉기 코일부를 분리한 것이며 정격전압의 85~110[%] 범위에서 사용할 수 있게 설계되어 있다. 코일은 부족전압 또는 전압강하로 인하여 전자력이 약하게 되면 철심의 접촉이 불완전하여 소손될 수 있으며 과전압인 때도 과열되어 소손될 수 있다.

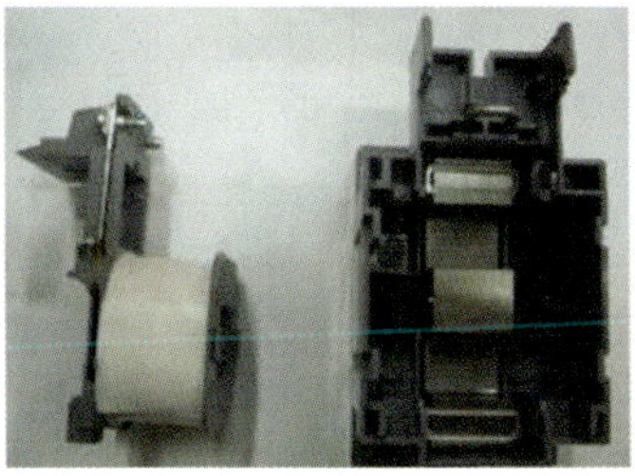

그림 5-70
전자 접촉기 하단부에서 코일부를 분리한 모습

그림 5-71
전자 접촉기 코일부 상세사진

사용전원은 교류(AC)용과 직류(DC)용이 있으며, 사용전압은 단일 전압형과 2중 전압형이 있다. 코일은 사용전압이 높으면 절연처리 등 기술적 문제가 있어 220[V]이하로 설계하고 있다. 예를들면 정격전압이 380~440[V]인 전동기회로에 사용하는 전자 접촉기의 정격전압 380~440[V] 이지만 코일전압은 AC220[V] 또는 직류 24[V]로 제조되고 있다.

전자 접촉기의 코일 전원을 직류로 하면 전자석의 울림이 없어 소음이 없을 뿐만 아니라 제어 회로의 기기와 부품이 낮은전압 직류 24[V]의 것으로서 감전사고의 위험성이 적다. 병원, 연구실의 제어함에 설치하는 전자 접촉기와 의료기기에 취부되어 있는 전자 접촉기는 직류전원 코일을 사용한다. 주회로가 교류이므로 제어회로는 AC380~220[V]/DC24[V]인 정류기를 시설한다.

3) 접점

그림 5-72와 같이 고정접점과 가동접점으로 이루어지며 접점이 상시 붙어 있거나 떨어져 있는 상태에 따라 a접점 또는 b접점이라 부른다. 3상 회로용 전자 접촉기는 주접점이 3개이고, 보조접점은 용도에 따라 a, b접점이 각각 1~3개씩 있다.

접점은 사용 중에 다소 검은색으로 변하거나 아크발생으로 인하여 약간 흠(요철)이 생기지만 성능에는 지장이 없다. 또한 접점은 두께가 신품의 1/2이하로 되는 것을 소모 한계로 보고 있으며, 접점을 교환할 때는 주접점 3개를 동시에 모두 바꿔 주어야 한다. 접점이 마모가 되거나 어떤 원인으로 인하여 접촉이 잘되지 않으면 소음이 나고, 아크가 일어난다.

그림 5-72 전자 접촉기 상단과 하단의 분리사진

4) 단자

주회로 단자와 보조회로 단자 및 코일 단자가 있다. 주회로 단자는 주회로 전선과 접속되며, 주접점의 고정접점과 연결되어 있고, 보조회로 단자에는 보조접점의 고정접점이 연결되어 있다.

5) 프레임

전자 접촉기의 부품이 각각의 기능을 원활하게 할 수 있도록 된 구조로 부품을 지지, 수용하고 있는 집이다. 고정철심과 가동철심, 고정접점과 단자 등을 지지하고 있다.

(2) 기 능

그림 5-73에서 고정철심의 코일에 전원을 접속하면 철심은 전자석이 되어 가동철심을 잡아 당긴다. 이 원리를 이용하여 가동철심에 움직이는 접점(가동접점)을 지지하고 전자 접촉기 몸체에 움직지 않는 접점(고정접점)을 고정하여 코일에 전류가 흐르거나 흐르지 않음에 따라 접점이 붙거나 떨어지게 한다.

접점의 간격이 일정하게 유지되게 하기 위하여 가동철심은 스프링에 의해 항상 고정자 철심과 일정한 간격을 유지하도록 설계되어 있다.

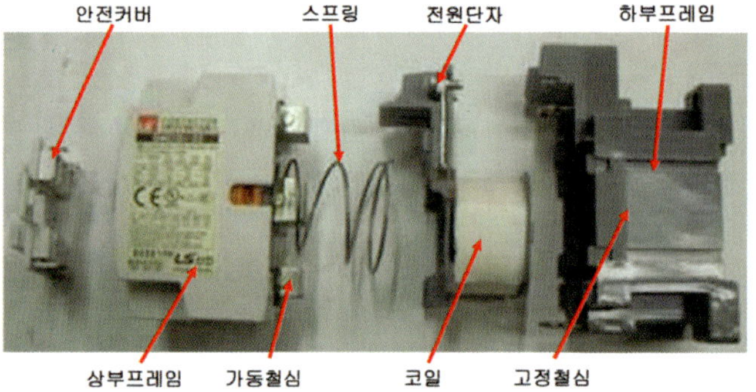

그림 5-73 전자 접촉기 조립 및 부품명칭

(3) 전자 접촉기 회로

전자 접촉기는 푸시버튼 스위치의 'ON' 버튼을 누르면 코일(MC)이 여자됨과 동시에 주접점이 붙어 전동기가 운전한다. 이 때, 주접점 이외 보조접점 a접점을 'ON' 버튼과 병렬로 접속하면 'ON' 버튼을 놓아도 전동기는 계속 운전이 된다. 전동기의 운전을 정지시키고자 할 때는 'OFF' 버튼을 눌러 코일의 여자를 풀어주면 되므로 'ON' 버튼과 'OFF' 버튼을 직렬로 접속하면 된다.

그림 5-74는 전자 접촉기의 동작을 나타내는 기본회로이다.

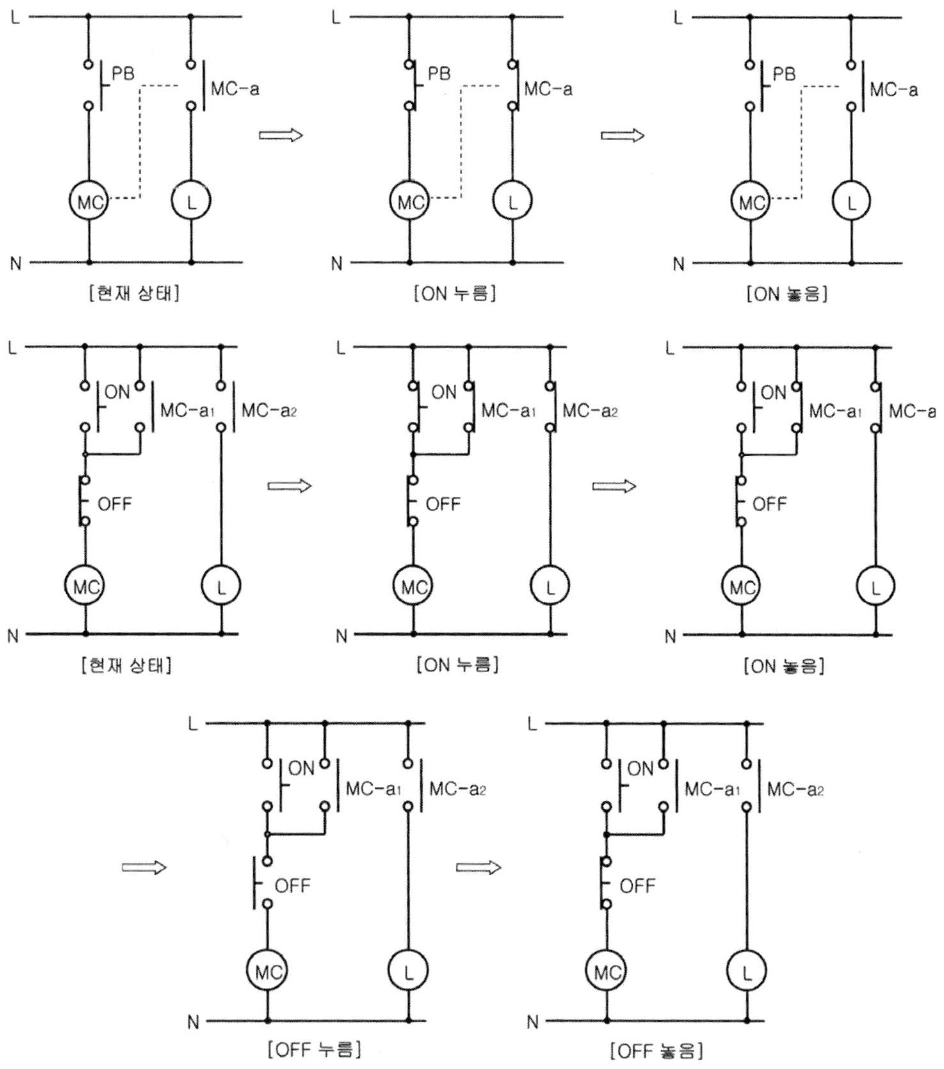

그림 5-74 전자 접촉기의 기본 동작 전개 접속도

① 푸시버튼 ON을 누르면 전자 접촉기의 코일 MC가 여자되고 접점 a가 닫히고 램프 L이 점등된다.

② 푸시버튼 ON을 놓으면 코일 MC는 여자가 풀리고 접점 a가 열리면서 램프 L은 소등된다.

③ ON 버튼을 누르면 코일 MC가 여자되고 접점 a_1 및 a_2가 닫힌다. 그리고 램프 L이 점등한다.

④ ON 버튼을 놓아도 접점 a_1이 닫혀 있어 코일 MC는 계속하여 여자된 상태로 있고 램프 L이 계속 점등되어 있다.

⑤ OFF 버튼을 누르면 코일 MC는 여자가 풀리고 접점 a_1 및 a_2도 열리어 램프 L도 소등된다.

⑥ OFF 버튼을 놓으면 '현재 상태' 로 된다.

(4) 전자 접촉기의 접점 구성

전자 접촉기의 접점은 주회로 접점과 보조회로 접점으로 구분한다. 주회로 접점은 전원과 부하를 연결해주는 기능을 가지며, 보조접점은 운전 제어요소(계전기 등)와 운전 제어상태를 표시하는 램프 또는 신호장치의 회로를 연결해주는 기능을 가진다. 그러므로 주접점은 모두 a접점이 되고, 단상 회로용은 2개, 3상 회로용은 3개로 구성되고, 보조접점은 회로의 특성에 따라 a, b접점으로 구성되며, 각각 1개 또는 2개로 구성된다.

(5) 전자 접촉기 보조접점 유닛 추가설치 방법

보조접점 유닛 추가설치 방법은 그림 5-75와 같은 방법으로 설치한다.

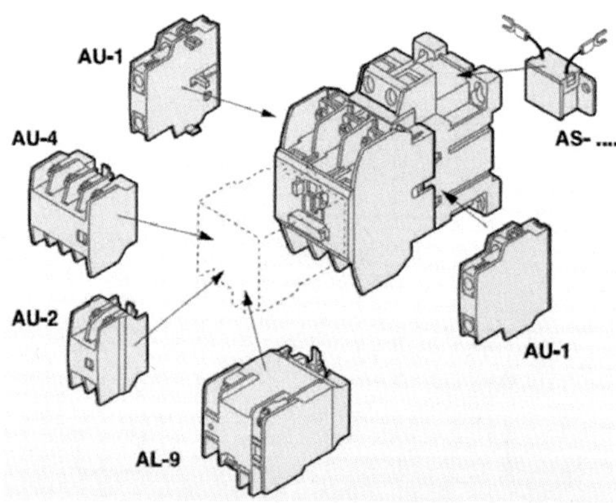

그림 5-75 보조접점 유닛 추가설치 방법

8. 열동형 과전류 계전기(Overload current relay)

과부하 계전기 또는 열동형 과전류 계전기(Thermal overload current relay)라고 하며, O.L 또는 THR 등의 약자 기호로 표시하고, 그림 기호는 그림 5-76 (b)와 같다.

(1) 구조

저항 발열체인 열소자와 이에 연결된 바이메탈, 그리고 바이메탈의 작동에 의해 동작되는 가동접점과 복귀 레버(Reset lever), 전류 조정 노브 및 주회로 단자로 구성되어 있다. 주회로 단자는 부하전류가 흐르는 단자로서 열소자 및 바이메탈과 연결되어 있다.

(2) 기능

전동기에 흐르는 전류가 예상전류 이상으로 흐르게 되면 열소자가 열을 발생하고, 이 열에 의하여 바이메탈이 작용하여 접점레버를 움직인다. 접점레버는 가동접점(복귀접점)을 떨어지게 하여 전자 접촉기의 코일에 흐르는 전류를 차단한다. 따라서 전자 접촉기는 전자력을 잃게 되고 주회로 접점이 떨어져 전동기는 멈추게 된다.

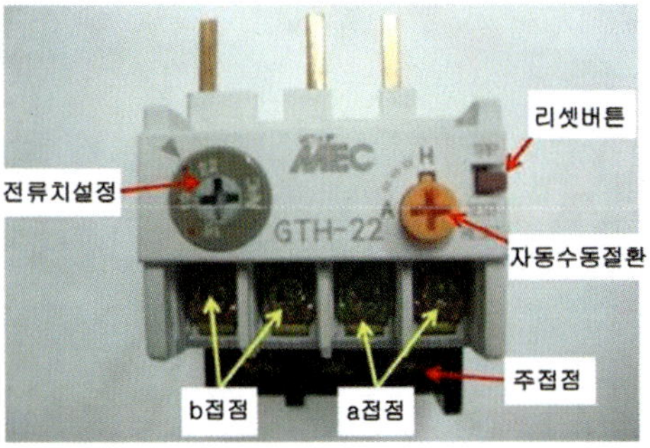

(a) 실물

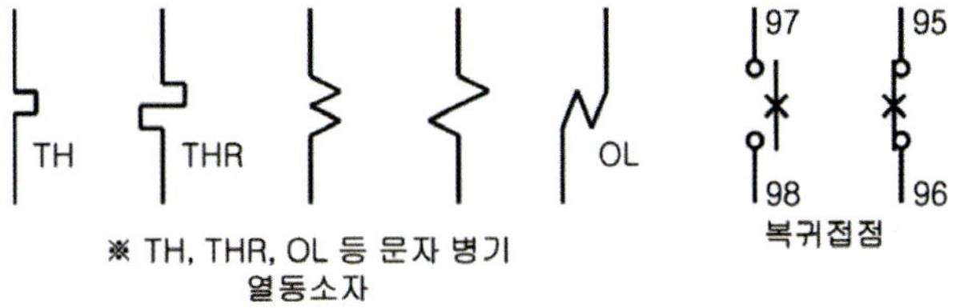

(b) 기호

그림 5-76 열동형 과전류 계전기 실물 및 기호

열동형 과전류 계전기의 복귀접점이 떨어지게 되면 열동소자가 식을 때까지(약 3~5분 정도) 기다렸다가 복귀레버를 눌러주어 복귀접점이 원래 상태대로 붙게해 주어야 한다.

복귀레버를 눌러 접점이 붙은 상태를 **리셋(Reset)**이라 하고, 접점이 떨어지는 상태를 **트립(Trip)**이라고 한다. 따라서 전동기에 과전류가 흘러 회로가 차단되면 트립되었다고 하고 다시 운전을 할 때는 리셋시켜야 한다. 한편 복귀접점은 수동 복귀형과 자동 복귀형이 있으며, 자동 복귀형은 일정 시간이 지나면 열동 소자의 온도가 내려가게 되어 접점이 자동으로 복귀하는 것을 말한다.

그림 5-77에서 **열동형 과전류 계전기 동작원리**는 다음과 같다.

① 부하측에 과부하가 발생하면 열을 감지한 바이메탈이 우측으로 휘어지면서 주황색 스위치부를 우측으로 이동시킨다.

② 아래 스위치에 연결된 바가 얇은 철판을 우측으로 밀게 된다.

③ 우측으로 밀린 철판은 위쪽에 연결된 바를 상하운동으로 바꾸어주게 되며, 아래쪽으로 이동한 바는 접점을 바꾸어 주게 된다(접점을 바꾸어주는 스프링이 달린 가로의 핀을 자세히 보면 머리핀의 똑딱이 원리와 같은 것을 알 수 있다).

④ 그림 5-78은 계전기가 동작하여 접점이 바뀐 사진이며, 가운데 2개의 접점핀이 위로 올라가면서 하단 b접점에서 상단 a접점으로 전환되는 것을 볼 수 있다(그림 5-78의 (나)부분). 이때 a접점의 핀에 연결된 리셋바가 들어 올려지며(그림 5-78의 (가)부분), 이 바를 내리면 접점이 다시 초기상태로 복귀되는 방식이다.

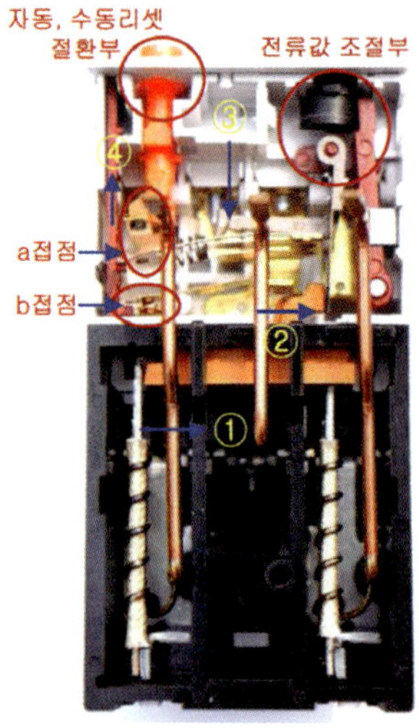

그림 5-77 열동형 계전기 내부 및 작동원리 (초기상태)

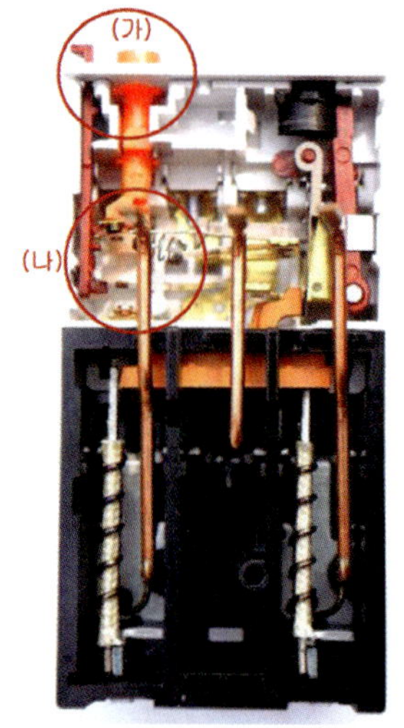

그림 5-78 열동형 계전기 내부 및 작동원리 (작동상태)

1) 리셋의 자동/수동모드는 계전기의 작동 후 복귀하는 방식의 차이이다. 자동모드는 계전기 작동 후 열원이 제거되어 바이메탈이 원상태로 복귀하며, 접점이 복귀되는 방식이다. 수동모드는 계전기의 작동후 리셋버튼을 눌러주어야 접점이 복귀되는 방식이며, 원리는 자동모드시 전환부의 뭉치가 아래로 내려가서 a접점 고정접점과 가동접점의 간격을 줄여준다는데 있다.
2) 전류치 설정시의 적용 원리는 그림 5-76 (a)에서 전류치 설정을 위해 다이얼을 최대로 돌리면 그림 5-77 전류값 조절부에서 회전운동을 하는 다이얼이 우측피스 부분을 우측으로 이동을 시키게 된다. 결과적으로 그림 5-77 ③의 상하운동을 하는 바에 텐션을 조정하게 되어 바이메탈이 더욱 많이 휘어져야 한다는 것을 의미한다. 이것은 기계적인 방법이므로 전류 세팅치는 그다지 정확한 값이 아니라는 것을 알아야 한다.

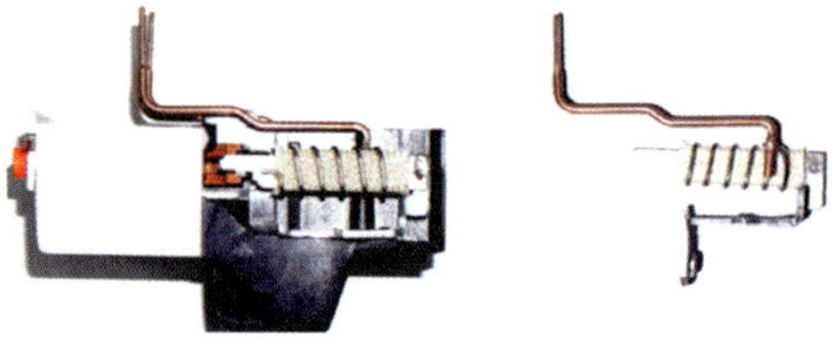

그림 5-79 열동 계전기의 바이메탈부 상세사진

그림 5-79는 열동형 과전류 계전기의 바이메탈부 사진이며, 바이메탈은 R상과 T상에만 설치가 되어있으므로 전자 접촉기의 주접점에 연결된 구리 부스바를 통하여 과열이 감지되면 바이메탈이 작동한다. 바이메탈은 열팽창률이 서로 다른 두 개의 금속

이 완전히 밀착되어 맞대어져있고 이 원리로 한쪽으로 휘어지게 되어 있다.

그림 5-80은 바이메탈 2극 및 3극 내부결선도이다.

- 2소자형 : 1 2, 5 6 - 3소자형 : 1 2, 3 4, 5 6

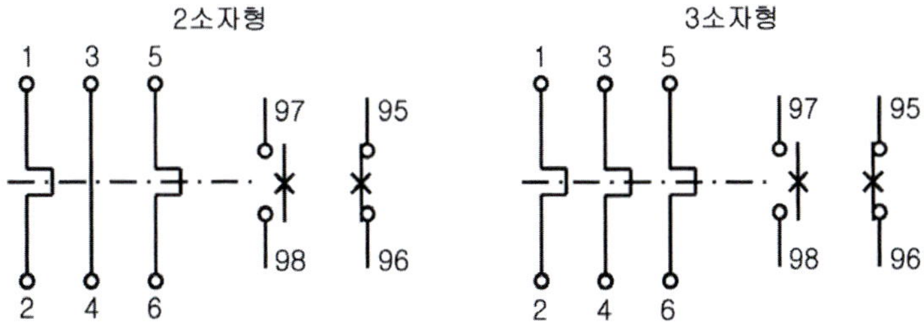

그림 5-80 바이메탈 2극 및 3극 내부결선

3) 전류 조정 노브

접점 복귀레버의 간격을 조정하여 전류용량을 80~120[%]범위로 조정하는 장치이다. 전자 개폐기는 전동기의 정격용량에 맞는 것을 설치하며, 과전류 보호장치인 열동형 계전기는 주위 온도가 40[℃]일 때 전동기 전부하 전류의 125[%]이하에서 동작되도록 전류값을 조정하여야 한다.

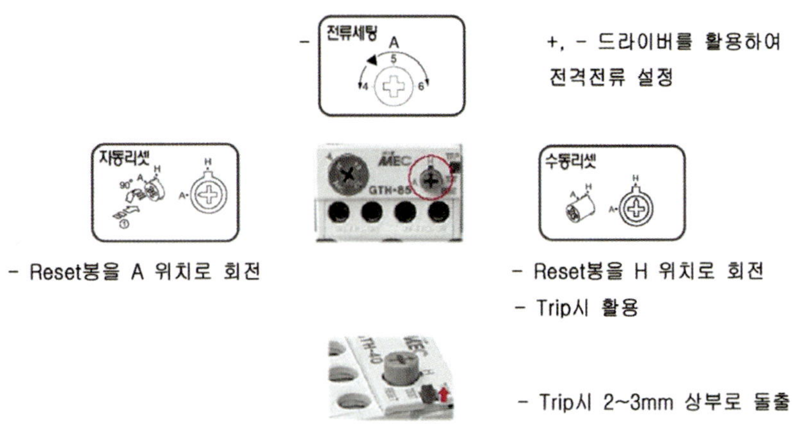

그림 5-81 열동형 과전류 계전기(GTH-22 모델)

(3) 취 부

전자 개폐기는 습기와 물기가 있는 장소, 부식성 가스가 있는 장소, 진동이 심한 기기 등에는 가급적 사용하지 않는다. 수직으로 고정할 때는 30[°]이상 기울어지지 않게 하고 특별한 경우를 제외하고 수평으로 취부하지 않는다.

(4) 열동형 과부하 계전기의 설치방법

① 전자 접촉기에 직접 연결하는 경우

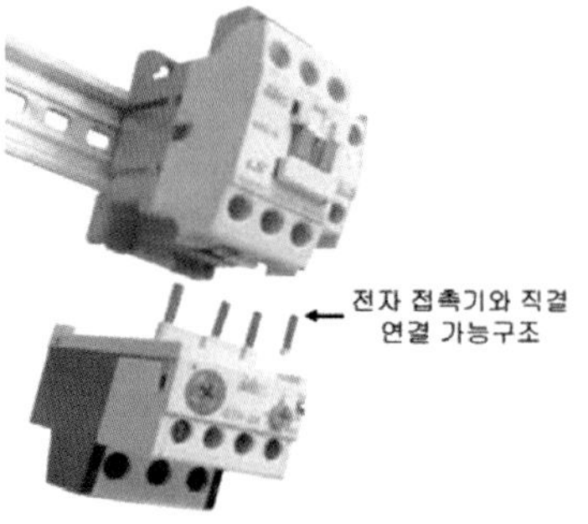

그림 5-82 직접 연결하는 방법

열동형 과부하 계전기는 사용 용도에 따라 전자 접촉기와 연결하여 사용하거나 또는 단독으로 설치할 수 있도록 되어 있으며, 전자 접촉기와 연결 사용의 편리성을 위하여 전자 접촉기와 연결되는 부분에는 그림 5-82와 같이 직결로 연결이 가능하다.

② 단독 설치할 경우

Y-Δ 구성시에는 열동형 과부하 계전기를 단독으로 설치할 필요가 있다. 중소용량 제품의 경우(정격전류 80[A]이하)에는 단독으로 설치할 수는 없지만, 부속장치를 이용하여 단독 설치가 가능하다. 그림 5-83~84에는 단독 설치 유닛과 조합하는 상태를 나타내었다.

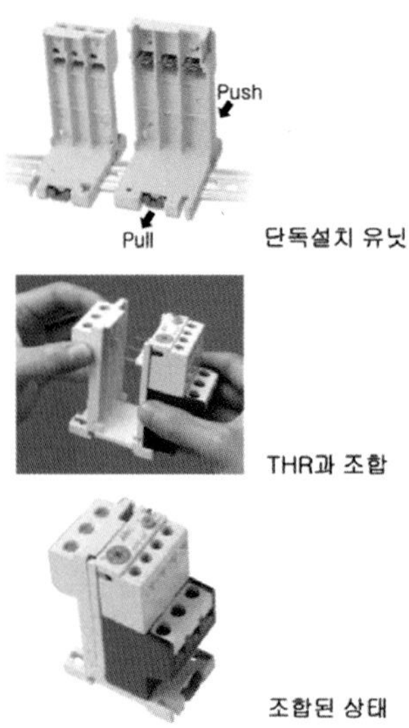

그림 5-83 단독설치 유닛 AZ-22H 외관 및 조합도

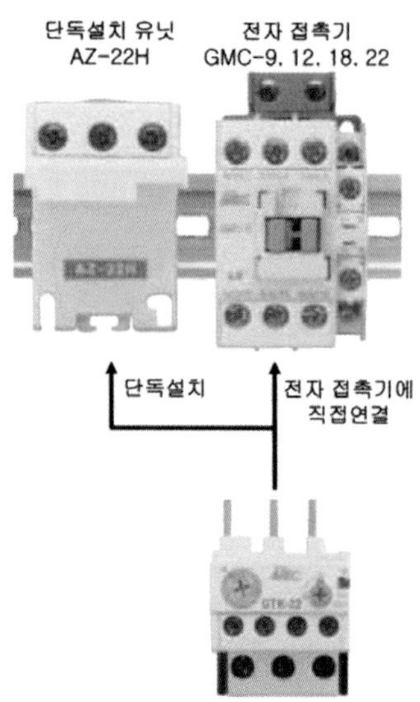

그림 5-84 단독설치 및 직접연결 방법

9. 전자 개폐기(Magnetic switch : MS) : MC와 THR 조합

전자 개폐기는 전자 접촉기와 열동형 과전류 계전기가 조합된 개폐기로서 전기회로를 빈번하게 개폐하는 전동기 부하회로에 설치하고, 동작은 푸시버튼 스위치에 의한다. 전동기에 과부하

전류가 흐르면 열동형 과전류 계전기가 작동하여 자동적으로 회로를 차단하여 전동기의 소손을 막아준다. 전자 개폐기는 전류용량과 접점의 기능에 따라 다양한 종류가 있으나 기본 원리는 모두 같다. 그림 5-85는 전자 개폐기 실물 및 내부 결선도이다.

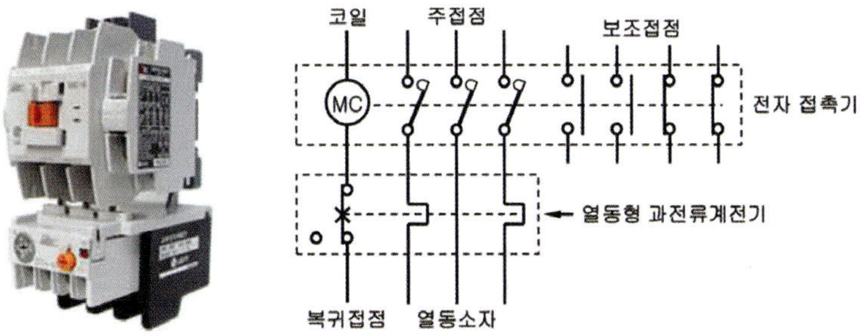

그림 5-85 전자 개폐기 실물 및 내부 결선도

(1) 전자 개폐기 기본 동작회로

전자 개폐기는 전자 접촉기와 열동형 과전류 계전기가 조합된 개폐기로서 전동기의 운전과 보호에 사용된다. 따라서 전자 개폐기의 동작회로는 전자 접촉기 동작회로와 열동형 계전기의 동작회로를 합친 것이다.

전자 접촉기 코일이 여자되면 주회로 접점과 보조회로 접점이 붙어 전동기가 운전되고 전동기가 과부하가 되면 열동형 과부하 계전기의 열동소자가 작동하여 코일의 여자전류가 끊어져 주회로 접점과 보조회로 접점이 떨어져 전동기가 정지하도록 접속되어야 한다.

그림 5-86은 전자 개폐기 기본 동작회로이며, 전동기 운전회로의 배선 방법은 다음과 같다.

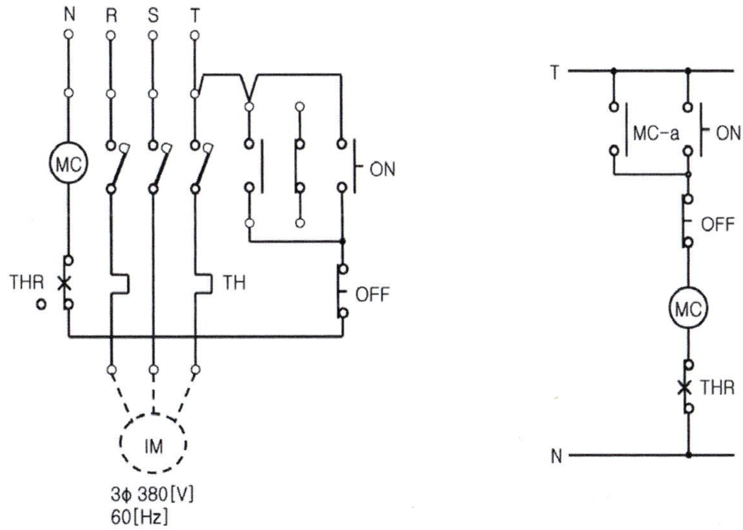

(a) 전개 접속도 (b) 조작회로

그림 5-86 전자 개폐기 기본회로

① 조작 스위치인 푸시버튼의 ON버튼을 누를 때 코일이 여자되고 전동기가 운전되도록 코일과 직렬로 접속하고 ON버튼을 놓아도 전동기가 계속 운전되도록 하기 위하여 보조접점인 a접점을 ON버튼과 병렬로 접속한다.

② 푸시버튼의 OFF버튼을 누를 때 전동기가 정지되도록 코일과 직렬로 접속한다.

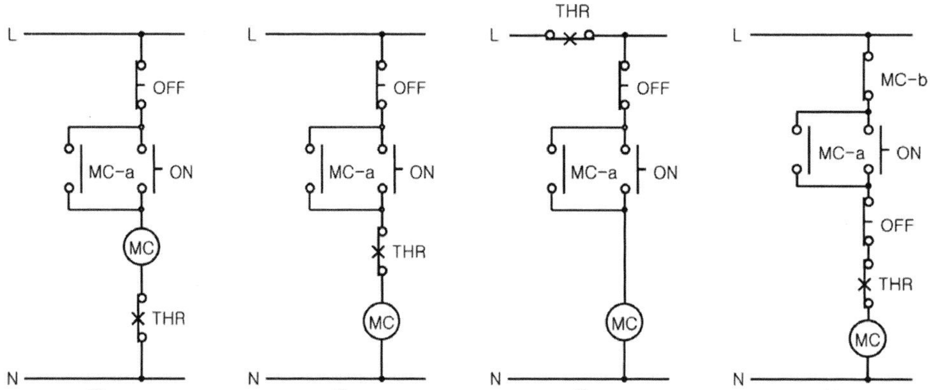

O 그림 5-86 (b)와 OFF 버튼의 위치가 바뀌었다

O (a)보다 좋은 방법이다

O 가장 좋은 방법이다

X 불필요한 b접점을용하였다

그림 5-87 여러 가지 접속

그림 5-87은 여러 가지 접속 방법이며, 전자 접촉기의 코일과 보조접점, 열동형 과전류 계전기와 푸시버튼을 어떻게 접속하느냐에 따라 배선방법이 다르게 된다.
유도전동기의 운전회로에 사용되는 것으로 접점의 기능을 정확하게 알아두도록 한다.

10. 전자식 과전류 계전기(Electronic over current relay : EOCR)

전자식 과전류 계전기는 열동형 과전류 계전기에 비해 동작이 확실하고 과전류에 의한 결상 및 단상 운전이 완벽하게 방지되며 전류조정 노브와 램프에 의해 실제 부하전류의 확산과 전류의 정밀 조정이 가능하고 지연시간과 동작시간이 서로 독립되어 있으므로 동작시간의 선택에 따라 완벽한 보호가 가능하다.

테스트(Test) 기능이 내장되어 있어 동작 시험과 회로 시험이 가능하고 전기회로에 콘덴서 드롭(Condenser Drop) 방식을 채택하여 전력 소모가 적다, 또한 변류기(CT) 관통식으로 관통 횟수를 가감하여 사용 범위를 확대할 수 있고 신호 출력회로가 내장되어 있으므로 촌동 및 파동 부하에도 오동작이 없으며 온도 보상회로가 내장되어 있으므로 안전하다.

전자식 과전류 계전기는 반도체 무접점으로 되어 있으며 반응속도가 빠르고 반응속도를 마음대로 조정할 수 있을 뿐 아니라 접점 수명이 길고, 가벼우며 미세한 전류의 변화에도 반응할 수 있도록 정밀하게 조정할 수 있는 편리함을 가지고 있다.

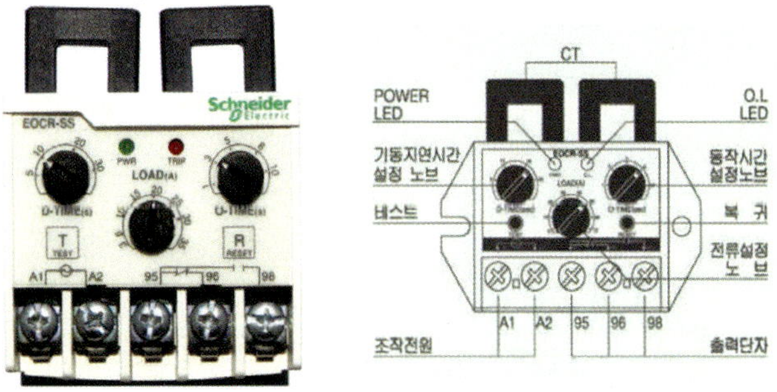

(a) EOCR-SS

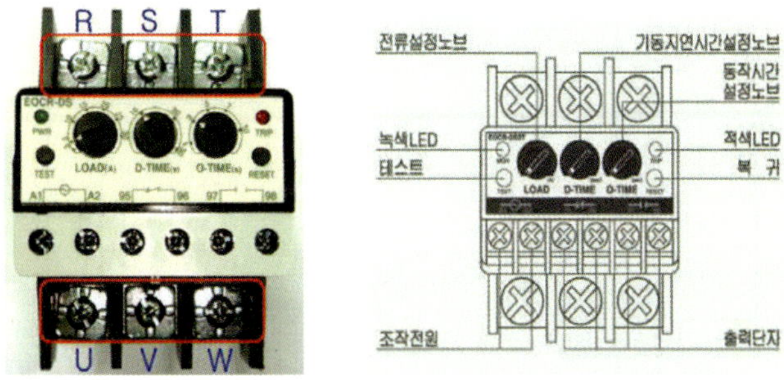

(b) EOCR-DS

그림 5-88 전자식 과전류 계전기 실물

그림 5-88은 최근 시중에서 보급되고 있는 몰드형 전자식 과전류 계전기이다. 전류용량이 20[A]이며, 3상 3선식 회로에 사용할 수 있고 보조접점이 a, b 각 1개씩으로서 기능상으로는 이제까지 설명한 열동형 과전류 계전기와 같다.

사용방법은 EOCR의 1차측 플러그를 전자 접촉기 2차측에 삽입하여 조립하고, 부하측 단자 2, 4, 6번에 부하를 접속한다.

부하전류에 대한 전류 설정범위는 15[A]의 것은 3~15(17)[A]까지, 20[A]의 것은 5~20(25)[A]까지 조정할 수 있다. 또한, 트립시간 조정도 1~50초까지 조정할 수 있다.

① **전원 단자** : 반도체 무접점으로 되어 있어 전원을 공급하여야 정상동작을 한다. A1과 A2는 전원 단자이다.

② **접점 단자** : 접점이 4단자인 경우 b접점(95-96), a접점(97-98)이며, 접점이 3단자인 경우(95), b접점(96), a접점(98)이다.

③ **LOAD 표시** : 설정 전류값으로 그림 5-88 (a)처럼 20[A]에 조절했다면 과부하가 20[A]를 넘으면 트립된다.

④ **D-TIME(Delay-Time) 표시** : 기동 지연시간 설정을 말하며, 기동 지연시간 설정은 기동시 기동전류로 인한 트립(오동작)을 방지하고자 하는 목적으로 설정한다(직입기동시).

⑤ **O-TIME(Operating-Time) 표시** : 과부하가 걸렸을 때 트립이 되는 시간이다. 전류 설정

치를 초과하는 과전류가 흐를 경우, 설정한 O-TIME 경과 후 즉시 동작하여 부하측의 소손을 방지한다. 즉, 그림 5-88 (a)처럼 3초라면 20[A]를 넘었을 때 3초 후에 트립이 된다.

그림 5-89은 전자식 과전류 계전기 외부 단자 접속도를 나타낸 것이다.

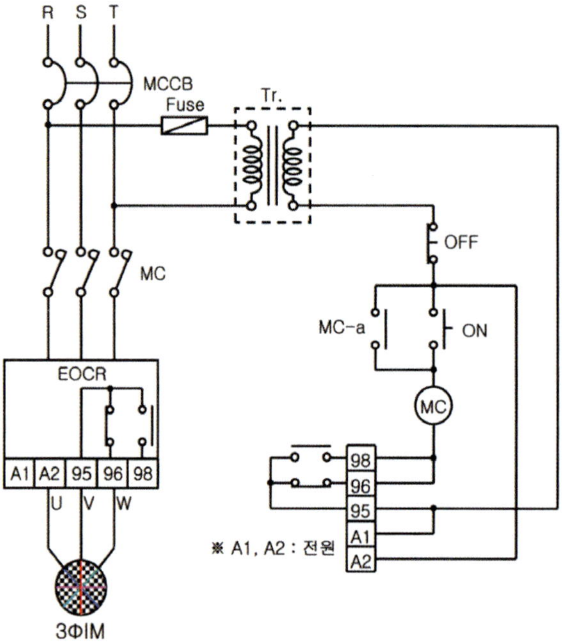

그림 5-89 전자식 과전류 계전기 외부 단자 접속도

11. 전자 개폐기(Magnetic switch : MS) : MC와 EOCR 조합

전자 개폐기는 전자 접촉기와 전자식 과전류 계전기가 조합된 개폐기로서 전기회로를 빈번하게 개폐하는 전동기 부하회로에 설치하고 작동은 푸시버튼 스위치에 의한다. 전동기에 과부하 전류가

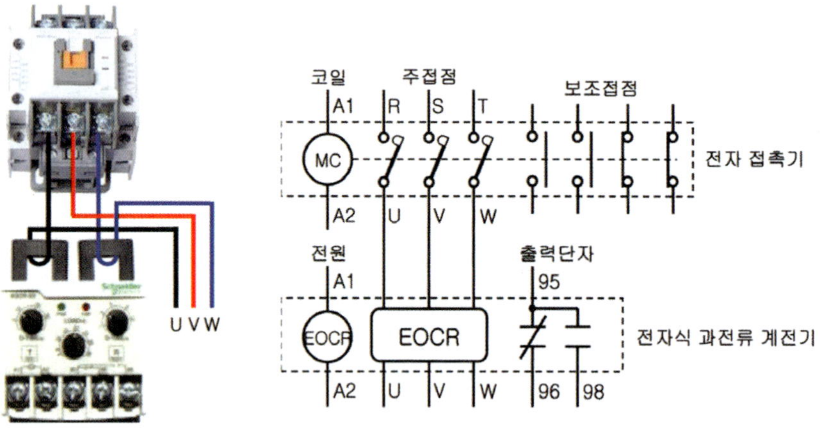

그림 5-90 전자 개폐기 실물 및 내부 결선도

흐르면 전자식 과전류 계전기가 작동하여 자동적으로 회로를 차단하여 전동기의 소손을 막아준다.

전자 개폐기는 전류용량과 접점의 기능에 따라 다양한 종류가 있으나 기본 원리는 모두 같다.

그림 5-90은 전자 개폐기 실물 및 결선도이다.

5.14 제어용 기본 전기회로

1. AND회로

여러 개의 접점이 직렬로 접속된 회로를 말한다. 여러 개의 입력이 있을 때 모든 입력이 존재할 때에만 출력이 나타나는 회로를 AND회로라고 하며 직렬 스위치 회로와 같다.

그림 5-91은 두 개의 입력 A, B가 모두 ON일 때에만 릴레이 코일 R이 여자되어 R-a접점이 닫혀서 램프 L이 점등된다.

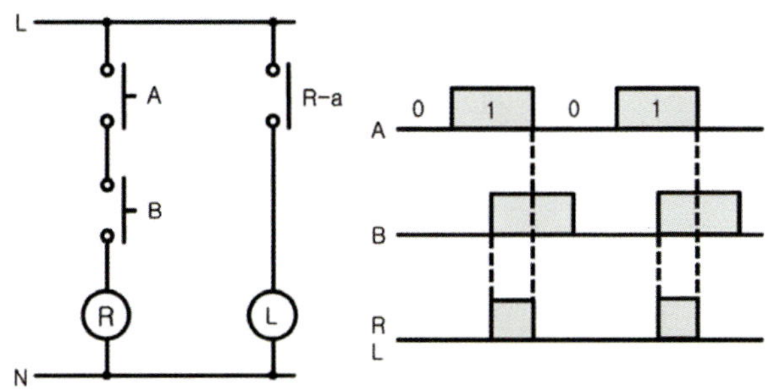

입력		출력
A	B	R
0	0	0
0	1	0
1	0	0
1	1	1

(a) 릴레이회로 (b) 타임차트 (c) 진리표

그림 5-91 AND회로

2. OR회로

여러 개의 접점이 병렬로 접속된 회로를 말한다. 여러 개의 입력신호 중 하나 또는 그 이상의

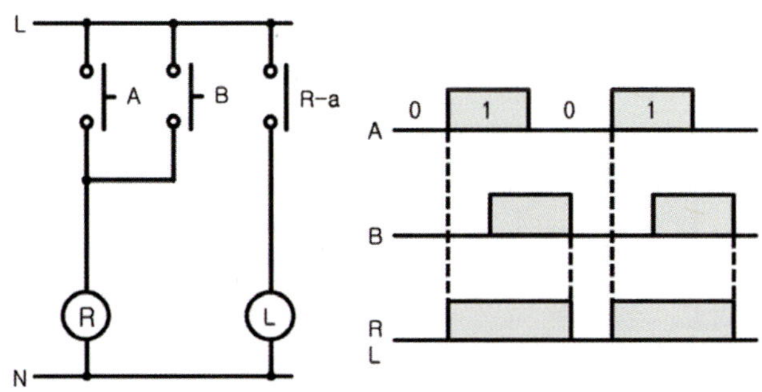

입력		출력
A	B	R
0	0	0
0	1	1
1	0	1
1	1	1

(a) 릴레이회로 (b) 타임차트 (c) 진리표

그림 5-92 OR회로

신호가 ON되었을 때 출력을 내는 회로로서 병렬회로라고도 한다.

그림 5-92에서 푸시버튼 스위치 A가 눌러지거나, 아니면 B가 눌러져도, 또는 A와 B가 동시에 눌러져도 릴레이 코일 R이 여자되어 R-a접점이 닫혀서 램프 L이 점등된다.

3. NOT회로(부정)

출력이 입력의 반대가 되는 회로로서 입력이 ON이면 출력은 OFF이고, 입력이 OFF이면 출력이 ON이 되는 회로이다.

그림 5-93는 릴레이 b접점을 이용한 NOT회로로서 푸시버튼 스위치 A가 눌러지지 않은 상태에서 램프가 점등되며, 푸시버튼 스위치 A가 눌러지면 R-b접점이 열려 램프 L이 소등된다.

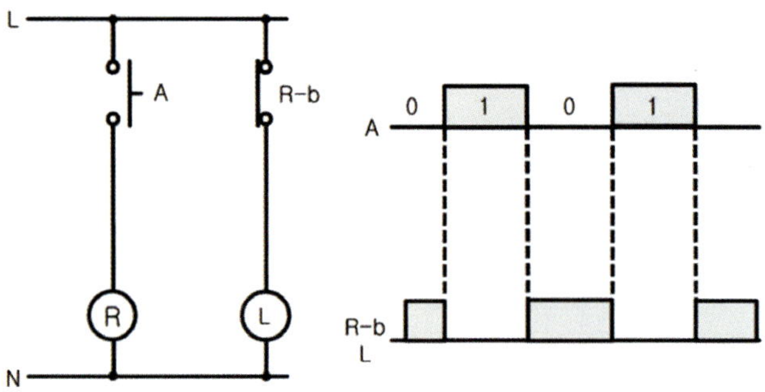

입력	출력
A	R
0	1
1	0

(a) 릴레이회로 (b) 타임차트 (c) 진리표

그림 5-93 NOT회로

4. 자기유지회로(Self Holding Circuit)

그림 5-94에서 자기유지 접점 R-a1은 푸시버튼 스위치 PB1에 병렬로 연결되어 있다. 동작은 푸시버튼 스위치 PB1을 누르면 릴레이가 동작이 되고, 접점 R-a1과 R-a2가 동시에 닫혀 램프가 점등한다. 이 때, 푸시버튼 스위치 PB1에서 손을 떼어도 전류는 R-a1 접점과 PB2에 의해

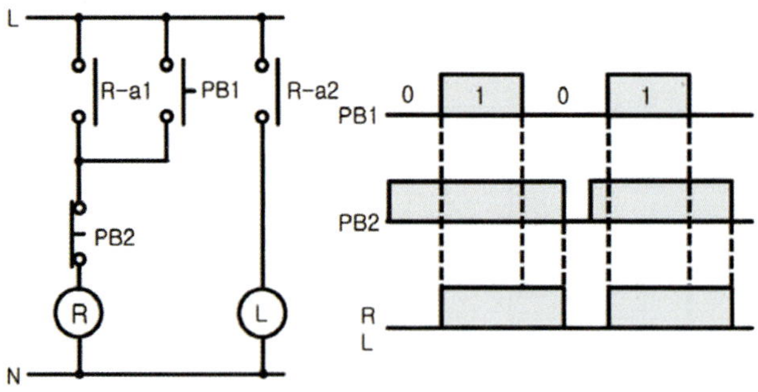

(a) 회로도 (b) 타임차트

그림 5-94 자기 유지 회로

서 계속 흐르므로 동작 유지가 가능하다. 즉, PB1이 복귀되어도 R-a1 접점에 의해 R의 동작회로가 유지된다.

자기유지의 해제는 푸시버튼 스위치 PB2를 누름으로서 릴레이 R이 소자되고, 접점 R-a1과 R-a2가 열리게 되어 회로는 초기상태로 되돌아간다.

5. 인터록회로(Inter lock Circuit)

기기의 보호나 작업자의 안전을 위해 기기의 동작상태를 나타내는 접점을 사용하여 관련된 기기의 동작을 금지하는 회로를 **인터록회로**라 하며, 선행동작 우선회로, 상대동작 금지회로라 한다. 인터록회로는 릴레이의 b접점을 상대측 회로에 직렬로 연결하여 어느 한 릴레이가 동작 중일 때는 관련된 다른 릴레이는 동작할 수 없도록 규제한다.

그림 5-95에서 푸시버튼 스위치 PB1이 ON되어 R1 릴레이가 동작하면 PB2를 눌러도 R2 릴레이는 동작할 수 없다. PB2가 먼저 입력되어 R2가 동작하면 R1 릴레이는 동작되지 않는다.

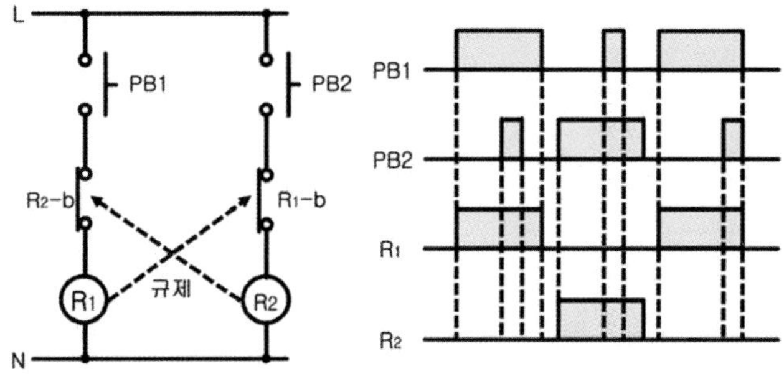

(a) 회로도 (b) 타임차트

그림 5-95 인터록회로

6. 동작 지연회로(ON Delay Timer)

입력신호를 인가한 후 곧바로 출력이 나타나지 않고 설정된 시간만큼 지나서 출력이 나오는 회로를 **지연회로**라고 한다.

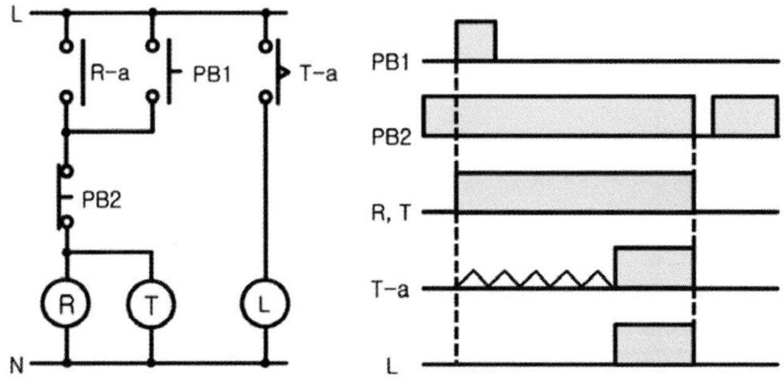

(a) 회로도 (b) 타임차트

그림 5-96 동작시간 지연회로(ON Delay Timer)

그림 5-96에서 ON시간 지연 작동회로로서 푸시버튼 스위치 PB1을 누르면 전자 타이머가 동작하기 시작하여 미리 설정한 시간이 경과하면 전자 타이머 접점이 닫혀 램프가 점등되며, 푸시버튼 스위치 PB2를 누르면 전자 타이머가 소자되고 전자 타이머 접점도 열리게 되어 램프가 소등된다.

7. 복귀 지연회로(OFF Delay Timer)

복귀신호가 인가되면 곧바로 출력이 복귀하지 않고, 설정된 시간만큼 지나서 출력이 복귀되는 회로이다. 이는 ON Timer 타이머 b접점을 이용하거나, OFF Delay Timer a접점을 이용하여 회로를 구성할 수 있다. 그림 5-97에서 푸시버튼 스위치 PB1을 누르면 램프가 점등되고, PB2를 누르면 램프가 곧바로 소등되지 않고, 설정된 시간이 지난 후에 소등된다.

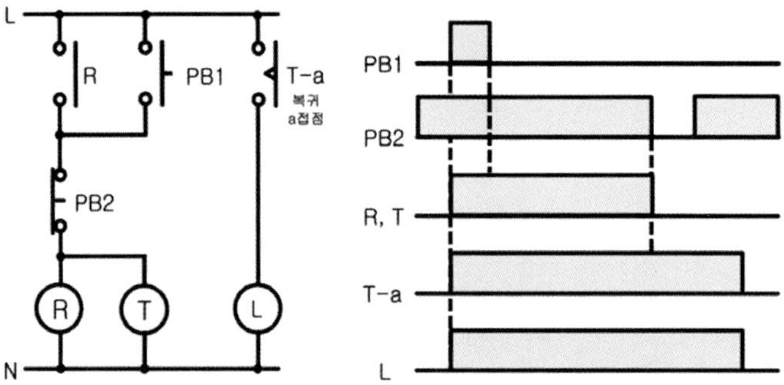

(a) 회로도 (b) 타임차트

그림 5-97 복귀시간 지연회로(OFF Delay Timer)

8. 일정시간 동작회로(One Shot Circuit)

푸시버튼 스위치 등의 입력이 주어지면 부하가 동작하기 시작하여 전자 타이머에 설정된 시간이 경과하면 스스로 복귀하는 회로이다. 그림 5-98 (a)에서 푸시버튼 스위치 PB1을 누르면 릴레이 코일 R이 여자되어 자기유지되고, 램프가 점등됨과 동시에 전자 타이머가 작동하기 시작한다. 전자 타이머에 설정된 시간이 경과하면 타이머 b접점이 열려 램프가 소등된다.

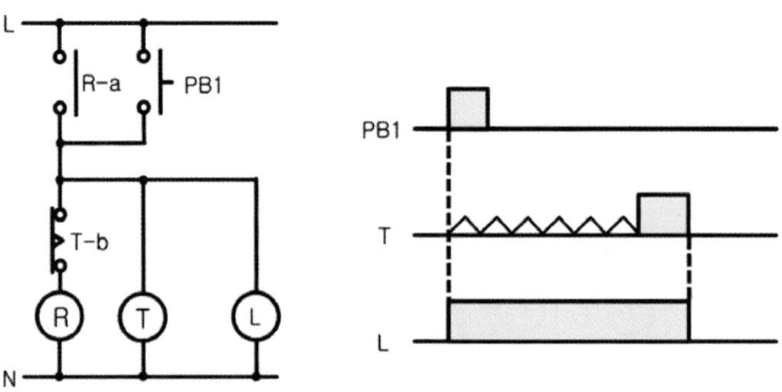

(a) 회로도 (b) 타임차트

그림 5-98 일정시간 동작회로

5.15 각종 회로에 응용되는 기본회로

그림 5-99는 각종 회로에 응용되는 기본회로이다.

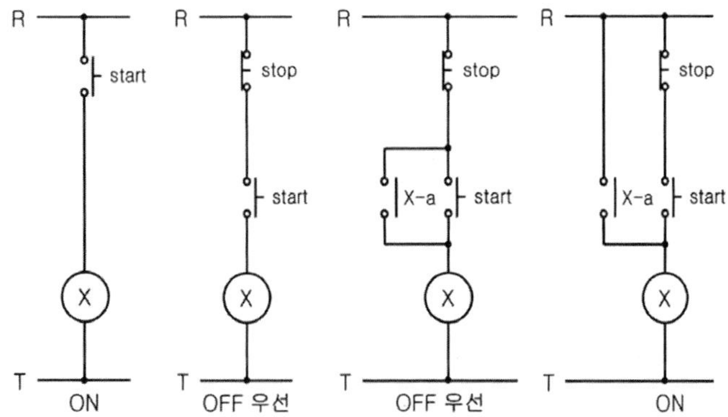

(a) 릴레이 기동회로 (b) 자기유지회로

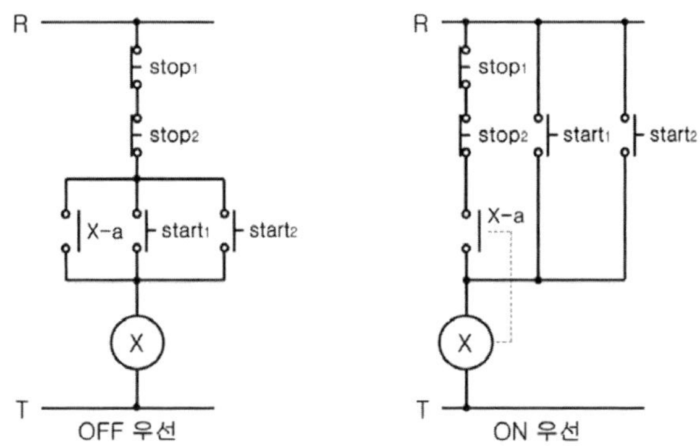

(c) 2개소회로

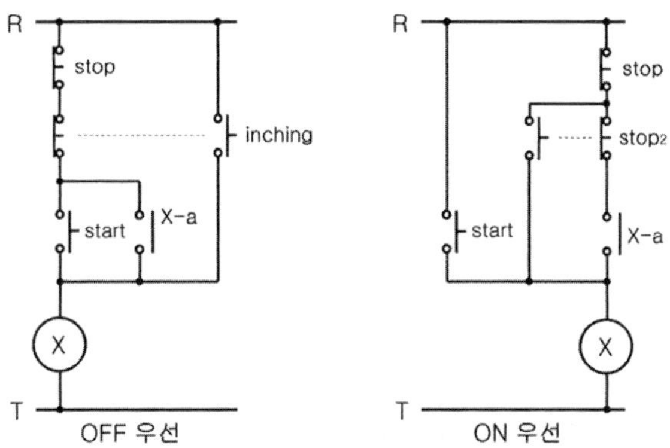

(d) 인칭회로

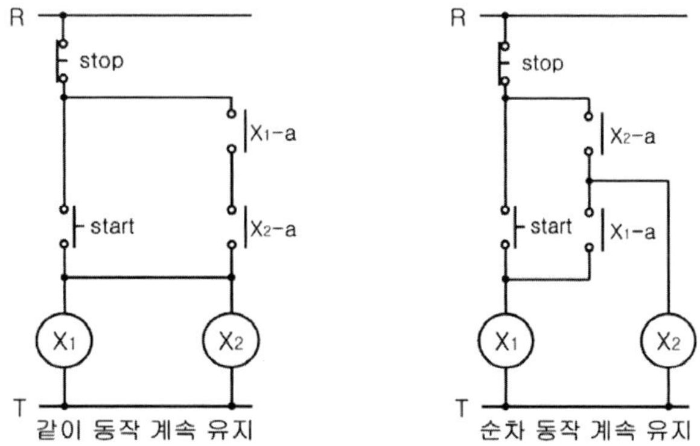

(e) 접점 응용회로

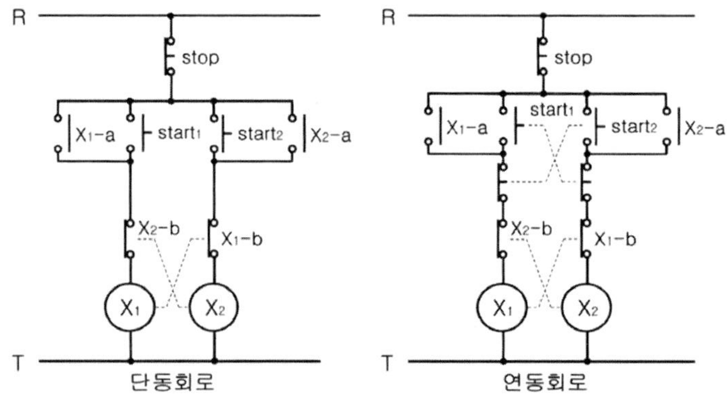

(f) 인터록회로

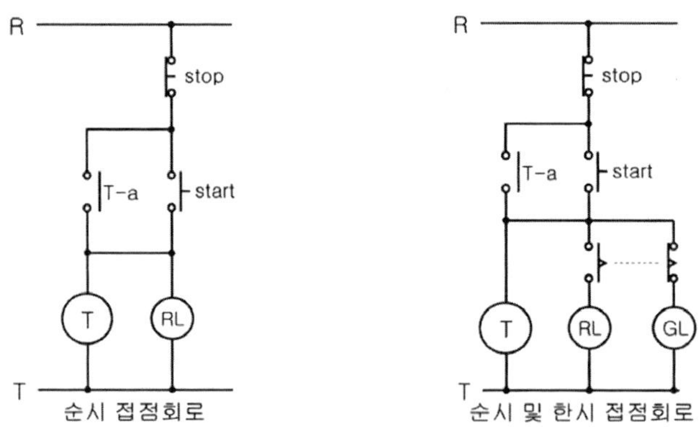

(g) 타이머 접점회로

그림 5-99 각종 회로에 응용되는 기본회로

5.16 시퀀스 제어회로 배선

1. 제어함의 기구조립과 배선방법

제어함에는 제어기구와 부품을 조립하기 위한 조립판이 있다. 이 판에 기구의 위치를 정한 후 기구 조립구멍을 뚫고 볼트와 너트를 사용하여 기구를 조립한다. 표시등과 푸시버튼은 도어(커버)에 조립한다.

(1) 기구 조립

① 도면에 표시된 기구의 조립위치를 치수에 맞추어 '+'로 표시한다.

② 기구의 위치표시가 끝나면 해당 기구를 제자리에 놓고 기구조립 구멍을 표시한다.

③ 기구 조립 구멍 표시점을 센터 펀치를 사용하여 드릴작업이 가능하도록 가볍게 펀칭한다.

④ 드릴로 구멍을 뚫고 뚫은 구멍을 다듬어 준다. 대체로 기구 조립용 볼트의 크기는 M4이므로 구멍은 이보다 약간 커야 하므로 4~4.2[mm]의 드릴을 사용하여야 한다.

⑤ 기구를 조립할 때는 볼트의 머리가 기구쪽에 있게 하고, 너트가 조립판 뒤쪽에 가게 한다. 그리고 도자기 제품과 합성수지 제품에는 평워셔를 사용하는 것이 바람직하다.
※ 찬넬을 사용하면 기구조립 구멍을 뚫을 필요가 없다.

⑥ 도어에 조립하는 표시등과 푸시버튼은 기구 자체가 나사조립 방식이므로 해당 기구의 크기(직경)에 맞는 구멍을 뚫고 조립한다. 구멍의 크기는 기구의 직경보다 1[mm]정도 크게 하여야 한다(구멍은 홀소우(Hole saw)나 녹아웃 펀치를 사용한다).

⑦ 기구를 조립할 때 조립나사의 조임토크가 너무 크면 기구가 파손될 수 있으므로 적절한 힘으로 조인다.

⑧ 외함에는 전원 및 부하 전선의 인입 • 인출을 위한 전선관의 접속구멍을 뚫어야 한다(케이블 인입 • 인출인 경우 케이블 크기의 구멍). 관의 수량이 많아 집중적으로 배관할 때는 직사각형 모양의 큰 구멍을 뚫고 관을 박스에 삽입한다(둥근 구멍을 뚫을 때는 홀소우(Hole saw)를 직사각형 구멍은 지그 소우(Jig saw)를 사용한다).

? 여기서 잠깐

기구 조립판에는 전자 개폐기, 전자 접촉기, 계전기 베이스, 찬넬, 퓨즈 홀더, 단자대, 덕트, 어스 스터드(어스 단자), 소형 변압기, 정류기 등을 조립하고, 도어에는 표시등, 푸시버튼, 셀렉터 스위치, 버저 등을 조립한다.

(2) 배 선

① 제어함내 배선은 원칙적으로 연선을 사용한다. 단선을 사용할 수 있으나 굵은선을 사용할 경우 배선작업이 어렵고, 또한 전선수가 많을 때에는 속배선의 굽힘 등 처리가 어렵다.

② 주회로의 배선은 4[mm²]이상의 것을, 제어회로의 배선은 1.5[mm²]의 것을, 접지선은 2.5[mm²]의 것을 사용함을 기준으로 하고 있다. 다만 현장에서는 부하의 용량이 크므로 주회로의 배선은 부하 용량에 맞는 전선을 선정하여야 한다.

③ 제어함내 배선은 주회로를 먼저 배선하고, 다음에 제어회로를 배선한다. 접지선은 맨 나중에 배선한다.

④ 기구단자와 접속은 압착단자를 사용한다. 단선으로 배선할 때는 압착단자를 사용하지 않고 삽입접속이나 고리접속 방법에 의한다.

⑤ 3상 전원 및 부하의 배선(주회로)을 단자대에 접속할 때는 전기방식의 상순서에 따라 좌측(위)에서 우측(아래)으로 접속한다. 전원과 부하의 배선을 한 개의 단자대에 접속할 때도 위와 같은 방법에 의하며 이 경우 접지선 단자는 전원측과 부하측의 것을 따로따로 배선할 수 있게 하여야 한다.

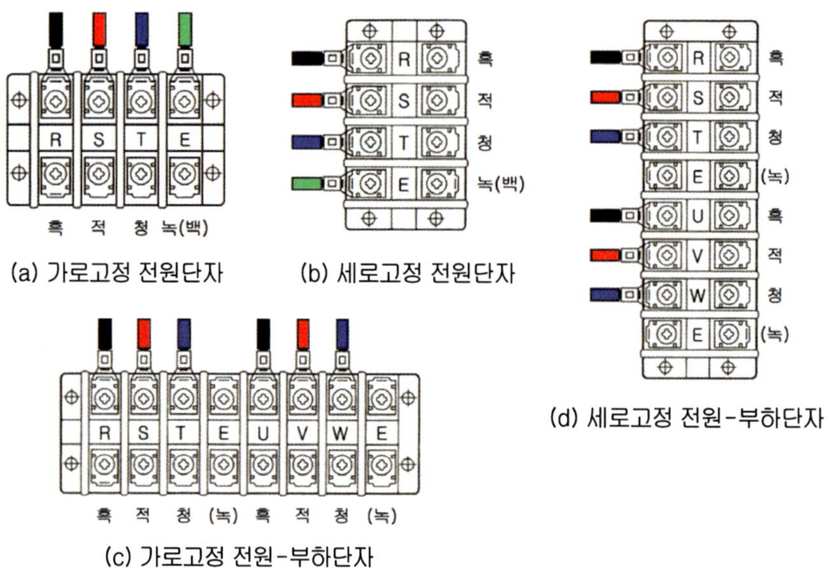

(a) 가로고정 전원단자 (b) 세로고정 전원단자

(c) 가로고정 전원-부하단자 (d) 세로고정 전원-부하단자

그림 5-100 주회로 배선의 단자대 접속방법

⑥ 주회로 배선의 색상은 R상 → 흑색, S상 → 적색, T상 → 청색, 중성선(N) → 백색, 접지선(E) → 녹색으로 한다.

⑦ 3상 유도전동기의 정 • 역운전회로 배선에 있어서 역회전 전자 개폐기의 전원측 배선은 정회전전자 개폐기의 상순서와 같게 하며, 2상의 순서를 바꾸는 것은 개폐기 부하측 단자에서 바꿔 주는 것이 정상적인 배선방법이다.

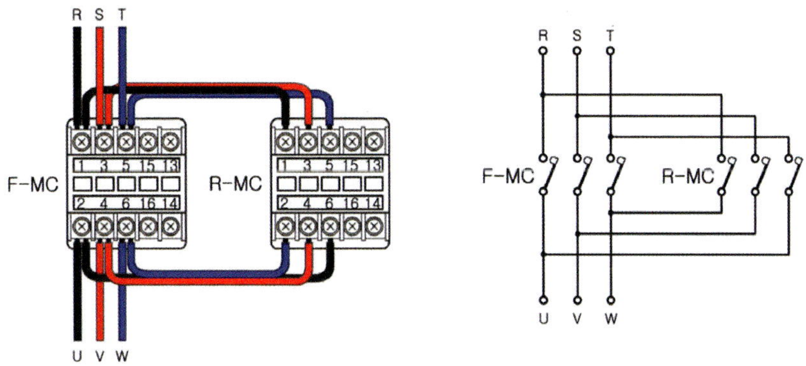

그림 5-101 정 • 역 운전 전자 개폐기 배선방법

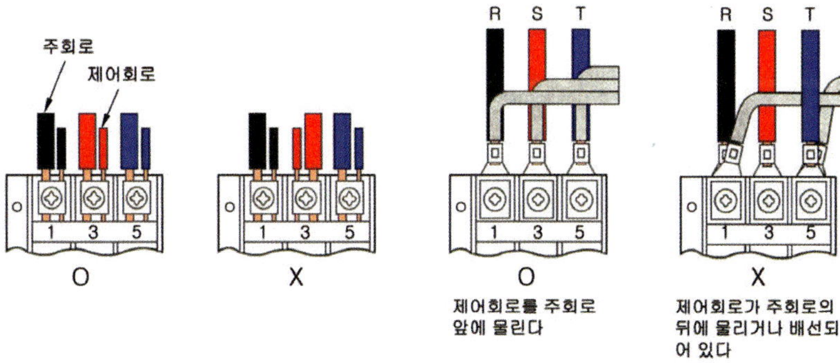

(a) 주회로와 제어회로 배선방법

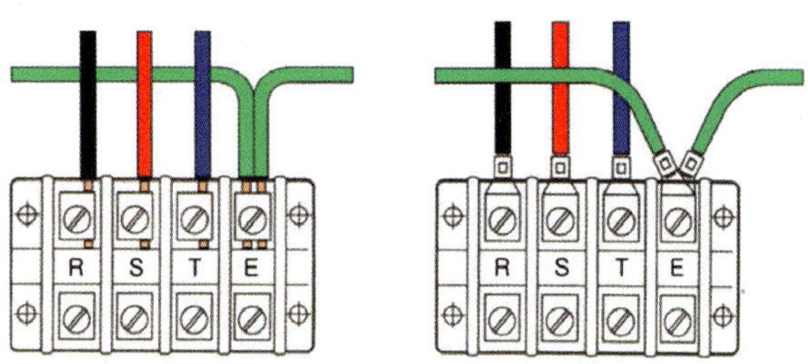

(b) 주회로와 접지선 배선방법

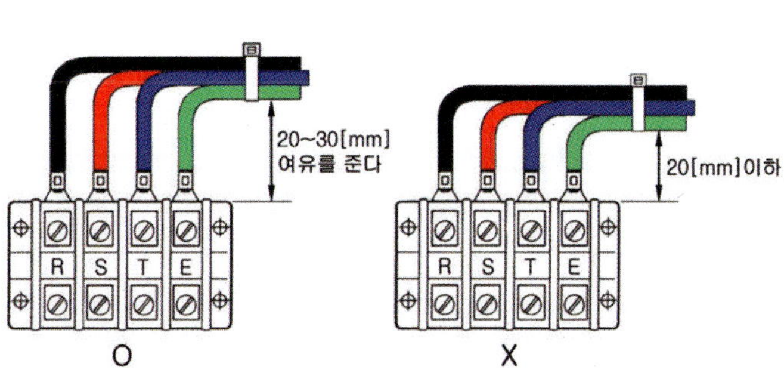

(c) 단자대(전자 개폐기 포함)에 접속한 묶음 배선과의 적정 간격

그림 5-102 단자대와 전자 개폐기 배선방법

⑧ 주회로 배선이 끝나면 제어회로 배선을 한다. 제어회로 배선에서 가장 중요한 점은 '공통단자'의 선정이다. 어느 단자를 공통단자로 정하느냐에 따라 배선이 간결하거나 복잡해질 수 있다. 또한 한 개의 단자에 3개 이상의 배선을 접속하는 경우도 있을 수 있다.

⑨ 제어회로는 전선수도 많고 복잡하므로 접속이 잘못되어 있는 경우가 있다. 이를 방지하기 위하여 시퀀스도에 좌측에서 우측으로 '번지'를 부여하고, 이 번지 순서에 따라 배선하면 정확한 배선을 할 수 있다. 또는 기구의 실체도를 평면도로 그려놓고 '실체 배선도'를 그린 다음 이에 따라 배선하는 방법도 있다.

도어에 조립하는 기구와 접속하는 전선은 그 길이를 짧지 않고 너무 길지 않게 배선 길이를 재어서 절단하고 접속하고자 하는 기구의 단자기호(번호)를 스티커에 표시하여 전선에 부착하여 둔다.

제어함내 배선에서 와이어링 덕트(케이블 덕트)를 사용하지 않는 경우에는 속배선을 한다. 주회로와 제어회로는 함께 묶지 않는다. 따로 따로 묶어 준다.

※ 기구별 또는 회로별로 배선이 끝나면 형광펜으로 해당 회로를 칠하여 표시해 나가면 배선 진행에 도움이 된다.

(3) 제어함과 기구 조립판의 고정

① 조립판의 기구배선이 끝나면 제어함을 지정 위치에 고정한다(모서리 4개소를 움직이지 않게 고정한다).

② 조립판을 제어함에 조립한다. 이 때 늘어진 전선이 조립판 뒤로 들어가지 않도록 주의한다.

(4) 접지선 배선

① 접지선은 단자대의 각 접지선 단자를 연결하여 배선한다.

② 접지선이 주회로 배선과 교차되는 때에는 접지선을 주회로 선의 뒤(아래)로 배선한다.

③ 제어함에 접지단자가 없는 때에는 **어스 스터드**(Earth-stud : 접지단자)를 만들어 접지선을 접속한다. 어스 스터드는 통상적으로 제어함 아랫면 우측 부분에 구멍을 뚫고 볼트와

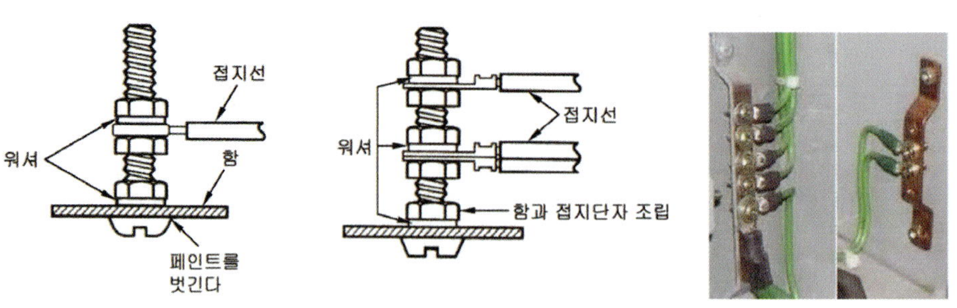

(a) 접지선 1개 (b) 접지선 2~3개 (c) 실물

그림 5-103 어스 스터드에 접지선 물리는 방법

너트를 사용하여 만든다.

④ 접지선의 회로가 많아 단자대를 이용할 수 없을 때는 어스 스터드에 2~3개를 집중하여 접속할 수 있다.

⑤ 어스 스터드는 M4 볼트 • 너트를 사용하고 볼트의 머리와 접하는 제어함의 개소는 페인트를 벗겨 접지가 완벽하게 되도록 한다. 볼트는 제어함과 견고하게 고정한다.

(5) 접지

전기사용 시설물에서 접지는 가장 기본적인 안전장치이다. 안전장치인 접지시설이 부적합하면 인명의 감전사고나 전자장비의 파손 및 오동작의 주원인이 된다. 인명사고 방지 및 고가의 장비 보호와 오동작 방지를 위한 완벽한 접지시설을 유지하여야 한다. 접지시설은 준공검사를 위한 시설이 아니라 안전을 위한 시설 이므로 설계에서 시공 및 관리까지 완벽해야 한다.

1) 접지의 목적

① 계통에 고장전류나 뇌격전류의 유입에 대한 기기 보호, 계통의 안전

② 감전사고에 대한 인체보호 목적으로 기기의 외함에 설치

③ 계통회로 전압유지 및 보호계전기 동작의 안정, 계통보호 및 안전

④ 정전차폐 효과 유지

등의 목적으로 설치한다.

2) 접지공사의 종류

접지공사 종류는 표 5.28과 같다.

표 5.28 접지공사 종류와 접지선의 최소 굵기

접지공사의 종류	접지저항값	접지선의 최소 굵기
제1종 접지공사	10[Ω]	6[㎟]
제2종 접지공사	변압기의 고압측 또는 특별고압측 전로의 1선지락전류의 암페어수로 150을 나눈값과 같은 [Ω]수	• 특별고압에서 저압 변성시 16[㎟] 연동선 • 고압에서 저압 변성시 6[㎟] 연동선
제3종 접지공사	100[Ω]	2.5[㎟] 이상 연동선
특별 제3종 접지공사	10[Ω]	2.5[㎟] 이상 연동선

(6) 절연저항값 규정

1) 전로의 절연 목적

전로의 전선 상호간 및 전로와 대지가 충분히 절연되어 있지 않으면 누설전류에 의한 감전사고 또는 화재발생, 전력손실의 장해가 발생하므로 전로는 대지로부터 절연하여 사용하는 것이 원칙이다.

2) 저압전로의 절연저항

저압전로에 대하여는 전선상호간 및 전로와 대지사이의 절연저항 인입구 장치, 간선용, 또는 분기용으로 시설하는 개폐기 또는 과전류 차단기로 구분할 수 있는 전로마다 표 5.29에 나타내는 값 이상이어야 한다.

표 5.29 전로의 절연저항값

전로 사용전압의 구분		절연저항값
400[V] 이하	대지전압 150[V] 이하의 경우	0.1[MΩ] 이상
	대지전압 150[V]를 넘고 300[V] 이하인 경우	0.2[MΩ] 이상
	대지전압 300[V]를 넘고 400[V] 이하인 경우	0.3[MΩ] 이상
대지전압 400[V] 이상		0.4[MΩ] 이상
고압전로		3[MΩ] 이상

㈜ 대지전압은 접지식 전로에서는 전선과 대지간의 전압이며, 비접지식 전로에서는 전선간의 전압이다.

(7) 도어(커버) 기구의 조립과 배선

① 도어에는 표시등, 푸시버튼, 버저, 셀렉터 스위치, 계기 등의 조립할 위치를 표시한다.

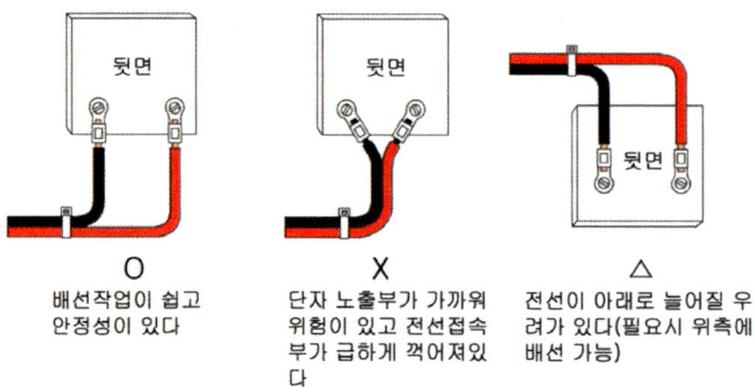

그림 5-104 제어함 커버의 기구배선

② 홀소우를 사용하여 조립하고자 하는 기구의 크기에 맞는 구멍을 뚫고 줄로 다듬어준다.

③ 해당 기구를 조립하고 배선한다. 기구의 단자배선은 그림 5-104와 같이 한다. 기구를 조립할 때 도어 안쪽에 패킹을 사용한다.

④ 조립판에서 도어로 넘어가는 부분의 속배선은 도어를 열고 닫는데 따라 기구에 장력이 미치지 않도록 약간 여유 있는 길이(U자형 처리)로 한다.

⑤ 또한, 이 부분은 배선의 손상을 방지하기 위하여 헤리컬 밴드(Herical band ; spiral tube 라고도 함)로 감아준다.

여기서 잠깐

도어를 열고 닫는데 따라서 U자형 부분이 움직여 기구와의 접속부분에 인장력이 미치지 않게 하기 위하여 '마운팅 베이스'를 제어함 옆면과 도어에 부착하고 U자형의 직선부분을 붙들어 매기도 한다.

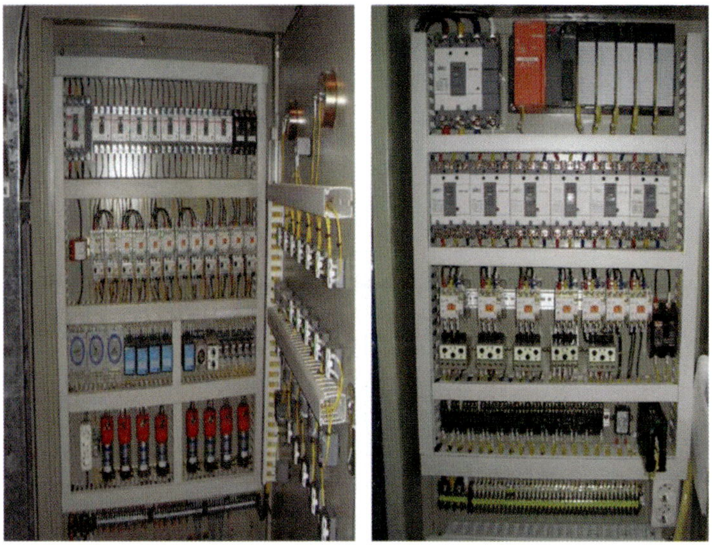

그림 5-105 제어회로 배선의 정리된 상태 예시

(8) 검사 및 확인

① 단자대에는 기구단자의 번호, 배선번호 등을 기입한다.

② 각 기구에는 시퀀스도에 표시된 기구기호를 스티커에 써서 붙인다.

③ 회로시험기로 제어회로도에 따라 점검한다.

(9) 외부 배선

① 전원 및 부하 단자대에서 전원배선과 부하배선을 한다.

② 전원 및 부하배선은 케이블로 하는 경우와 전선관 배선을 하는 경우 각각의 시공 방법에 의한다.

5.17 시퀀스 제어장치의 점검

1. 점검 방법

(1) 사용전 점검

① 먼지 또는 이물질이 붙어 있거나 들어가 있는지 확인한다.

② 절연을 저하시키거나 회로를 단락시키는 도전물(전선도막)이 있는지 확인한다.
③ 절연상태가 좋은지(5[MΩ] 이상) 확인한다.
④ 전선의 접속 상태가 좋은지(이상이 없는지) 확인한다.

(2) 정기 점검(연 1회 이상 점검)

① 주위가 청결한지, 습기가 있는지, 먼지가 많이 쌓여 있는지 확인한다.
② 사용 중 진동 또는 외부의 원인으로 인하여 접속부에 느슨함이 없는지 확인한다.
③ 제어기구, 배선에 열이 발생하고 있는지 확인한다.
④ 트립장치, 표시장치(표시등), 경보장치(부저) 등의 동작이 정상적인지 확인한다.

(3) 이상 동작시 점검

① 정상적인 조건과 부하에서 자동 트립이 되는 때
(가) 전동기회로에서 전자 트립(Trip) 전류가 저하하면 기동시에 순시 트립이 될 수 있기 때문에 전자 트립 전류를 높여준다.
(나) 전동기회로에서 가역 운전을 자주 반복하면 기동전류에 의한 발생열이 축적되어 트립이 될 수 있으므로 정격전류를 변경하여 준다.
(다) 제어함 내부의 온도가 예상 이상으로 높아지면 자연 트립될 수 있다.
(라) 단자접속이 느슨하면 이상 발열이 되어 트립될 수 있다.
② 단락사고에 의한 회로차단 후의 점검
(가) 절연저항을 측정한다.(5[MΩ] 이상)
(나) 원칙적으로 신품과 교환한다.
③ Reset이 안 되는 때의 점검
(가) 열동형 과전류 계전기인 경우 과부하 동작 후 열동 소자(Bimetal)가 냉각하기까지 약 3~5분간 기다려야 하고, 전자식 과전류 계전기인 경우에는 즉시 투입해도 된다.
(나) 부족 전압 트립 장치인 경우 코일을 여자시키지 않으면 리셋(Reset)할 수 없다.

2. 고장 원인과 대책

【상황】 ① 조작의 상태가 좋지 않다
【원인】 ❶전원 전압이 낮다. 【대책】 전원측(전기실) 확인
❷ 전원 전압의 변동폭이 크다. 【대책】 전력회사 협회
【비고】 부하는 물론 개폐기 자체의 투입전류에 의해기동시 전압이 떨어진다.
※ 직입 기동시 기동전류는 정격전류의 7배 정도이다.
【원인】 ❸ 조작회로 접속이 불확실하다. 【대책】 제어 기구, 기타기구의 단자 접속을 점검
【비고】 단자 접속 방법이 여러 가지이므로 각각의 방법을 확실히 알아야 한다.

【원인】 ❹ 조작 개폐기의 접촉이 불량하다. 【대책】 개폐기 교체
【원인】 ❺ 조작회로가 단선, 잘못 배선되었다. 【대책】 재배선
【비고】 제어 기구가 많은 복잡한 회로에서는 점검이 어렵고 원인 찾기도 어렵다.
【원인】 ❻ 열동 계전기가 동작되어 있다. 【대책】 원인을 찾고 불량 시 교체
【비고】 과부하의 원인을 없애고 리셋 버튼을 작동시킨다.

【상황】 ② 철심이 소음을 낸다.
【원인】 ❶ 전원 전압이 낮다.
【원인】 ❷ 철심 접촉면에 작은 물질이 붙어 있다. 【대책】 압축공기 또는 에어브러시로 청소한다.
【비고】 먼지가 많은 장소에서는 방진 구조의 것을 사용한다.
【원인】 ❸ 철심 접촉면이 녹이 슬다. 【대책】 가는 샌드페이퍼로 닦아내고 걸레로 닦는다.
【비고】 습기 있는 장소에서는 방습 구조의 것을 사용한다.
【원인】 ❹ 세이딩 코일이 단선되었다. 【대책】 교체

【상황】 ③ 조작 코일이 소손되다.
【원인】 ❶ 전원 전압이 높다. 【대책】 코일의 정격전압을 변경
【원인】 ❷ 개폐 빈도가 많다. 【대책】 제조사와 상담
【비고】 일시적인 경우에는 안정시까지 사용을 중지한다.

【상황】 ④ 접점이 붙는다.
【원인】 ❶ 개폐 빈도가 많다. 【대책】 용도에 맞는 제품으로 교체
【비고】 권상기에서와 같이 개폐 빈도가 많은 경우 접점에 영향을 미친다.
【원인】 ❷ 부하의 단락 사고가 있다. 【대책】 NFB 또는 퓨즈와 보호 협조
【비고】 열동형 과전류 계전기(O.L)는 단락고장에 대한 보호 능력이 없다.

【상황】 ⑤ 접점이 비정상적으로 마모되다.
【원인】 ❶ 인칭(Inching), 플러깅(Plugging)이 많다. 【대책】 특성에 맞는 제품을 선정
【원인】 ❷ 조작 상태가 좋지 않다. 【대책】 원인별 조치
【비고】 인칭, 플러깅, 개폐빈도가 많은 경우 정격용량을 제한할 필요가 있다.

【상황】 ⑥ 철심이 떨어지지 않는다.
【원인】 ❶ 철심에 갭(Gap)이 없다. 【대책】 교체
【원인】 ❷ 철심 접촉면에 기름이 있다. 【대책】 청소
【원인】 ❸ 접점이 붙어 있다. 【대책】 접점 교환

【비고】 기계적 수명이 다하면 일어날 수 있다.

【상황】 ⑦ 열동형 과전류 계전기 동작이 자주 된다.
【원인】 ❶ 기동 시간이 길다. 【대책】 열전대 전류용량 확인 및 O.L 교체
【원인】 ❷ O.L 의 선정이 잘못되다. 【대책】 열전대 전류용량 확인 및 O.L 교체
【원인】 ❸ O.L 조정이 잘못되다. 【대책】 O.L 조정 확인
【비고】 전동기, 펌프 등 부하의 특성에 맞는 열동형 과전류 계전기를 선정한다.

【상황】 ⑧ 열동형 과전류 계전기 동작하지 않는다.
원인】 ❶ O.L 선정이 잘못되다. 【대책】 O.L 교체
【원인】 ❷ 조작회로가 잘못 접속되다. 【대책】 재배선
【비고】 전동기, 펌프 등 부하의 특성에 맞는 열동형 과전류 계전기를 선정한다.

【상황】 ⑨ 열동형 과전류 계전기 소손
【원인】 ❶ 부하의 단락 사고가 있다. 【대책】 NFB 또는 퓨즈와 보호 협조
【비고】 전동기, 펌프 등 부하의 특성에 맞는 열동형 과전류 계전기를 선정한다.

5.18 저압전로에 있어서의 지락보호

1. 지락사고에 의해 재해

(1) 감전재해

지락이 인체를 경로로 하여 발생하면, 지락전류는 인체를 통과하게 되고 허용한도를 넘어서게 되면 감전사망에 이르게 된다. 다른 전기사고는 주로 전기설비에 대하여 피해를 일으키는 것이나 지락은 인체에 대해서도 영향을 미치므로 특히 일반인의 접촉가능성이 높은 저압 계통에서는 그 보호에 대한 주의가 필요하게 된다.

(2) 누전화재

지락전류가 목재, 스치로폴 등 건축재료 또는 그 외의 가연성물질 등의 근처를 흐르게 될 경우 주울(Joule)열에 의하여 누전화재가 발생하게 된다. 누전에 의한 화재의 발생은 수 A정도로도 충분하다.

(3) 아크(Arc) 지락에 의한 재해

지락은 아크를 동반하는 경우가 많으며 아크의 중심온도는 10,000[℃]정도로서 주울열과는

비교할 수 없는 정도의 고온 이므로 지락전류가 낮은 경우에 있어서도 아크에 의하여 전기설비가 소손되게 된다. 이러한 원인으로서 발생한 큰 사고가 국내외에서 보고되어지고 있다. 지락사고를 방치하여두면 그 영향은 점점 확대되어 건물, 생산설비, 나아가서는 인체에 대하여서도 중대한 장해를 주게 되므로 가능한 한 재빨리 발견하여 적절한 조치를 취하는 것이 중요하다. 누전차단기는 이와 같은 여러 가지의 지락사고에 대한 보호기로서 감전보호, 누전 화재보호 및 아크지락 보호의 3가지를 포괄하는 기능을 갖고 있다.

2. 감전에 대한 생리현상

(1) 전류와 인체의 반응

감전은 전류가 인체를 통과하는 것에 의하여 발생하는 것이며 인체가 전원에 접촉하여 인체에 전류가 흐르지 않으면 감전은 일어나지 않는다. 또 전류가 인체를 통과한 경우에 있어서도 그 조건 및 정도에 따라 찌릿찌릿한 정도에서부터 화상이나 사망 등의 중대한 재해까지 여러 가지의 정도가 있다.

감전재해의 정도를 결정하는 요인으로서 다음 사항을 들 수 있다.

① 인체를 통과하는 전류의 크기
② 통과시간
③ 통전경로
④ 전원의 종류(교류, 직류) 및 주파수
⑤ 전류상승률

위의 사항 중에서 특히 중요한 것이 인체를 통과하는 전류의 크기와 통과시간이다.

인체의 통전에 대한 반응은 표 5.30에 나타낸다.

표 5.30 통전에 대한 인체의 생리반응

생 리 반 응	통과전류[mA]
자극으로 느껴지는 정도로서 '감지 전류' 라고 부른다.	0.5 ~ 5
근육이 수축 경직되어 도체로부터의 이탈이 불가능하게 된다. 이 전류를 '불수의 전류' 또는 '이탈한계전류' 라고 부른다.	5 ~ 20
심장이 움직이는 근육 즉 심근의 팽창, 수축이 정지되고 심근이 가늘게 떨리기 시작하며 사망할 우려가 있게 된다. 이 영역의 전류를 '심실세동전류' 라 부르고 있다.	100 이상

현 단계에서는 아직 어느 정도의 전류치와 통과시간에서 심실세동 또는 호흡곤란에 이르게 되는지 명확히 되어있지 않지만, 저압전로에서 감전사망 재해원인의 대부분이 심실세동에 의한 것으로 전세계 전문가들 의견이 일치하고 있다.

감전보호를 고려할 경우, 심실세동현상 발생개시 한계치는 극히 중요하나, 인간을 대상으로 하는 직접 인체시험에 의한 측정은 불가능하기 때문에 그 한계치에 관하여 수많은 견해가 있고 정확한 값에 대해서 지금도 명확하게 되어 있지 않다. 그러나 동물에 의한 실험으로부터 심실세동한계치 50[mA • 초]라고 하는 대체적인 기준은 제시되어 있으며, 서구에서는 이의 값에 대하여 1.67의 안전율을 취한 30[mA • 초]를 허용값으로 하여 각종의 보호대책을 실시하여 큰 성과를 올리고 있다. 우리나라에 있어서도 30[mA • 초]를 허용값으로 하여 감전 보호용 누전차단기의 성능기준으로 하고 있다.

(2) 인체저항

인체에 흐르는 전류의 크기는 인체의 전기저항과 인체에 인가되는 전압에 의하여 결정되어진다. 인체저항은 피부의 건습상태, 접촉전압의 크기, 접촉압력 등에 의하여 변화한다. 또 개인 및 심리적 영향에 의해서도 차이가 있다.

(3) 허용접촉전압

감전에 의한 사망재해 등의 직접원인은 전압이 아니고 전류이지만 실제상의 보호대책을 생각할 경우, 안전한계로서 허용접촉전압을 표시하는 것이 편리한 경우가 있다.

제 6 장 시퀀스 제어 실습

실습 1 : 시퀀스 그리는 방법

관련 이론

1. 시퀀스를 그릴 때 기본원칙

① 전자 개폐기의 주접점 및 보조접점 등은 모두 전원이 끊긴 상태, 검출기 스위치는 검출되지 않은 상태를 표시한다.

② "자동-수동"등의 전환 스위치가 있는 경우, 통상적으로 선택되는 상태로 표시한다.

③ 전동기의 경우, 세로방식의 경우 주회로는 좌측에 제어회로는 우측에 표시, 가로방식일 때는 주회로는 위에 제어회로는 아래에 표시한다.

④ 전원의 상순은 세로방식의 경우 좌로부터 우로 R, S, T 또는 가로방식의 경우 위로부터 아래로 R, S, T 순으로 표시한다.

⑤ 제어회로의 동작순서는 세로방식의 경우는 좌측에서 우측으로, 가로방식의 경우는 위에서 아래로 표시한다.

⑥ 세로방식의 경우 제어회로 모선의 전원 극성은 교류(직류) 전원의 경우, 상측 모선을 R상(P상), 하측 모선을 T상(N상)으로 하며, 가로방식의 경우 제어회로 모선의 전원 극성은 교류(직류) 전원의 경우, 좌측 모선을 R상(P상), 우측 모선을 T상(N상)으로 한다. 코일은 가급적 T상측에 위치하도록 한다.

⑦ 긴 시퀀스를 그릴 때는 명령부분, 운전부분 등과 같이 나누어 표시하고 간단한 설명을 달아둔다. 이 경우 접점의 위치를 명확하게 하기 위해 번지를 붙인다.

2. 시퀀스 세로방식과 가로방식 작성방법

시퀀스를 동작회로라고도 하며, 그리는 방법은 전기회로도와는 다르다. 전동기의 운전제어에 필요한 시퀀스는 제어회로 이므로 전원인 2개의 선을 수평 또는 수직으로 긋고 그 사이에 각종 제어요소의 기호를 그리게 된다.

시퀀스 제어회로를 작성하는 방법은 세로로 그리는 세로방식과 가로로 그리는 가로 방식으로 나뉘며, 이 두 방법은 그리는 방향만 틀릴 뿐 일반적인 모든 약속은 동일하다.

① 먼저 전원 모선을 수평 평행하게(가로방식은 수직 평행하게) 2줄을 그리고 그 사이에 전기기기의 기호를 위에서 아래로(가로방식은 좌에서 우로) 그린다.

② 스위치나 검출기 및 접점 등은 회로의 위쪽(가로방식은 좌측)에 그리고, 전자 릴레이 코

일, 솔레노이드, 표시등(램프)은 아래(가로방식은 우측)에 그린다.

③ 회로의 전개 순서는 기계의 동작 순서에 따라 좌측에서 우측으로(가로방식은 위에서 아래로) 그린다.

④ 회로도의 기호는 동작 이전의 상태 또는 조작하는 힘이 가해지지 않은 상태로 표시한다.

⑤ 검출기의 접점은 동작하는 계전기의 코일기호와 연계시켜 표시한다(문자기호 사용).

⑥ 전원에는 반드시 전원 개폐기와 퓨즈를 넣는다.

⑦ 제어회로에 직류 전원을 사용하는 경우 변압 정류장치를 사용한다.

⑧ 회로도를 쉽게 읽고 보수 점검을 용이하게 하기 위해서는 선 번호 및 릴레이 접점번호 등을 표시하기도 한다.

또한, 시퀀스를 읽고 그리기 위해서는 전원 개폐기, 조작 스위치(푸시버튼), 기계적 접점, 전자력 동작 접점(릴레이 접점), 전자 계전기 코일, 표시등, 검출기의 기능을 확실하게 알고 있어야 한다.

실습 1 : 시퀀스 그리는 방법 실습

1. 시퀀스 작성 요령

(1) 시퀀스는 접속선 방향, 제어전원 모선의 방향 또는 제어동작의 진행 방향 등에 의해 세로방식과 가로방식으로 구별한다.

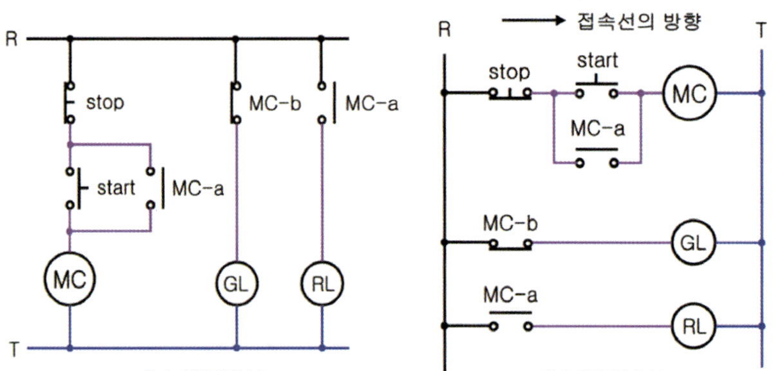

(a) 세로방식 (b) 가로방식

그림 1-1 접속선의 방향

(2) 전원은 반드시 차단할 수 있도록 전원 개폐기를 부착하고 전원 모선쪽에서 차단할 수 있도록 한다. 전원의 배열방법은 직류를 외측(또는 내측) 모선으로 하고, 교류를 내측(또는 외측) 모선이 되도록 한다.

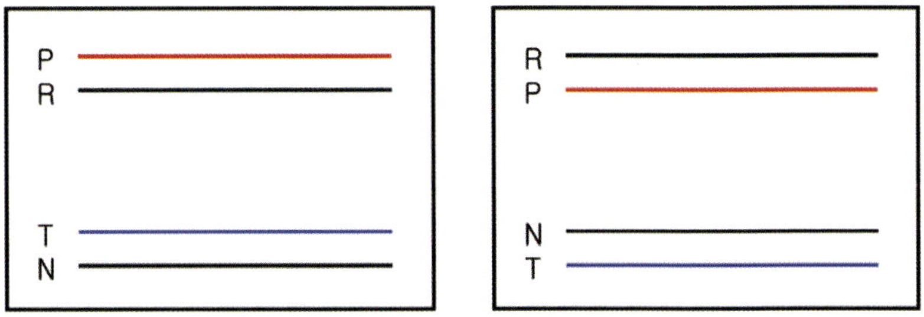

그림 1-2 전원 배열

(3) 도선의 굵기는 전원 모선은 굵은 선을 사용하고, 상하 또는 좌우 간격을 3~5[mm]정도로 하며, 3상 교류회로의 전원에서 인출 및 접속선은 원칙적으로 좌상방에서 우하방으로 경사지게 인출한다. 단, 역회전시키고자 할 때에는 무관하다.

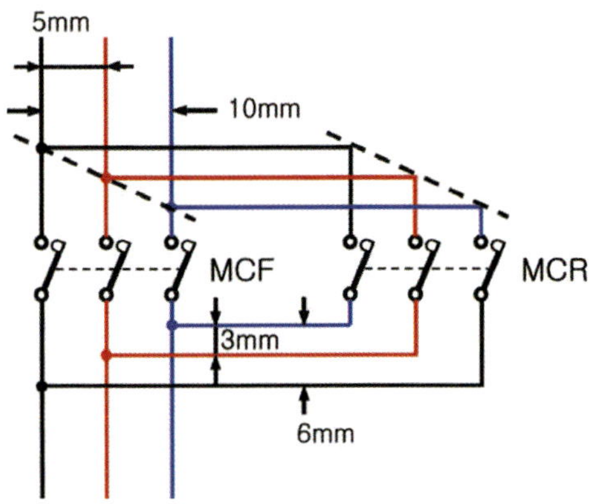

그림 1-3 도선의 간격 및 인출

(4) 버튼측은 상측 또는 좌측의 제어모선에 전자 접촉기, 전자 릴레이, 코일, 표시등(램프)은 원칙적으로 그 하단 단자가 하측 또는 우측 제어 N상이나 T상에 연결되도록 작성하면 좋다.

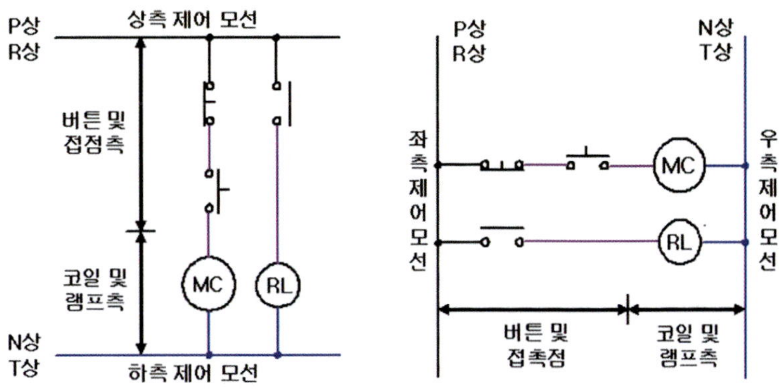

그림 1-4 제어 전원과 기구의 연결

(5) 그림의 기호에서는 같은 원이라도 램프는 회전기 및 개폐기보다 작게 그린다. 즉, 전동기 14[mm], 개폐기는 10[mm], 램프는 8[mm]정도가 적당하다.

(6) 시퀀스도의 내용은 항목별로 표시하려면 접속선의 방향이 세로인 경우에 도면의 좌측에서부터 시작하여 차례로 우측 방향으로 그려 나간다. 즉 동작의 흐름 방향이 세로인 경우이다.

2. 세로 시퀀스 그리기

(1) 세로방식의 시퀀스는 접속선 내에 대부분 신호의 흐름이 상하 방향으로 그려져 있는 것을 말한다.

(2) 접속선은 상하 방향, 즉 제어전원 모선 사이에 세로방식으로 표시하고, 동작의 순서에 따라 왼쪽에서 오른쪽으로 병렬로 그린다.

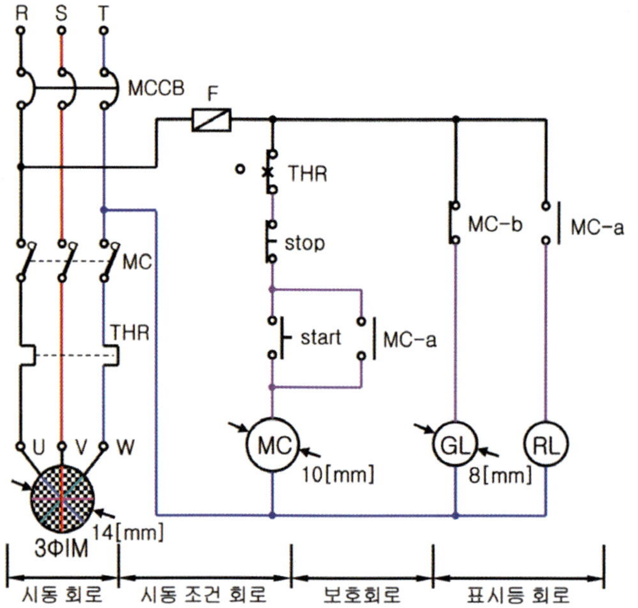

그림 1-5 항목별 표시 및 기호의 크기

(3) 주회로를 그린다.

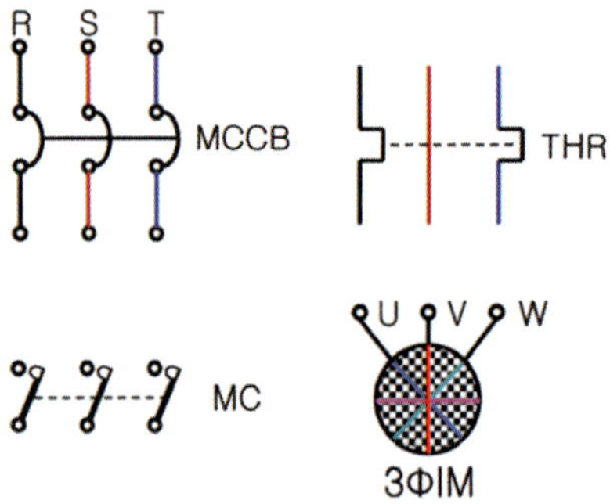

그림 1-6 기호 표시 및 부호

1) 주회로의 전원 개폐기, 전자 접촉기, 열동형 계전기, 전동기, 단자 등의 기호를 표시하고 부호를 붙인다.
2) 각 기구를 굵은 선으로 연결하여 주회로를 완성한다.

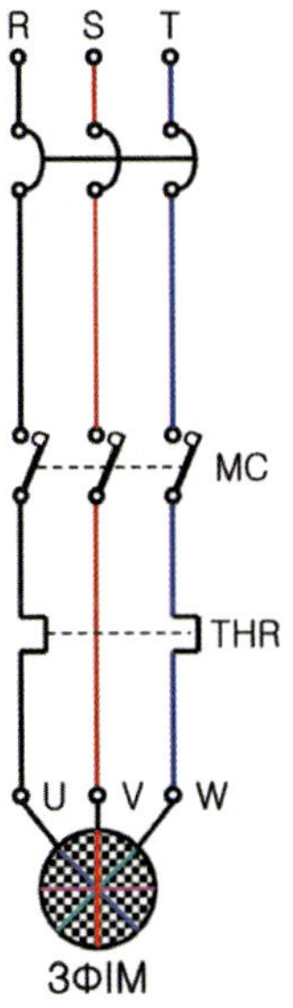

그림 1-7 주회로 연결

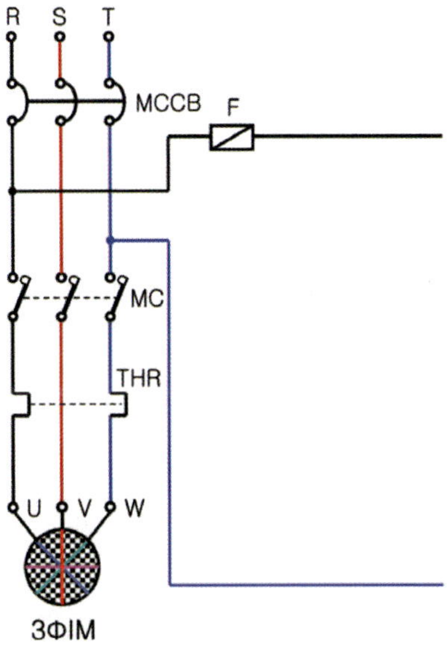

그림 1-8 제어 전원 모선 인출

(4) 제어회로를 그린다.

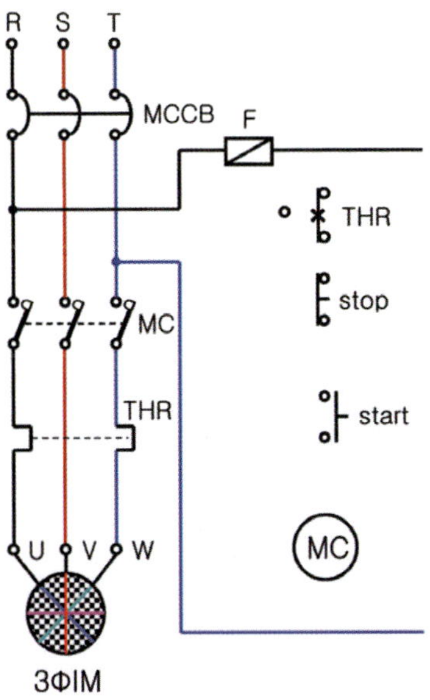

그림 1-9 접점 및 기호 표시

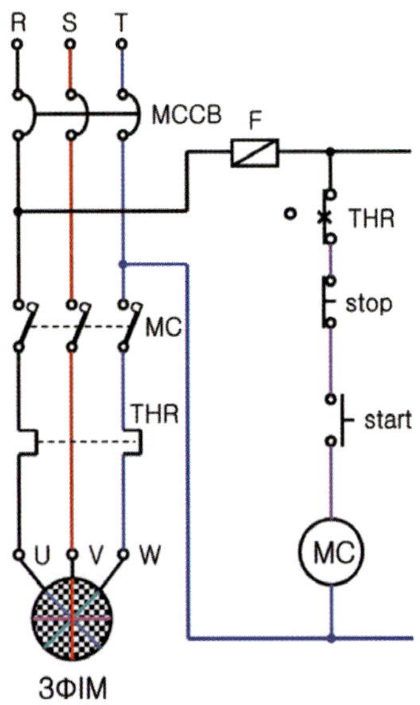

그림 1-10 시동 조건 회로 연결

1) 주회로의 2상(예, R상과 T상)에서 제어전원 모선을 상하 방향에 가로로 표시하고, 중성선이 아닌 상에 퓨즈를 삽입한다.
2) 푸시버튼 스위치, 전자 접촉기 코일, 열동형 계전기 접점 등을 도면의 전체적인 면에서 조화를 이룰 수 있도록 짜임새 있게 간격을 띄어서 표시하고 부호를 붙인다.
3) 각 기호의 접점을 제어전원 모선 상하에 세로로 연결한다.
4) 보호회로의 a접점을 표시하여 start버튼과 병렬로 접속한다.

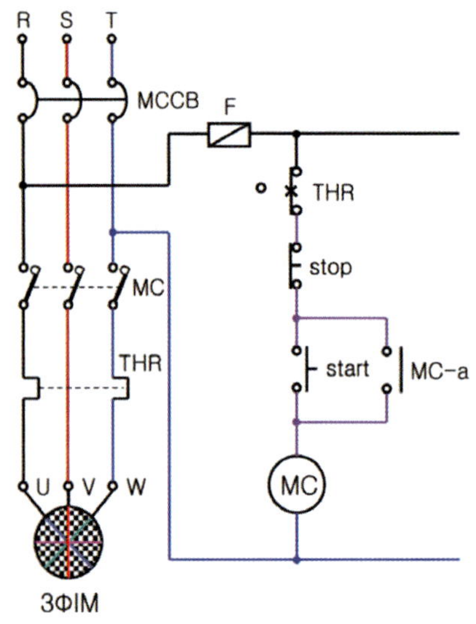

그림 1-11 보호회로 연결

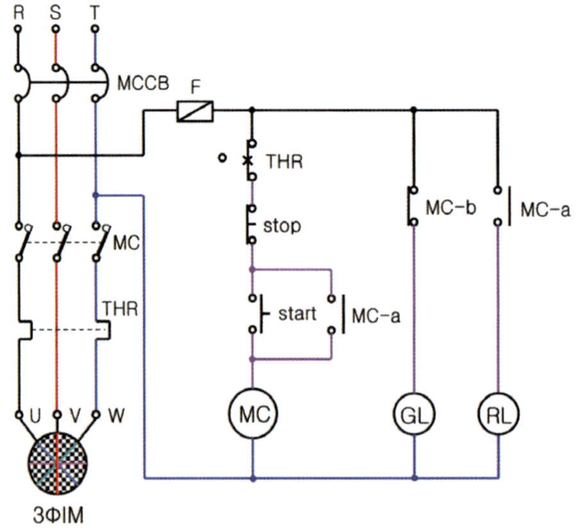

그림 1-12 GL램프 및 RL램프 회로 연결

(5) 램프(Lamp)회로를 그린다.

1) b접점을 표시하고, GL을 표시하여 접속선을 연결한다.

2) a접점을 표시하고, RL을 표시하여 접속선을 연결한다.

3. 가로 시퀀스 그리기

(1) 가로방식의 시퀀스는 접속선내 대부분 신호 흐름이 좌우 방향으로 그려져 있는 것을 말한다.

(2) 접속선은 좌우 방향, 즉 제어전원 모선 사이에 가로로 표시하고, 동작 순서에 따라 위에서 아래쪽으로 병렬로 그린다.

(3) 주회로를 그린다.

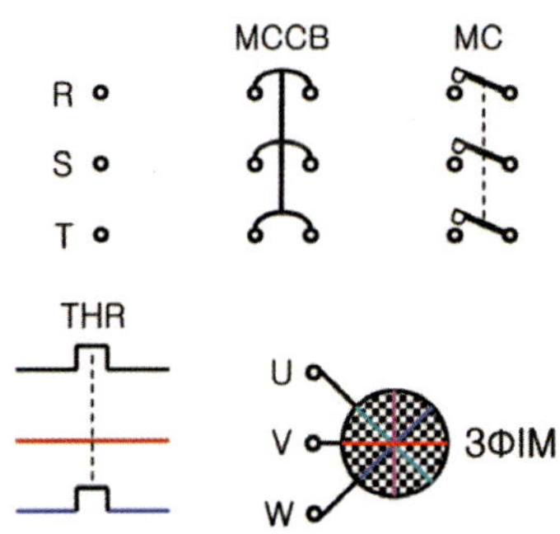

그림 1-13 주회로 기호표시 및 부호

1) 주회로의 전원 개폐기, 전자 접촉기, 열동형 계전기, 전동기, 단자 등의 기호를 그리고 부호를 붙인다.

2) 각 기구를 굵은 선으로 연결하여 주회로를 완성한다.

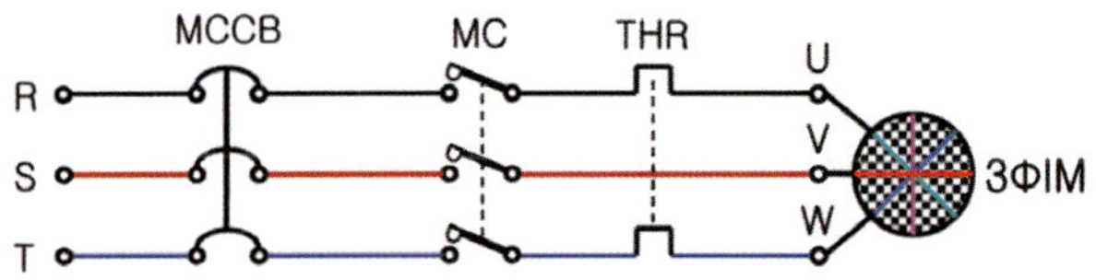

그림 1-14 주회로 연결

(4) 제어회로를 그린다.

1) 주회로의 2상(예, R상과 T상)에서 제어전원 모선을 좌우 방향에 세로로 표시하고, 중성선이 아닌 상에 퓨즈를 연결한다.

2) 푸시버튼 스위치, 전자 접촉기 코일, 열동형 계전기 접점 등을 도면의 전체적인 면에서 조화를 이룰 수 있도록 짜임새 있게 간격을 띄어서 표시하고 부호를 붙인다.

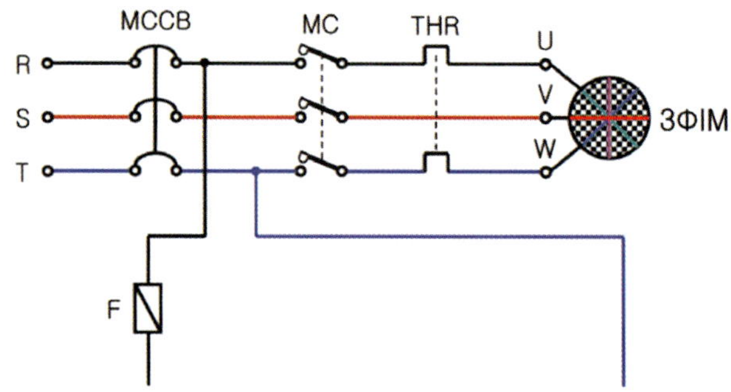

그림 1-15 제어전원 모선 인출

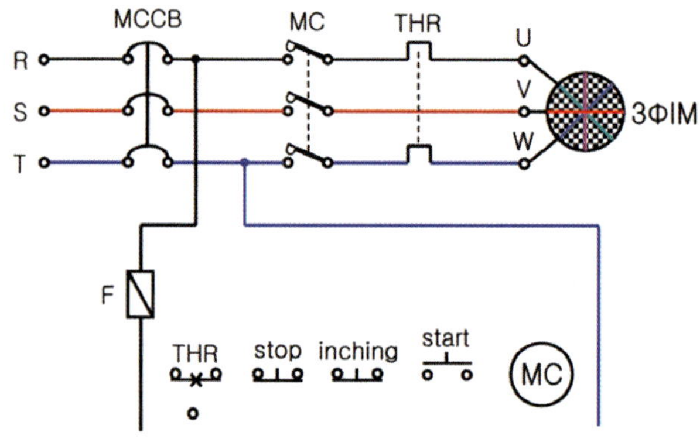

그림 1-16 제어회로 접점 및 기호표시

3) 각 기호의 접점을 제어전원 모선 좌우에 가로로 연결한다.

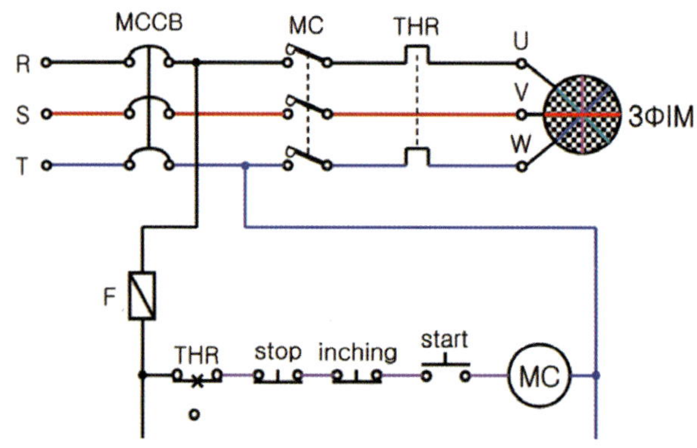

그림 1-17 시동조건회로 연결

4) 인칭(inching button) a접점을 표시하여 접속선을 연결한 다음 전자 개폐기 MC-a 접점과 RL램프를 표시하고 접속선을 연결한 후 부호를 붙인다.

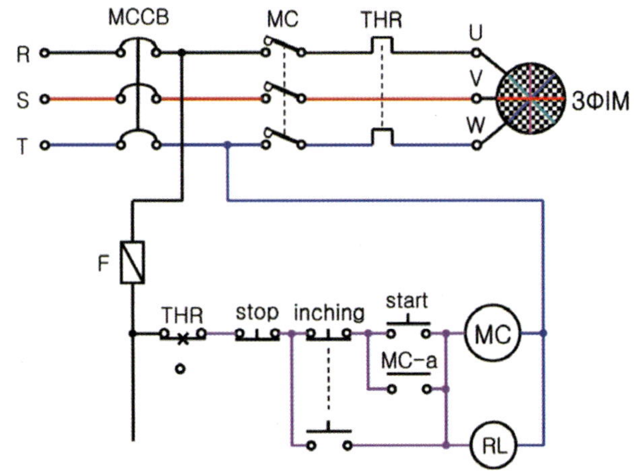

그림 1-18 보호회로 및 RL램프 연결

5) WL램프를 표시하고 접속선을 연결하여 부호를 붙인다.

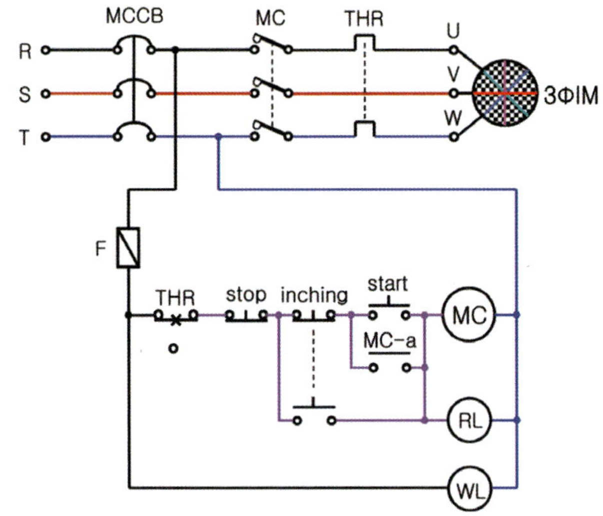

그림 1-19 WL램프 연결 그림

실습 2 : 기본회로

관련 이론

1. a접점회로(on회로)

◉ 자동복귀 a접점 회로(ON회로 : make회로)

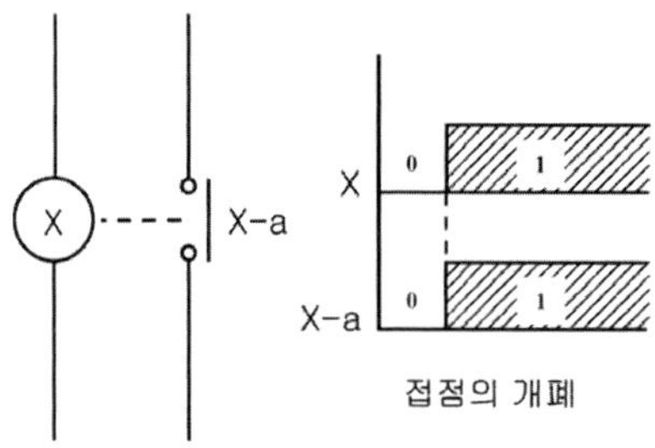

그림 2-1 자동복귀 a접점 회로

① 전자 계전기 코일 X가 여자되면 X–a 접점이 닫히고, X가 소자되면 X–a 접점은 열린다.
② 접점의 타임차트에서 "1"은 닫혀 ON을 나타내는 상태이고, "0"은 열려 OFF되는 상태이다.

2. b접점회로(off회로)

◉ 자동복귀 b접점 회로(OFF회로 : break회로)

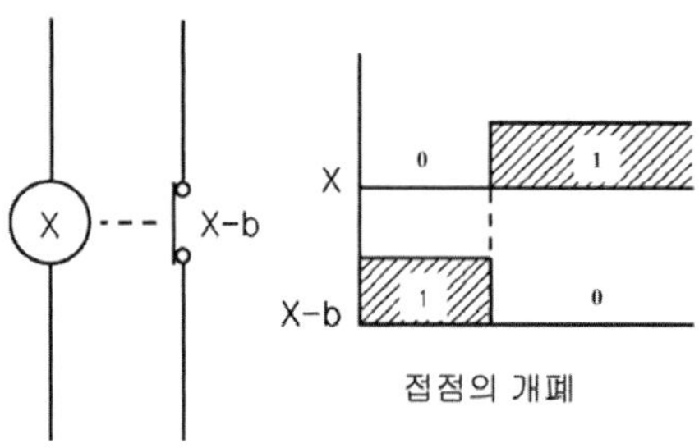

그림 2-2 자동복귀 b접점 회로

① 전자 계전기 코일 X가 여자되면 X–b 접점이 열리고, X가 소자되면 X–b 접점은 닫힌다.
② 접점의 타임차트에서 "1"은 닫혀 ON을 나타내는 상태이고, "0"은 열려 OFF되는 상태이다.

3. c접점회로

◉ 자동복귀 c접점 회로

① 전자 계전기 코일 X가 여자되면 a접점이 닫히고, b접점은 열리는 회로이다.

② 접점의 타임차트에서 "1"은 닫혀 ON을 나타내는 상태이고, "0"은 열려 OFF되는 상태이다.

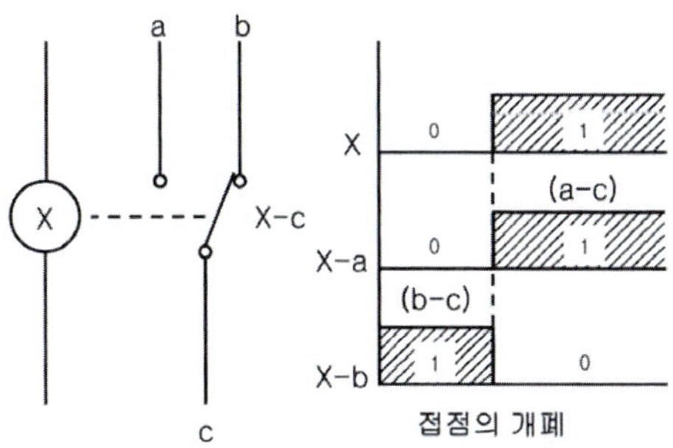

그림 2-3 자동복귀 c접점 회로

4. PVC 덕트(와이어링 덕트)

일반적으로 컨트롤 판넬 내의 전선을 배선하기 위해 사용하므로 다양한 크기, 색상, 재질의 제품이 생산되며 협소한 공간에서도 사용 가능하다.

장점으로는 덕트 측면에 홀이 있어서 전선정리가 편리하며 전선정리를 한 다음 덮개로 마무리를 한다. 단점으로는 먼지나 이물질이 들어갈 수 있다.

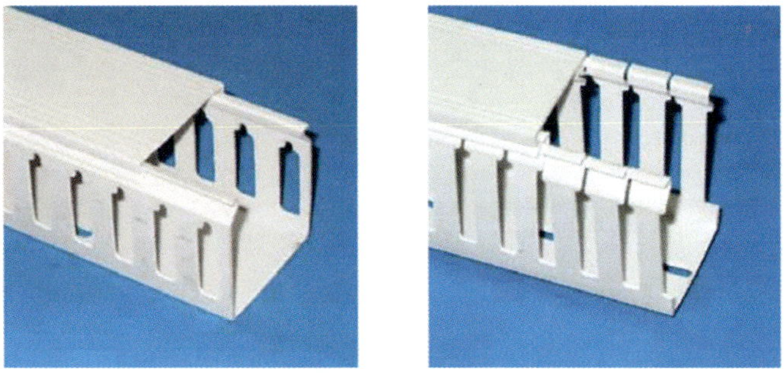

(a) PVC 와이어링 덕트 폐쇄형　(b) PVC 와이어링 덕트 개방형

그림 2-4 PVC 와이어링 덕트 종류

5. 배선 교차시 주의점(속배선의 경우)

(가) 굵기가 다른 경우

굵은 선이 위로 가도록 배선한다.

(나) 전선수가 다른 경우

전선수가 많은 것이 위로 가도록 배선한다.

(다) 굵기와 전선수가 다른 경우 작업에 편리하게 하고 쉽게 알아 볼 수 있게 배선한다.

(라) 굵기에 따라 보수할 때 편리하게 배선한다.

(마) 가능한 교차되지 않도록 한다.

그림 2-5 금속 덕트와 트레이 덕트

6. 전선 취급법

(가) 전선을 펼 때

그림 2-6 전선 펴기

긴 전선은 드라이버 또는 바이스를 이용해서 문지르거나 잡아 당겨 곧게 펴는데, 지름이 줄지 않고 피복에 상처가 나지 않게 펴야 한다.

(나) 전선을 굽힐 때

비닐 전선은 피복에 상처가 나지 않게 굽히고 구부리는 반지름은 전선 지름의 5배 이상 굽혀야 되는데, 미관을 고려하여 직각 굽힘을 하는 경우도 있다.

① 한 곳에 같이 묶어서 굽히는 방법
② 한 선씩 각각 굽혀서 묶는 방법
③ 제일 안쪽 선을 구부리고 차례로 굽혀서 묶는 방법

(다) 단자대 사용시 전원측의 상순과 부하측의 단자배열을 맞게 배선한다.

(라) 시퀀스를 실체 배선도로 그려서 배선을 쉽게 하고, 전원측 단자에서부터 조작회로를 구성하려면 전자 개폐기, 푸시 버튼스위치, 표시등 순서로 배선한다.

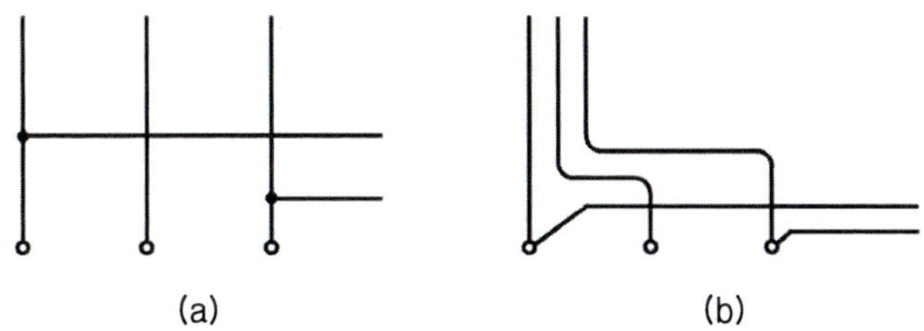

그림 2-7 선의 분기

7. 스위치

표 2.1 접점의 형태

항 목		a접점		b접점		c접점	
		가로	세로	가로	세로	가로	세로
수동조작 접점	수동복귀						
	자동복귀						
릴레이 접점	수동복귀						
	자동복귀						
타이머 접점	한시동작 순시복귀						
	순시동작 한시복귀						
기계적 접점							
수동조작 잔류식							

제어명령을 내리거나 명령처리 방법을 변경하고자 할 때 사용하며 사람이 수동조작으로 제어장치에 입력신호를 넣어주는 기기이다.

(1) 복귀형 스위치(Push Button Switch)

푸시버튼 스위치가 대부분 복귀형이며, 버튼을 누르고 있는 동안만 접점이 개 • 폐 상태로 유지하고 버튼에서 손을 떼면 내부의 스프링에 의하여 원상태로 복귀하는 스위치로 수동조작 자동복귀 방식의 스위치이다.

(2) 유지형 스위치

텀블러, 비상 스위치와 같이 한번 조작하면 접점이 개 • 폐되고 손을 떼어도 개 • 폐 상태를 유지하고 다시 한번 누르거나 돌리면 원 상태로 되돌아오는 스위치로 수동조작 수동복귀 방식의 스위치이다(비상 스위치, 텀블러 스위치, 셀렉터 스위치, 토글 스위치).

(3) 조광형 스위치

스위치에 램프를 부착하여 제어대상의 스위치를 조작시 운전여부를 램프에 의해 알 수 있는 스위치이다.

8. 전자 릴레이

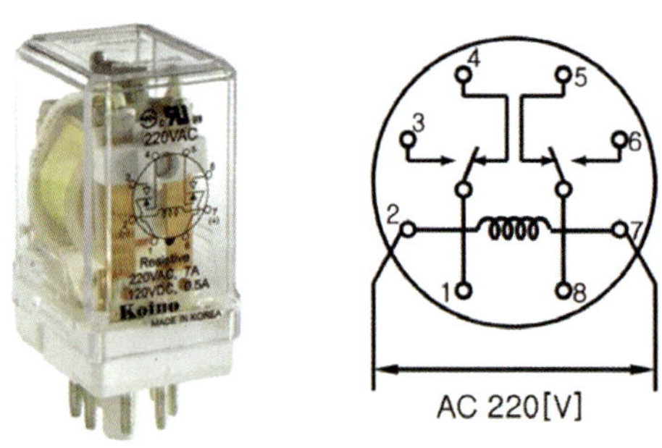

(a) 실물 (b) 내부 결선도

그림 2-8 전자 릴레이(8pin, 2a 2b) 실물 및 내부 결선도

	접점 기호	접점 핀번호
전 원	Ry	②-⑦ 단자
a접점		①-③, ⑧-⑥ 단자
b접점		①-④, ⑧-⑤ 단자

그림 2-9 전자 릴레이(8pin, 2a 2b) 핀번호 및 소켓

9. 제어회로의 제작 과정

전동기 제어회로 제작은 회로해석, 핀 번호 표시하기, 복선도 그리기, 부품 시험, 부품 부착, 전선 접속, 검사 및 수정 작업의 순서로 진행한다. 그림 2-10은 작업의 개요를 알아보기 위한 블록다이어그램이다.

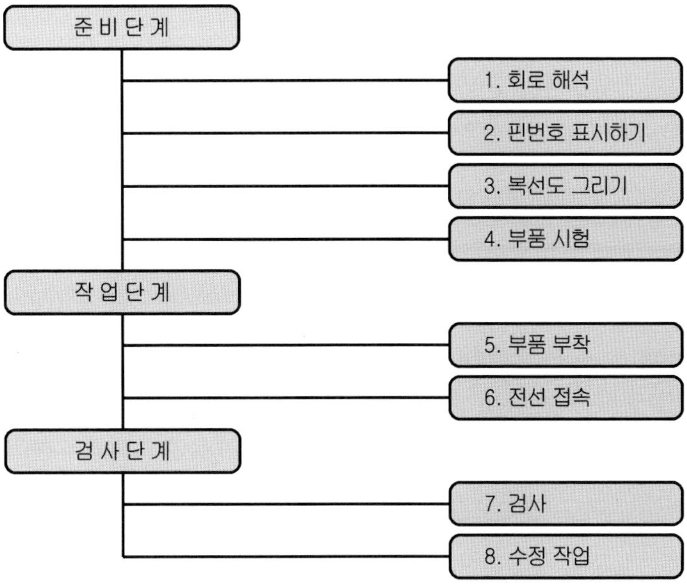

그림 2-10 작업의 개요를 알아보기 위한 블록다이어그램

10. 회로해석의 필요성

회로해석은 제어 목적이 무엇인지 알아보기 위한 것이다. 그러므로 잘된 회로해석은 동작시험에서 제작한 제어회로가 정상으로 동작하는지 그렇지 않은지를 판가름할 수 있는 기준이 된다.

회로를 해석하기 위해서는 여러 가지 제어회로의 기호와 역할 및 동작원리를 알고 있어야한다. 그러나 회로해석은 초보자인 경우에는 쉬운 일이 아니다. 제어회로에서는 대부분 타이머를 사용하고 있는데 타임챠트(time chart)를 작성해 보면 회로해석이 한결 수월해 진다. 그리고 어렵고 복잡하다고 피하지 말고 적극적으로 해석하고자 하는 의지와 반복적 연습이 필요하다.

회로해석을 무시하고 제어회로를 제작하는 것은 목표 지점이 없는 항해와 같다. 이러한 경우 제어회로에 대한 실습은 단순한 기능에 치우칠 우려가 많다.

11. 제어용 문자기호

제어회로에서 접점이나 부품이 많으면 각각의 그것들이 어떤 역할을 하는 것인지 알 수 없는 경우가 있다. 이를 위하여 부품이나 접점의 주변에 표시하여 제어회로의 이해를 돕도록 하는 문자기호를 사용한다.

❖ 작업 순서

1. 준비

① 동작사항을 보고 작업 공구, 기구 및 재료를 준비한다.

② 접점 및 동작상태의 이상 유무를 회로 시험기로 확인한다.

2. 도면 이해 및 숙지

① 동작상태의 전류흐름을 구상해 본다.

② 시퀀스 회로를 보고 동작설명을 한다.

3. 기구 부착

① 기구는 균형있게 고정한다.

② 기구가 파손되지 않도록 적당한 힘을 가해 고정하고, 치수가 주어지지 않으면 미관을 고려하여 편리하도록 고정한다.

③ 퓨즈(F) 대신 회로 보호기(CP)를 사용한다.

④ 전자 릴레이 베이스(base) 고정시 구멍의 홈이 아래로 향하게 취부한다.

4. 덕트 작업

① 덕트는 컨트롤 판넬 내의 전선을 배선하기 위해 사용되며 협소한 공간에서도 사용이 가능하다.

② 덕트 측면에 홀이 있어 주회로 및 제어회로의 인입과 인출이 용이하도록 양면이 절개되어 전선정리가 편리하며 전선정리를 한 다음 덮개로 마무리를 한다.

5. 배선 작업

① 전선의 색깔을 구분하여 전원측 단자에서부터 동작 흐름에 따라 배선한다.

② 전선과 기구와의 접속시 한 단자에 전선을 두 가닥 이상 연결하지 않는 것이 좋다.

③ 배선 작업시 베이스 핀 번호를 확인 후 접속한다.

④ 여유를 갖는 경제적 배선을 한다.

6. 점검

① 간단한 회로인 경우 오결선은 육안으로 점검하며, 회로시험기나 벨 테스터기로 단선, 단락 유무를 점검한다.

② 회로시험기로 동작상태를 점검한다.

7. 동작

① 전원을 연결한다.

② 동작을 시키며 동작사항과 점검한 내용을 비교 검토하여 이해를 돕는다.

실습 2 : 기본회로 실습

1. a접점회로

1) 전원 : 1ϕ 220[V]

2) 동작설명

그림 2-11 (a)에서 푸시버튼 스위치 PB을 누르는 동안 전자 릴레이 Ry가 여자되고, Ry의

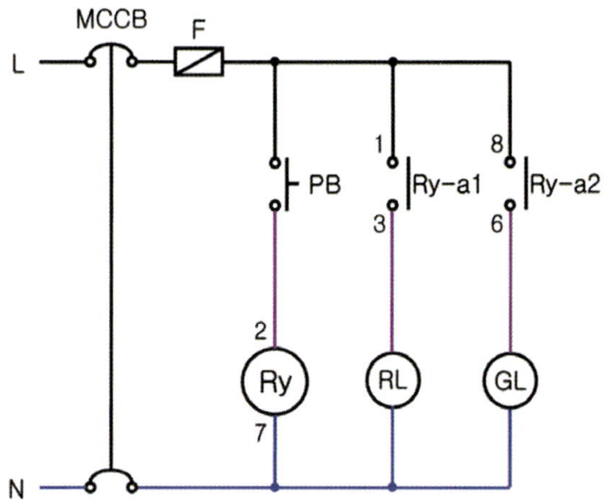

(a) 시퀀스회로

(b) a접점회로 실습 완성 사진

(c) 타임차트

그림 2-11 a접점회로

표 2.2 (점등, 소등)

PB 상태	RL	GL
ON		
OFF		

a접점이 연동하여 닫히게 된다. PB를 놓으면 전자 릴레이 Ry는 무여자되어 Ry의 a접점은 열리는 가장 기본적인 회로이다.

3) 전자 릴레이의 a접점회로 실습을 위해 그림 2-11 (a)와 같이 회로를 구성하시오.

4) 그림 2-11 (a)에서 배선용 차단기(MCCB)를 ON하시오.

5) 푸시버튼 스위치 PB을 누르고, 그 때의 각 표시등 상태를 표 2.1에 기록하시오.

2. b접점회로

1) 전원 : 1ϕ 220[V]

2) 동작설명

그림 2-12 (a)에서 푸시버튼 스위치 PB를 누르는 동안 전자 릴레이 Ry가 여자되고, Ry의

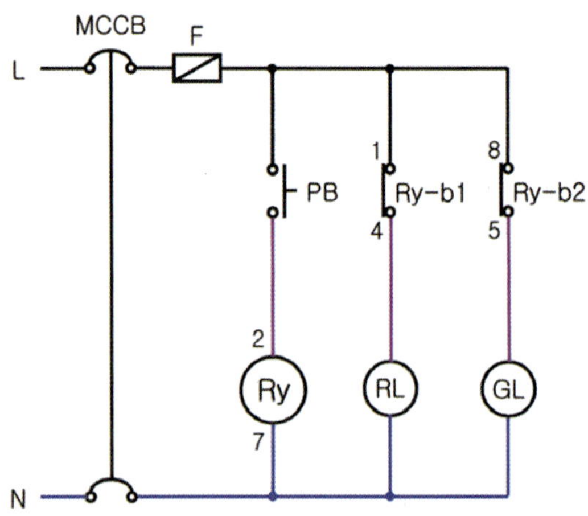

(a) 시퀀스회로

(b) b접점회로 실습 완성 사진

(c) 타임차트

그림 2-12 b접점회로

표 2.3 (점등, 소등)

PB 상태	RL	GL
ON		
OFF		

b접점이 연동하여 열리게 된다. PB을 놓으면 전자 릴레이 Ry는 무여자되어 Ry의 b접점은 닫히는 회로이다.

3) 전자 릴레이의 b접점회로 실습을 위해 그림 2-12 (a)와 같이 회로를 구성하시오.

4) 그림 2-12 (a)에서 배선용 차단기(MCCB)를 ON하시오.

5) 푸시버튼 스위치 PB을 누르고, 그 때의 각 표시등 상태를 표 2.3에 기록하시오.

3. c접점회로

1) 전원 : 1ϕ 220[V]

2) 동작설명

그림 2-13 (a)에서 푸시버튼 스위치 PB을 누르는 동안 전자 릴레이 Ry이 여자되고, Ry의 b접점은 열리고, a접점은 닫히게 된다. PB을 놓으면 전자 릴레이 Ry는 무여자되어 초기상

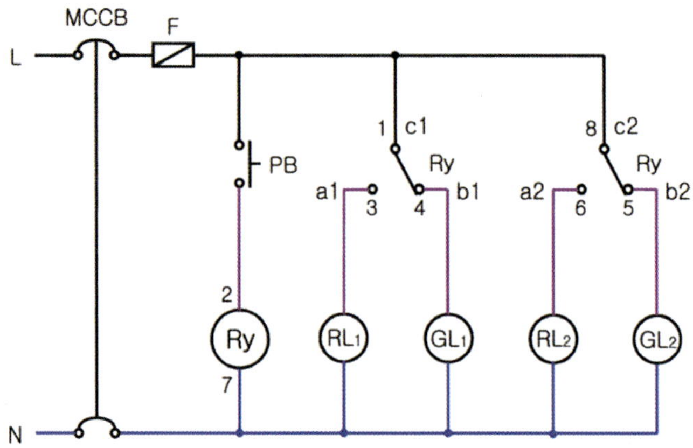

(a) 시퀀스회로

(b) c접점회로 실습 완성 사진

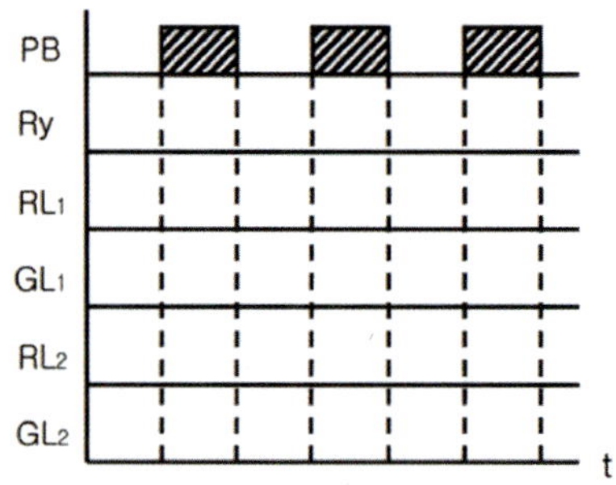

(c) 타임차트

그림 2-13 c접점회로

표 2.3 (점등, 소등)

PB 상태	RL	GL
ON		
OFF		

태로 되돌아가는 회로이다.

3) 전자 릴레이의 c접점회로 실습을 위해 그림 2-13 (a)와 같이 회로를 구성하시오.
4) 그림 2-13 (a)에서 배선용 차단기(MCCB)를 ON하시오.
5) 푸시버튼 스위치 PB을 누르고, 그 때의 각 표시등 상태를 표 2.4에 기록하시오.

표 2.4 (점등, 소등)

Pb 상태	RL_1	GL_1	RL_2	GL_2
ON				
OFF				

실습 3 : 논리회로

관련 이론

1. AND회로

직렬회로라고도 하며 2개 이상의 접점을 직렬로 접속한 회로이다. 모든 입력이 "1"이 될 경우에만 램프가 "1"이 되어 점등된다.

1) a접점만을 사용한 AND회로

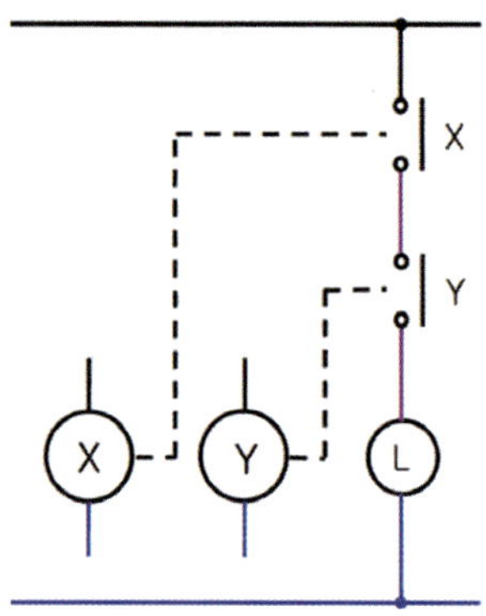

(a) 회로

0 : 신호 없음　　1 : 신호 있음

입 력		출 력
X	Y	L
0	0	0
0	1	0
1	0	0
1	1	1

(b) 진리표

그림 3-1 a접점만을 사용한 AND회로

2) b접점만을 사용한 AND회로

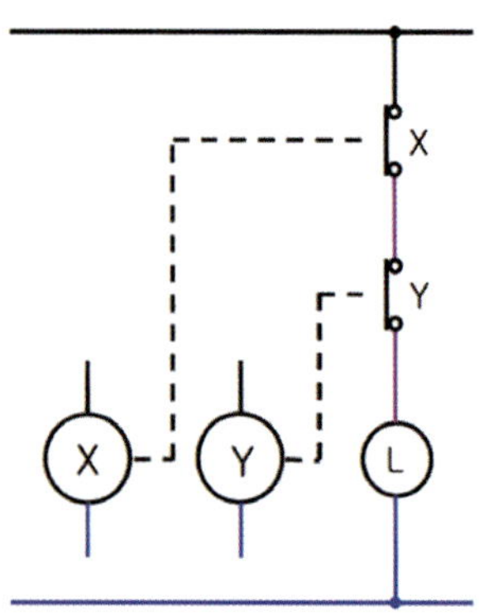

(a) 회로

0 : 신호 없음　　1 : 신호 있음

입 력		출 력
X	Y	L
0	0	1
0	1	0
1	0	0
1	1	0

(b) 진리표

그림 3-2 b접점만을 사용한 AND회로

3) a, b접점이 직렬로 연결된 AND회로

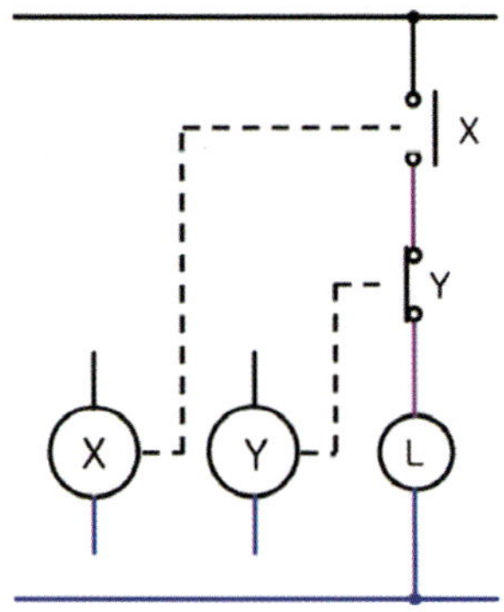

(a) 회로

0 : 신호 없음　　1 : 신호 있음

입 력		출 력
X	Y	L
0	0	0
0	1	0
1	0	1
1	1	0

(b) 진리표

그림 3-3 a, b접점이 직렬로 연결된 AND회로

2. OR회로

2개 이상의 접점을 병렬로 접속한 회로이다. 병렬로 연결되어 있는 어느 하나만 "1"이 되면 램프가 "1"이 되어 점등된다.

1) a접점만을 사용한 OR회로

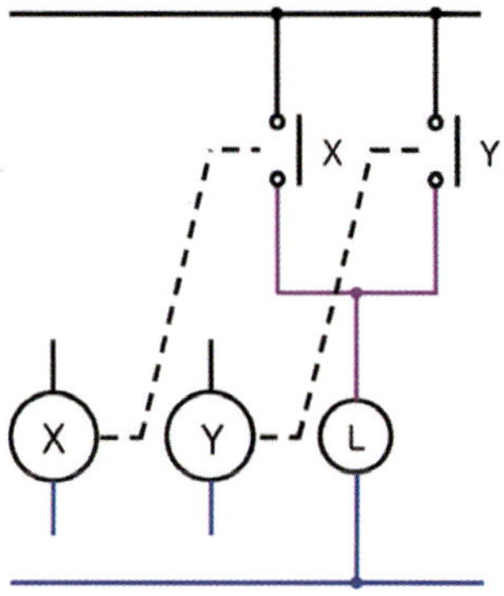

(a) 회로

0 : 신호 없음　　1 : 신호 있음

입 력		출 력
X	Y	L
0	0	0
0	1	1
1	0	1
1	1	1

(b) 진리표

그림 3-4 a접점만을 사용한 OR회로

2) b접점만을 사용한 OR회로

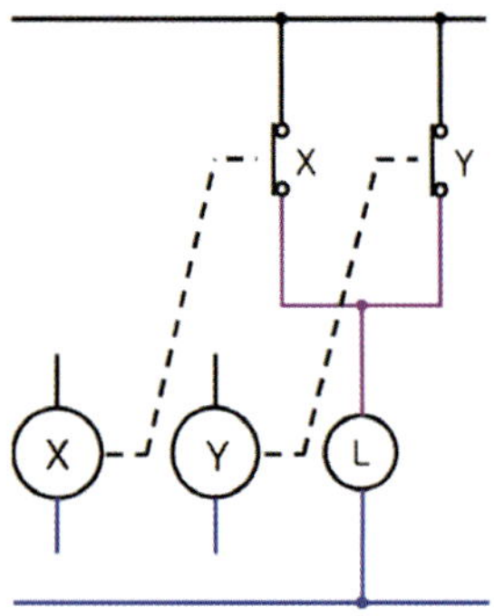

(a) 회로

0 : 신호 없음 1 : 신호 있음

입 력		출 력
X	Y	L
0	0	1
0	1	1
1	0	1
1	1	0

(b) 진리표

그림 3-5 b접점만을 사용한 OR회로

3) a, b접점이 병렬로 된 OR회로

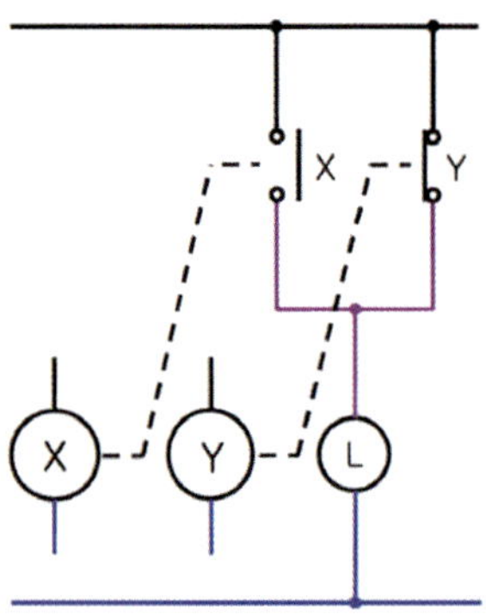

(a) 회로

0 : 신호 없음 1 : 신호 있음

입 력		출 력
X	Y	L
0	0	1
0	1	0
1	0	1
1	1	0

(b) 진리표

그림 3-6 a, b접점이 병렬로 된 OR회로

3. NOT회로

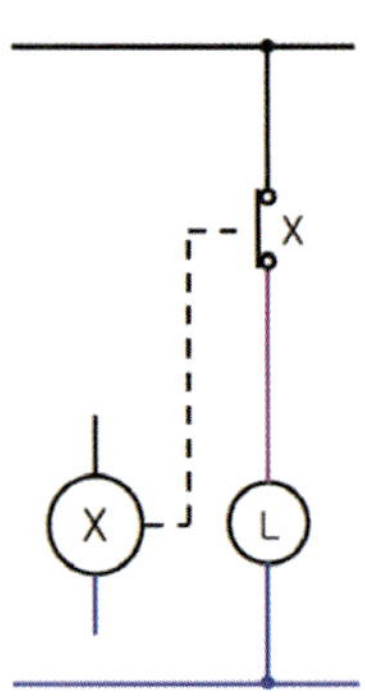

(a) 회로

0 : 신호 없음 1 : 신호 있음

입 력	출 력
X	L
0	1
1	0

(b) 진리표

그림 3-7 NOT회로

그림 3-7 (a)는 “부정회로” 또는 “논리 부”라고도 하며 입력조건과 반대의 출력이 나오는 회로를 말한다.

❖ 작업 순서

1. 준비
   ① 동작사항을 보고 작업 공구, 기구 및 재료를 준비한다.
   ② 접점 및 동작상태의 이상 유무를 회로 시험기로 확인한다.

2. 도면 이해 및 숙지
   ① 동작상태의 전류흐름을 구상해 본다.
   ② 시퀀스 회로를 보고 동작설명을 한다.

3. 기구 부착
   ① 기구는 균형있게 고정한다.
   ② 기구가 파손되지 않도록 적당한 힘을 가해 고정하고, 치수가 주어지지 않으면 미관을 고려하여 편리하도록 고정한다.
   ③ 퓨즈(F) 대신 회로 보호기(CP)를 사용한다.
   ④ 전자 릴레이 베이스(base) 고정시 구멍의 홈이 아래로 향하게 취부한다.

4. 덕트 작업
   ① 덕트는 컨트롤 판넬 내의 전선을 배선하기 위해 사용되며 협소한 공간에서도 사용이 가능하다.
   ② 덕트 측면에 홀이 있어 주회로 및 제어회로의 인입과 인출이 용이하도록 양면이 절개되어 전선정리가 편리하며 전선정리를 한 다음 덮개로 마무리를 한다.

5. 배선 작업
   ① 전선의 색깔을 구분하여 전원측 단자에서부터 동작 흐름에 따라 배선한다.
   ② 전선과 기구와의 접속시 한 단자에 전선을 두 가닥 이상 연결하지 않는 것이 좋다.
   ③ 배선 작업시 베이스 핀 번호를 확인 후 접속한다.

6. 점검
   ① 간단한 회로인 경우 오결선은 육안으로 점검하며, 회로시험기나 벨 테스터기로 단선, 단락 유무를 점검한다.
   ② 회로시험기로 동작상태를 점검한다.

7. 동작
   ① 전원을 연결한다.
   ② 동작을 시키며 동작사항과 점검한 내용을 비교 검토하여 이해를 돕는다.

실습 3 : 논리회로 실습

1. AND회로(직렬회로)
   1) AND회로 실습을 위해 그림 3-8 (a)와 같이 회로를 구성하시오.
   2) 그림 3-8 (a)에서 배선용 차단기(MCCB)를 ON하시오.
   3) PB1~PB2까지의 푸시버튼 스위치를 누르면서 표 3.1의 진리표를 완성하시오.

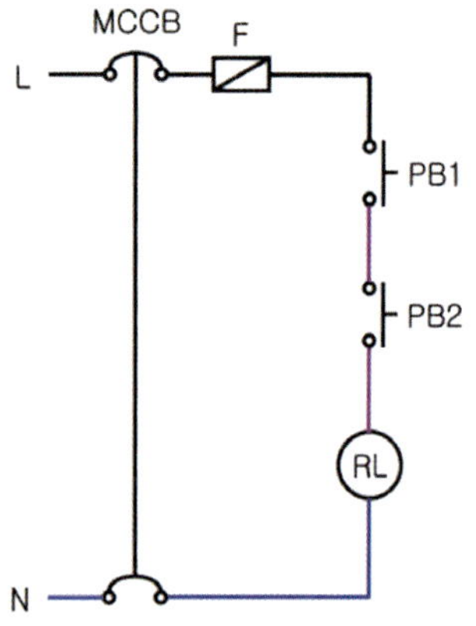

(a) 시퀀스회로

표 3.1

0:신호 없음 1:신호 있음

입 력		출 력
PB1	PB2	RL(점등, 소등)
0	0	
0	1	
1	0	
1	1	

(b) 2개의 PB(N.O)에 의한 AND회로 실습 완성 사진

그림 3-8 2개의 PB(N.O)에 의한 AND회로

2. OR회로(병렬회로)

1) OR회로 실습을 위해 그림 3-9 (a)와 같이 회로를 구성하시오.
2) 그림 3-9 (a)에서 배선용 차단기(MCCB)를 ON하시오.
3) PB1~PB2 푸시버튼 스위치를 누르면서 표 3.2의 진리표를 완성하시오.

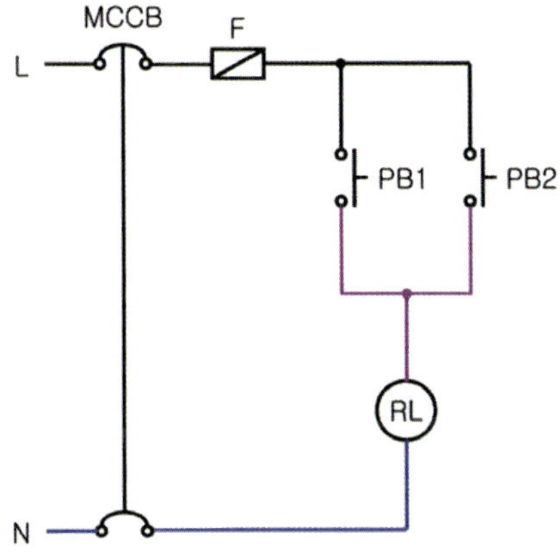

(a) 시퀀스회로

표 3.2

0:신호 없음 1:신호 있음

입 력		출 력
PB1	PB2	RL(점등, 소등)
0	0	
0	1	
1	0	
1	1	

(b) 2개의 PB(N.O)에 의한 OR회로 실습 완성 사진

그림 3-9 2개의 PB(N.O)에 의한 OR회로

3. NOT회로(부정회로)

1) NOT회로 실습을 위해 그림 3-10과 같이 회로를 구성하시오.
2) 그림 3-10 (a)에서 배선용 차단기(MCCB)를 ON하시오.
3) 푸시버튼 스위치 PB을 조작하여 표 3.3의 진리표를 완성하시오.

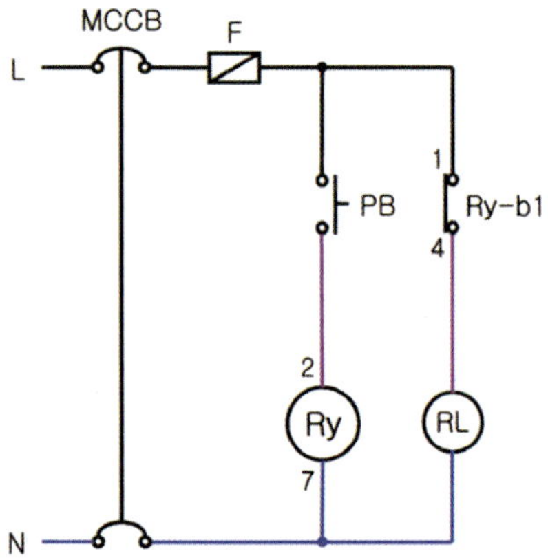

(a) 시퀀스회로

표 3.3

0:신호 없음 1:신호 있음

입 력		출 력
PB1	PB2	RL(점등, 소등)
0	0	
0	1	
1	0	
1	1	

(b) 전자 계전기에 의한 NOT회로 실습 완성 사진

그림 3-10 NOT회로

실습 4 : 자기유지회로

관련 이론

유지형 스위치를 사용하면 램프를 켜고 끌 수 있으며, 새로운 입력이 있을 때 까지 현재의 상태를 계속 유지된다. 그러나 유지형 스위치를 이용해서는 자동제어를 수행하기가 곤란하므로 시퀀스 제어에서는 복귀형 푸시버튼 스위치를 일반적으로 사용한다.

복귀형 푸시버튼 스위치는 누를 때만 상태를 유지하고 손을 때면 초기의 상태로 복귀한다. 따라서 푸시버튼 스위치를 이용하여 그 상태를 계속 유지하기 위해 사용하는 회로를 **자기유지회로**라 한다. 시동 우선 자기유지회로와 정지 우선 자기유지회로가 있는데 일반적으로 정지 우선 자기유지회로를 많이 사용한다.

1. 시동 우선 자기유지회로

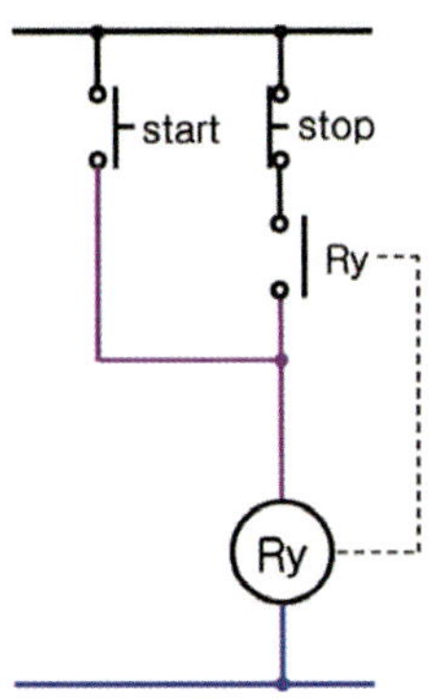

그림 4-1 시동 우선 자기유지회로

그림 4-1의 회로는 시동 우선 자기유지회로이다. start 푸시버튼을 누르면 전자 릴레이 Ry가 여자되고, 전자 릴레이가 여자되면 릴레이 Ry의 a접점이 붙어 start 푸시버튼과 a접점쪽으로 전류가 같이 흐르게 된다. 여기서 start 푸시버튼에서 손을 떼어 복귀하여도 a접점쪽으로 전류는 계속 흘러 자기유지회로를 구성하게 되는 것이다. 자기유지를 풀려면 자기유지접점과 직렬로 접속된 stop 푸시버튼 스위치를 눌러 해제시킨다. 이 회로에서 start와 stop 푸시버튼 스위치 2개를 동시에 누르면 전자 릴레이는 여자상태가 된다. 이러한 회로를 **시동 우선 자기유지회로**라 한다.

2. 정지 우선 자기유지회로

1) 평상시는 그림 4-2 (a)와 같이 start 푸시버튼 스위치와 전자 릴레이 Ry의 a접점이 열려 있어 전자 릴레이 코일에는 전원이 가해지지 않는다(무여자라 한다).

2) 그림 4-2 (b)와 같이 start 푸시버튼 스위치를 누르면 화살표와 같이 회로가 구성되어 전

자 릴레이 코일 Ry에 전류가 흐르게 된다(여자라 한다). 전자 릴레이 Ry가 여자되면 start 푸시버튼과 병렬로 접속되어 있는 a접점이 붙는다.

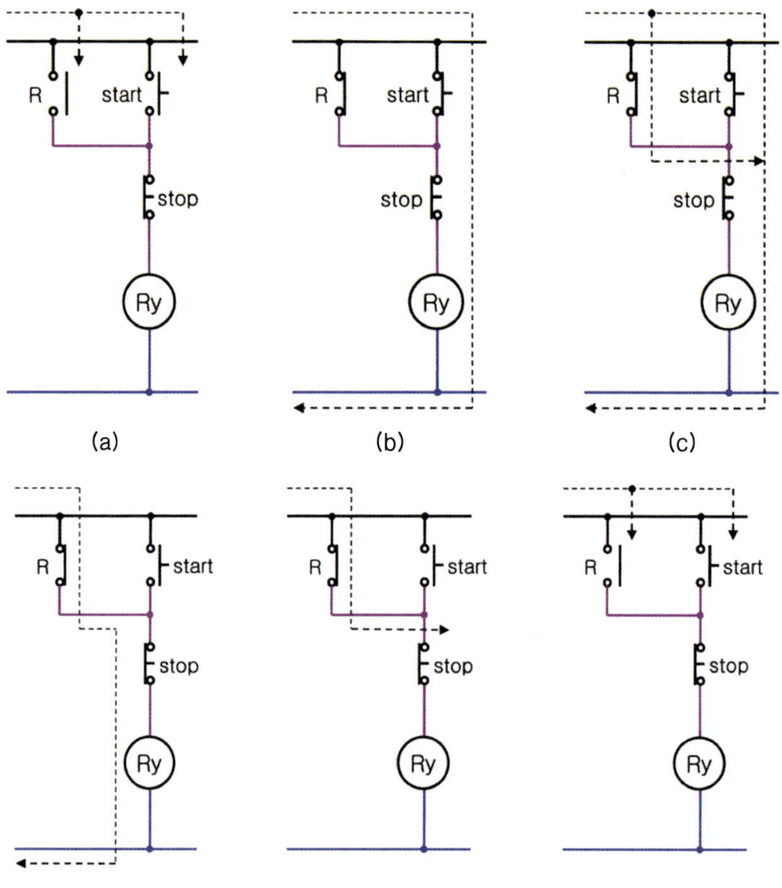

그림 4-2 자기유지회로의 동작

3) 전류는 그림 4-2 (c)와 같이 두 갈래의 길을 통하여 전자 릴레이 코일로 흐르게 된다(코일은 여자상태를 계속 유지함).
4) 그림 4-2 (d)와 같이 start 푸시버튼 스위치에서 손을 떼어 스위치를 복귀시켜도 전류는 계속하여 a접점 쪽으로 흘러 코일을 여자시켜 주고 또 코일이 여자되어 있으므로 a접점은 계속하여 붙어 있게 된다. 즉 start 푸시버튼 스위치와 병렬로 연결된 a접점은 코일 Ry의 여자상태를 계속 유지시켜 준다하여 자기유지접점이라 하며 이러한 회로를 자기유지회로라 한다.
5) 자기유지 상태를 풀어 주려면 그림 4-2 (e)와 같이 자기유지회로와 전자 릴레이 코일의 중간에 있는 stop 푸시버튼을 눌러 코일에 흐르는 전류를 차단시켜주면 코일이 무여자 상

태가 된다.

6) 그림 4-2 (f)와 같이 자기유지접점이 원위치로 돌아가고 stop 푸시버튼 스위치에서 손을 떼어 회로가 연결된다 하여도 자기유지접점이 이미 떨어져 있어 전자 릴레이 코일은 무여자 상태가 된다. 그림 4-2 (a) 그림에서 start 푸시버튼 스위치와 stop 푸시버튼 스위치를 동시에 누르면 어떻게 되겠는가? 전자 릴레이 코일 Ry는 무여자 상태가 된다. 이와 같은 자기유지회로를 **정지 우선 자기유지회로**라 한다.

❖ 작업 순서

1. 준비

① 동작사항을 보고 작업 공구, 기구 및 재료를 준비한다.

② 접점 및 동작상태의 이상 유무를 회로 시험기로 확인한다.

2. 도면 이해 및 숙지

① 동작상태의 전류흐름을 구상해 본다.

② 시퀀스 회로를 보고 동작설명을 한다.

3. 기구 부착

① 기구는 균형있게 고정한다.

② 기구가 파손되지 않도록 적당한 힘을 가해 고정하고, 치수가 주어지지 않으면 미관을 고려하여 편리하도록 고정한다.

③ 퓨즈(F) 대신 회로 보호기(CP)를 사용한다.

4. 덕트 작업

① 덕트는 컨트롤 판넬 내의 전선을 배선하기 위해 사용되며 협소한 공간에서도 사용이 가능하다.

② 덕트 측면에 홀이 있어 주회로 및 제어회로의 인입과 인출이 용이하도록 양면이 절개되어 전선정리가 편리하며 전선정리를 한 다음 덮개로 마무리를 한다.

5. 배선 작업

① 전선의 색깔을 구분하여 전원측 단자에서부터 동작 흐름에 따라 배선한다.

② 전선과 기구와의 접속시 한 단자에 전선을 두 가닥 이상 연결하지 않는 것이 좋다.

③ 전자 개폐기의 전원측 단자에서부터 푸시버튼 스위치 램프 순서로 회로를 배선한다.

6. 점검

① 간단한 회로인 경우 오결선은 육안으로 점검하며, 회로시험기나 벨 테스터기로 단선, 단락 유무를 점검한다.

② 회로시험기로 동작상태를 점검한다.

7. 동작

① 전원을 연결한다.

② 동작을 시키며 동작사항과 점검한 내용을 비교 검토하여 이해를 돕는다.

실습 4 : 자기유지회로 실습

1. 시동 우선 자기유지회로

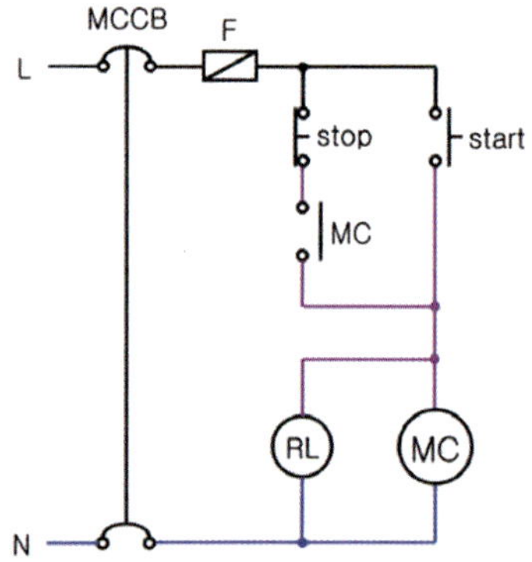

(a) 시퀀스회로

(b) 시동 우선 자기유지회로 실습 완성 사진

그림 4-3 시동 우선 자기유지회로

1) 시동 우선 자기유지회로 실습을 위해 전자 접촉기(MC)를 사용하여 그림 4-3 (a)와 같이 회로를 구성하시오.
2) 그림 4-3 (a)에서 배선용 차단기(MCCB)를 ON하시오.
3) start 푸시버튼 스위치를 누르시오. 전자 접촉기가 여자되면 표시등 RL이 점등되는가? start 푸시버튼 스위치에서 손을 떼시오. 전자 접촉기는 계속 여자되어 있는가? 표시등 RL도 계속 점등되어 있는가?
4) stop 푸시버튼 스위치를 누르시오. 무엇이 어떻게 달라졌는가?
5) 이번에는 start 푸시버튼 스위치와 stop 스위치 2개를 동시에 누르시오. 결과는?

2. 정지 우선 자기유지회로

1) 정지 우선 자기유지회로 실습을 위해 전자 접촉기(MC)를 사용하여 그림 4-4 (a)와 같이 회로를 구성하시오.

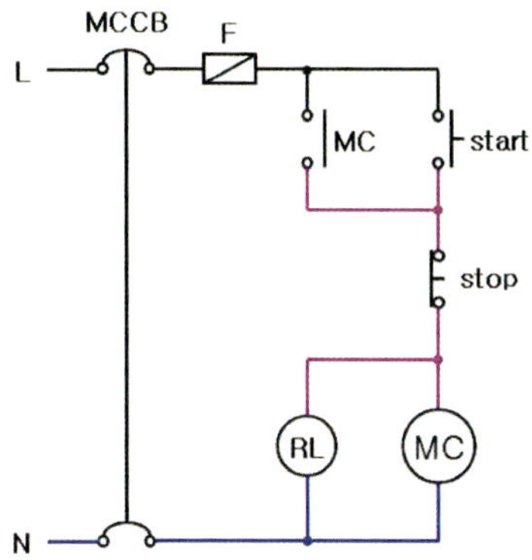

(a) 시퀀스회로

(b) 정지 우선 자기유지회로 실습 완성 사진

그림 4-4 정지 우선 자기유지회로

2) 그림 4-4 (a)에서 배선용 차단기(MCCB)를 ON하시오.
3) start 푸시버튼 스위치를 누르시오. 전자 접촉기가 여자되면 RL 표시등이 점등되는가? start 푸시버튼 스위치에서 손을 떼시오. 그래도 계속하여 전자 접촉기가 여자되어 있으면서 표시등 RL도 계속 점등되어 있는가?
4) stop 푸시버튼 스위치를 누르시오. 무엇이 어떻게 달라졌는가?
5) 이번에는 start 푸시버튼 스위치와 stop 스위치를 동시에 누르시오. 결과는 어떠한가?

실습 5 : 우선회로

관련 이론

2개의 입력 중 먼저 작동시킨 쪽의 회로가 우선으로 이루어져 기기가 작동하고, 다른 쪽에 입력(신호)이 들어오더라도 작동하지 않는 회로로서 퀴즈문제, 정 • 역 회로, 기기의 보호회로로서 많이 사용하고 있다.

1. 선행 우선회로

여러 개의 입력 신호 중 제일 먼저 들어오는 신호에 의해 동작하고 늦게 들어오는 신호는 동작하지 않는 회로를 **선행 우선회로**라 한다. 그림 5-1에 선행 우선회로를 나타내었다. 그림에서 3개의 입력 A, B, C 중에서 입력 A신호가 가장 먼저 들어왔다고 하면 전류는 신호 A-Y1접점-Z1접점-코일 X를 통해 흐르므로 코일 X는 여자 된다. 코일 X가 여자 되므로 코일 Y, Z에 직렬로 연결된 코일 X의 b접점 X1과 X2가 각각의 회로를 차단하게 된다. 이 상태에서 입력신호 B나 C를 눌러도 이미 X의 b접점으로 차단되어 Y, Z는 동작할 수 없게 된다. 즉 가장 먼저 들어온 신호만이 유효하고 나중에 들어오는 신호는 무효가 되는 것을 선행 우선 회로라고 한다. 특히 입력신호가 2개일 경우 먼저 들어온 신호가 나중에 들어온 신호는 무효가 되는데 이것을 입력신호 둘 중에 하나가 동작하면 다른 하나는 동작을 하지 못한다는 것과 같은 말이 된다. 즉 두개의 입력신호 중 반드시 둘 중 하나만이 동작할 수 있게 하는 회로를 **인터록(interlock)회로**라 한다.

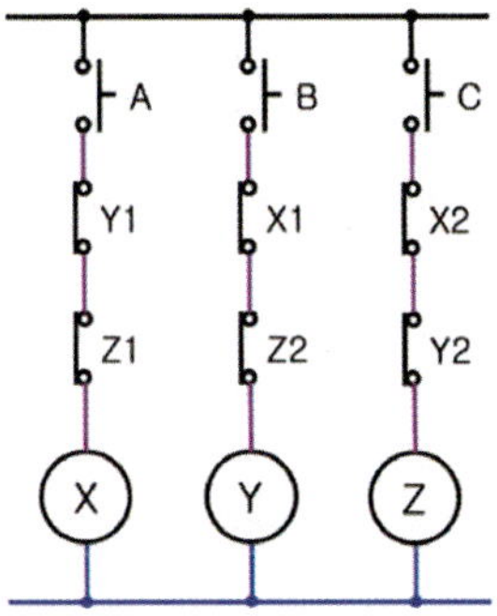

그림 5-1 선행 우선회로

2. 후 선택 우선회로

여러 개의 입력 중 가장 늦게 들어온 신호를 우선으로 하며 먼저 들어온 신호가 있으면 그 회로의 동작을 정지시키고 새로 들어온 입력에서만 출력을 내는 회로를 말한다. 그림 5-2에 **후 선택 우선회로**이다. 그림 5-2에서 제일 먼저 입력신호 A가 들어왔다면 코일 X를 여자하여 입력신호 A와 병렬로 접속된 X1 접점이 닫혀 자기유지 시켜준다. 신호 A가 없어져도 Y 및 Z의 자기유지 접점과 직렬로 접속된 X2, X3 b접점이 Y 및 Z를 차단하고 있다. 그 후 입력신호 C가 들어왔다면

Z가 여자되어 Z3의 a접점으로 자기유지 시켜주고 Z1 접점으로 코일 X의 자기유지를 풀어주므로 X는 출력을 내지 못한다. Y 또한 X2 b접점이 닫히지만 이미 Z2로서 차단하고 있으므로 결국 마지막으로 신호가 들어온 Z만이 출력을 내게 된다.

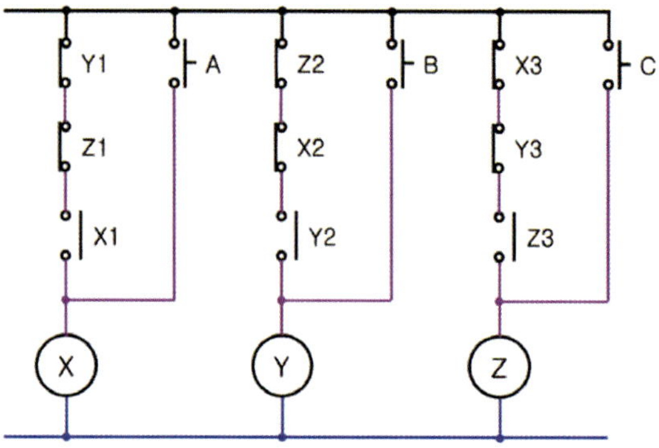

그림 5-2 후 선택 우선회로

3. 순위별 우선회로

입력신호에 미리 우선순위를 정하여 우선순위가 높은 순위가 입력신호에서 출력을 내는 회로이며, 입력순위가 낮은 곳에 입력이 부여되어 있어도 입력순위가 높은 곳에 입력이 부여되면 낮은 쪽은 제거하고 높은 쪽에서만 출력을 낸다.

그림 5-3에서 입력신호는 순위 1이 가장 높고 순위 3이 가장 낮은 순위이다. 먼저 순위 3의 입력신호가 들어왔다면 X3 및 Y2의 b접점을 통하여 Z가 여자되고 Z1의 a접점으로 자기유지되어 Z에서 출력이 나오고 있다. 이 때, 순위 1이나 순위 2의 입력신호가 들어오면 Z는 출력을 정지하게 되는데 먼저 순위 2의 입력신호가 들어왔을 때에는 X가 동작을 하고 있지 않기 때문에 X2는 닫혀 있으므로 Y가 여자되게 된다. Y가 여자되면 Y1의 a접점으로 자기유지되며 동시에 Y2로서 Z의 자기유지를 풀어 줌으로서 Z는 출력을 정지하고 Y만이 출력하게 된다.

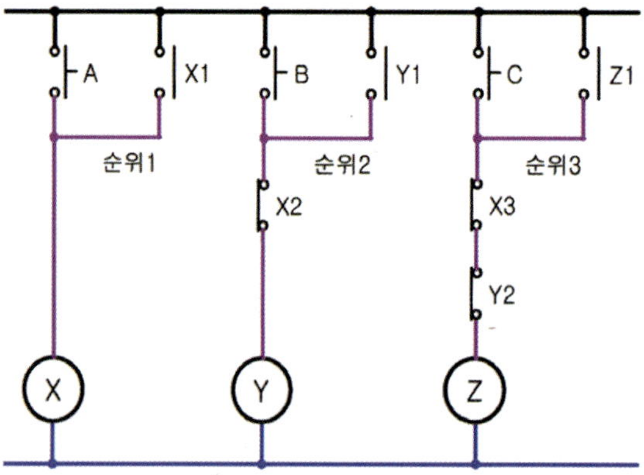

그림 5-3 순위별 우선회로 1

이번에는 Z가 출력중인 상태에서 순위 1의 입력이 들어 왔다면 X가 여자되고 X1 a접점으로 자기유지되어, X는 계속 출력을 낸다. 동시에 X3접점으로 Z의 자기유지를 풀어 출력을 정지시키게 된다. 역으로 Y가 출력 중에(즉 순위 2의 입력이 이미 들어와 있을 경우) 순위 3의 입력신호가 들어왔다면 Z는 Y의 b접점 Y2로 차단되어 있으므로 출력을 낼 수 없다. 즉, 순위가 높은 입력 신호는 낮은 순위의 입력을 정지시키고, 자신의 출력을 낼 수 있지만 그의 역으로는 불가능한 회로를 **순위별 우선회로**라 한다. 그림 5-3의 다른 형태로 그림 5-4와 같이 순위별 우선회로를 구성할 수도 있다. 이 회로의 장점은 입력과 신호의 수가 아무리 많아도 출력용 릴레이의 접점이 a접점 1개, b접점이 1개면된다는 것이다.

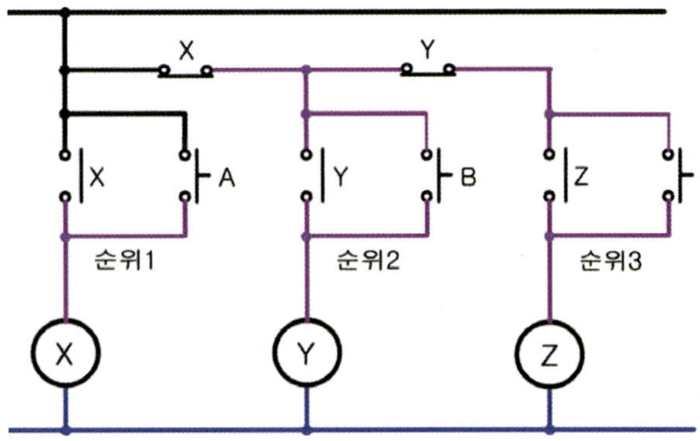

그림 5-4 순위별 우선회로 2

4. 순차 우선회로

그림 5-5에서 순차 우선회로 방법은 미리 동작해야할 순서를 정해놓고 차례로 순차적으로 동작하게 하는 방식이다. 이 회로는 동작하는 순서가 X, Y, Z의 순서로만 동작하게 하였다. 즉 순서 1의 신호가 들어와 X가 출력을 내고 있어야 X의 a접점이 닫혀 순서 2의 입력신호가 유효하게 되고, 또 Y가 출력을 내고 있어야 순서 3의 입력신호가 유효할 수 있는 것이다. 정지 역시 순서를 정해놓고 순서대로만 정지시킬 수 있다.

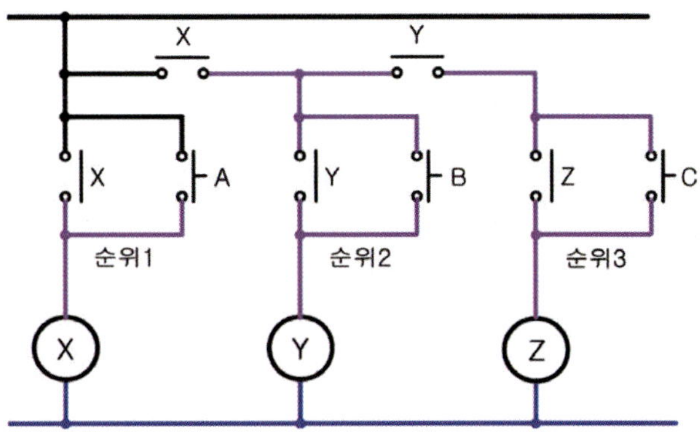

그림 5-5 순차 우선회로

❖ 작업 순서

1. 준비
   ① 동작사항을 보고 작업 공구, 기구 및 재료를 준비한다.
   ② 접점 및 동작상태의 이상 유무를 회로 시험기로 확인한다.

2. 도면 이해 및 숙지
   ① 동작상태의 전류흐름을 구상해 본다.
   ② 시퀀스 회로를 보고 동작설명을 한다.

3. 기구 부착
   ① 기구는 균형있게 고정한다.
   ② 기구가 파손되지 않도록 적당한 힘을 가해 고정하고, 치수가 주어지지 않으면 미관을 고려하여 편리하도록 고정한다.
   ③ 퓨즈(F) 대신 회로 보호기(CP)를 사용한다.
   ④ 전자 릴레이 베이스(base) 고정시 구멍의 홈이 아래로 향하게 취부한다.

4. 덕트 작업
   ① 덕트는 컨트롤 판넬 내의 전선을 배선하기 위해 사용되며 협소한 공간에서도 사용이 가능하다.
   ② 덕트 측면에 홀이 있어 주회로 및 제어회로의 인입과 인출이 용이하도록 양면이 절개되어 전선정리가 편리하며 전선정리를 한 다음 덮개로 마무리를 한다.

5. 배선 작업
   ① 전선의 색깔을 구분하여 전원측 단자에서부터 동작 흐름에 따라 배선한다.
   ② 배선 작업시 베이스 핀 번호를 확인 후 접속한다.
   ③ 전선과 기구와의 접속시 한 단자에 전선을 두 가닥 이상 연결하지 않는 것이 좋다.

6. 점검
   ① 간단한 회로인 경우 오결선은 육안으로 점검하며, 회로시험기나 벨 테스터기로 단선, 단락 유무를 점검한다.
   ② 회로시험기로 동작상태를 점검한다.

7. 동작
   ① 전원을 연결한다.

② 동작을 시키며 동작사항과 점검한 내용을 비교 검토하여 이해를 돕는다.

실습 5 : 우선회로 실습

1. 선행 우선회로(선행 인터록회로)

1) 선행 우선회로 실습을 위해 그림 5-6과 같이 회로를 구성하시오.
2) 그림 5-6 (a)에서 배선용 차단기(MCCB)를 ON하시오
3) start1 푸시버튼 스위치를 누르시오. 결과는?
4) 위 상태에서 start2 푸시버튼 스위치를 누르시오. 결과는?

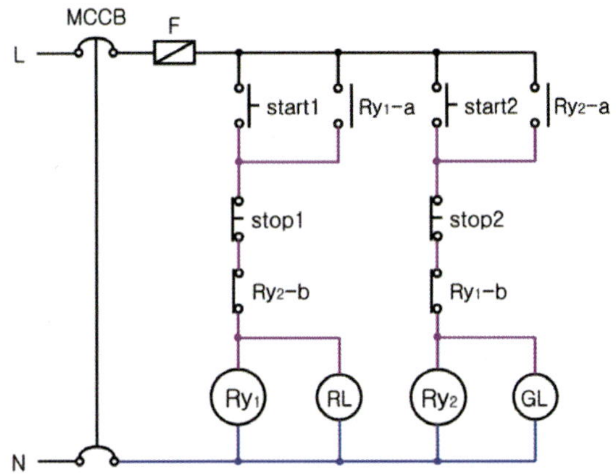

(a) 시퀀스회로

(b) 선행 우선회로회로 실습 완성 사진

그림 5-6 선행 우선회로

5) stop1 푸시버튼 스위치를 눌러 RL을 소등시키고 start1 푸시버튼 스위치와 start2를 양손으로 동시에 누르시오.

2. 후 선택 우선회로

1) 후 선택 우선회로 실습을 위해 그림 5-7과 같이 회로를 구성하시오(전자 릴레이 3a3b를 사용하여 결선한다).

2) 아래의 표 5.1에 나와 있는 순서대로 푸시버튼 스위치를 누르면서 그때의 출력상태를 보고 표를 완성하시오.

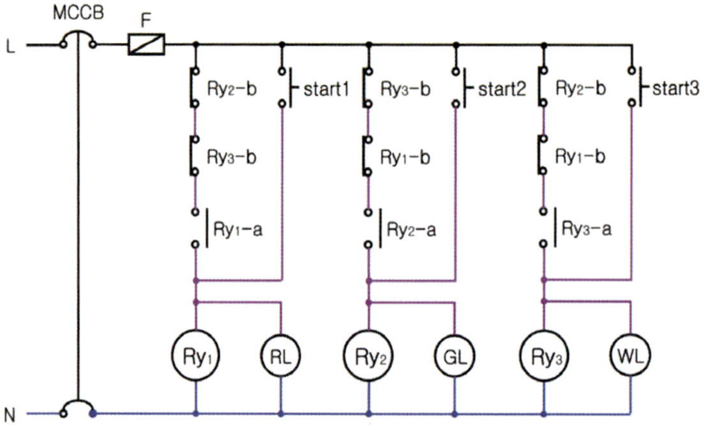

(a) 시퀀스회로

(b) 후 선택 우선회로 실습 완성 사진

그림 5-7 후 선택 우선회로

표 5.1

점등 : O, 소등 : X

누르는 순서	표시등 상태		
	RL	GL	WL
start1			
start2			
start3			

3. 순위별 우선회로

1) 순위별 우선회로 실습을 위해 그림 5-8과 같이 회로를 구성하시오(전자 릴레이 2a2b를 사용하여 결선한다). start1 : 순위 1, start2 : 순위 2, start3 : 순위 3

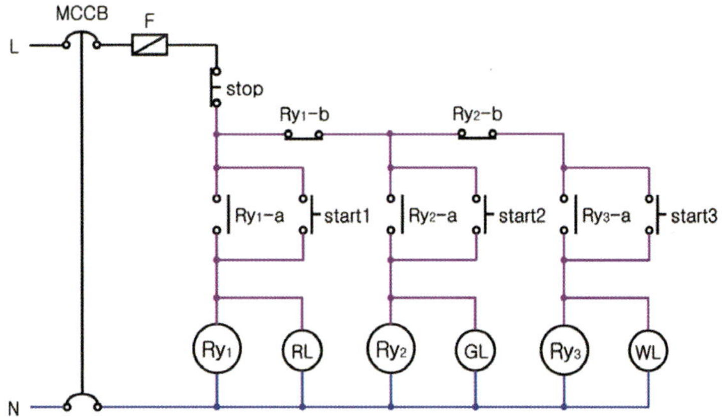

(a) 시퀀스회로

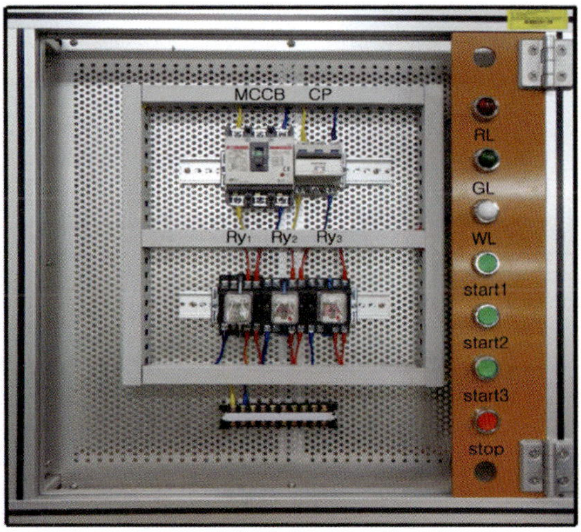

(b) 순위별 우선회로 실습 완성 사진

그림 5-8 순위별 우선회로

2) 아래의 표 5.2에 나와 있는 순서대로 푸시버튼을 누르면서 그때의 출력상태를 보고 표를 완성하시오.

표 5.2

점등 : O, 소등 : X

누르는 순서	표시등 상태		
	RL	GL	WL
start3			
start2			
start1			
start2			
start3			

4. 순차 우선회로

1) 순차 우선회로를 실습하기 위하여 그림 5-9 (a)와 같이 회로를 구성하시오(전자 릴레이 2a 2b를 사용하여 결선한다).

2) 아래의 순서대로 푸시버튼 스위치를 누르면서 표 5.3을 완성하시오.

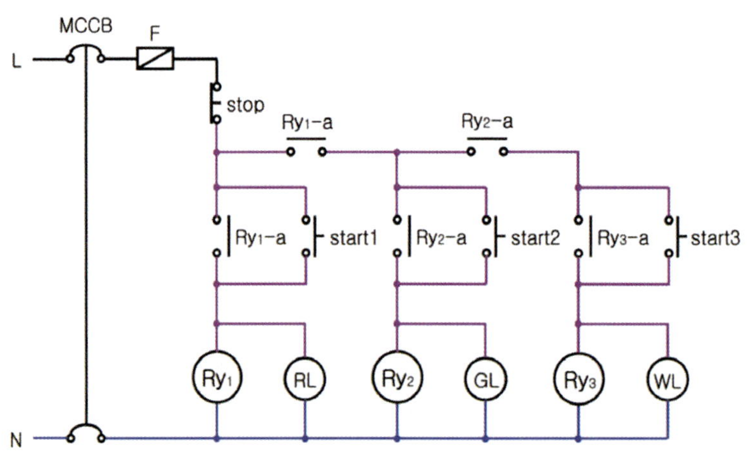

(a) 시퀀스회로

(b) 순차 우선회로 실습 완성 사진

그림 5-9 순차 우선회로

표 5.3

점등 : O, 소등 : X

누르는 순서	표시등 상태		
	RL	GL	WL
start3			
start2			
start1			
start2			
start3			

실습 6 : 검출회로

관련 이론

1. 펄스 발생회로

신호발생 검출회로라고도 하며, 단 펄스 발생회로와 장 펄스 발생회로로 나눌 수 있다.

1) 단 펄스 발생회로

그림 6-1 (a)에서 외부신호 A가 들어오면 전자 릴레이 Ry와 전자 타이머 T는 즉시 여자된다. 그러므로 전자 릴레이 접점 Ry가 닫혀 램프 RL이 점등되고 설정시간 t초 후에 T접점이 떨어져 소등된다. 즉 전자 타이머의 설정시간 만큼의 펄스신호를 발생시킬 수 있는 것이다.

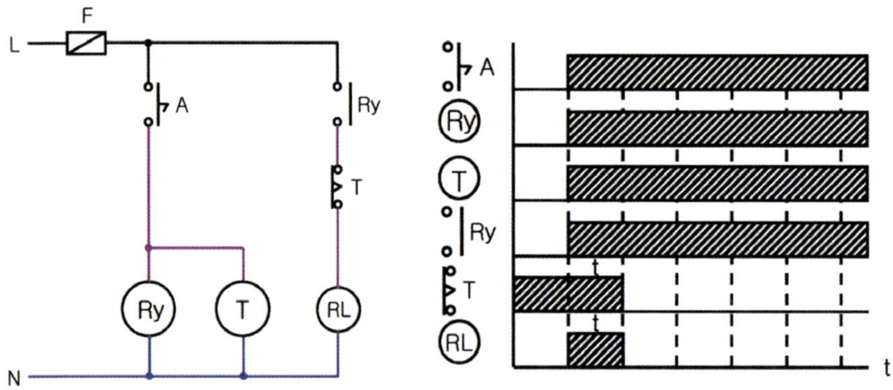

(a) 시퀀스회로 (b) 타임차트

그림 6-1 단 펄스 발생회로

2) 장 펄스 발생회로

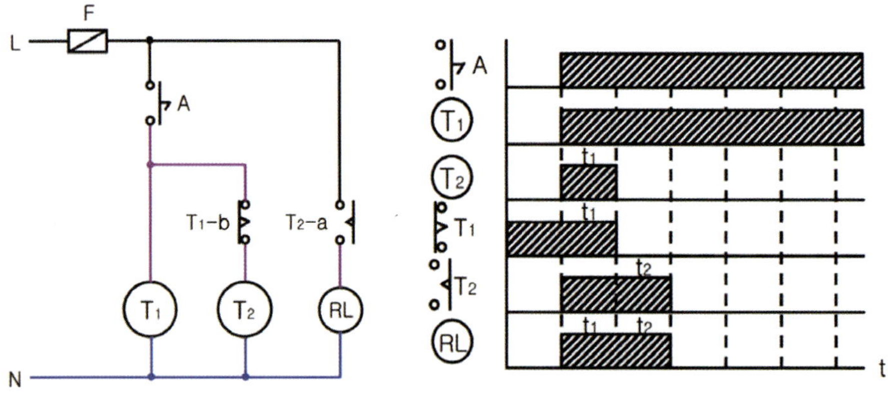

(a) 시퀀스회로 (b) 타임차트

그림 6-2 장 펄스 발생회로

그림 6-2 (a)에서 외부신호 A가 들어오면 전자 타이머 T_1은 여자되고 T_1의 한시동작 순시복귀 b접점 T_{1-b}를 통하여 전자 타이머 T_2가 여자 되므로 전자 타이머 T_2의 순시동작 한시복귀 a접점 T_{2-a}는 즉시 닫히게 된다. 그러면 전자 타이머 T_1의 설정시간 t_1초 후에 한시동작 순시복귀 b접점 T_{1-b}가 떨어져 전자 타이머 T_2가 무여자 상태가 되나 한시복귀 접점이므로 설정시간 t_2초 후 에 떨어지게 된다. 즉 램프 RL은 전자 타이머 T_1의 설정시간 t_1과 전자 타이머 T_2의 설정시간 t_2가 합쳐진 시간만큼 점등하게 된다. 램프 점등시간 만큼이 펄스발생 폭이다.

2. 신호완료 검출회로

이 회로는 외부에서 신호가 들어온 후 그 신호가 끝났을 경우 완료하였다는 것을 검출하는 회로이다.

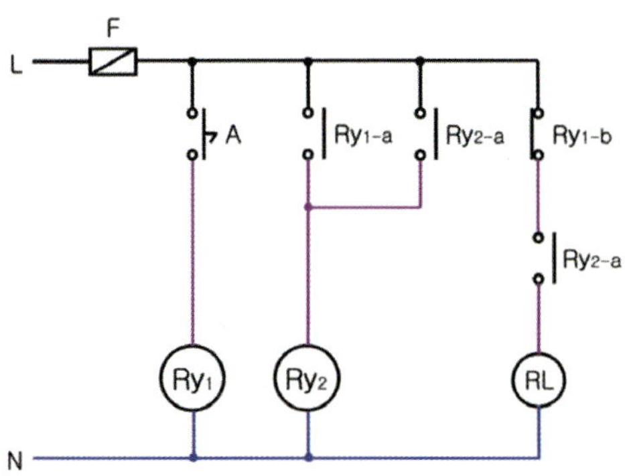

(a) 시퀀스회로

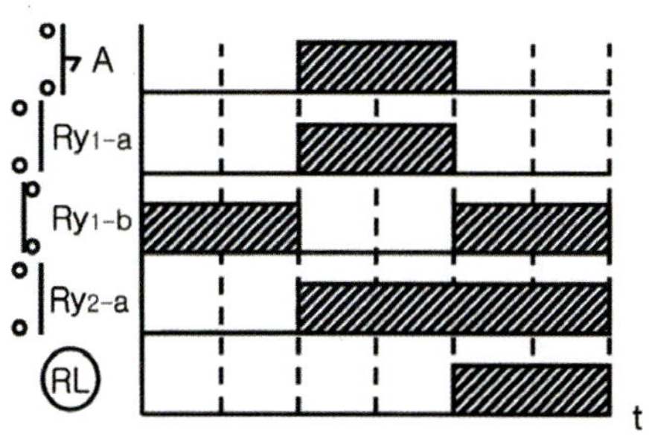

(b) 타임차트

그림 6-3 신호완료 검출회로

그림 6-3에서 초기상태에서 RL은 소등된 상태이다. 외부신호 A에 신호가 들어오면 전자 릴레이 Ry_1는 즉시 여자되고, 접점 Ry_{1-a}는 닫혀 전자 릴레이 Ry_2가 여자되고, a접점 Ry_{2-a}는 닫혀 자기유지 된다. 전자 릴레이 Ry_1이 여자되는 순간 전자 릴레이 Ry_1의 b접점 Ry_{1-b}는 즉시 떨어지고 전자 릴레이 Ry_2의 a접점 Ry_{2-a}는 즉시 닫혀 램프 RL은 소등된 상태를 계속 유지한다. 그러므로 외부신호 A가 없어지면 전자 릴레이 Ry_1만이 무여자되어 Ry_{1-b} 접점이 닫히게 되므로 비로소 램프 RL이 점등한다. 즉 외부신호가 완료된 순간 램프는 점등되는 것이다.

❖ 작업 순서

1. 준비

① 동작사항을 보고 작업 공구, 기구 및 재료를 준비한다.

② 접점 및 동작상태의 이상 유무를 회로 시험기로 확인한다.

2. 도면 이해 및 숙지
   ① 동작상태의 전류흐름을 구상해 본다.
   ② 시퀀스 회로를 보고 동작설명을 한다.

3. 기구 부착
   ① 기구는 균형있게 고정한다.
   ② 기구가 파손되지 않도록 적당한 힘을 가해 고정하고, 치수가 주어지지 않으면 미관을 고려하여 편리하도록 고정한다.
   ③ 퓨즈(F) 대신 회로 보호기(CP)를 사용한다.
   ④ 전자 릴레이 베이스(base) 고정시 구멍의 홈이 아래로 향하게 취부한다.

4. 덕트 작업
   ① 덕트는 컨트롤 판넬 내의 전선을 배선하기 위해 사용되며 협소한 공간에서도 사용이 가능하다.
   ② 덕트 측면에 홀이 있어 주회로 및 제어회로의 인입과 인출이 용이하도록 양면이 절개되어 전선정리가 편리하며 전선정리를 한 다음 덮개로 마무리를 한다.

5. 배선 작업
   ① 전선의 색깔을 구분하여 전원측 단자에서부터 동작 흐름에 따라 배선한다.
   ② 전선과 기구와의 접속시 한 단자에 전선을 두 가닥 이상 연결하지 않는 것이 좋다.
   ③ 배선 작업시 베이스 핀 번호를 확인 후 접속한다.

6. 점검
   ① 간단한 회로인 경우 오결선은 육안으로 점검하며, 회로시험기나 벨 테스터기로 단선, 단락 유무를 점검한다.
   ② 회로시험기로 동작상태를 점검한다.

7. 동작
   ① 전원을 연결한다.
   ② 동작을 시키며 동작사항과 점검한 내용을 비교 검토하여 이해를 돕는다.

실습 6 : 검출회로 실습

1. 단 펄스 발생회로

1) 단 펄스 발생회로 실습을 위해 그림 6-4 (a)와 같이 회로를 구성하시오.
2) 그림 6-4 (a)에서 배선용 차단기(MCCB)를 ON하시오
3) 비상 스위치(E/S) ON/OFF는 한번 누르면 그 상태를 계속 유지하고 손잡이를 화살표 방향으로 돌리면 복귀되는 유지형 비상 스위치를 사용한다.
4) 전자 타이머의 설정시간을 5초에 맞추고 비상 스위치 ON/OFF를 누르시오.
   램프 RL이 즉시 점등되는가? 또, 몇 초 후에 소등되는가?
5) 비상 스위치(E/S) ON/OFF의 손잡이를 화살표 방향으로 돌려 회로를 복구시키시오.
6) 전자 타이머의 설정시간을 1초에 맞추고 비상 스위치 ON/OFF를 누르시오.
   램프 RL이 즉시 점등되는가? 또 몇 초 후에 소등되는가?

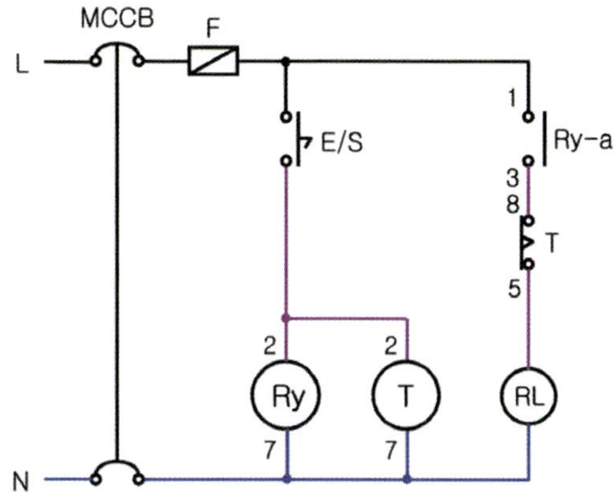

(a) 시퀀스회로

(b) 단 펄스 발생회로 실습 완성 사진

그림 6-4 단 펄스 발생회로

2. 신호완료 검출회로

1) 신호완료 검출회로 실습을 위해 그림 6-5 (a)와 같이 회로를 구성하시오.
2) 그림 6-5 (a)에서 배선용 차단기(MCCB)를 ON하시오
3) 비상 스위치(E/S) ON/OFF를 누르시오.
   Ry_1 전자 릴레이는 동작하였는가?
   Ry_2 전자 릴레이는 동작하였는가?
   램프 RL은 점등되었는가?
4) 비상 스위치(E/S) ON/OFF를 복귀시키시오.
   램프 RL은 점등되었는가?
   Ry_1 전자 릴레이는 동작하였는가?
   Ry_2 전자 릴레이는 동작하였는가?

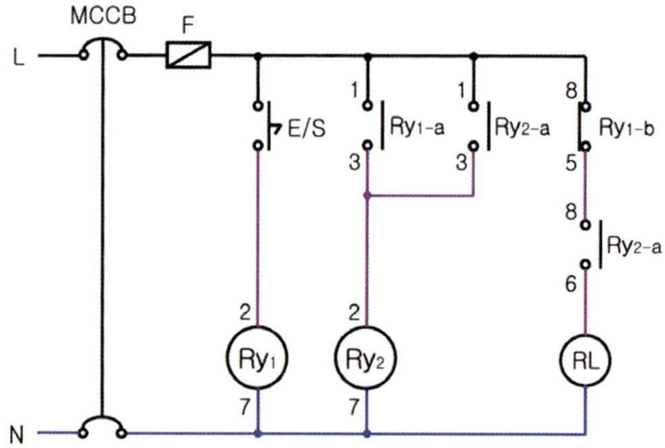

(a) 시퀀스회로

(b) 신호완료 검출회로 실습 완성 사진

그림 6-5 신호완료 검출회로

실습 7 : 표시 및 경보회로

관련 이론

1. 램프 표시회로

시퀀스 제어회로에 있어서 시퀀스가 현재 어느 상태에 있는지를 램프로 표시해 주는 회로를 말한다.

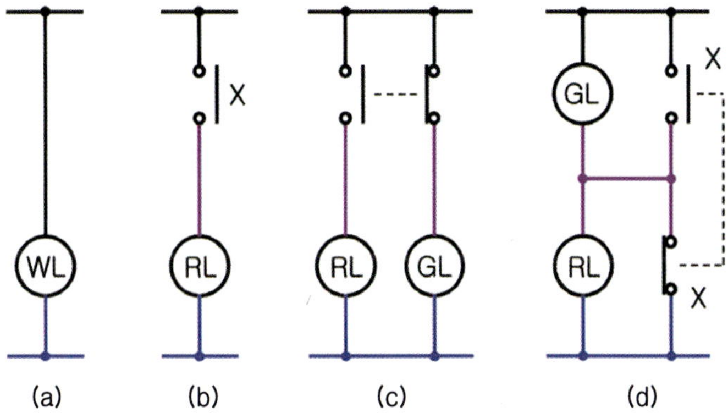

그림 7-1 표시 회로

그림 7-1 (a)는 주전원에서 2선을 인출하여 램프를 점등시킴으로서 전원이 들어오는지 여부를 확인하는 것이고, 그림 (b)는 운전 중에 있다는 것을 나타내며 그림 (c), (d)는 운전/정지 상태를 표시하는 것이다.

이들 색은 표시등의 램프 커버 색으로 구분이 된다.

표 7.1 표시등 색상과 기능 표시

색상	기 호	기능 표시	비 고
적 색	RL(Red Lamp)	동 작	운전 표시 색상
녹 색	GL(Green Lamp)	정 지	정지 표시 색상
오랜지색	OL(Orange Lamp)	경 보	주의, 경보 표시 색상
황 색	YL(Yellow Lamp)	고 장	시스템 고장시 색상
백 색	WL(White Lamp)	전 원	전원은 적색도 사용

2. 고장 표시회로

그림 7-2는 고장표시 회로로서 30F가 있는데, 이 30F는 자동제어 기구번호의 기본 번호중 기기의 동작상태 또는 고장상태를 의미하며 F는 보조 부호로서 고장표시기라 한다.

시퀀스 제어회로를 운전 중 어떤 원인으로 일부에 고장이 발생한 경우 고장개소를 보호 계전 기능으로 검출하여 후에 경보를 알리는 동시에 고장의 제 1차적 요인이 된 요소를 접점 F로 램프에 직렬로 접속한 것이다.

그림 7-2 (b)는 고장 표시기를 사용한 고장표시 회로이고, (c)는 고장을 표시하는 동시에 외부에도 고장이 발생했다는 것을 접점신호로서 알려주는 회로이다.

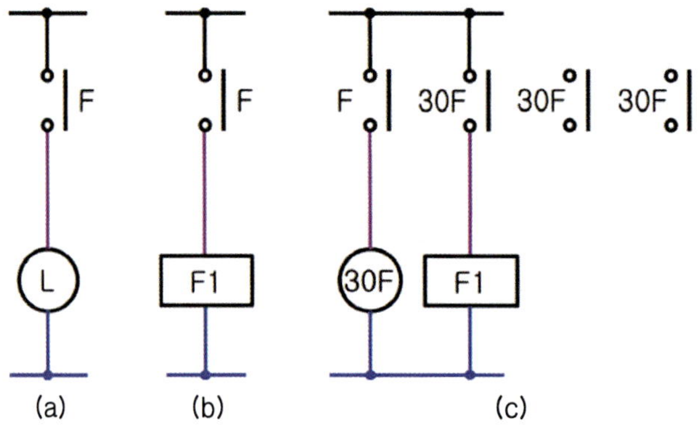

그림 7-2 고장 표시회로

표 7.2 자동제어 기구번호

기구번호	기구명칭	기구번호	기구명칭
1	주 제어개폐기 • 계전기	51	교류 지락 • 과전류 계전기
2	기동 • 폐로 지연 계전기	52	교류 차단기 • 접촉기
3	조작 개폐기	53	여자 계전기 • 여호 계전기
4	주 제어 회로용 개폐기 • 계전기	54	직류 고속도 차단기
5	정지 개폐기 • 계전기	55	역류 계전기
6	기동 차단기 • 접촉기 • 계전기	56	동기 이탈 검출 계전기
7	조정 개폐기	57	전류 계전기
8	계자 전원 개폐기 • 계전기	58	(예비번호)
9	계자 전극 개폐기 • 계전기	59	교류 과전압 계전기
10	순서 개폐기 • 프로그램 조정기	60	전압 평형 계전기
11	시험 개폐기 • 계전기	61	전류 평형 계전기
12	과속도 개폐기 • 계전기	62	정지 • 폐로 지연 계전기
13	동기속도 개폐기 • 계전기	63	압력 계전기
14	저속도 개폐기 • 계전기	64	지락 과전압 계전기
15	속도 조정 장치	65	조속 장치
16	표시선 감시 계전기	66	단속 계전기
17	표시선 계전기	67	지락 방향 계전기
18	가속 • 감속 접촉기	68	혼입 검출기
19	기동 • 운전 전환 접촉기	69	플로우 계전기
20	보기 밸브	70	가감 저항기
21	주기 밸브	71	정류소자 고장 검출 장치
22	(예비번호)	72	직류 차단기 • 접촉기
23	온도 조정 계전기	73	단락용 차단기 • 접촉기

24	탭 전환 기구	74	조정 밸브
25	동기 검출 장치	75	제동 장치
26	정지기 온도 계전기	76	직류 과전류 계전기
27	교류 부족 전압 계전기	77	부하 조정장치
28	경보 장치	78	반송 보호 위상 비교 계전기
29	소화 장치	79	교류 재폐로 계전기
30	기기의 상태 • 고장 표시 장치	80	직류 부족 전압 계전기
31	계자 변경 차단기 • 접촉기	81	조속기 구동 장치
32	직류 역류 계전기	82	직류 재폐로 계전기
33	위치 개폐기 • 위치 검출 장치	83	선택 접촉기 • 계전기
34	전동 순서 제어기	84	전압 계전기
35	슬립링 단락 장치	85	신호 계전기
36	극성 계전기	86	폐쇄 계전기
37	부족 전류 계전기	87	전류 차동계전기
38	축받이 온도 계전기	88	보기용 접촉기 • 개폐기
39	(예비번호)	89	단로기
40	계자전류 • 계자상실 계전기	90	자동 전압 조정기
41	계자 차단기 • 접촉기 • 개폐기	91	자동 전력 계전기
42	운전 차단기 • 접촉기 • 개폐기	92	도어(문)
43	제어회로 전환 접촉기 • 개폐기	93	(예비번호)
44	거리 계전기	94	자유트립장치
45	직류 과전압 계전기	95	자동 주파수 조정기
46	역상 • 상 불평형 전류 계전기	96	정지 유도기 내부고장 검출장치
47	결상 • 역상 전압 계전기	97	런너
48	정체 검출 계전기	98	연결장치
49	회전기 온도 계전기	99	자동기록장치
50	단락 • 지락 과전류 계전기		

3. 표시등 점검회로

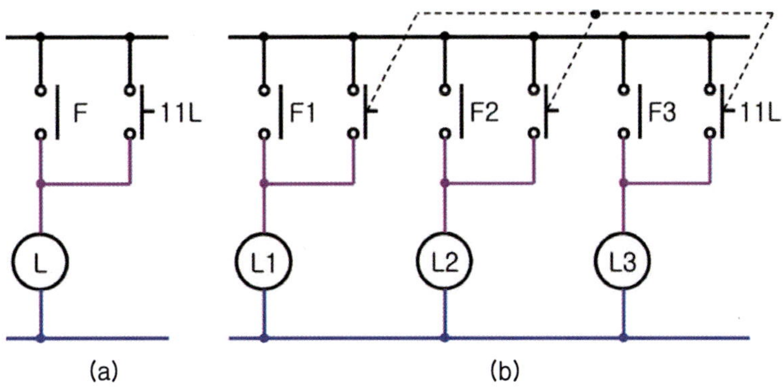

그림 7-3 표시등 점검회로

그림 7-3은 표시등 점검회로 예를 나타낸 것이다. 그림에서 11L이란, 11은 자동제어 기구번호로서 시험개폐기를 의미하며, L은 Lamp를 의미한다. 그러므로 11L은 램프 시험용 개폐기를 의미한다. 그림 7-3 (a), (b)는 고장표시 램프에 병렬로 램프 시험용 개폐기를 달아 램프의 단선 유무를 점검하는 것이다.

4. 경보회로

제어기기를 운전 중 회로에 이상이 생겼을 경우 그것이 어느 시간 계속되면 고장이 발생한다. 고장이 발생했을 때는 고장 표시등을 점등 시키든가 고장 표시기를 동작시키고 고장의 발생을 부저에 의해 운전자에게 알릴 필요가 있다. 이러한 회로를 **경보회로**라고 한다.

보통 경보회로는 부저(buzzer)경보와 벨(bell)경보가 있는데, 부저경보는 비교적 작은 고장인 경우, 벨 경보는 큰 고장에 적용된다. 그림 7-4는 경보회로 예를 나타낸 것이다.

그림 7-4 (a)회로는 평시에 토글 스위치 SW를 닫아두고 운전하다 고장이 발생하면 고장 발생 신호 F가 들어와 고장 표시기 30F(릴레이)를 여자시키고 30F의 a접점들이 닫혀 부저를 울리고 램프를 점등하게 된다. 운전자는 경보를 듣고 현장에 가서 수리를 하게 된다. 여기서 SW는 부저 소리가 계속 울리지 않도록 차단시켜주고 수리가 끝난 다음 다시 ON한다. 그림 7-4 (b)는 고장이 발생하면 고장 발생신호 F가 들어오고 부저만 경보를 발생하게 된다. 운전자가 PB스위치를 눌러 부저를 멈추고 고장표시 램프를 점등시켜주는 회로이다. 여기서 PB는 부저 스톱 스위치라 한다.

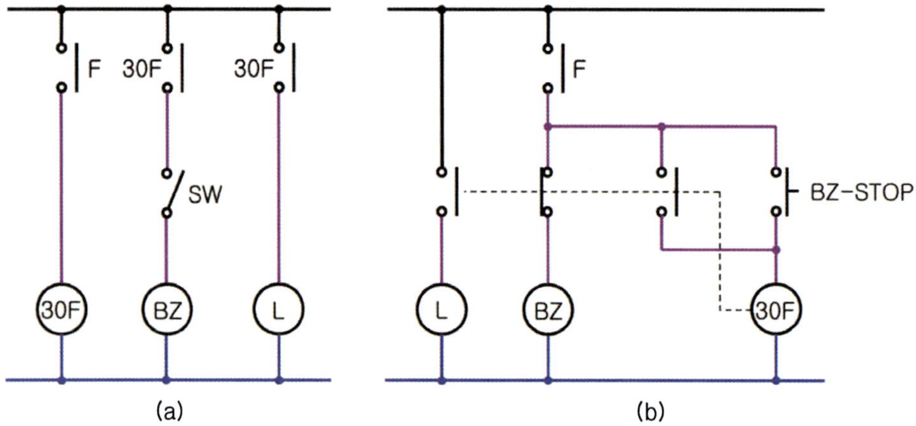

그림 7-4 경보 회로

❖ 작업 순서

1. 준비

① 동작사항을 보고 작업 공구, 기구 및 재료를 준비한다.

② 접점 및 동작상태의 이상 유무를 회로 시험기로 확인한다.

2. 도면 이해 및 숙지

① 동작상태의 전류흐름을 구상해 본다.

② 시퀀스 회로를 보고 동작설명을 한다.

3. 기구 부착

① 기구는 균형있게 고정한다.

② 기구가 파손되지 않도록 적당한 힘을 가해 고정하고, 치수가 주어지지 않으면 미관을 고려하여 편리하도록 고정한다.

③ 퓨즈(F) 대신 회로 보호기(CP)를 사용한다.

④ 전자 릴레이 베이스(base) 고정시 구멍의 홈이 아래로 향하게 취부한다.

4. 덕트 작업

① 덕트는 컨트롤 판넬 내의 전선을 배선하기 위해 사용되며 협소한 공간에서도 사용이 가능하다.

② 덕트 측면에 홀이 있어 주회로 및 제어회로의 인입과 인출이 용이하도록 양면이 절개되어 전선정리가 편리하며 전선정리를 한 다음 덮개로 마무리를 한다.

5. 배선 작업

① 전원측 단자 R상에서부터 제어회로를 배선한다.

② 전선의 색깔을 구분하여 전원측 단자에서부터 동작 흐름에 따라 배선한다.

③ 전선과 기구와의 접속시 한 단자에 전선을 두 가닥 이상 연결하지 않는 것이 좋다.

④ 배선 작업시 베이스 핀 번호를 확인 후 접속한다.

6. 점검

① 간단한 회로인 경우 오결선은 육안으로 점검하며, 회로시험기나 벨 테스터기로 단선, 단락 유무를 점검한다.

② 회로시험기로 동작상태를 점검한다.

7. 동작

① 부하를 연결하고 전원을 연결한다.

② 동작을 시키며 동작사항과 점검한 내용을 비교 검토하여 이해를 돕는다.

실습 7 : 표시 및 경보회로 실습

1. 램프 표시회로

 1) 램프 표시회로 실습을 위해 그림 7-5 (a)와 같이 회로를 구성하시오.

 2) 그림 7-5 (a)에서 배선용 차단기(MCCB)를 ON하시오.

  MC는 동작하였는가?

  RL은 점등되었는가? GL은 점등되었는가?

 3) 푸시버튼 스위치 start를 누르시오.

  MC는 동작하였는가? RL은 점등되었는가?

  GL은 점등되었는가?

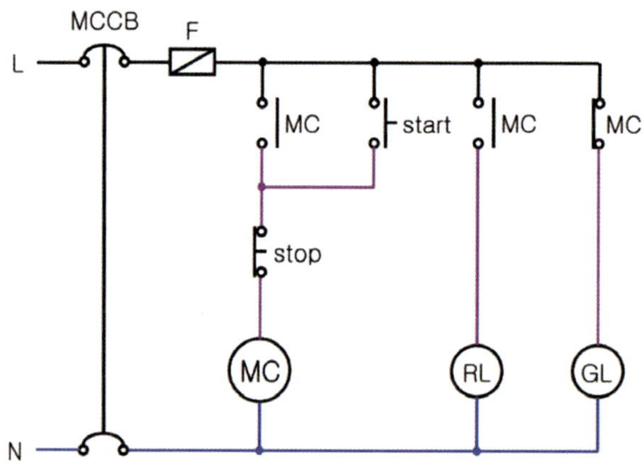

(a) 시퀀스회로

(b) 램프 표시회로 실습 완성 사진

그림 7-5 램프 표시회로

2. 경보회로

1) 경보회로 실습을 위해 그림 7-6 (a)와 같이 회로를 구성하시오.
2) THR이란 전자 개폐기 중 열동형 과부하 계전기의 과부하 접점을 말한다. 내부의 바이메탈에 과전류가 흐르면 Trip되게 되어 있다. 점검을 위해 갈색의 플라스틱 레버(LS이 경우)가 있다. 이를 Reset bar라 하는데 위로 당기면 Trip된 상태이며 누르면 Reset 상태가 된다.
3) 그림 7-6 (a)회로를 다시 한번 점검하고 배선용 차단기(MCCB)를 ON하시오.
4) Reset bar를 위로 당겨 고장 신호를 인위적으로 넣어 주시오. 결과는?
5) Reset bar를 복귀 시키고 푸시버튼 스위치 PB를 누르시오. 결과는?

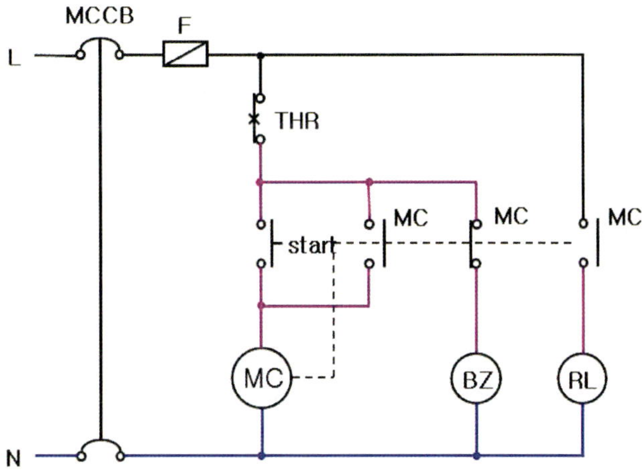

THR : 열동형 과부하 계전기 MC : 30F용으로 사용

(a) 시퀀스회로

(b) 경보회로 실습 완성 사진

그림 7-6 경보회로

실습 8 : 전자 타이머 동작원리 제어회로

관련 이론

일반적인 전자코일은 여자되거나 무여자 될 때 거의 동시에 접점이 따라 움직이게 되는데 이러한 동작을 순시동작 순시복귀라 한다. 반면, 전자코일이 여자 또는 무여자 될 때 접점의 동작에 일정시간 뒤짐이 있는 접점을 한시접점이라 하고 이것에는 다시 전자코일이 여자 될 때 동작에 시간적 뒤짐이 있는 한시동작 순시복귀와 전자코일이 무여자로 될 때 복귀에 시간적 뒤짐이 있는 순시동작 한시복귀로 나뉘어진다.

1. 순시동작 순시복귀(Relay)

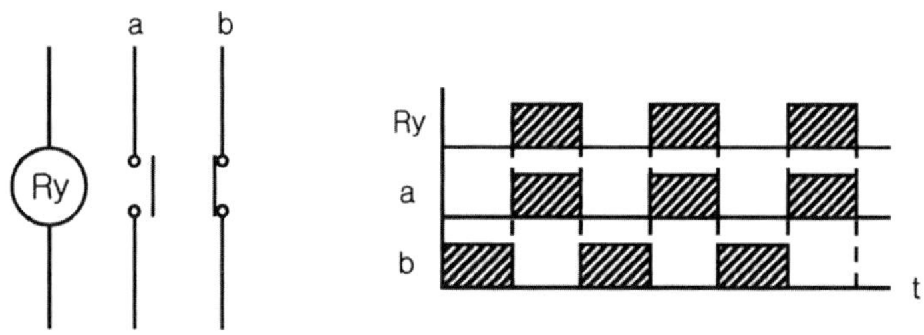

그림 8-1 순시동작 순시복귀

그림 8-1에서 전자 릴레이의 동작에 해당하는 순시동작 순시복귀 회로 및 타임차트를 나타낸 것이다. 즉 전자코일 Ry가 여자되면 a접점은 즉시 ON되고, b접점은 즉시 OFF된다. 전자코일 Ry가 무여자되면 a접점은 즉시 접점이 떨어져 OFF되고 b접점은 즉시 다시 붙어 ON이 된다.

2. 한시동작 순시복귀(ON Delay Timer)

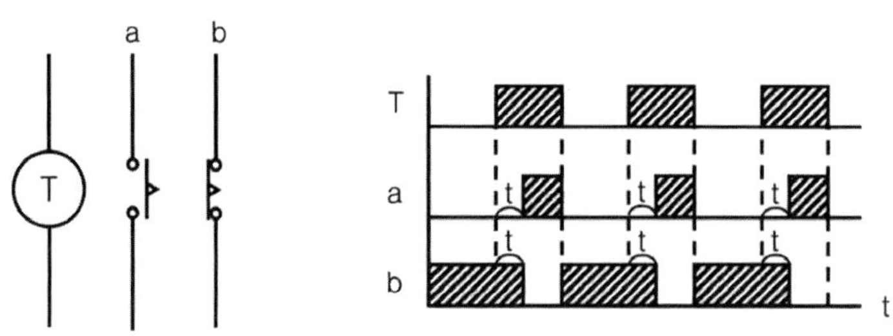

그림 8-2 한시동작 순시복귀

그림 8-2는 한시동작 순시복귀 접점의 심벌 및 타임차트를 나타낸 것이다. 타임차트를 보면 전자 타이머의 코일 T가 무여자 일 때, 한시동작 a접점은 OFF상태이며 한시동작 b접점은 ON상태이다. 이 상태에서 전자 타이머의 코일 T가 여자되었다면 한시동작 a접점은 순시접점과는 달

리 즉시 붙는 것이 아니고 전자 타이머로 설정한 시간 t만큼 후에 ON되고, 반대로 한시동작 b접점은 t시간만큼 후에 OFF 된다. 즉 동작에 시간적인 뒤짐이 있다. 그러나 전자 타이머의 코일이 무여자가 되면 한시 a접점, 한시 b접점 모두 코일이 무여자로 되는 즉시 원래대로 복귀하는 것이다. 이러한 이유에서 한시동작 순시복귀 접점이라 한다. 또는 ON Delay Timer라고 한다.

3. 순시동작 한시복귀(OFF Delay Timer)

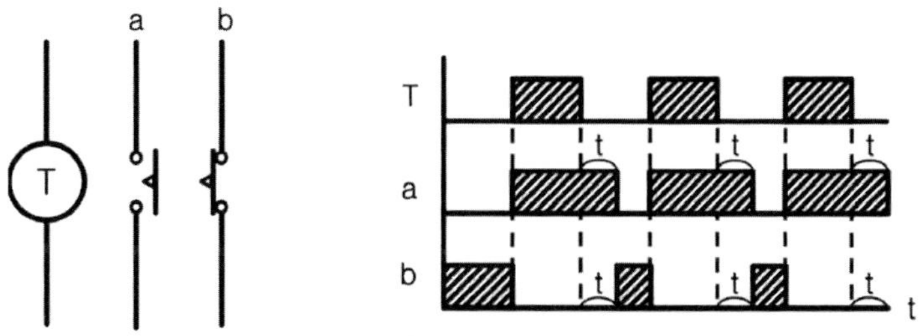

그림 8-3 순시동작 한시복귀

그림 8-3은 순시동작 한시복귀 심벌 및 타임차트를 나타낸 것이다. 전자 타이머 T가 무여자일 때, 한시복귀 a접점은 OFF상태이고 한시복귀 b접점은 ON상태이다. 전자 타이머 T가 여자되면 한시복귀 a접점은 즉시 ON되고 한시복귀 b접점은 즉시 OFF 된다. 그러나 전자 타이머 T가 무여자되면 한시복귀 a접점은 일정한 시간 후에 OFF되고 한시복귀 b접점도 일정한 시간 후에 원래대로 ON되는 것이다.

동작을 할 때는 전자 타이머의 코일이 여자되는 시간과 거의 같은 시각 즉, 순시로 동작하고 전자 타이머의 코일에 전원이 없어지면 일정한 시간 후에 접점이 복귀하는 것을 말한다. 다른 말로 OFF Delay Timer라고 한다.

4. 플리커 릴레이(Flicker relay)

플리커 릴레이는 말 그대로 a, b접점이 시간 t를 주기로 교대로 ON, OFF되는 릴레이를 말한다. 이 릴레이는 보통 경보회로 등에서 경보등의 점등용으로 사용되는데 경보등이 점멸함으로서 쉽게 눈에 뜨이게 하는데 그 목적이 있다. 또한 고층 건물의 옆, 또는 상단 부에 적색 등을 설치하고 야간에 점멸 함으로서 건물의 위치를 표시하는데도 많이 사용될 수 있다. 프리커 릴레이의 내부 접속도는 일반 타이머와 유사한데 a, b접점이 교대로 점멸하는 것이다.

❖ 작업 순서

1. 준비

① 동작사항을 보고 작업 공구, 기구 및 재료를 준비한다.

② 접점 및 동작상태의 이상 유무를 회로 시험기로 확인한다.

2. 도면 이해 및 숙지
① 동작상태의 전류흐름을 구상해 본다.
② 시퀀스 회로를 보고 동작설명을 한다.

3. 기구 부착
① 기구는 균형있게 고정한다.
② 기구가 파손되지 않도록 적당한 힘을 가해 고정하고, 치수가 주어지지 않으면 미관을 고려하여 편리하도록 고정한다.
③ 퓨즈(F) 대신 회로 보호기(CP)를 사용한다.
④ 전자 타이머 베이스(base) 고정시 구멍의 홈이 아래로 향하게 취부한다.

4. 덕트 작업
① 덕트는 컨트롤 판넬 내의 전선을 배선하기 위해 사용되며 협소한 공간에서도 사용이 가능하다.
② 덕트 측면에 홀이 있어 주회로 및 제어회로의 인입과 인출이 용이하도록 양면이 절개되어 전선정리가 편리하며 전선정리를 한 다음 덮개로 마무리를 한다.

5. 배선 작업
① 전선의 색깔을 구분하여 전원측 단자에서부터 동작 흐름에 따라 배선한다.
② 전선과 기구와의 접속시 한 단자에 전선을 두 가닥 이상 연결하지 않는 것이 좋다.
③ 전자 타이머의 전원측 단자에서부터 푸시버튼 스위치 램프 순서로 회로를 배선한다.
④ 배선 작업시 베이스 핀 번호를 확인 후 접속한다.

6. 점검
① 간단한 회로인 경우 오결선은 육안으로 점검하며, 회로시험기나 벨 테스터기로 단선, 단락 유무를 점검한다.
② 회로시험기로 동작상태를 점검한다.

7. 동작
① 전원을 연결한다.
② 동작을 시키며 동작사항과 점검한 내용을 비교 검토하여 이해를 돕는다.

실습 8 : 전자 타이머 동작원리 제어회로 실습

1. 한시 a접점회로(한시동작 순시복귀(ON Delay Timer 사용))
   1) 한시 a접점회로 실습을 위해 그림 8-4 (a)와 같이 회로를 구성하시오.
   2) 그림 8-4 (a)에서 표시등 RL은 전자 타이머 코일의 여자/무여자를 표시해 준다.
   3) 전자 타이머의 설정시간을 10초에 설정하고 배선용 차단기(MCCB)를 ON한 다음 start 푸시버튼 스위치를 누르시오.
      누르는 즉시 표시등 RL이 점등되는가?
      10초 후에 GL가 점등되는가?
   4) stop 푸시버튼 스위치를 누르시오.
      표시등 GL은 소등되는가?

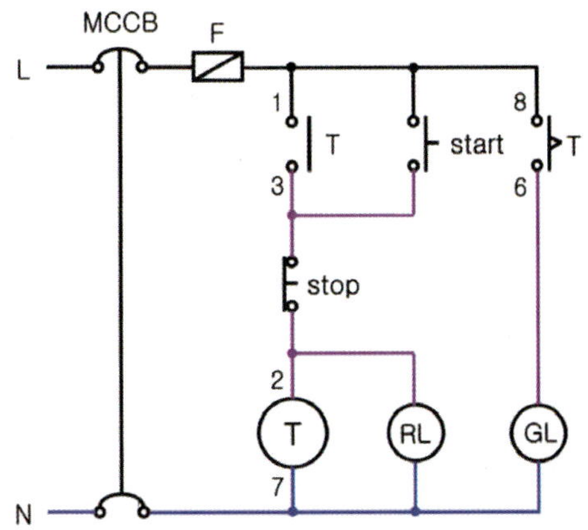

(a) 시퀀스회로

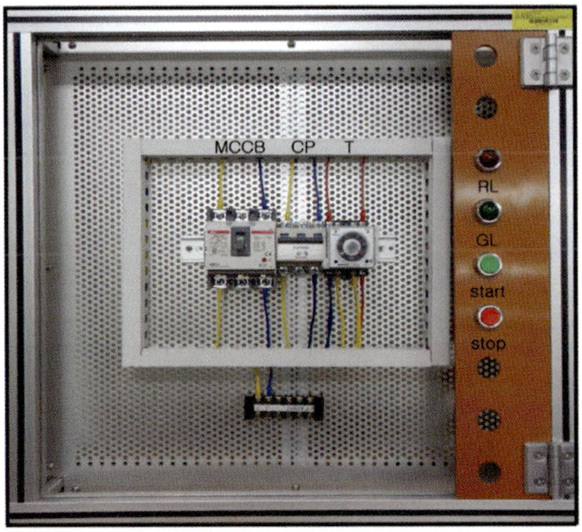

(b) 한시 a접점회로 실습 완성 사진

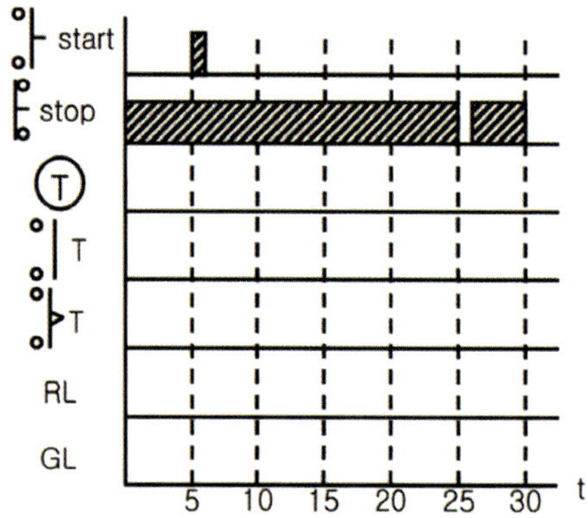

(c) 한시 a접점회로 타임차트

그림 8-4 한시 a접점회로

5) 그림 8-4 (a)의 동작특성을 보고 (c) 타임차트를 완성하시오.

2. 한시 b접점회로 1(한시동작 순시복귀(ON Delay Timer 사용))

1) 한시 b접점회로 1 실습을 위해 그림 8-5 (a)와 같이 회로를 구성하시오.
   그림 8-5 (a)회로에서 배선용 차단기(MCCB)를 ON하면 GL이 점등되었다가 start 푸시버튼 스위치를 누르면 설정시간 후에 소등되는 회로이다. stop 푸시버튼 스위치를 누르면 전자 타이머의 자기유지가 풀려 초기상태로 되돌아간다.
2) 그림 8-5 (a)회로에서 배선용 차단기(MCCB)를 ON 하시오.
   GL이 점등되는가?
3) 전자 타이머의 설정시간을 10초로 한 후 start 푸시버튼 스위치를 누르시오.
   RL이 즉시 점등되는가?
4) 이 상태에서 다시 한번 start 푸시버튼 스위치를 눌러 보시오. 변화가 있는가?

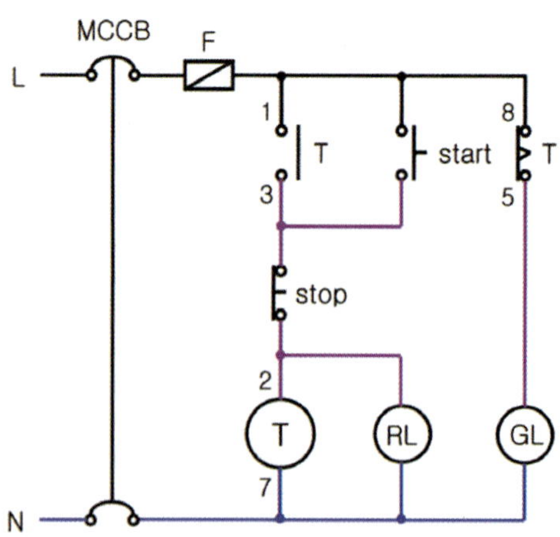

(a) 시퀀스회로

(b) 한시 b접점회로 1 실습 완성 사진

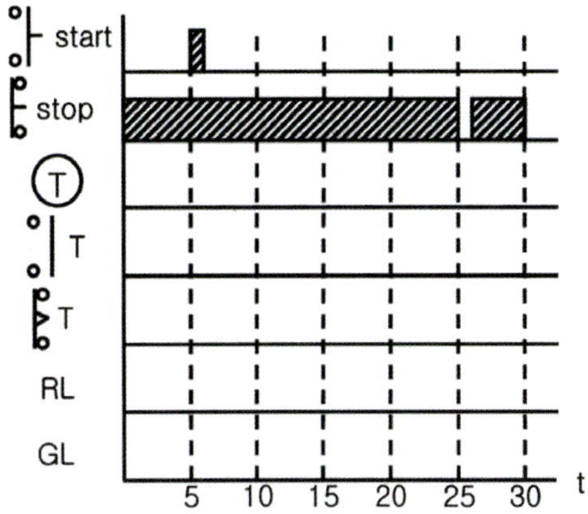

(c) 한시 b접점회로 1 타임차트

그림 8-5 한시 b접점회로 1

5) stop 푸시버튼 스위치를 눌러 초기상태로 하고 다시 start 푸시버튼을 누르고 동작을 관찰하시오. 동작결과는?

6) 그림 8-5 (a)의 동작특성을 보고 (c) 타임차트를 완성하시오.

3. 한시 b접점회로 2(한시동작 순시복귀(ON Delay Timer 사용))

그림 8-6 (a)는 start 푸시버튼을 누르지 않아도 GL이 평상시 점등되어 있어 실용상으로는 곤란하다. 또한 RL은 전자 타이머의 여자상태(동작상태)를 표시해 주는 것으로 실제는 전자 타이머에 내장되어 있다(LED로 표시).

또한 start 푸시버튼 스위치를 누르면 설정시간 동안 만 램프가 점등되었다가 stop 스위치를 누르지 않아도 저절로 꺼지도록 되어야 한다. 이러한 이유에서 실제로는 그림 8-6 (a)와 같은 회로가 사용된다.

1) 그림 8-6 (a)에서 배선용 차단기(MCCB)를 ON하시오. 변화가 있는가?

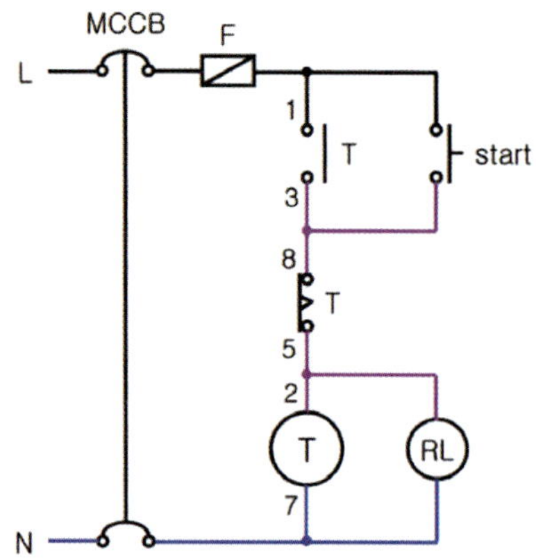

(a) 시퀀스회로

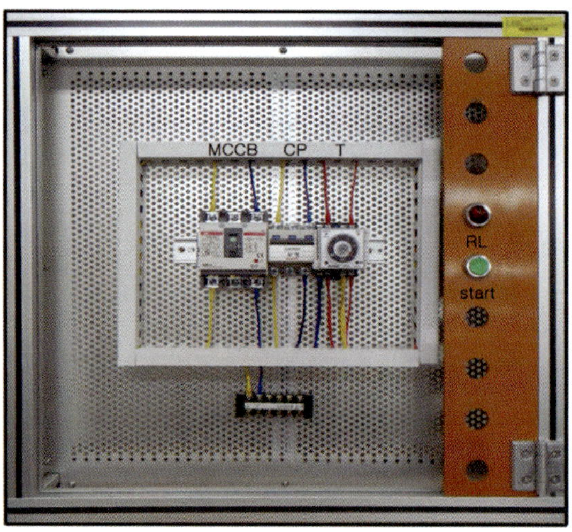

(b) 한시 b접점회로 2 실습 완성 사진

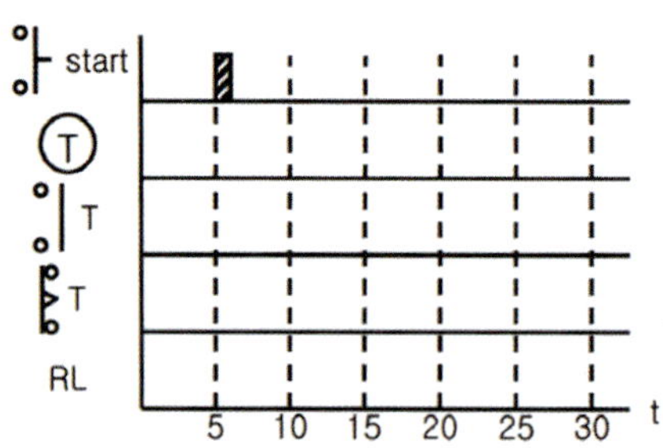

(c) 한시 b접점회로 2 타임차트

그림 8-6 한시 b접점회로 2

2) 전자 타이머를 10초에 설정하고 start 푸시버튼 스위치를 누르시오.
   램프가 즉시 점등하는가?
   10초 후에 저절로 소등하는가?
3) 다시 한번 start 푸시버튼 스위치를 누르시오. 결과는?
4) 그림 8-6 (a)의 동작특성을 보고 (c) 타임차트를 완성하시오.

4. 플리커 릴레이회로

1) 플리커 릴레이 실습을 위해 그림 8-7 (a)와 같이 구성하시오.
2) 플리커 릴레이를 5초에 설정하고 start 유지형 스위치를 ON하시오.
   그리고 다음 물음에 답하시오.
   - 램프 RL 점등시간 (sec)
   - 램프 GL 점등시간 (sec)

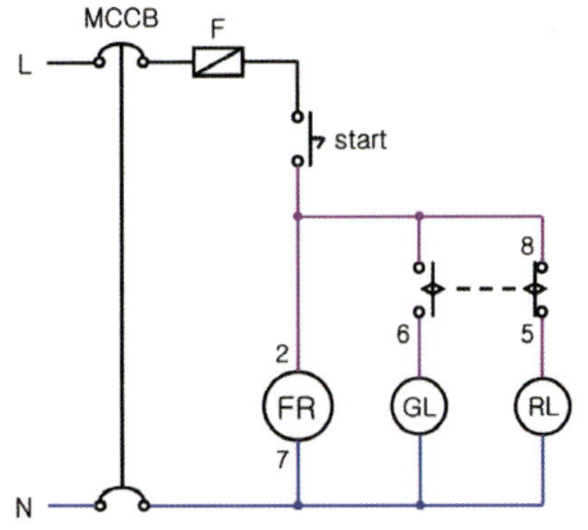

(a) 시퀀스회로

(b) 플리커 릴레이 회로 실습 완성 사진

그림 8-7 플리커 릴레이 회로

실습 9 : 전자 릴레이 동작원리 제어회로

관련 이론

1. 전자 계전기(전자 릴레이)

전자 계전기는 전자코일에 전류가 흐르면 전자석이 되어 그 전자력에 의해 접점을 개폐하는 기능을 가진 장치를 말한다. 일반 시퀀스 회로, 회로의 분기나 접속 등에 사용된다.

전자 릴레이에 사용되는 전원 방식은 코일에 공급되는 전압에 따라 직류용과 교류용이 있다. 전자 릴레이 핀수는 8핀(2c), 11핀(3c), 14핀(4(c)이 있고, 베이스를 사용하여 배선하고 릴레이 핀을 베이스에 삽입하여 사용할 때는 가운데 홈 방향이 아래로 오도록 고정시켜야 하고, 그리고 릴레이를 꽂아서 사용할 때는 홈에 맞도록 하여 사용하여야 한다.

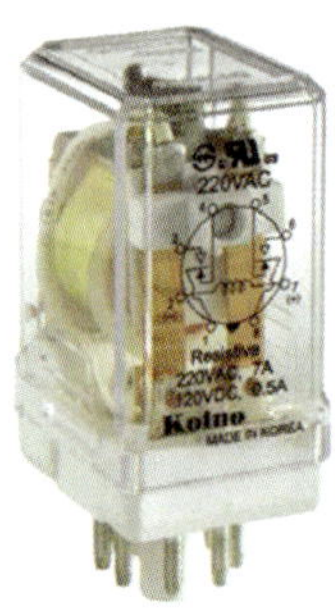

(a) 실물

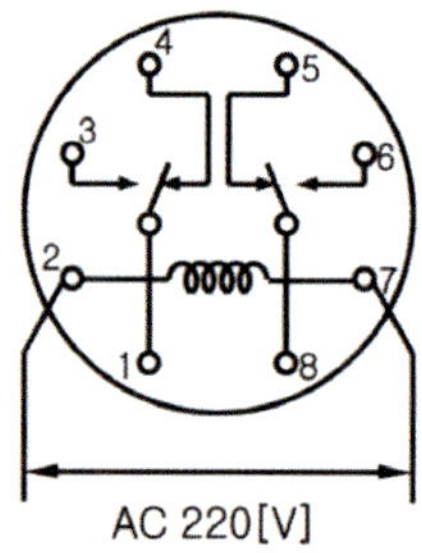

(b) 내부 결선도

	접점 기호	접점 핀번호
전 원	Ry	②–⑦ 단자
a접점		①–③, ⑧–⑥ 단자
b접점		①–④, ⑧–⑤ 단자

(c) 기호 및 핀번호

(d) 소켓

그림 9-1 전자 릴레이(8pin, 2a 2b) 실물 및 내부 결선도

❖ 작업 순서

1. 준비

① 동작사항을 보고 작업 공구, 기구 및 재료를 준비한다.

② 접점 및 동작상태의 이상 유무를 회로 시험기로 확인한다.

2. 도면 이해 및 숙지

① 동작상태의 전류흐름을 구상해 본다.

② 동작 설명

❶ 전원 : 단상 220[V]

❷ 배선용 차단기(MCCB)를 ON하면 GL이 점등된다.

❸ 기동버튼 start를 누르면 전자 릴레이 Ry가 여자되어, RL이 점등되고, GL이 소등된다.

❹ 정지버튼 stop를 누르면 전자 릴레이 Ry가 무여자되어, RL이 소등되고, GL이 점등된다.

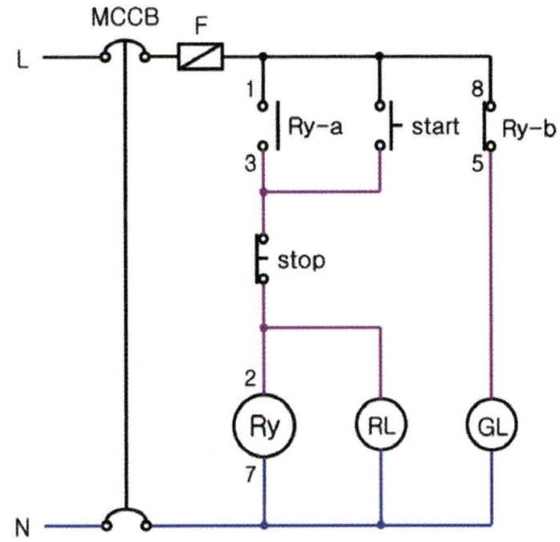

그림 9-2 동작 상태 구성

3. 기구 부착

① 기구는 균형있게 고정한다.

② 기구가 파손되지 않도록 적당한 힘을 가해 고정하고, 치수가 주어지지 않으면 미관을 고려하여 편리하도록 고정한다.

③ 퓨즈(F) 대신 회로 보호기(CP)를 사용한다.

④ 전자 릴레이 베이스(base) 고정시 구멍의 홈이 아래로 향하게 취부한다.

4. 덕트 작업

① 덕트는 컨트롤 판넬 내의 전선을 배선하기 위해 사용되며 협소한 공간에서도 사용이 가능하다.

② 덕트 측면에 홀이 있어 주회로 및 제어회로의 인입과 인출이 용이하도록 양면이 절개되어 전선정리가 편리하며 전선정리를 한 다음 덮개로 마무리를 한다.

5. 배선 작업

① 전선의 색깔을 구분하여 전원측 단자에서부터 동작 흐름에 따라 배선한다.

② 전선과 기구와의 접속시 한 단자에 전선을 두 가닥 이상 연결하지 않는 것이 좋다.
③ 전자 릴레이의 전원측 단자에서부터 푸시버튼 스위치 램프 순서로 회로를 배선한다.
④ 배선 작업시 베이스 핀 번호를 확인 후 접속한다.

6. 점검
① 간단한 회로인 경우 오결선은 육안으로 점검하며, 회로시험기나 벨 테스터기로 단선, 단락 유무를 점검한다.
② 회로시험기로 동작상태를 점검한다.

7. 동작
① 전원을 연결한다.
② 동작을 시키며 동작사항과 점검한 내용을 비교 검토하여 이해를 돕는다.

실습 9 : 전자 릴레이 동작원리 제어회로 실습

1. 동작사항

(1) 전원 : 단상 220[V]
(2) 배선용 차단기(MCCB)를 ON하면 GL이 점등된다.
(3) 기동버튼 start를 누르면 전자 릴레이 Ry가 여자되어, RL이 점등되고, GL이 소등된다.
(4) 정지버튼 stop를 누르면 전자 릴레이 Ry가 무여자되어, RL이 소등되고, GL이 점등된다.

2. 기구 배치도

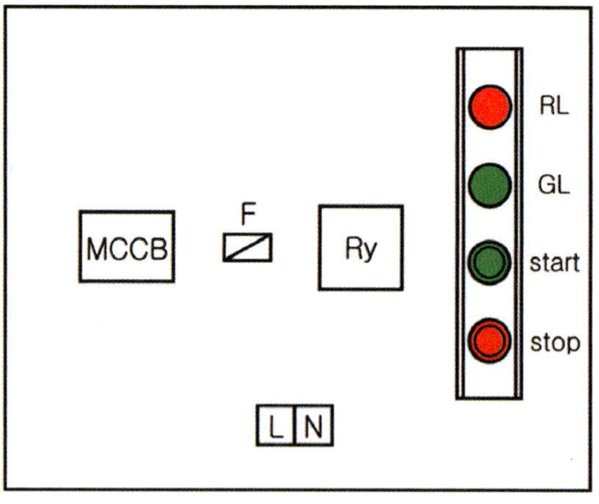

3. 실습 완성 사진

실습 10 : 전자 타이머 운전 제어회로

관련 이론

1. 전자 타이머

전자 타이머는 미리 정해진 시간이 경과 후에 회로를 전기적으로 개폐하는 접점을 가진 계전기를 말한다.

1) 한시동작 순시복귀형 타이머(on delay timer)

동작 지연 타이머라고도 하며, 입력신호(전원)가 공급하면 한시접점은 설정시간이 경과 후 동작하고(한시동작), 입력신호(전원)가 OFF되면 즉시 접점이 원래상태로 복귀(순시복귀)하는 타이머이다. 즉 시작이 늦고 끝날 때에는 동시에 끝난다.

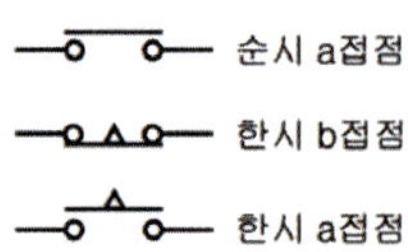

(a) 실물

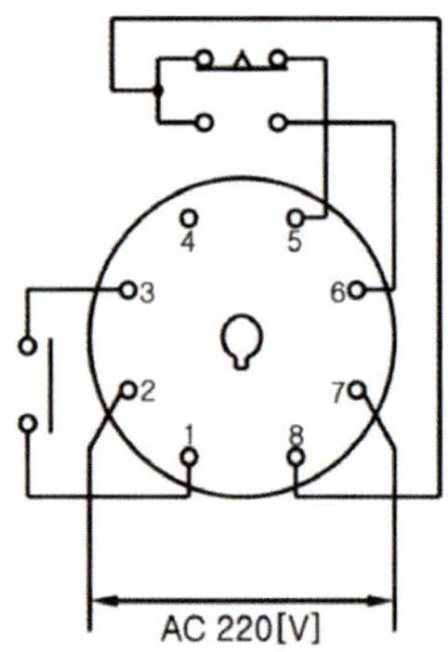

(b) 내부 결선도

	접점 기호	접점 핀번호
전 원	(T)	②-⑦ 단자
순시 a접점		①-③ 단자
한시 a접점		⑧-⑥ 단자
한시 b접점		⑧-⑤ 단자

(c) 기호 및 핀번호

(d) 소켓

그림 10-1 전자 타이머 실물 및 내부 결선도

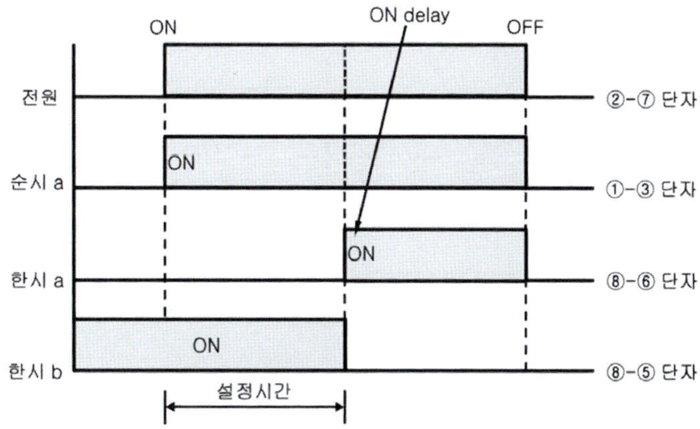

그림 10-2 동작 지연 타이머 타임차트

2) 순시동작 한시복귀형 타이머(off delay timer)

복귀 지연 타이머라고도 하며, 입력신호(전원)가 공급하면 한시접점이 즉시 동작하고(순시동작), 입력신호(전원)가 OFF되더라도 설정시간이 경과 후 접점이 원래상태로 복귀(한시복귀)하는 타이 머이다. 즉, 시작은 같고 끝날 때는 늦는다.

(a) 실물

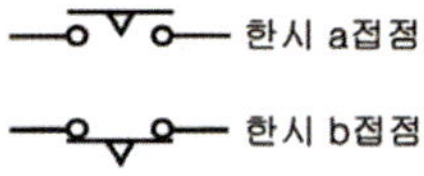

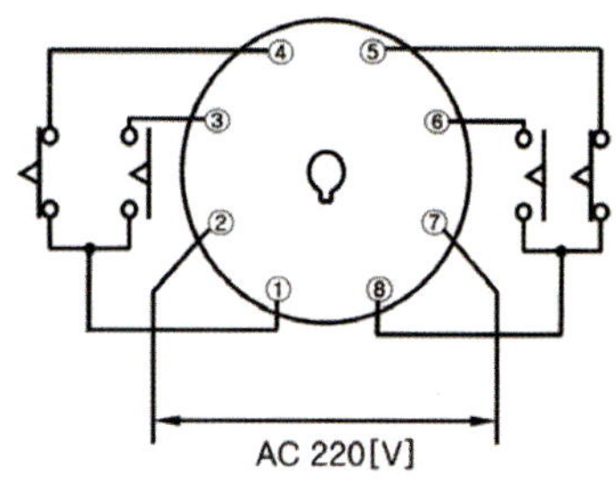

(b) 내부 결선도

	접점 기호	접점 핀번호
전 원	T	②-⑦ 단자
한시 a접점	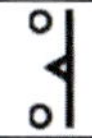	①-③ 단자, ⑧-⑥ 단자
한시 b접점		①-④ 단자, ⑧-⑤ 단자

(c) 기호 및 핀번호

(d) 소켓

그림 10-3 복귀 지연 타이머의 실물 및 내부 결선도

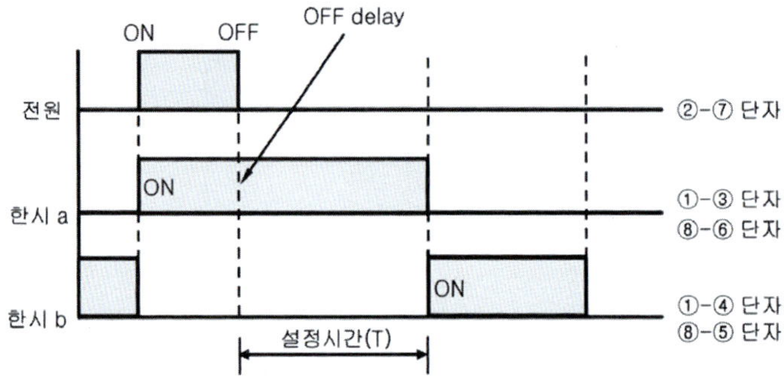

그림 10-4 복귀 지연 타이머 타임차트

❖ 작업 순서

1. 준비

① 동작사항을 보고 작업 공구, 기구 및 재료를 준비한다.

② 접점 및 동작상태의 이상 유무를 회로 시험기로 확인한다.

2. 도면 이해 및 숙지

① 동작상태의 전류흐름을 구상해 본다.

② 동작 설명

❶ 전원 : 단상 220[V]

❷ 배선용 차단기(MCCB)를 ON한다.

❸ 기동버튼 start를 누르면 전자 타이머 T가 여자되어 RL이 점등된다.

❹ 설정시간 T초 후 RL이 소등되고 GL이 점등된다.

❺ 정지버튼 stop를 누르면 전자 타이머 T가 무여자되어 GL이 소등된다.

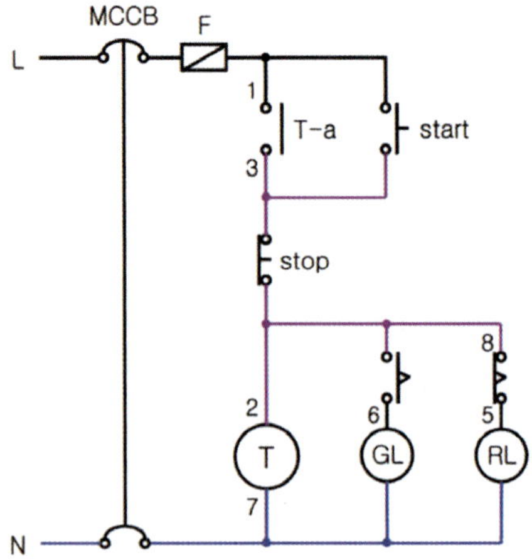

그림 10-5 동작 상태 구성

3. 기구 부착
   ① 기구는 균형있게 고정한다.
   ② 기구가 파손되지 않도록 적당한 힘을 가해 고정하고, 치수가 주어지지 않으면 미관을 고려하여 편리하도록 고정한다.
   ③ 퓨즈(F) 대신 회로 보호기(CP)를 사용한다.
   ④ 전자 타이머 베이스(base) 고정시 구멍의 홈이 아래로 향하게 취부한다.

4. 덕트 작업
   ① 덕트는 컨트롤 판넬 내의 전선을 배선하기 위해 사용되며 협소한 공간에서도 사용이 가능하다.
   ② 덕트 측면에 홀이 있어 주회로 및 제어회로의 인입과 인출이 용이하도록 양면이 절개되어 전선정리가 편리하며 전선정리를 한 다음 덮개로 마무리를 한다.

5. 배선 작업
   ① 전선의 색깔을 구분하여 전원측 단자에서부터 동작 흐름에 따라 배선한다.
   ② 전선과 기구와의 접속시 한 단자에 전선을 두 가닥 이상 연결하지 않는 것이 좋다.
   ③ 배선 작업시 베이스 핀 번호를 확인 후 접속한다.

6. 점검
   ① 간단한 회로인 경우 오결선은 육안으로 점검하며, 회로시험기나 벨 테스터기로 단선, 단락 유무를 점검한다.
   ② 회로시험기로 동작상태를 점검한다.

7. 동작
   ① 전원을 연결한다.
   ② 동작을 시키며 동작사항과 점검한 내용을 비교 검토하여 이해를 돕는다.

실습 10 : 전자 타이머 운전 제어회로 실습

1. 동작사항

(1) 전원 : 단상 220[V]

(2) 배선용 차단기(MCCB)를 ON한다.

(3) 기동버튼 start를 누르면 전자 타이머 T가 여자되어 RL이 점등된다.

(4) 설정시간 T초 후 RL이 소등되고 GL이 점등된다.
(5) 정지버튼 stop를 누르면 전자 타이머 T가 무여자되어 GL이 소등된다.

2. 기구 배치도

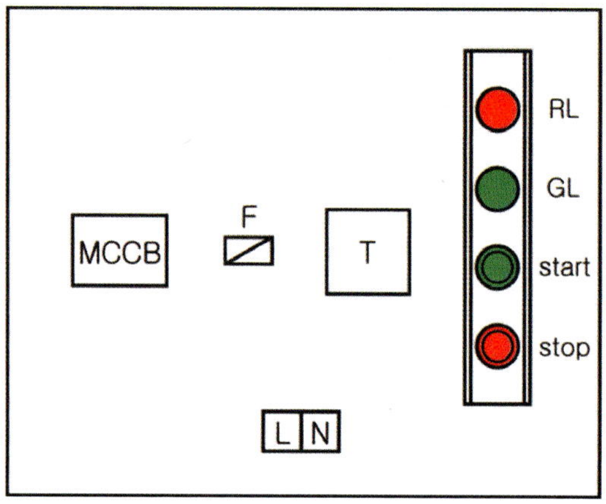

3. 실습 완성 사진

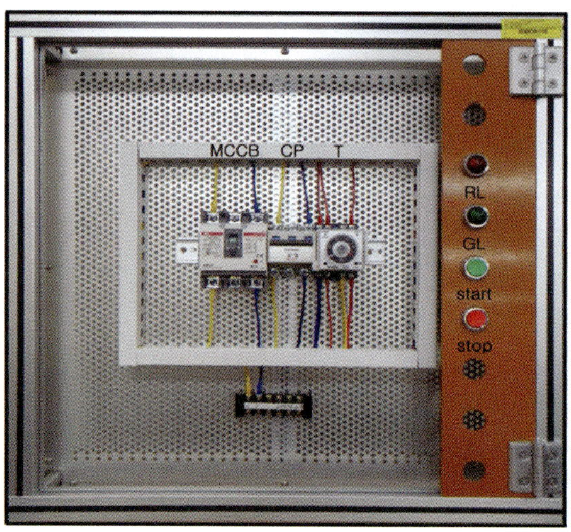

실습 11 : 전자 접촉기 동작원리 제어회로

관련 이론

1. 전자 접촉기

일반 제어용 계전기보다 훨씬 큰 용량의 전류를 개 • 폐할 수 있는 접점을 가지는 계전기이다. 접점은 은-텅스텐 합금, 은-산화 카드뮴 합금 등을 사용해서 접촉저항을 낮추고 개로(OFF)시 접점간에 발생하는 아크를 빨리 끄는 소호장치, 아크 단락을 방지하기 위한 각 상간의 간격판 등을 설치한 것이다. 전자 접촉기에는 직류용과 교류용이 있고 전기회로의 개 • 폐 빈도가 높은 유도전동기 또는 교류 • 직류회로의 부하전류 개 • 폐에 널리 쓰이고 있다.

2. 전자 접촉기 구조 및 기호표시

전자 접촉기의 특징은 소형 전자 계전기와 달리 주접점 이외에 보조접점을 가지고 있으며, 코일에 전류가 흐르면 주접점과 보조접점이 동시에 동작하는 구조로 되어 있다.

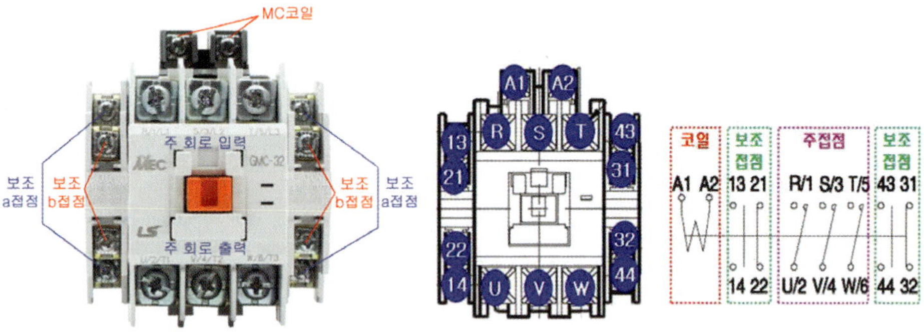

(a) 전자 접촉기 내부 결선도(5a-2b)

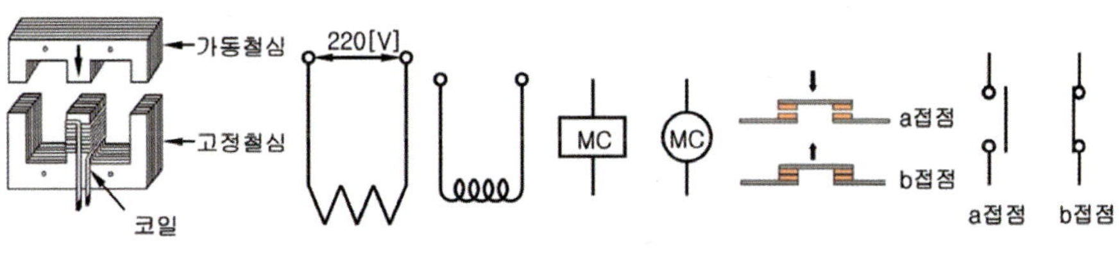

(b) 철심 (c) 코일 (d) 접점

그림 11-1 전자 접촉기 내부 결선도 및 기호 표시

⊙ 주접점

전원선과 직접 연결되는 부분으로 부하의 입력단자에 연결되며, 전동기와 접속하는 주회로를 개폐하는 기능을 가지고 있다. 주접점은 3상 또는 단상 경우 전원선과 직접 연결되는 부분으로 유도 전동기의 입력단자에 연결된다.

⊙ 보조접점

보조접점은 푸시버튼 스위치를 눌렀다 놓아도 코일의 자기유지에 의하여 계속 동작되며, 스위치의 조작과 표시등의 부착용으로 사용되는 접점이다. a접점과 b접점이 있고 개수에 따라 1a-1b 및 2a-2b 등 여러 가지가 있다.

❖ 작업 순서

1. 준비
   ① 동작사항을 보고 작업 공구, 기구 및 재료를 준비한다.
   ② 접점 및 동작상태의 이상 유무를 회로 시험기로 확인한다.

2. 도면 이해 및 숙지
   ① 동작상태의 전류흐름을 구상해 본다.
   ② 동작 설명
      ❶ 전원 : 3상 220[V]
      ❷ 배선용 차단기(MCCB)를 ON하면 GL이 점등된다.
      ❸ 기동버튼 start를 누르면 MC가 여자되어 RL이 점등되고, GL이 소등되며, 3상 유도 전동기가 운전한다.
      ❹ 정지버튼 stop를 누르면 MC가 무여자되어 RL이 소등되고, GL이 점등된다.

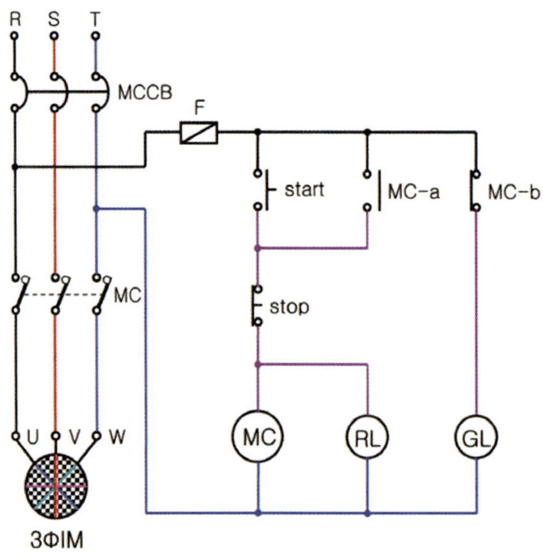

그림 11-2 동작 상태 구성

3. 기구 부착
   ① 기구는 균형있게 고정한다.
   ② 기구가 파손되지 않도록 적당한 힘을 가해 고정하고, 치수가 주어지지 않으면 미관을 고려하여 편리하도록 고정한다.
   ③ 퓨즈(F) 대신 회로 보호기(CP)를 사용한다.

4. 덕트 작업
   ① 덕트는 컨트롤 판넬 내의 전선을 배선하기 위해 사용되며 협소한 공간에서도 사용이 가능하다.
   ② 덕트 측면에 홀이 있어 주회로 및 제어회로의 인입과 인출이 용이하도록 양면이 절개되어 전선정리가 편리하며 전선정리를 한 다음 덮개로 마무리를 한다.

5. 배선 작업
   ① 주회로부터 전선 색깔을 구분하여 배선 작업을 완료한다.
   ② 전원측 단자 R상에서부터 제어회로를 배선한다.
   ③ 전선의 색깔을 구분하여 전원측 단자에서부터 동작흐름에 따라 배선한다.
   ④ 전선과 기구와의 접속시 한 단자에 전선을 두 가닥 이상 연결하지 않는 것이 좋다.

6. 점검
   ① 간단한 회로인 경우 오결선은 육안으로 점검하며, 회로시험기나 벨 테스터기로 단선, 단락 유무를 점검한다.
   ② 회로시험기로 동작상태를 점검한다.

7. 동작
   ① 부하를 연결하고 전원을 연결한다.
   ② 동작을 시키며 동작사항과 점검한 내용을 비교 검토하여 이해를 돕는다.

실습 11 : 전자 접촉기 동작원리 제어회로 실습

1. 동작사항

(1) 전원 : 3상 220[V]

(2) 배선용 차단기(MCCB)를 ON하면 GL이 점등된다.

(3) 기동버튼 start를 누르면 MC가 여자되어 RL이 점등되고, GL이 소등되며, 3상 유도전동

기가 운전한다.

(4) 정지버튼 stop를 누르면 MC가 무여자되어 RL이 소등되고, GL이 점등된다.

2. 기구 배치도

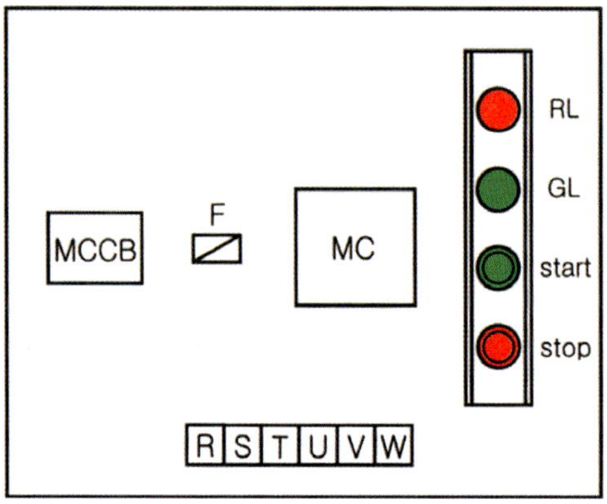

3. 실습 완성 사진

실습 12 : 기동 정지 제어회로

관련 이론

1. 전지 개폐기

전자 개폐기는 전자 접촉기에 열동형 과전류 계전기를 연결한 과부하 보호장치로 유도전동기의 운전에 많이 사용된다.

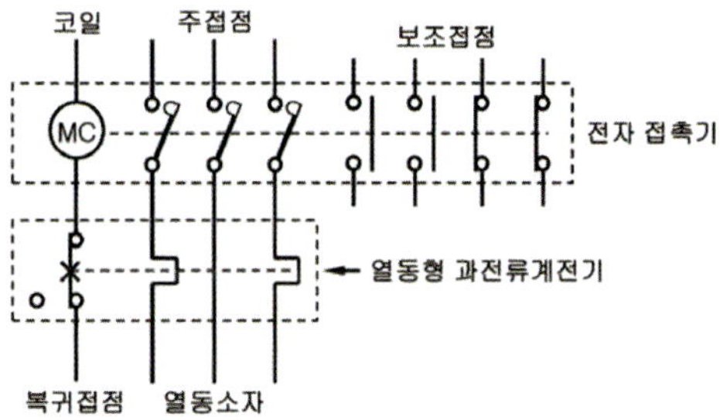

그림 12-1 전자 개폐기 실물 및 내부 결선도

2. 열동형 과전류 계전기(Overload current relay)

열동형 과전류 계전기는 설정값 이상의 전류가 흐르면 접점을 차단시키는 계전기로서 유도전동기의 과부하 보호에 사용된다. 주회로에 삽입된 바이메탈에 과전류가 흐르면 열에 의해 바이메

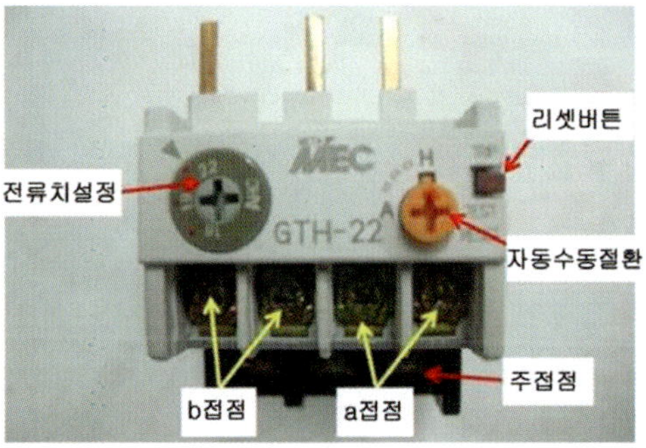

(a) 실물

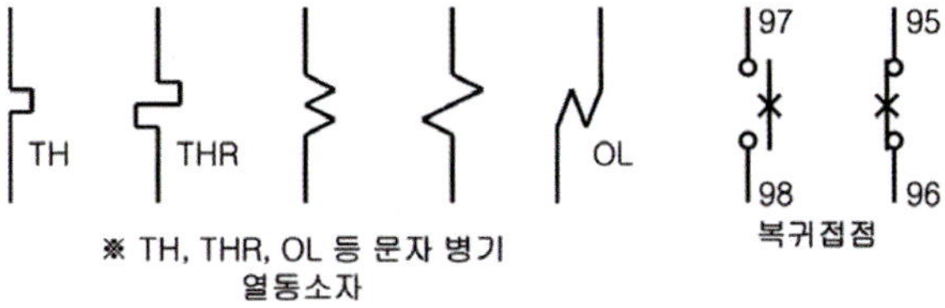

(b) 기호

그림 12-2 열동형 과전류 계전기 실물 및 기호

탈이 휘어지는 원리를 이용하여 회로를 차단하여 유도전동기의 소손을 방지하는 계전기이다.

과부하 계전기 또는 열동형 과전류 계전기(Thermal overload current relay)라고 하며, O.L 또는 THR 등의 약자 기호로 표시하고, 그림기호는 그림 12-2 (b)와 같다.

❖ 작업 순서

1. 준비

① 동작사항을 보고 작업 공구, 기구 및 재료를 준비한다.

② 접점 및 동작상태의 이상 유무를 회로 시험기로 확인한다.

2. 도면 이해 및 숙지

① 동작상태의 전류흐름을 구상해 본다.

② 동작 설명

❶ 전원 : 3상 220[V]

❷ 배선용 차단기(MCCB)를 ON하면 GL이 점등된다.

❸ 기동버튼 start를 누르면 MC가 여자되어 3상 유도전동기가 운전하며, RL이 점등, GL이 소등된다.

❹ 정지버튼 stop를 누르면 3상 유도전동기가 정지하고, GL이 점등, RL이 소등된다.

❺ 과부하시 열동형 계전기(THR)가 동작하여 회로를 차단시키며 3상 유도전동기가 정지되고, GL이 점등된다.

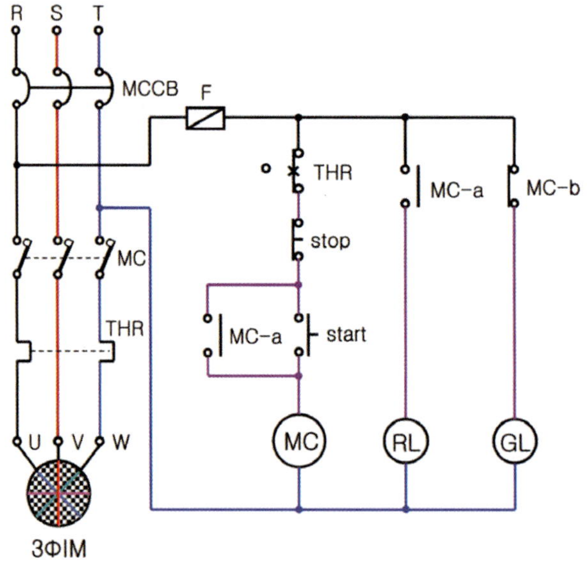

그림 12-3 동작 상태 구성

③ 타임차트를 작성, 이해한다.

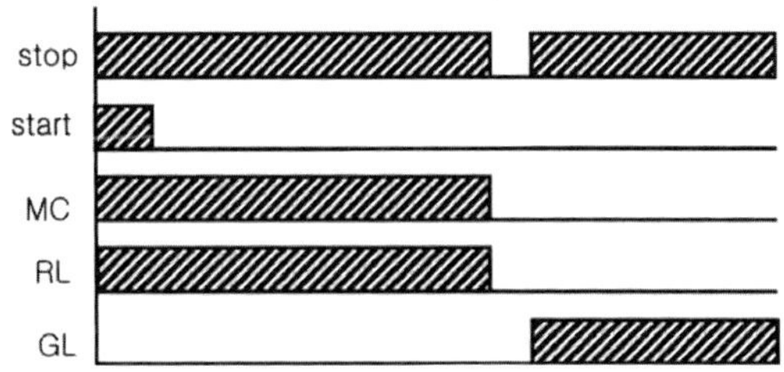

그림 12-4 타임차트

3. 기구 부착

① 기구는 전자 개폐기, 단자대, 푸시 버튼스위치, 램프를 균형있게 고정한다.

② 기구가 파손되지 않도록 적당한 힘을 가해 고정하고, 치수가 주어지지 않으면 미관을 고려하여 편리하도록 고정한다.

③ 퓨즈(F) 대신 회로 보호기(CP)를 사용한다.

4. 덕트 작업

① 덕트는 컨트롤 판넬 내의 전선을 배선하기 위해 사용되며 협소한 공간에서도 사용이 가능하다.

② 덕트 측면에 홀이 있어 주회로 및 제어회로의 인입과 인출이 용이하도록 양면이 절개되어 전선정리가 편리하며 전선정리를 한 다음 덮개로 마무리를 한다.

5. 배선 작업

① 주회로부터 전선 색깔을 구분하여 배선 작업을 완료한다.

② 전원측 단자 R상에서부터 제어회로를 배선한다.

③ 전선과 기구와의 접속시 한 단자에 전선을 두 가닥 이상 연결하지 않는 것이 좋다.

6. 점검

① 간단한 주회로나 오결선은 육안으로 점검하며, 회로시험기나 벨 테스터기로 단선, 단락 유무를 점검한다.

② 회로시험기로 동작상태를 점검한다.

❶ 저항레인지(선택 스위치)를 배율×100에 놓고 R, T단자에 접속시켰을 때 GL의 저항값이 지시 되어야 한다.

❷ ❶항 상태에서 기동버튼을 누르면 MC코일과 GL의 합성 저항값이 지시되어야 한다. 만약 GL의 저항값만을 지시하게 되면, THR 접점이 떨어지거나 잘못 접속되므로 재

점검하여 구상한다.

❸ ❶항 상태에서 전자 개폐기를 동작상태로 하면 MC코일과 RL의 합성 저항값이 지시된다. 만약 0[Ω]이면 단락, ∞[Ω]이면 단선을 뜻하므로 재점검하여 회로를 구상한다.

❹ ❷항 상태에서 정지버튼을 누르면 GL 저항값만 지시하며 THR도 동작시켜 본다.

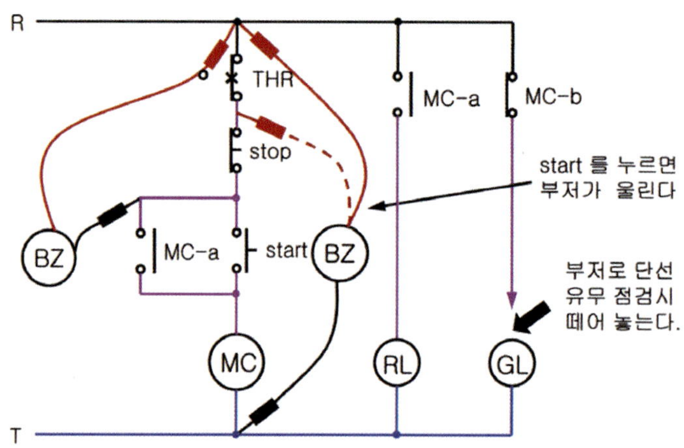

그림 12-5 단선의 유무 점검

7. 동작
   ① 부하를 연결하고 전원을 연결한다.
   ② 동작을 시키며 동작사항과 점검한 내용을 비교 검토하여 이해를 돕는다.

실습 12 : 기동 정지 제어회로 실습

1. 동작사항
   (1) 전원 : 3상 220[V]
   (2) 배선용 차단기(MCCB)를 ON하면 GL이 점등된다.
   (3) 기동버튼 start를 누르면 MC가 여자되어 3상 유도전동기가 운전하며, RL이 점등, GL이 소등된다.
   (4) 정지버튼 stop를 누르면 3상 유도전동기가 정지하고, RL이 소등, GL이 점등된다.
   (5) 과부하시 열동형 계전기(THR)가 동작하여 회로를 차단시키며 3상 유도전동기가 정지되고, GL이 점등된다.

2. 기구 배치도

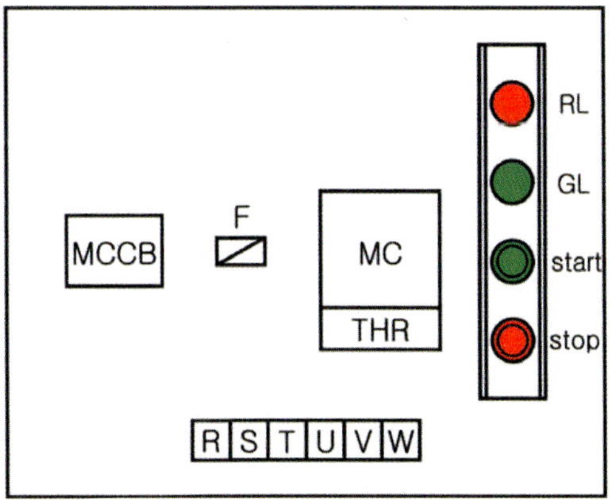

3. 실습 완성 사진

실습 13 : 3상 유도전동기 인칭 운전 제어회로

관련 이론

1. **인칭, 촌동 또는 조그(Jog)회로**라고도 하며, 유도전동기를 운전하는데 기동스위치를 눌러 자기유지 시키고 계속 운전하다 정지시키는 것이 아니며, 별도의 푸시버튼 스위치로 누르고 있는 동안만 유도전동기가 운전되는 것을 인칭운전이라 한다. 이 인칭운전은 선반에서 테이블의 미세(微細)이동, 바이트의 미세 이동 등 공작기계의 미세 위치조정, 호이스트, 컨베이어에 널리 사용하고 있다.
2. 열동형 계전기의 고장과 회로구성 및 동작상태의 유무를 쉽게 판별할 수 있는 회로이다.
3. 인칭회로는 사용자의 안전과 동작의 정확성을 요하는 곳에서 사용된다.
4. 인칭버튼은 수동조작 자동복귀인 1a, 1b접점의 푸시버튼 스위치를 말한다.

❖ 작업 순서

1. 준비
   ① 동작사항을 보고 작업 공구, 기구 및 재료를 준비한다.
   ② 접점 및 동작상태의 이상 유무를 회로 시험기로 확인한다.

2. 도면 이해 및 숙지
   ① 기동, 정지회로와 비교하여 보조회로를 이해한다.
   ② 인칭동작을 할 때 전류의 흐름을 구상하여 이해한다.
   ③ 동작 설명
   ❶ 전원 : 3상 220[V]
   ❷ 배선용 차단기(MCCB)를 ON하면 전원 표시등 WL이 점등된다.
   ❸ 기동버튼 start를 누르면 MC 코일이 여자되어 자기유지 접점(a접점)이 단락하여 계속 동작한다. 3상 유도전동기가 운전하고 RL이 점등된다.
   ❹ 정지버튼 stop를 누르면 3상 유도전동기가 정지된다.
   ❺ 인칭버튼 inching를 누르면 누르는 시간만 3상 유도전동기가 운전하며, 복귀하면 정지된다.
   ❻ 과부하시 열동형 계전기(THR)가 동작하여 회로를 차단시키며 3상 유도전동기가 정지되고 WL이 점등된다.

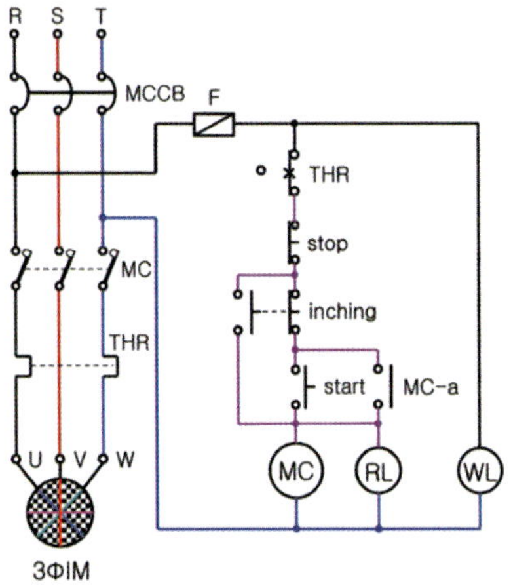

그림 13-1 인칭 동작 상태 구성

④ 타임차트를 작성, 이해한다.

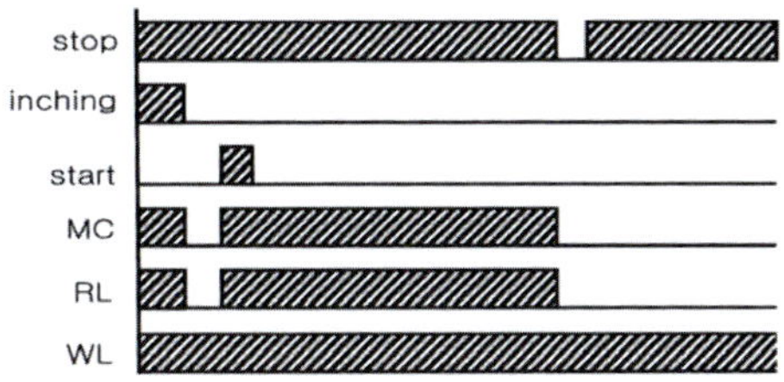

그림 13-2 타임차트

3. 기구 부착

① 수평, 수직이 맞고 배선 작업에 편리하게 기구를 고정한다.

② 퓨즈(F) 대신 회로 보호기(CP)를 사용한다.

4. 덕트 작업

① 덕트는 컨트롤 판넬 내의 전선을 배선하기 위해 사용되며 협소한 공간에서도 사용이 가능하다.

② 덕트 측면에 홀이 있어 주회로 및 제어회로의 인입과 인출이 용이하도록 양면이 절개되어 전선정리가 편리하며 전선정리를 한 다음 덮개로 마무리를 한다.

5. 배선 작업

① 시퀀스도를 실체 배선도로 작성하여 배선을 용이하게 하고 회로를 쉽게 이해한다.

② 전자 개폐기의 전원측 단자에서부터 버튼, 램프 순서로 조작 회로를 배선한다.

③ 여유를 갖는 경제적 배선을 한다.

④ 배선 방향이 같을 경우 같이 묶고, 굽혀가며 연결하는 곳까지 배선한다.

⑤ 주회로는 전선의 색깔을 구분하여 전원측에서부터 배선한다.

6. 점검

① 간단한 주회로나 오접속은 육안으로 점검한다.

② 벨 테스터기나 회로시험기로 단선 단락의 유무를 점검한다.

③ 회로시험기로 동작상태를 점검할 때는 저항 선택 스위치를 배율×100에 놓는다.

④ 전원 단자에 회로시험기의 측정봉을 접촉시키면 WL 저항값이 지시된다.

⑤ ④항 상태에서 기동버튼을 누르면 WL, RL, MC 코일의 병렬 저항값을 지시한다.

⑥ ④항 상태에서 인칭버튼을 누르면 시험기의 지침은 WL의 저항값을 지시하다가 ⑤항의 지시값을 지시한다.

⑦ 전자 개폐기를 수동으로 동작시키면 ⑤항의 값과 같다. 혹 0[Ω] 이면 단락, ∞[Ω] 이면 또 THR도 이상 유무 동작시켜 본다.

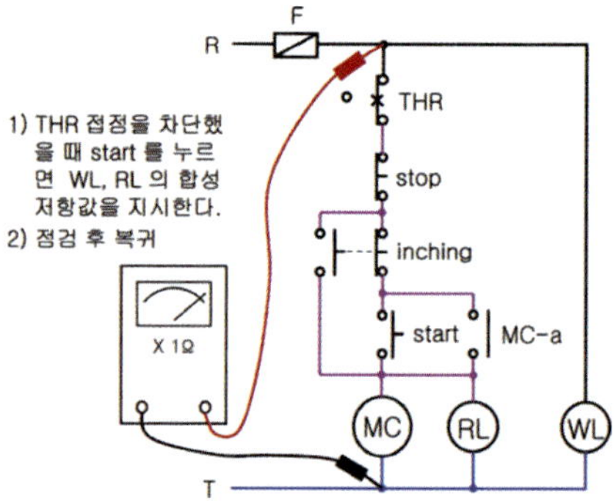

그림 13-3 THR 접점 및 회로 점검

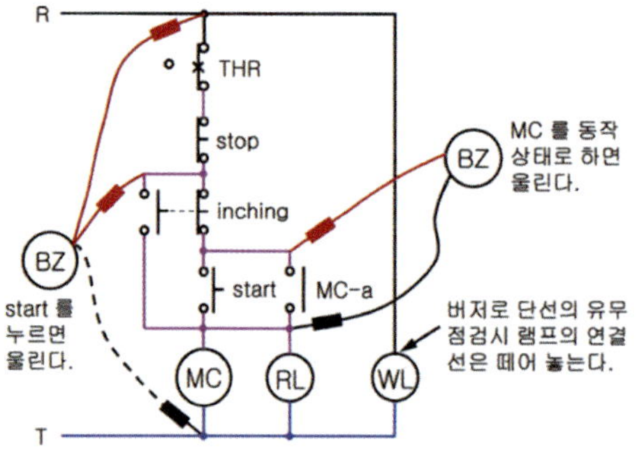

그림 13-4 단선의 유무 점검

7. 동작

① 부하를 연결하고 전원을 연결한다.

② 동작을 시키며 동작사항과 점검한 내용을 비교 검토하여 이해를 돕는다.

실습 13 : 3상 유도전동기 인칭 운전 제어회로 실습

1. 동작사항

(1) 전원 : 3상 220[V]

(2) 배선용 차단기(MCCB)를 ON하면 전원 표시등 WL이 점등된다.

(3) 기동버튼 start를 누르면 MC 코일이 여자되어 3상 유도전동기가 운전하고 RL이 점등된다.

(4) 정지버튼 stop를 누르면 3상 유도전동기가 정지된다.

(5) 인칭버튼 inching을 누르면 누르는 시간만 3상 유도전동기가 운전하며, 복귀하면 정지된다.

(6) 과부하시 열동형 계전기(THR)가 동작하여 회로를 차단시키며 3상 유도전동기가 정지되고, WL이 점등된다.

2. 기구 배치도

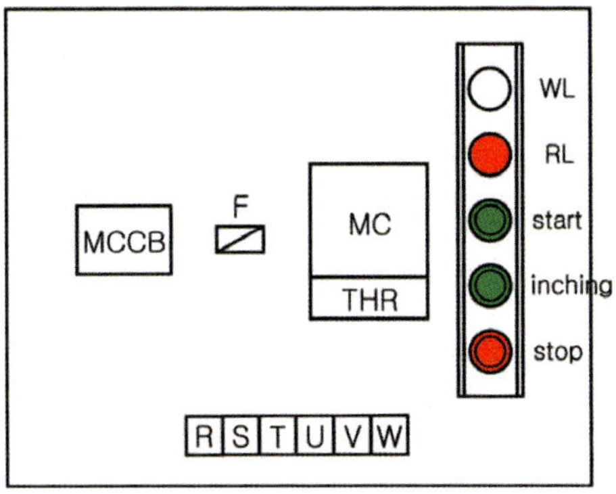

3. 실습 완성 사진

실습 14 : 3상 유도전동기 지연 운전 제어회로

관련 이론

1. 지연회로

지연회로란 전자 타이머에 의해 설정된 시간만큼 늦게 동작하는 회로이다. 동작이 늦고 복귀는 타이머 코일과 함께 되는 지연동작 회로와 동시에 동작하고 늦게 복귀되는 지연복귀 회로가 있다.

2. 지연 운전 제어회로

회로에 전원을 투입한 후 기동버튼을 눌러도 전동기가 즉시 작동하지 않고 타이머 설정시간이 되면 기동되며 정지버튼을 이용하여 전동기를 정지시키는 회로를 말한다.

3. 한시동작 순시복귀형 타이머(on delay timer)

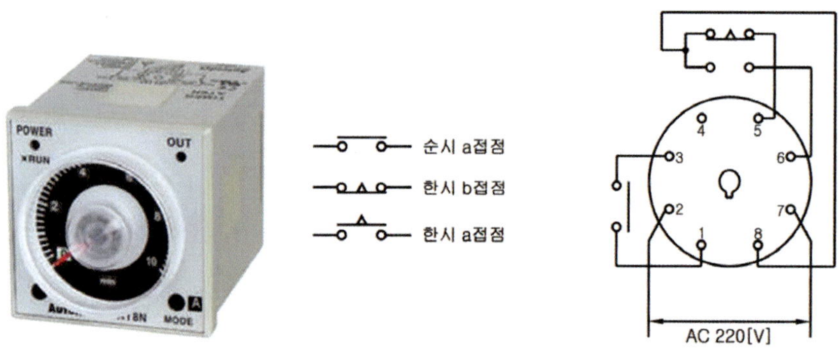

(a) 실물 (b) 내부 결선도

그림 14-1 전자 타이머 실물 및 내부 결선도

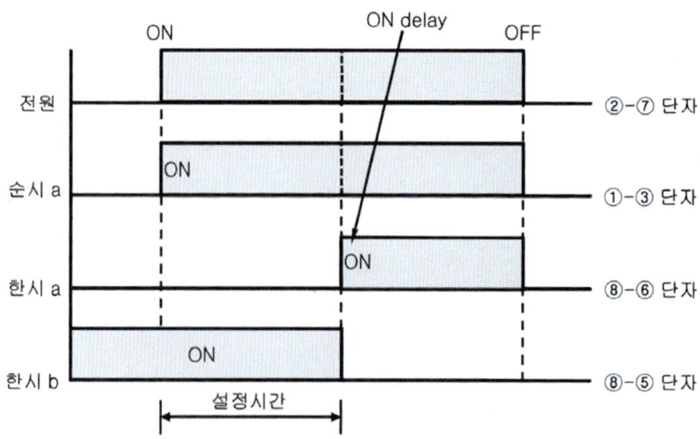

그림 14-2 동작 지연 타이머 타임차트

한시동작 순시복귀형은 동작 지연 타이머라고도 하며, 입력신호(전원)가 공급하면 한시접점은 설정시간이 경과 후 동작하고(한시동작), 입력신호(전원)가 OFF되면 즉시 접점이 원래상태로 복귀(순시복귀)하는 타이머이다. 즉, 시작이 늦고 끝날 때에는 동시에 끝난다.

❖ 작업 순서

1. 준비
   ① 동작사항을 보고 작업 공구, 기구 및 재료를 준비한다.
   ② 접점 및 동작상태의 이상 유무를 회로 시험기로 확인한다.

2. 도면 이해 및 숙지
   ① 동작상태의 전류흐름을 구상해 본다.
   ② 동작 설명
      ❶ 전원 : 3상 220[V]
      ❷ 배선용 차단기(MCCB)를 ON하면 GL이 점등된다.
      ❸ 기동버튼 start를 누르면 전자 타이머 설정시간 경과 후 3상 유도전동기가 운전하며 RL이 점등되고 GL이 소등된다.
      ❹ 정지버튼 stop를 누르면 3상 유도전동기가 정지되고 RL이 소등, GL이 재점등 된다.
      ❺ 과부하시 열동형 계전기(THR)가 동작하여 회로를 차단시키며 3상 유도전동기가 정지되고 YL이 점등된다.

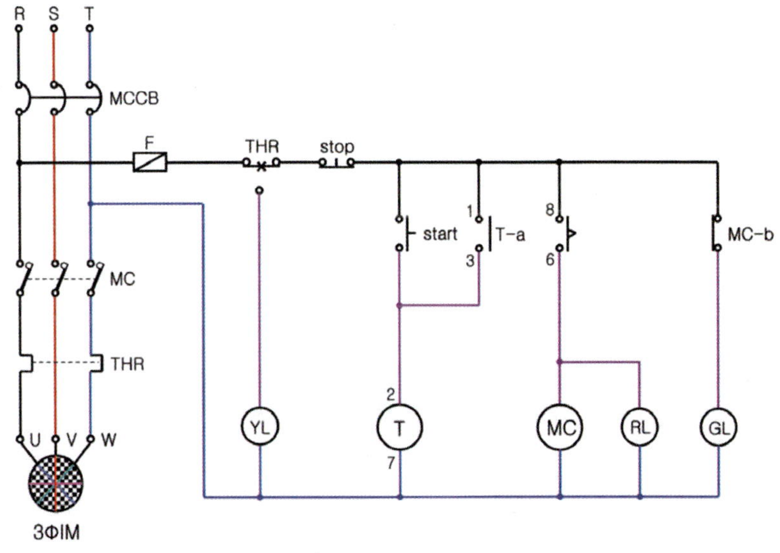

그림 14-3 지연 동작 상태 구성

3. 기구 부착

① 기구는 균형있게 고정한다.

② 기구가 파손되지 않도록 적당한 힘을 가해 고정하고, 치수가 주어지지 않으면 미관을 고려하여 편리하도록 고정한다.

③ 퓨즈(F) 대신 회로 보호기(CP)를 사용한다.

④ 전자 타이머 베이스(base) 고정시 구멍의 홈이 아래로 향하게 취부한다.

4. 덕트 작업

① 덕트는 컨트롤 판넬 내의 전선을 배선하기 위해 사용되며 협소한 공간에서도 사용이 가능하다.

② 덕트 측면에 홀이 있어 주회로 및 제어회로의 인입과 인출이 용이하도록 양면이 절개되어 전선정리가 편리하며 전선정리를 한 다음 덮개로 마무리를 한다.

5. 배선 작업

① 주회로부터 전선 색깔을 구분하여 배선 작업을 완료한다.

② 전원측 단자 R상에서부터 제어회로를 배선한다.

③ 전선과 기구와의 접속시 한 단자에 전선을 두 가닥 이상 연결하지 않는 것이 좋다.

④ 배선 작업시 베이스 핀 번호를 확인 후 접속한다.

6. 점검

① 간단한 회로인 경우 오결선은 육안으로 점검하며, 회로시험기나 벨 테스터기로 단선, 단락 유무를 점검한다.

② 회로시험기로 동작상태를 점검한다.

7. 동작

① 부하를 연결하고 전원을 연결한다.

② 동작을 시키며 동작사항과 점검한 내용을 비교 검토하여 이해를 돕는다.

실습 14 : 3상 유도전동기 지연 운전 제어회로 실습

1. 동작사항

(1) 전원 : 3상 220[V]

(2) 배선용 차단기(MCCB)를 ON하면 GL이 점등된다.

(3) 기동버튼 start를 누르면 전자 타이머 설정시간 경과 후 3상 유도전동기가 운전하며 RL이 점등되고 GL이 소등된다.
(4) 정지버튼 stop를 누르면 3상 유도전동기가 정지되고 RL이 소등, GL이 재점등 된다.
(5) 과부하시 열동형 계전기(THR)가 동작하여 회로를 차단시키며 3상 유도전동기가 정지되고 YL이 점등된다.

2. 기구 배치도

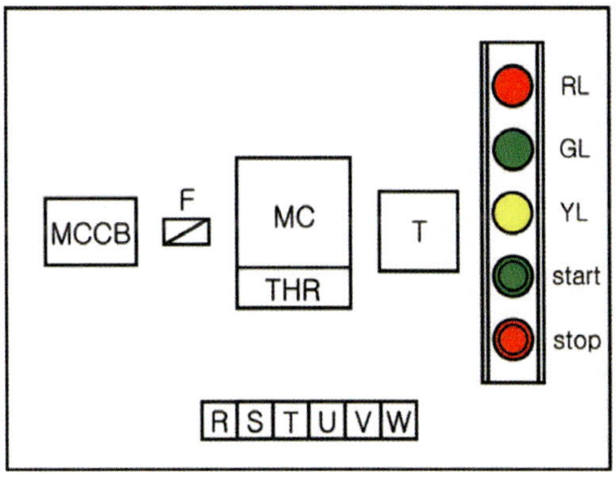

3. 실습 완성 사진

실습 15 : 3상 유도전동기 우선 운전 제어회로

관련 이론

우선회로는 여러 입력 신호들 중에 어떤 기기가 먼저 동작된 다음에 다른 기기가 동작되도록 기기들의 동작 순서에 우선순위를 정하는 회로를 우선회로라 한다.

유도전동기는 전기적 에너지를 기계적 에너지로 변환시켜 회전동력을 얻는 기계로 시동과 운전이 용이하고, 부하에 적합한 종류를 선택하기 쉽고, 소음 및 진동이 작고, 소형 경량의 전동기이다. 현재 동력원으로 사용되는 전동기의 90[%]이상은 3상 유도전동기를 사용한다.

3상 유도전동기 동작 원리는 3상 전원에 의해 회전자기장을 발생하고 이 회전자기장에 의해서 회전자가 회전하기 때문에 유도전동기라 한다.

1. 3상 유도전동기 구조

3상 유도전동기는 회전자기장을 만들기 위하여 3상 권선을 감은 고정자 부분과 회전자기장에 끌려서 회전하는 회전자 부분으로 이루어져 있다.

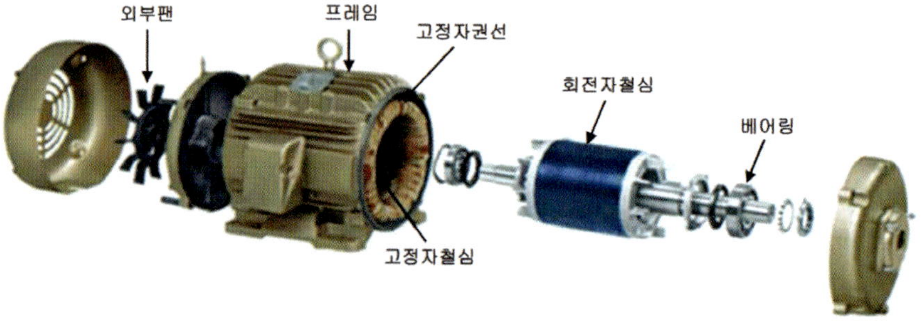

그림 15-1 3상 유도전동기 구조

(1) 고정자

고정자(stator)는 그림 15-2와 같이 규소강판을 성형하여 성층한 철심의 내부주위에 설치한 슬롯과 고정자 권선을 끼우고 전체를 철제 프레임에 끼운 것이다. 고정자 권선은 회전자계를 만들기 위하여 3상으로 권선하며, Y결선 또는 Δ결선 두 가지 방법이 있다.

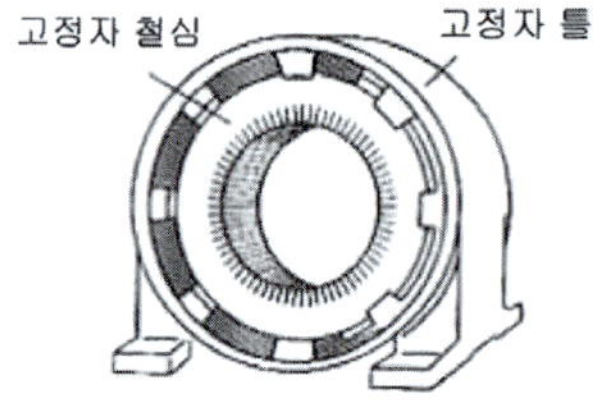

그림 15-2 고정자 구조

(2) 회전자

회전자(rotor)에는 권선형 회전자와 농형 회전자 두 종류가 있다. **권선형 회전자(wound rotor)**는 규소강판을 성층하여 만든 원통형 철심의 바깥 주위에 슬롯을 만들고, 고정자와 같은 3상 권선을 감아 놓은 것이다. 권선형 회전자는 슬립링(slip ring)을 통하여 외부회로와 연결시킬 수 있으며, 외부회로에 저항을 삽입하여 속도를 조절할 수도 있다.

농형 회전자(squirrel case rotor)는 그림 15-3 (b)와 같이 원형 슬롯에 도체를 끼워 놓고 그 두 끝을 알루미늄 다이케스팅의 단락링(end ring)으로 단락시킨 것이다. 농형 회전자는 구조가 간단하고 튼튼하며, 운전중의 성능은 좋으나, 기동할 때에 매우 큰 기동전류가 흐르기 때문에 공급전원에 나쁜 영향을 끼칠 수 있다.

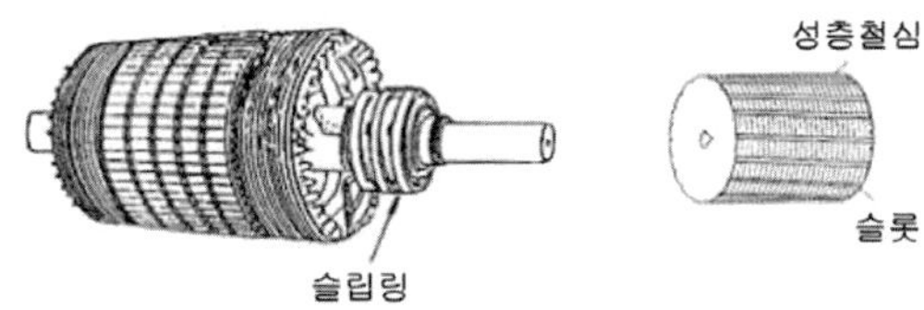

(a) 권선형 회전자

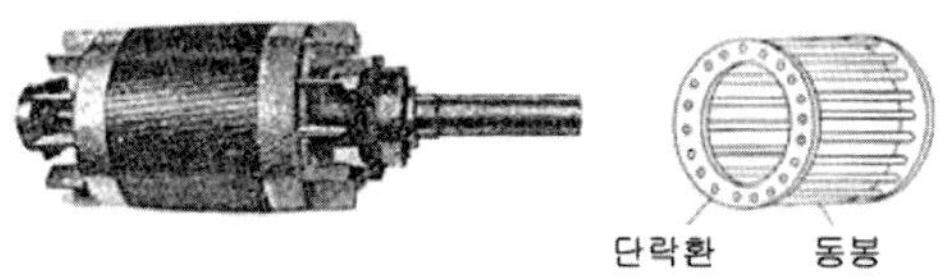

(b) 농형 회전자

그림 15-3 유도 전동기 회전자 구조

2. 3상 유도전동기 결선방법

단자 인출은 6개의 단자가 외부로 인출된 것으로 제작 시판되고 있다. 6개의 단자를 외부에서 연결하는 Y결선과 ⊿결선 또는 220[V], 380[V]용으로 선택하여 사용하도록 되어있다.

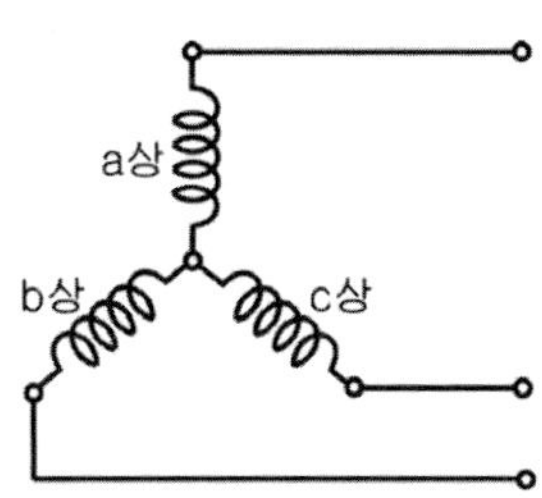

(a) Y결선

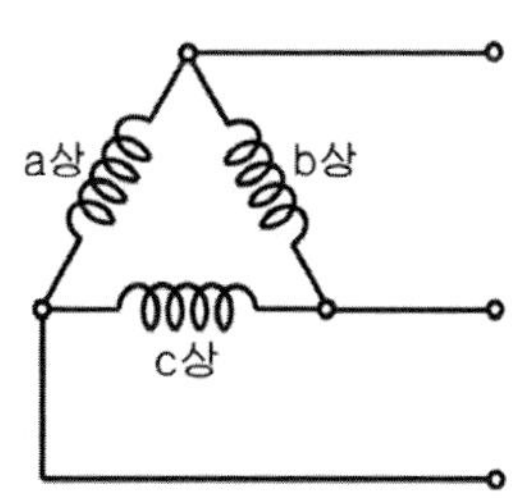

(b) 결선

그림 15-4 3상 유도전동기 결선법

3. 3상 유도전동기의 회전방향 변경

3상 유도전동기의 회전방향을 바꾸기 위해서는 그림 15-5와 같이 1차측의 3선 중 임의의 2선을 전원에 대하여 바꾸면 1차 권선에 흐르는 3상 교류의 상순서가 반대로 되어 회전자기장의 회전방향이 바뀌고, 유도전동기는 반대 방향으로 회전하게 된다.

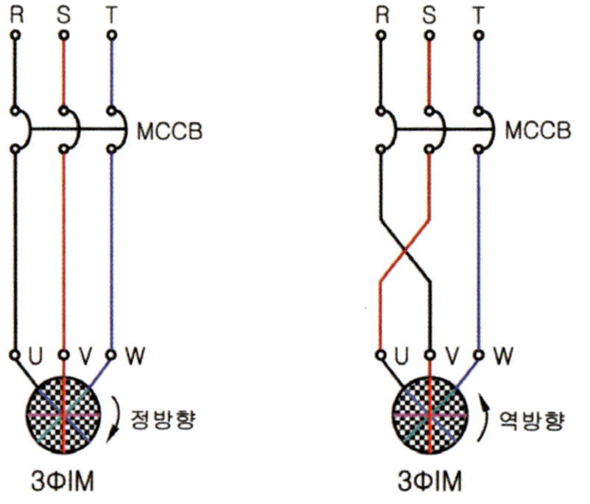

그림 15-5 3상 유도전동기의 회전방향 변경방법

❖ 작업 순서

1. 준비
   ① 동작사항을 보고 작업 공구, 기구 및 재료를 준비한다.
   ② 접점 및 동작상태의 이상 유무를 회로 시험기로 확인한다.

2. 도면 이해 및 숙지
   ① 동작상태의 전류흐름을 구상해 본다.
   ② 동작 설명
      ❶전원 : 3상 220[V]
      ❷ 배선용 차단기(MCCB)를 ON한다.
      ❸ 기동버튼 start1을 누르면 전자 접촉기 MC_1 코일이 여자되어 3상 유도전동기 3ϕIM1이 운전하며, RL이 점등된다.
      ❹ 기동버튼 start2를 누르면 전자 접촉기 MC_2 코일이 여자되어 3상 유도전동기 3ϕIM2가 운전되며, GL이 점등된다.
      ❺ 정지버튼 stop를 누르면 MC_1과 MC_2가 무여자되어 RL과 GL이 소등된다.
      ❻ 단, 3상 유도전동기 3ϕIM1이 3ϕIM2보다 먼저 운전하여야 한다.

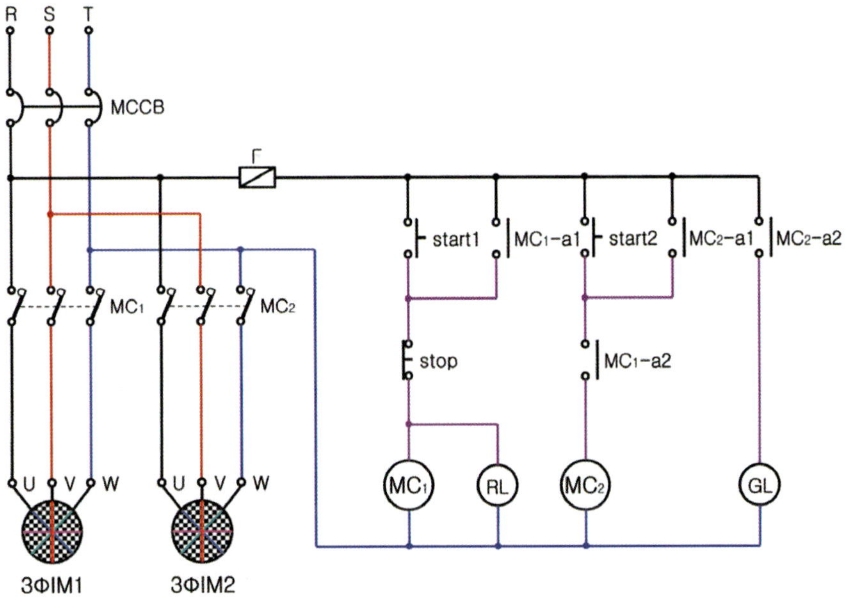

그림 15-6 우선 동작 상태 구성

3. 기구 부착

① 기구는 균형있게 고정한다.

② 기구가 파손되지 않도록 적당한 힘을 가해 고정하고, 치수가 주어지지 않으면 미관을 고려하여 편리하도록 고정한다.

③ 퓨즈(F) 대신 회로 보호기(CP)를 사용한다.

4. 덕트 작업

① 덕트는 컨트롤 판넬 내의 전선을 배선하기 위해 사용되며 협소한 공간에서도 사용이 가능하다.

② 덕트 측면에 홀이 있어 주회로 및 제어회로의 인입과 인출이 용이하도록 양면이 절개되어 전선정리가 편리하며 전선정리를 한 다음 덮개로 마무리를 한다.

5. 배선 작업

① 주회로부터 전선 색깔을 구분하여 배선 작업을 완료한다.

② 전원측 단자 R상에서부터 제어회로를 배선한다.

③ 전선과 기구와의 접속시 한 단자에 전선을 두 가닥 이상 연결하지 않는 것이 좋다.

6. 점검
   ① 간단한 회로인 경우 오결선은 육안으로 점검하며, 회로시험기나 벨 테스터기로 단선, 단락 유무를 점검한다.
   ② 회로시험기로 동작상태를 점검한다.

7. 동작
   ① 부하를 연결하고 전원을 연결한다.
   ② 동작을 시키며 동작사항과 점검한 내용을 비교 검토하여 이해를 돕는다.

실습 15 : 3상 유도전동기 우선 운전 제어회로 실습

1. 동작사항
   (1) 전원 : 3상 220[V]
   (2) 배선용 차단기(MCCB)를 ON한다.
   (3) 기동버튼 start1을 누르면 전자 접촉기 MC_1 코일이 여자되어 3상 유도전동기 3ϕIM1이 운전하며, RL이 점등된다.
   (4) 기동버튼 start2를 누르면 전자 접촉기 MC_2 코일이 여자되어 3상 유도전동기 3ϕIM2가 운전되며, GL이 점등된다.
   (5) 정지버튼 stop를 누르면 MC_1과 MC_2가 무여자되어 RL과 GL이 소등된다.
   (6) 단, 3상 유도전동기 3ϕIM1이 3ϕIM2보다 먼저 운전하여야 한다.

2. 기구 배치도

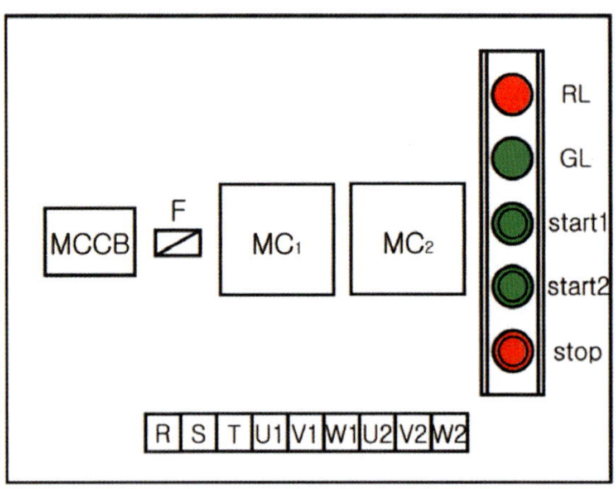

3. 실습 완성 사진

실습 16 : 3상 유도전동기 정 · 역 운전 제어회로(인터록회로)

☒ 관련 이론

1. 3상 유도전동기의 정 • 역 운전

3상 유도전동기를 정회전 운전으로부터 역회전 운전으로 전환하자면 3상 유도전동기를 일단 정지시키고 3상 유도전동기에 공급되는 3선중 2선을 서로 바꾸어 전원을 공급해 주면 3상 유도전동기는 역회전하게 된다.

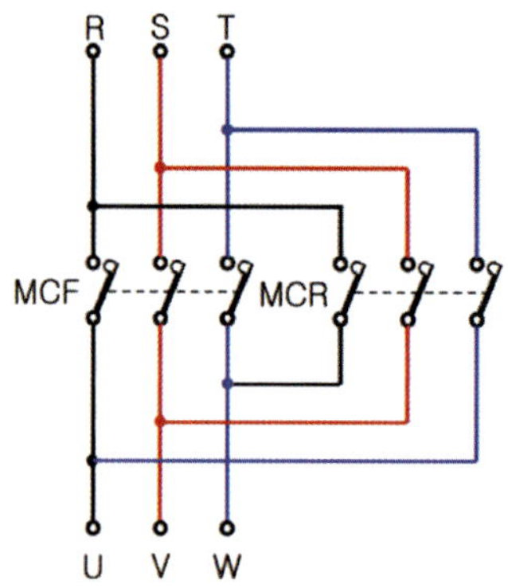

그림 16-1 정 • 역 운전 전자 개폐기의 배선방법

그림 16-1은 두 개의 전자 접촉기를 사용하여 3상 유도전동기에 공급되는 전압의 상순을 바꾸는 기본적인 회로이다. MCF는 정회전용 전자 접촉기이고, MCR 역회전용 전자 접촉기이다.

정회전용 전자 접촉기 MCF가 여자되면 전원의 R상은 전동기의 U단자에, S상은 V단자에 T상은 W단자에 접속되어 정회전 운전을 한다면, 이번에는 역회전 전자접촉기 MCR이 여자되면 R상은 W단자에 T상은 U단자에, S상은 그대로 V단자에 접속되어 결국 R상과 T상의 전원이 바뀌어 역회전한다.

2. 인터록회로

인터록회로는 복수 동작을 하는 기계장치의 상호간에 같이 동작되지 않도록 하는 회로를 인터록회로라 한다. 제어회로에서는 전자 접촉기 MCF와 MCR가 동시에 여자되면 주회로에 단락을 일으키게 되므로 2개의 전자 접촉기는 인터록을 걸어 절대로 동시에 여자되는 일이 없도록 하여야 한다.

❖ 작업 순서

1. 준비

① 동작사항을 보고 작업 공구, 기구 및 재료를 준비한다.

② 접점 및 동작상태의 이상 유무를 회로 시험기로 확인한다.

2. 도면 이해 및 숙지

① 기동 • 정지 및 인터록회로를 비교하여 보조회로를 이해한다.

② 인터록을 할 때 접점 동작상태와 전류흐름 상태를 이해한다.

③ 동작 설명

❶ 전원 : 3상 220[V]

❷ 배선용 차단기(MCCB)를 ON하면 전원 표시등 WL이 점등된다.

❸ 기동버튼 start1을 누르면 전원 접촉기 코일 MC_1이 여자되어 3상 유도전동기가 정회전하며 RL이 점등된다.

❹ 정지버튼 stop을 누르면 RL이 소등되고 3상 유도전동기가 정지된다.

❺ 기동버튼 start2을 누르면 MC_2가 여자되어 3상 유도전동기가 역회전하며 GL이 점등된다.

❻ 정지버튼 stop을 누르면 GL이 소등되고 3상 유도전동기가 정지된다.

❼ MC_1와 MC_2는 인터록회로를 구성한다.

❽ 과부하시 열동형 계전기(THR)가 동작하여 회로를 차단시키며 3상 유도전동기가 정지되고 WL이 점등된다.

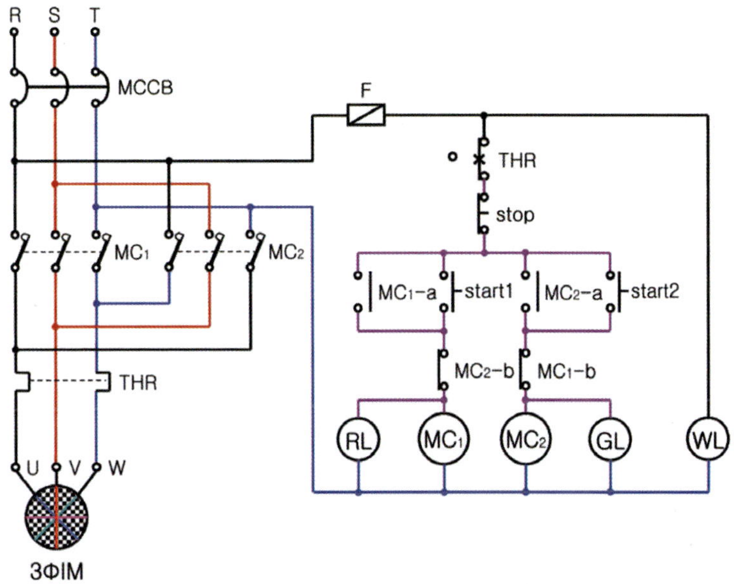

그림 16-2 동작 상태 구성

④ 타임차트를 작성 이해한다.

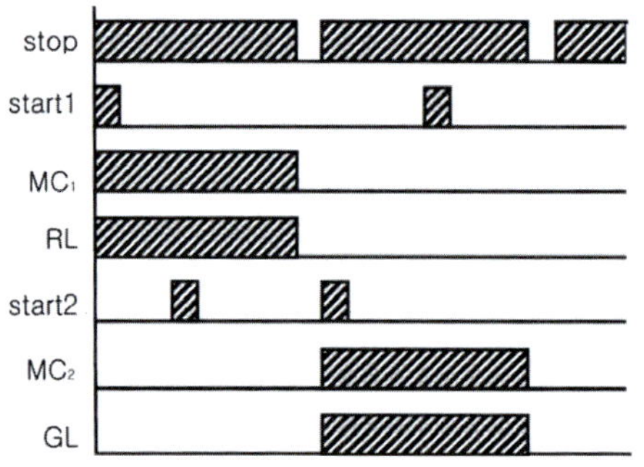

그림 16-3 타임 차트

3. 기구 부착
   ① 기구 배치는 미관을 고려하여 편리하게 기구를 고정시킨다.
   ② 흔들리거나 움직이지 않게 고정시킨다.
   ③ 퓨즈(F) 대신 회로 보호기(CP)를 사용한다.
4. 덕트 작업
   ① 덕트는 컨트롤 판넬 내의 전선을 배선하기 위해 사용되며 협소한 공간에서도 사용이 가능하다.
   ② 덕트 측면에 홀이 있어 주회로 및 제어회로의 인입과 인출이 용이하도록 양면이 절개되어 전선정리가 편리하며 전선정리를 한 다음 덮개로 마무리를 한다.

그림 16-4 주회로 구성

5. 배선 작업
   ① 주회로부터 전선 색깔을 구분하여 배선 작업을 완료한다.

② 전원측 단자 R상에서부터 제어회로를 배선한다.

③ 전자 개폐기의 전원측 단자에서부터 THR, 푸시버튼 스위치 램프 순서로 회로를 배선한다.

④ 주회로는 전선의 색깔을 구분, 전원측에서부터 배선한다.

⑤ 점검 및 고장 수리시 발견이 쉽게 되도록 케이블 타이 및 색상선을 따라 배선한다.

그림 16-5 회로배선 작업

6. 점검

① 간단한 오접속은 육안으로 점검한다.

② 벨 테스터기나 회로시험기를 사용하여 단선의 유무를 점검한다.

그림 16-6 배선 중간 점검

③ 회로시험기로 동작상태를 점검할 때는 저항 스위치를 배율×100에 놓는다.

④ 전원 단자 (R. T)에 회로시험기의 측정봉을 접촉시키면 WL의 저항값이 지시된다(램프의 연결선을 떼어 놓고 해도 무방하다).

⑤ ④항 상태에서 start1 버튼을 누르면 WL, RL, MC_1코일의 저항값이 지시된다.

⑥ ④항 상태에서 start2버튼을 부르면 WL, GL, MC_2코일의 저항값이 ⑤항과 같은 저항값이 나온다.

⑦ ⑤⑥항의 상태에서 정지버튼이나 THR b접점을 동작시켰을 때는 WL의 저항값만 지시한다.

⑧ 전자 개폐기를 수동으로 동작시키면 ⑤⑥항의 값과 같고, 만약 저항값이 회로시험기에서 0[Ω]이면 단락(합선), ∞[Ω]이면 단선을 의미하므로 재점검하여 회로를 구성한다.

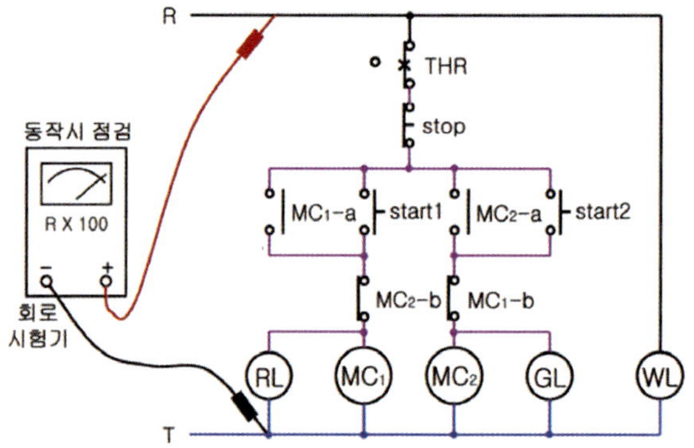

그림 16-7 회로 점검하기

⑨ 점검이 끝나면 THR b접점은 복귀시킨다.

7. 동작

① 부하를 연결하고 전원을 연결한다.

② 동작시 THR 정지버튼도 동작시켜 본다.

③ 동작시 점검한 내용과 비교하여 회로를 완전히 이해한다.

실습 16 : 3상 유도전동기 정·역 운전 제어회로(인터록회로) 실습

1. 동작사항

(1) 전원 : 3상 220[V]

(2) 배선용 차단기(MCCB)를 ON하면 전원 표시등 WL이 점등된다.

(3) 기동버튼 start1을 누르면 전원 접촉기 코일 MC_1이 여자되어 3상 유도전동기가 정회전하며 RL이 점등된다.
(4) 정지버튼 stop을 누르면 RL이 소등되고 3상 유도전동기가 정지된다.
(5) 기동버튼 start2를 누르면 MC_2가 여자되어 3상 유도전동기가 역회전하며 GL이 점등된다.
(6) 정지버튼 stop을 누르면 GL이 소등되고 3상 유도전동기가 정지된다.
(7) MC_1와 MC_2는 인터록회로를 구성한다.
(8) 과부하시 열동형 계전기(THR)가 동작하여 회로를 차단시키며 3상 유도전동기가 정지되고 WL이 점등된다.

2. 기구 배치도

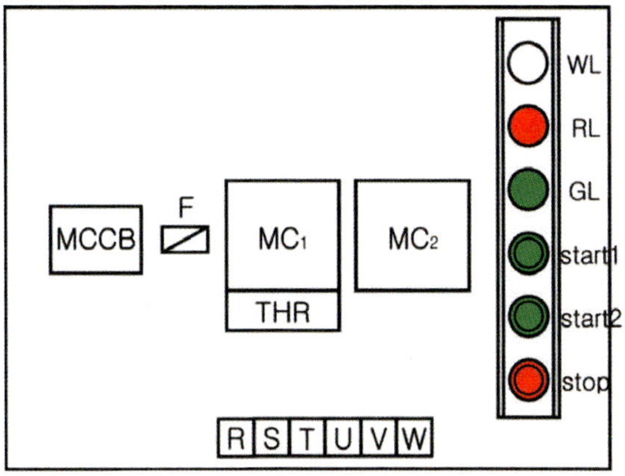

3. 실습 완성 사진

실습 17 : 3상 유도전동기 수동·자동 운전 제어회로

관련 이론

1. 선택 스위치(change over switch)는 절환(셀렉터) 스위치라고도 하며, 동작은 푸시버튼 스위치 1a1b와 같다. 형태별로 용도에 따라 사용된다.

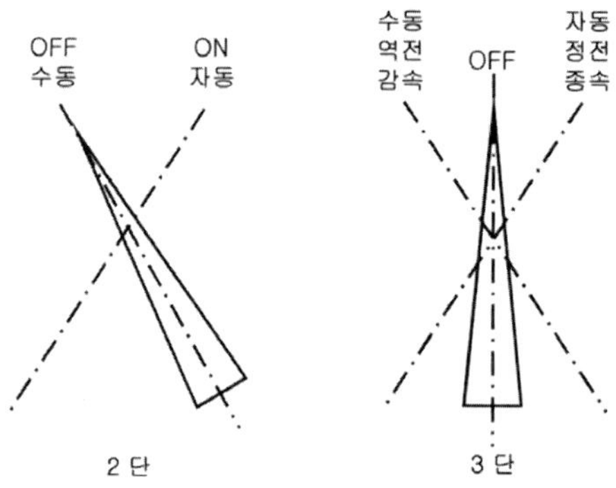

그림 17-1 위치에 따른 동작

2. 전자 타이머는 입력신호에서 출력신호까지의 사이에 인위적으로 일정한 시간을 유지시키는 것으로 ON delay와 OFF delay는 한시접점과 순시접점을 가지고 있다.

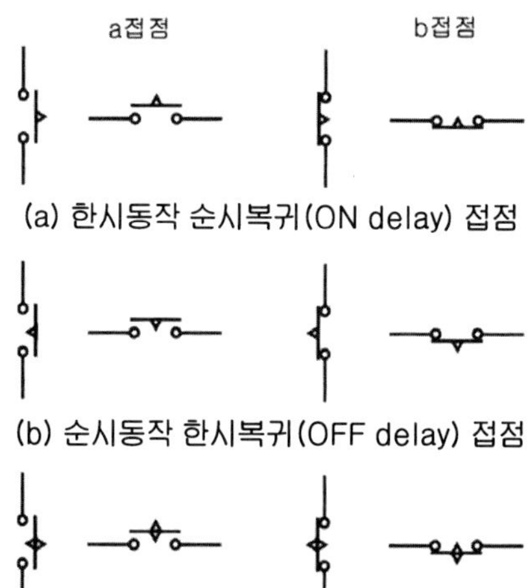

(a) 한시동작 순시복귀(ON delay) 접점

(b) 순시동작 한시복귀(OFF delay) 접점

(c) 한시동작 한시복귀(ON, OFF delay) 접점

그림 17-2 타이머 한시 점검

3. 전자식 과전류 계전기는 반도체 무접점으로 되어 있으며 반응속도가 빠르고 반응속도를 마음대로 조정할 수 있을 뿐 아니라 접점 수명이 길고, 가벼우며 미세한 전류의 변화에도 반응할

수 있도록 정밀하게 조정할 수 있는 편리함을 가지고 있다.

그림 17-3은 최근 시중에서 보급되고 있는 몰드형 전자식 과전류 계전기이다. 전류용량이 20[A]이며, 3상 3선식 회로에 사용할 수 있고 보조접점이 a, b 각 1개씩으로 기능상으로는 이제까지 설명한 열동형 과전류 계전기와 같다. 사용방법은 EOCR의 1차측 플러그를 전자 접촉기 2차측에 삽입하여 조립하고, 부하측 단자 2, 4, 6번에 부하를 접속한다. 부하전류에 대한 전류 설정범위는 15[A]의 것은 3~15(17)[A]까지, 20[A]의 것은 5~20(25)[A]까지 조정할 수 있다. 또한, 트립시간 조정도 1~50초까지 조정할 수 있다.

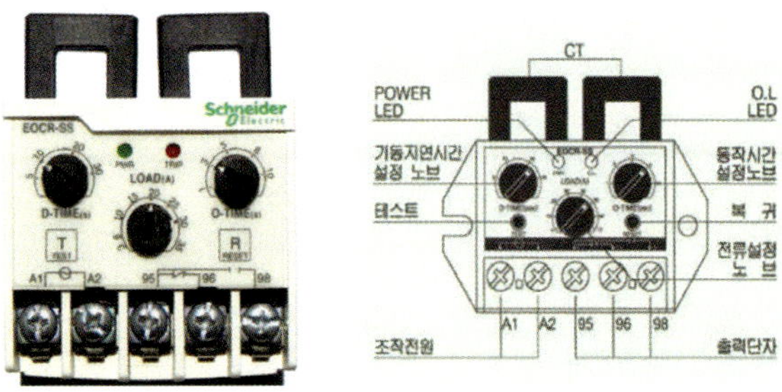

그림 17-3 전자식 과전류 계전기 실물(EOCR-SS)

① 전원 단자 : 반도체 무접점으로 되어 있어 전원을 공급하여야 정상동작을 한다. A1과 A2는 전원 단자이다.

② 접점 단자 : 접점이 4단자인 경우 b접점(95-96), a접점(97-98)이며, 접점이 3단자인 경우 (95), b접점(96), a접점(98)이다.

③ LOAD 표시 : 설정 전류값으로 그림 17-3처럼 20[A]에 조절했다면 과부하가 20[A]를 넘어서면 트립된다.

④ D-TIME(Delay-Time) 표시 : 기동지연시간 설정을 말하며, 기동지연시간 설정은 기동시

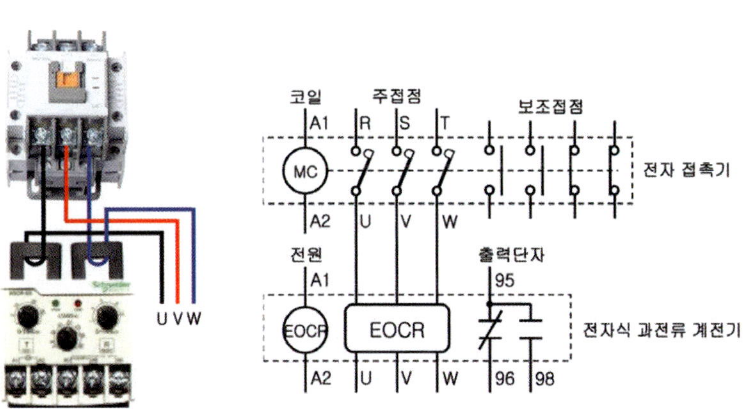

그림 17-4 전자 개폐기 실물 및 내부 결선도

기동전류로 인한 트립(오동작)을 방지하고자 하는 목적으로 설정한다(직입기동 시).

⑤ O-TIME(Operating-Time) 표시 : 과부하가 걸렸을 때 트립이 되는 시간이다. 전류 설정치를 초과하는 과전류가 흐를 경우, 설정한 O-TIME 경과 후 즉시 동작하여 부하측의 소손을 방지한다.

즉, 그림 17-3처럼 3초라면 20[A]를 넘었을 때 3초 후에 트립이 된다.

그림 17-4는 전자 개폐기 실물 및 내부 결선도이다.

실습 17 : 3상 유도전동기 수동·자동 운전 제어회로 실습

1. 동작사항

(1) 전원 : 3상 220[V]

(2) 배선용 차단기(MCCB)를 ON하면 전원 표시등 WL이 점등된다,

(3) 선택 스위치 COS를 자동(A)에 놓고 A-start 버튼을 누르면 전자 타이머 동작, MC동작, RL이 점등, 3상 유도전동기가 운전하고 설정시간 후 3상 유도전동기가 정지, RL이 소등된다.

(4) 선택 스위치 COS를 수동(H)에 놓고 H-start 버튼을 누르면 3상 유도전동기가 운전하며, RL이 점등된다.

(5) 정지버튼 stop을 누르면 3상 유도전동기가 정지하고 WL이 점등된다.

(6) (3)항과 (4)항 상태에서 과부하시 전자식 과전류 계전기(EOCR)가 동작하여 회로를 차단시키며 3상 유도전동기가 정지하고 WL이 점등된다.

2. 기구 배치도

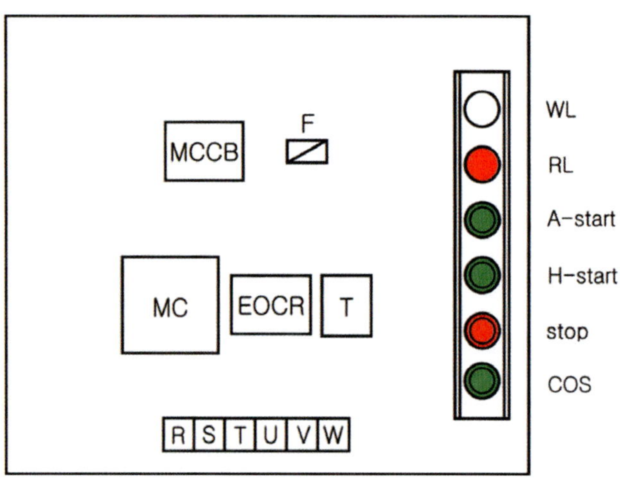

3. 실습 완성 사진

❖ 작업 순서

1. 준비

① 동작사항을 보고 작업 공구, 기구 및 재료를 준비한다.

② 접점 및 동작상태의 이상 유무를 회로 시험기로 확인한다.

2. 도면 이해 및 숙지

① 타이머의 전원에 따른 접점을 숙지하고 코일단자도 잘 선택한다.

② 전류의 흐름 상태는 수동과 자동을 따로 이해토록 한다.

③ 동작 설명(그림 17-5)

❶ 배선용 차단기(MCCB)를 투입하면 전원 표시등 WL이 점등된다.

❷ 선택 스위치 COS를 자동(A)으로 놓고 A-start를 누르면 전자 타이머가 동작하여 MC가 동작 설정된 시간만 3상 유도전동기가 운전하고 정지한다. 이 때, RL이 점등된다.

❸ 선택 스위치 COS를 수동(H)에 놓고 H-start를 누르면 3상 유동전동기가 계속 운전한다. 이 때, RL이 점등된다.

❹ 정지버튼 stop을 누르면 3상 유도전동기가 정지하고 WL이 점등된다.

❺ ❷항과 ❸항 상태에서 전자식 과전류 계전기(EOCR)를 수동 차단하면 3상 유도전동기는 정지하며, WL이 점등된다.

3. 기구 부착

① 배치도에 따라 수평, 수직이 맞게 전자 개폐기, 타이머 베이스 등을 고정한다.

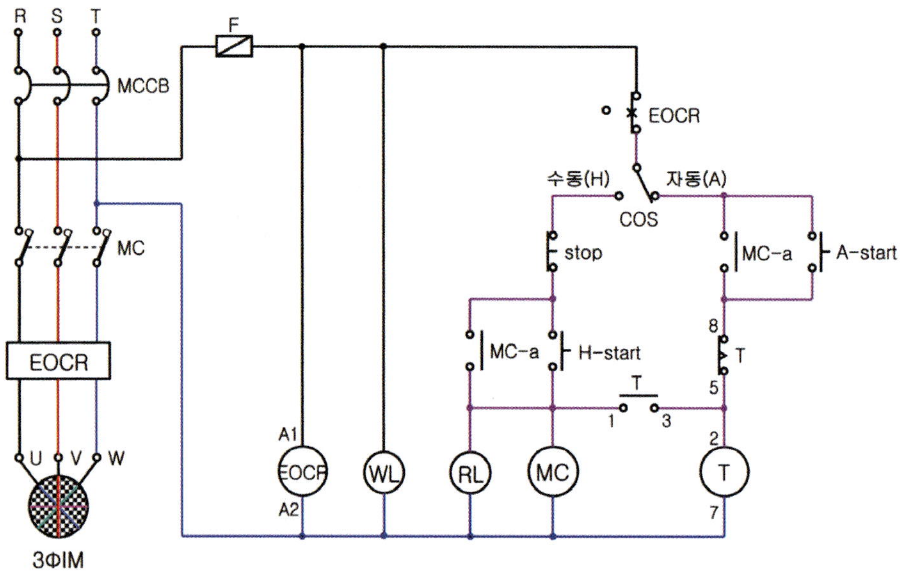

그림 17-5 동작 상태 구성

② 타이머 베이스(timer base) 고정시 구멍의 홈이 아래로 향하게 취부한다.

③ 퓨즈(F) 대신 회로 보호기(CP)를 사용한다.

④ 선택 스위치를 시계 방향으로 돌려 배치 고정했을 때에는 자동이 되게 함은 물론 배선하기 쉽게 한다.

4. 덕트 작업

① 덕트는 컨트롤 판넬 내의 전선을 배선하기 위해 사용되며 협소한 공간에서도 사용이 가능하다.

② 덕트 측면에 홀이 있어 주회로 및 제어회로의 인입과 인출이 용이하도록 양면이 절개되어 전선정리가 편리하며 전선정리를 한 다음 덮개로 마무리를 한다.

5. 배선 작업

① 시퀀스에 따라 제어회로를 전원측 단자에서부터 배선하며, UP단자 이므로 두 선 이상 접촉하지 않도록 한다.

② 주회로를 전원측 단자에서부터 전선 색깔을 구분하여 부하 단자까지 배선한다.

6. 점검

① 간단한 주회로 오결선 및 퓨즈의 연결상태 등을 육안으로 점검한다.

② 벨 테스터기나 회로 시험기로 단락 및 단선 유무를 확인한다.

③ 동작 점검을 할 때에 타이머의 접점을 전선으로 단락하여 점검하면 편리하다.

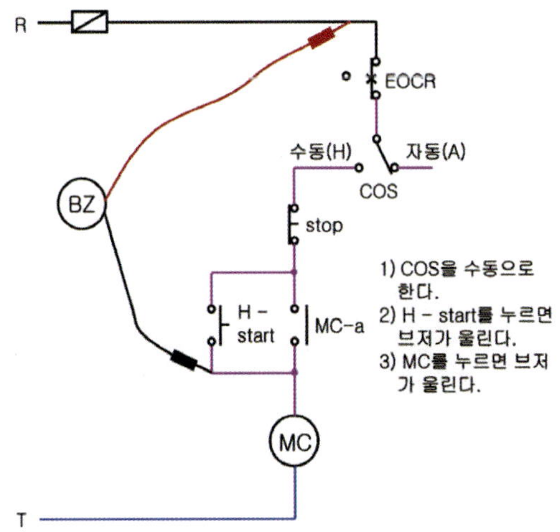

그림 17-6 수동회로 단선의 유무 점검

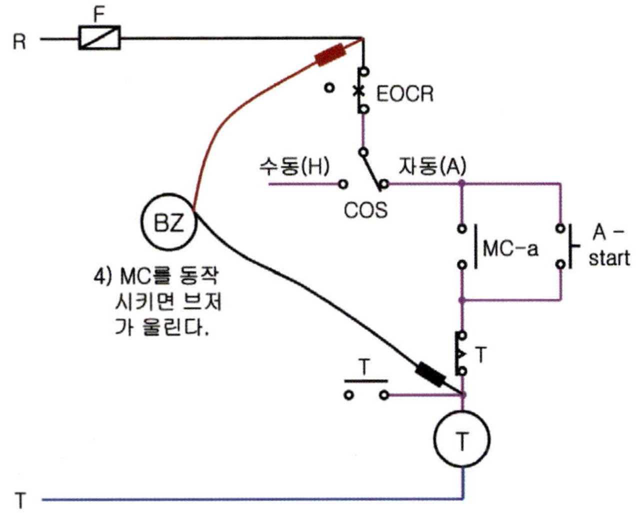

그림 17-7 자동회로 단선의 유무 점검

7. 동작

① 배선용 차단기(MCCB)를 OFF에 놓고 타이머를 꽂는다.

② 부하를 연결하고 전원을 넣어 선택 스위치의 자동과 수동 동작으로 바꿔 가며 동작시켜 본다.

③ 동작을 시키며 동작사항과 점검한 내용을 비교 검토하여 이해를 돕는다.

실습 18 : 1개의 푸시버튼으로 3상 유도전동기 운전 • 정지 제어회로

관련 이론

1. 푸시버튼 스위치 한 개로 기동 • 정지하는 곳은 사고가 발생되지 않는 곳에서 자주 개폐를 행할 경우 사용되는 회로이다. 푸시버튼 스위치와 램프가 조합된 조광형 푸시버튼 스위치를 사용하여 회로를 구성하면 편리하다.

그림 18-1 조광형 푸시버튼 스위치

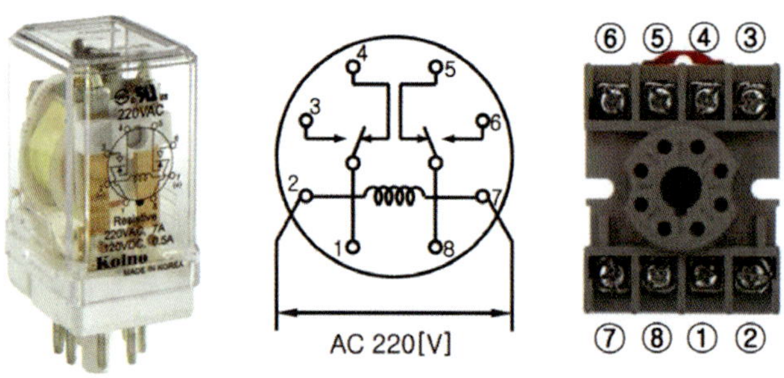

그림 18-2 전자 릴레이(8pin 2a 2b) 및 소켓

실습 18 : 1개의 푸시버튼으로 3상 유도전동기 운전 • 정지 제어회로 실습

1. 동작사항
   (1) 전원 : 3상 220[V]
   (2) 배선용 차단기(MCCB)를 ON하면 전원 표시등 WL이 점등된다.
   (3) start/stop 버튼을 한번 눌렀다 놓으면 전자 릴레이 Ry_1이 여자되어 MC를 동작시키고 Ry_1은 무여자된다. MC가 여자되어 RL이 점등되고 3상 유도전동기가 운전한다.
   (4) 다시 start/stop을 눌렀다 놓으면 Ry_1은 무여자되고, Ry_2가 여자되어 MC가 무여자되며 RL이 소등, 3상 유도전동기는 정지, WL이 점등된다.

(5) (3)항과 (4)항 상태에서 과부하시 전자식 과전류 계전기(EOCR)가 동작하여 회로를 차단 시키며 3상 유도전동기는 정지하고 RL이 소등, WL이 점등된다.

2. 기구 배치도

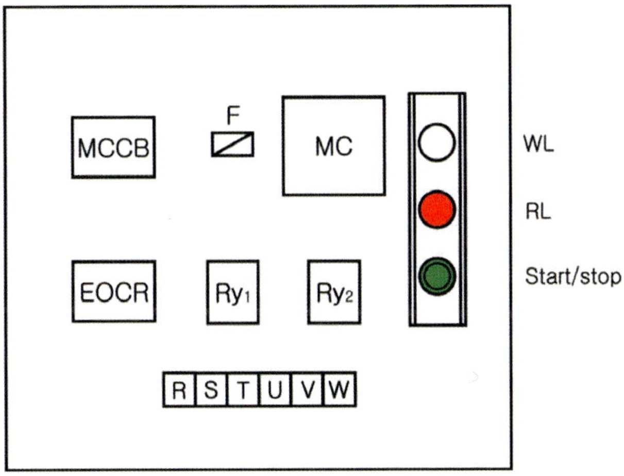

3. 실습 완성 사진

❖ 작업 순서

1. 준비

① 동작사항을 보고 작업 공구, 기구 및 재료를 준비한다.

② 접점 및 동작상태의 이상 유무를 회로 시험기로 확인한다.

2. 도면 이해 및 숙지
   ① 푸시버튼의 접점동작을 이해한다.
   ② 접점으로 인터록회로를 구성한 전류흐름도로 전자 릴레이 Ry_1, Ry_2가 여자, 3상 유도전동기가 운전/정지되는 것을 이해한다.
   ③ EOCR 동작 유무 및 b접점의 차단 때의 회로를 이해한다.
   ④ 동작 설명
   ❶ start/stop 버튼을 한 번 누르면 Ry_1이 여자되어 MC가 동작, RL이 점등, WL이 항상 점등상태이다.
   ❷ 한번 더 start/stop 버튼을 누르면 전자 릴레이 Ry_2가 여자되어 MC가 무여자되며 RL이 소등, WL만 ON 상태이고 전자 릴레이 Ry_1, Ry_2, MC는 OFF 상태가 된다.

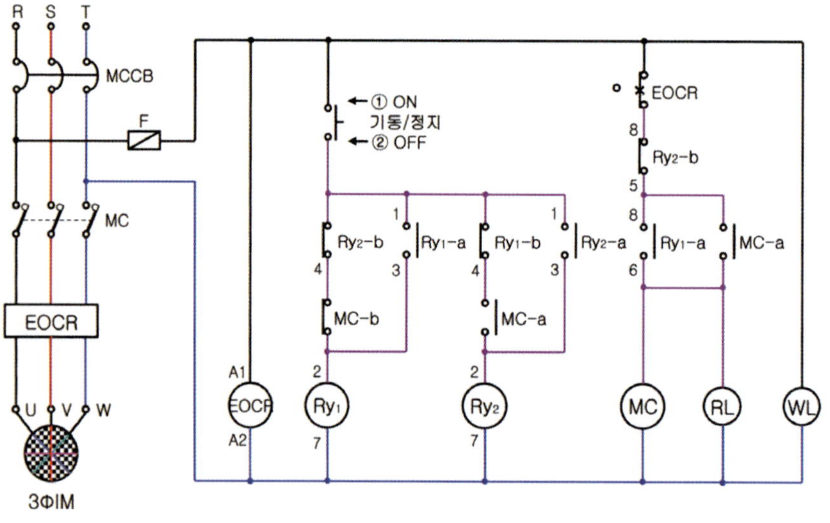

그림 18-3 동작 상태 구성

3. 기구 부착
   ① 배치도에 따라 미관을 고려하여 움직이지 않도록 취부한다.
   ② 퓨즈(F) 대신 회로 보호기(CP)를 사용한다.
   ③ 3상 유도전동기는 단자대로 접속토록 한다.

4. 덕트 작업
   ① 덕트는 컨트롤 판넬 내의 전선을 배선하기 위해 사용되며 협소한 공간에서도 사용이 가능하다.
   ② 덕트 측면에 홀이 있어 주회로 및 제어회로의 인입과 인출이 용이하도록 양면이 절개되어 전선정리가 편리하며 전선정리를 한 다음 덮개로 마무리를 한다.

5. 배선 작업

① 주회로부터 전선 색깔을 구분하여 배선 작업을 완료한다.

② 전원측 단자 R상에서부터 제어회로를 배선한다.

6. 점검

① 주회로, 퓨즈 오결선 등은 육안으로 점검하고, 브저나 회로시험기로 단선의 유무 및 동작을 점검한다.

② 접점을 수동으로 조작, 점검해 본다.

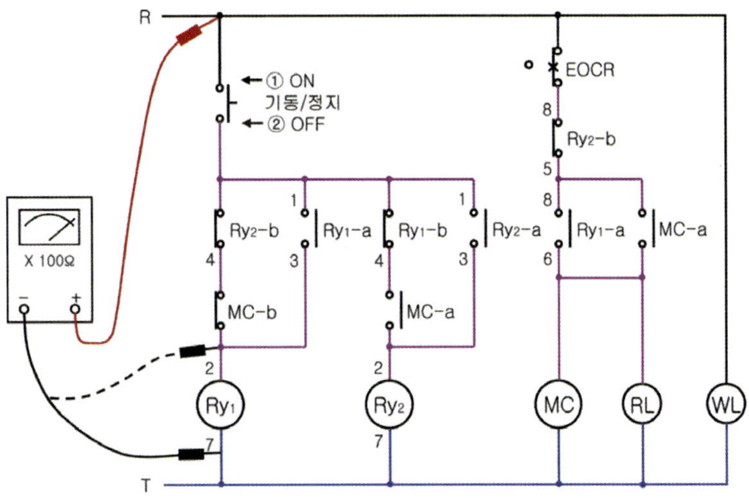

그림 18-4 점검한다

7. 동작

① 푸시버튼 스위치를 눌러 전자 릴레이 Ry_1이 여자되면 MC가 동작하고 또 다시 누르면 MC가 정지된다.

② 시퀀스 도면과 같이 동작하는지 확인한다.

③ EOCR 동작시 MC가 동작하는지 확인한다.

실습 19 : 3상 유도전동기 Y-Δ기동 운전 제어회로

관련 이론

공장에서 많이 사용되고 있는 3상 유도전동기의 전전압 기동법은 기동전류가 정격전류의 약 5~7배로 되어 계통에 전압강하를 일으켜 다른 기기에도 큰 영향을 주므로 5~15[kW]이하의 유도전동기는 Y결선으로 기동하고 몇 초가 지난 후 Δ결선으로 운전하면 선간전압이 모두 가해져 정상운전이 되도록 하는 것을 **Y-Δ기동**이라고 한다.

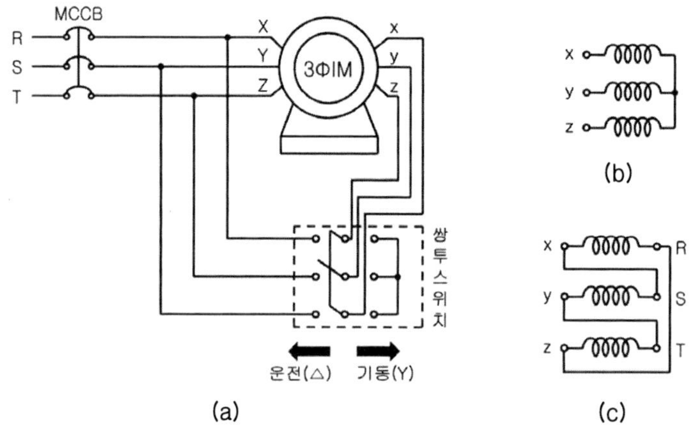

그림 19-1 Y-기동법 (a) 기동회로 (b) Y결선 (c) 결선

그림 19-1 (a)와 같은 Y-Δ기동법을 사용한다. 유도전동기를 기동할 때에는 스위치 SW를 기동(Y)쪽으로 닫아서 권선에 흐르는 기동전류를 감소시키고, 유도전동기의 속도가 점차로 증가하여 정격속도에 이르면 운전(Δ)쪽으로 스위치 SW를 전환하여 정상운전을 계속한다. 기동 순간에 스위치를 기동(Y)쪽으로 닫으면 전동기의 권선은 그림 19-1 (b)와 같은 Y결선이 된다. 권선의 R, S, T 단자에 3상 교류전압을 가해주면 기동시 Y결선으로 하고, Δ결선으로 운전한다. 기동시 Y결선의 상전압은 $1/\sqrt{3}$이 가해지므로 기동전류는 Δ결선으로 기동할 때의 1/3이 되므로 기동토크는 1/3로 감소되며, 안전한 기동이 된다. 기동전류는 전부하 전류의 200~250[%] 정도로 제한된다.

유도전동기가 정격속도에 이르면 운전(Δ)쪽으로 닫음으로써 그림 19-1 (c)와 같은 Δ결선이 된다. Δ결선이 되면 전전압기동 때와 같은 상태가 되어 정격토크를 발생하면서 유도전동기는 회전한다.

Y-Δ기동방법에서 전자 접촉기 2개를 사용하는 방법은 정지 중에도 유도전동기에 전압이 걸려 절연열화 등의 우려가 있으므로 무부하 또는 경부하 시동이 가능한 공작기계, 송풍기, 펌프 등에 사용된다.

실습 19 : 3상 유도전동기 Y-Δ기동 운전 제어회로 실습

1. 동작사항

(1) 전원 : 3상 220[V]

(2) 배선용 차단기(MCCB)를 ON한다.

(3) 기동버튼 start를 누르면 전자 타이머 T와 MC_1이 여자되어 3상 유도전동기가 Y결선으로 운전하며 RL이 점등한다.

(4) 전자 타이머의 설정시간 T초 후, MC_1이 무여자되어 RL이 소등되며, MC_2가 여자되어 3상 유도 전동기가 Δ결선으로 운전하며 GL이 점등한다.

(5) 정지버튼 stop를 누르면 3상 유도전동기가 정지한다.

(6) 과부하시 전자식 과전류 계전기(EOCR)가 동작하여 회로가 차단되며 YL이 점등된다.

(7) MC_1과 MC_2는 동시에 동작할 수 없도록 인터록회로를 구성한다.

2. 기구 배치도

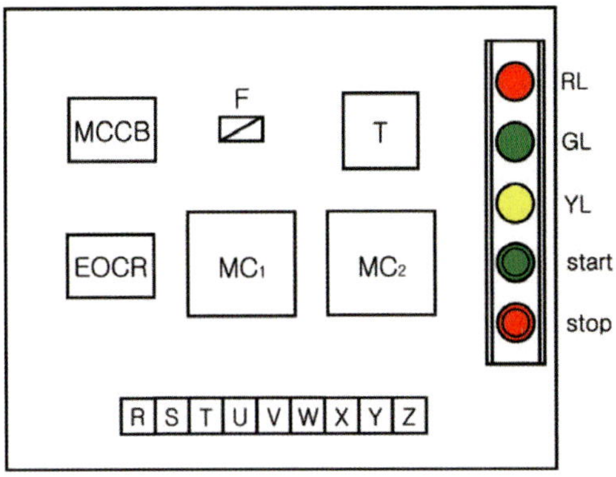

3. 실습 완성 사진

❖ 작업 순서

1. 준비

① 동작사항을 보고 작업 공구, 기구 및 재료를 준비한다.

② 접점 및 동작상태의 이상 유무를 회로 시험기로 확인한다.

2. 도면 이해 및 숙지

① 동작상태의 전류흐름을 구상해 본다.

② 시퀀스 회로를 보고 동작설명을 한다.

③ 동작 설명

❶ 배선용 차단기(MCCB)를 ON한다.

❷ 기동버튼 start를 누르면 전자 타이머 T와 MC_1이 여자되어 3상 유도전동기가 Y결선으로 운전하며 RL이 점등한다.

❸ 전자 타이머의 설정시간 T초 후, MC_1이 무여자되어 RL이 소등되며, MC_2가 여자되어 3상 유도 전동기가 ⊿결선으로 운전하며 GL이 점등한다.

❹ 정지버튼 stop를 누르면 3상 유도전동기가 정지한다.

❺ 과부하시 전자식 과전류 계전기(EOCR)가 동작하여 회로가 차단되며 YL이 점등된다.

❻ MC_1과 MC_2는 동시에 동작할 수 없도록 인터록회로를 구성한다.

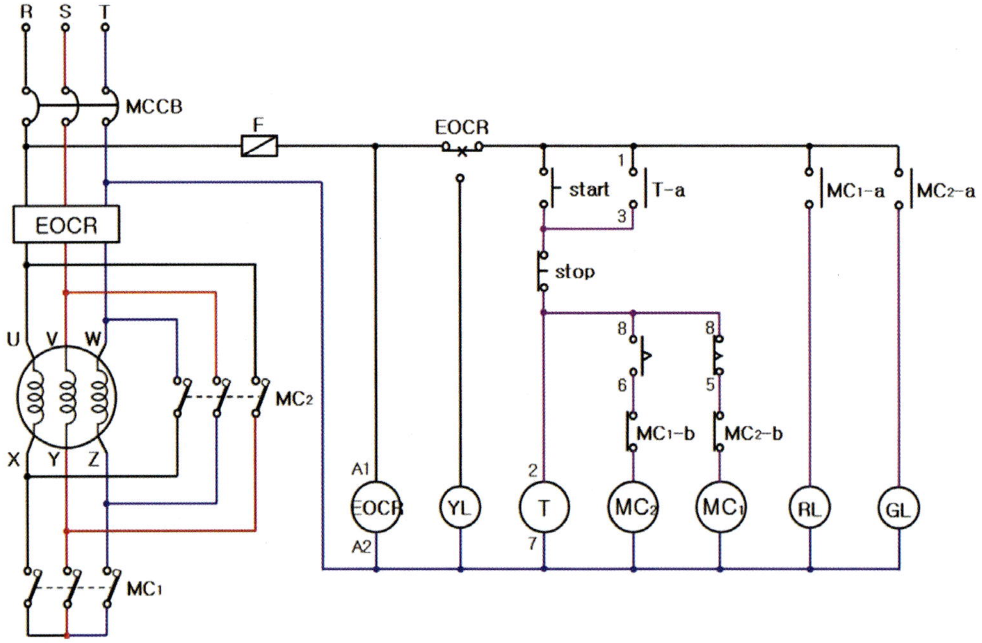

그림 19-2 동작 상태 구성

3. 기구 부착
   ① 기구는 균형있게 고정한다.
   ② 퓨즈(F) 대신 회로 보호기(CP)를 사용한다.
   ③ 기구가 파손되지 않도록 적당한 힘을 가해 고정하고, 치수가 주어지지 않으면 미관을 고려하여 편리하도록 고정한다.
   ③ 전자 타이머 베이스(base) 고정시 구멍의 홈이 아래로 향하게 취부한다.

4. 덕트 작업
   ① 덕트는 컨트롤 판넬 내의 전선을 배선하기 위해 사용되며 협소한 공간에서도 사용이 가능하다.
   ② 덕트 측면에 홀이 있어 주회로 및 제어회로의 인입과 인출이 용이하도록 양면이 절개되어 전선정리가 편리하며 전선정리를 한 다음 덮개로 마무리를 한다.

5. 배선 작업
   ① 전선의 색깔을 구분하여 전원측 단자에서부터 동작 흐름에 따라 배선한다.
   ② 배선 작업시 베이스 핀 번호를 확인 후 접속한다.
   ③ 전선과 기구와의 접속시 한 단자에 전선을 두 가닥 이상 연결하지 않는 것이 좋다.

6. 점검
   ① 간단한 회로인 경우 오결선은 육안으로 점검하며, 회로시험기나 벨 테스터기로 단선, 단락 유무를 점검한다.
   ② 회로시험기로 동작상태를 점검한다.

7. 동작
   ① 전원을 연결한다.
   ② 동작을 시키며 동작사항과 점검한 내용을 비교 검토하여 이해를 돕는다.

실습 20 : 전자 타이머를 이용한 3상 유도전동기 Y-Δ 운전 제어회로

관련 이론

3상 유도전동기 기동 특성은 유도전동기의 기동토크가 부하토크보다 약간 크면 그 차이로 전동기는 기동하게 되고 점차로 속도가 증가된다. 그러나 기동상태에 있는 유도전동기는 2차측이 단락된 변압기로 생각할 수 있으므로 1차측에 직접 정격전압을 가하면 매우 큰 기동전류가 흐르고 권선은 소손시킬 위험이 있다. 보통 기동전류는 정격전류의 5~7배 정도가 되는 큰 전류이므로 용량이 큰 유도전동기의 경우에는 기동장치를 사용하여 기동전류를 제한한다.

실습 20 : 전자 타이머를 이용한 3상 유도전동기 Y-Δ 운전 제어회로 실습

1. 동작사항

(1) 전원 : 3상 220[V]

(2) 배선용 차단기(MCCB)를 ON하면 전원 표시등 WL이 점등된다.

(3) 기동버튼 start를 누르면 MC_1과 전자 타이머 T가 여자되어 RL이 점등되고 Y결선으로 3상 유도전동기가 기동한다.

(4) 전자 타이머 설정시간 후 MC_2가 여자되어 Δ결선으로 3상 유도전동기가 운전한다.

(5) 정지버튼 stop을 누르면 3상 유도전동기가 정지하고, RL이 소등, WL이 점등된다.

(6) MC_1와 MC_2는 인터록회로를 구성한다.

(7) (3)항과 (4)항 상태에서 과부하시 전자식 과전류 계전기(EOCR)가 동작하여 회로를 차단시키며 3상 유도전전동기가 정지하고 WL이 점등된다.

2. 기구 배치도

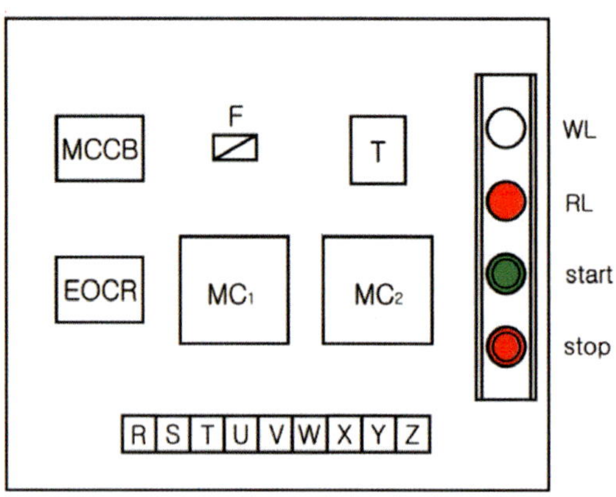

3. 실습 완성 사진

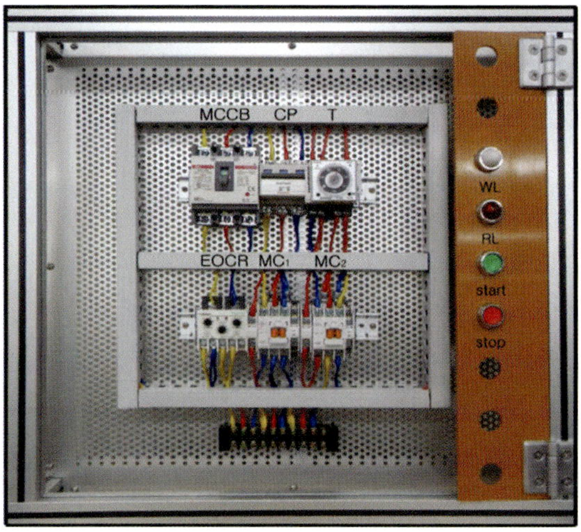

❖ 작업 순서

1. 준비

① 동작사항을 보고 작업 공구, 기구 및 재료를 준비한다.

② 접점 및 동작상태의 이상 유무를 회로 시험기로 확인한다.

2. 도면 이해 및 숙지

① 주회로를 이해한다.

② 제어회로의 전류흐름을 구상하여 타이머 접점의 동작을 이해한다.

③ 인터록 접점을 사용한 회로의 동작상태를 이해한다.

④ 램프만 회로를 분리하여 이해한다.

⑤ 동작 설명

❶ 배선용 차단기(MCCB)를 ON하면 WL이 점등된다.

❷ 기동버튼 start를 누르면 MC_1과 전자 타이머 코일이 여자되어 RL이 점등되고 Y결선으로 기동한다.

❸ 전자 타이머의 설정시간 후 MC_2가 여자되어 ⊿결선으로 운전한다.

❹ 정지버튼 stop을 누르면 3상 유도전동기가 정지하고, RL이 소등, WL이 점등된다.

❺ MC_1와 MC_2는 인터록회로를 구성한다.

❻ ❷항과 ❸항 상태에서 과부하시 전자식 과전류 계전기(EOCR)가 동작하여 회로를 차단시키며 3상 유도전동기가 정지하고 WL이 점등된다.

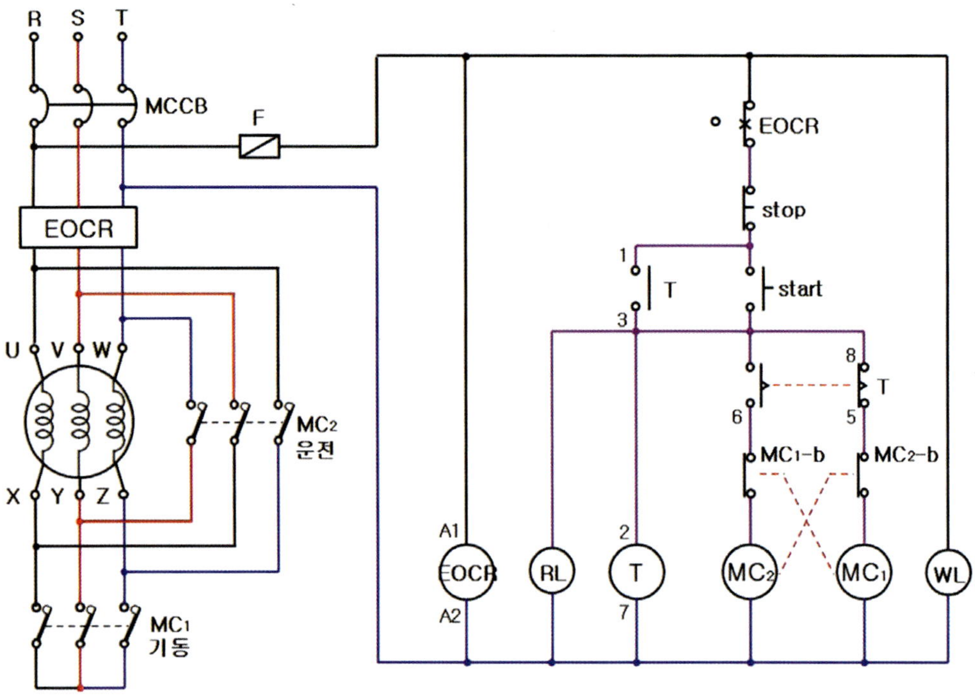

그림 20-1 동작 상태 구성

3. 기구 부착

① 배치도에 따라 수평, 수직이 맞도록 작업에 편리한 순으로 고정한다.

② 퓨즈(F) 대신 회로 보호기(CP)를 사용한다.

③ EOCR은 전원측에 배선할 수 있도록 고정한다.

4. 덕트 작업

① 덕트는 컨트롤 판넬 내의 전선을 배선하기 위해 사용되며 협소한 공간에서도 사용이 가능하다.

② 덕트 측면에 홀이 있어 주회로 및 제어회로의 인입과 인출이 용이하도록 양면이 절개되어 전선정리가 편리하며 전선정리를 한 다음 덮개로 마무리를 한다.

5. 배선 작업

① 시퀀스에 따라 주회로의 전선 색깔을 구분하여 전원측에서부터 배선한다.

② 제어회로를 전자 개폐기 단자 전원측에서부터 조작, 기구까지 전선을 배선한다.

③ 단자에 전선을 연결할 때 두 가닥 이상 연결하지 않도록 주의한다.

④ 단자 연결시 흔들리고 빠지지 않도록 적당한 힘을 가하여 조여 준다.

6. 점검

① 주회로 및 퓨즈 연결상태, 기구와의 전선접속 등을 육안으로 점검한다.

② 회로시험기나 부저를 사용하여 단선의 유무를 점검한다.

③ 동작을 점검할 때 전자 타이머 접점은 기동버튼을 누르고 있는 상태에서 5번과 8번을 전선으로 연결했다가 6번과 8번으로 연결하면서 점검한다.

④ 부저를 사용하여 점검할 때는 전자 접촉기 코일 및 전자 타이머 코일의 저항이 크면 부저가 울리지 않는다.

⑤ 회로시험기로써 점검할 때는 저항 선택 스위치를 배율×100에 놓고 점검한다.

⑥ 동작 점검 때 0[Ω]이나 ∞[Ω]일 때는 단락이나 단선을 뜻하므로 재점검하여 회로를 구성한다.

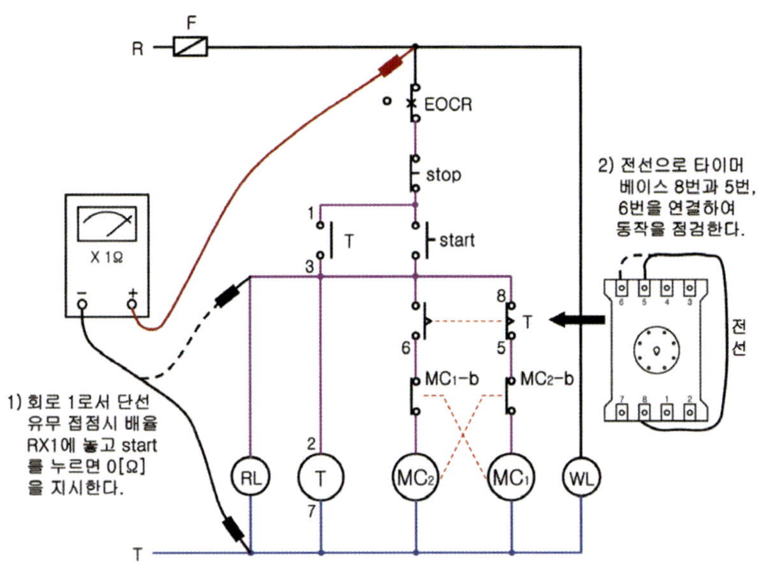

그림 20-2 단선의 유무 점검

7. 동작

① 부하를 연결하고 전원을 연결한다.

② 동작을 시키며 동작사항과 점검한 내용을 비교 검토하여 이해를 돕는다.

실습 21 : 기동 버튼에 의한 3상 유도전동기 Y-⊿ 운전 제어회로

관련 이론

Y-⊿기동 방법에서 전자 접촉기 3개를 사용하는 방법은 가장 널리 사용되는 방법으로서 정지 중에는 유도전동기에 전압이 걸리지 않으므로 비상용 또는 휴지기간이 매우 긴 부하에 사용된다.

실습 21 : 기동 버튼에 의한 3상 유도전동기 Y-⊿ 운전 제어회로 실습

1. 동작사항

(1) 전원 : 3상 220[V]

(2) 배선용 차단기(MCCB)를 ON한다.

(3) 기동버튼 start를 누르고 있으면 MC_3가 여자되어 RL이 점등되고, MC_1이 동작하여 Y결선으로 3상 유도전동기가 기동한다.

(4) 기동버튼을 start를 놓으면 MC_2가 여자되어 ⊿결선으로 3상 유도전동기가 운전하며, GL이 점등된다.

(5) 정지버튼 stop을 누르면 3상 유도전동기가 정지한다.

(6) (3)항과 (4)항 상태에서 과부하시 과전류 계전기(EOCR)가 동작하여 회로를 차단시키며 3상 유도전동기가 정지된다.

※ 푸시버튼을 누르고 있는 동안만 Y결선으로 기동한다.

2. 기구 배치도

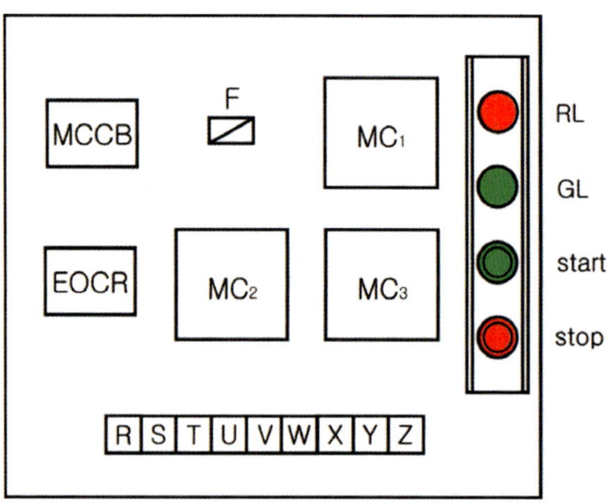

3. 실습 완성 사진

❖ 작업 순서

1. 준비

① 동작사항을 보고 작업 공구, 기구 및 재료를 준비한다.

② 접점 및 동작상태의 이상 유무를 회로 시험기로 확인한다.

2. 도면 이해 및 숙지

① 주회로를 이해한다.

② 보조회로의 접점 동작상태를 이해한다.

③ 촌동을 사용한 회로의 접점 동작상태를 이해한다.

④ 램프 점등상태와 접점 동작상태를 이해한다.

⑤ 동작 설명

❶ 기동버튼 start를 누르면 MC_3가 여자되어 MC_{3-a} 접점이 붙고, MC_1이 여자되어 MC_{1-a} 접점이 붙으므로 RL이 점등되고, Y결선으로 기동한다.

❷ 기동버튼 start를 놓으면 MC_2가 여자되어 ⊿결선으로 운전하며, GL이 점등된다.

❸ 정지버튼 stop을 누르면 3상 유도전동기가 정지한다.

❹ ❶항과 ❷항 상태에서 과부하시 전자식 과전류 계전기(EOCR)가 동작하여 회로를 차단시키며 3상 유도전동기가 정지하며, 보조회로의 모든 동작이 정지한다.

※ 푸시버튼을 누르고 있는 동안만 Y결선으로 기동한다.

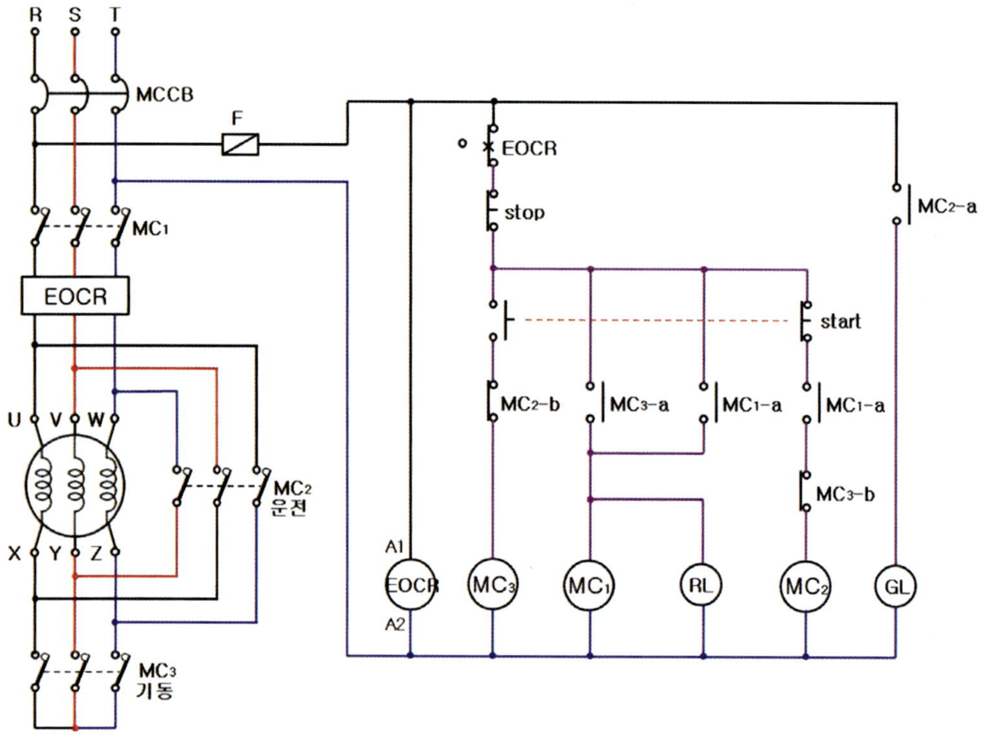

그림 21-1 동작 상태 구성

3. 기구 부착

① 배치도에 따라 수평, 수직이 맞도록 작업에 편리한 순으로 고정한다.

② 미관을 고려하여 고정한다.

③ 퓨즈(F) 대신 회로 보호기(CP)를 사용한다.

4. 덕트 작업

① 덕트는 컨트롤 판넬 내의 전선을 배선하기 위해 사용되며 협소한 공간에서도 사용이 가능하다.

② 덕트 측면에 홀이 있어 주회로 및 제어회로의 인입과 인출이 용이하도록 양면이 절개되어 전선정리가 편리하며 전선정리를 한 다음 덮개로 마무리를 한다.

5. 배선 작업

① 주회로를 전원측 R, S, T에서부터 전원의 색을 구분하여 부하측까지 배선한다.

② 전선의 방향은 주회로와 보조회로를 구분하여 배선한다.

③ 시퀀스에 따라 제어회로를 전원측 R, S, T에서부터 배선한다.

④ 단자 연결시 흔들리고 빠지지 않도록 적당한 힘을 가하여 조여 준다.

6. 점검

① 간단한 주회로 오결선, 퓨즈연결 및 전선 고정상태을 육안으로 점검한다.

② 부저나 회로시험기로 단선의 유무 및 기구단자와의 접속 등을 점검한다.

③ EOCR의 b접점 동작상태도 확인한다.

④ 점검할 때 0[Ω]이나 ∞[Ω]일 때면 단락이나 단선이므로 재점검하여 회로를 구성한다.

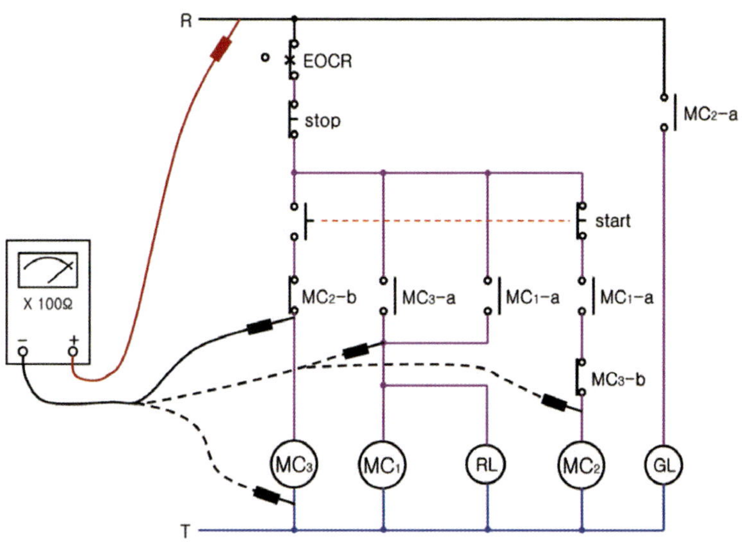

그림 21-2 보조회로 점검

7. 동작

① 부하를 연결하고 전원을 연결한다.

② 동작을 시키며 동작사항과 점검한 내용을 비교 검토하여 이해를 돕는다.

실습 22 : 단상 유도전동기 회전방향 변경 제어회로

관련 이론

1. 3상 유도전동기는 3상 교류전원을 공급받을 수 있는 공장이나 큰 빌딩 또는 학교 등에서 대용량의 동력원으로 사용되고, 단상 유도전동기는 가정이나 농어촌 등에서 단상 교류전원에 접속되어 소용량의 동력원으로 사용되고 있다.
2. 단상 유도전동기는 기동 토크가 영(0) 이므로 기동권선을 가지고 기동하는 전동기는 원심력 스위치로 기동권선을 개폐한다. 원심력 스위치는 정지상태 폐(閉)로 하여 기동권선의 기동전류를 흘려 동기속도의 70~80[%]정도의 속도에서 원심력에 의해 개(開)로 되어 기동권선의 전류를 차단한다.

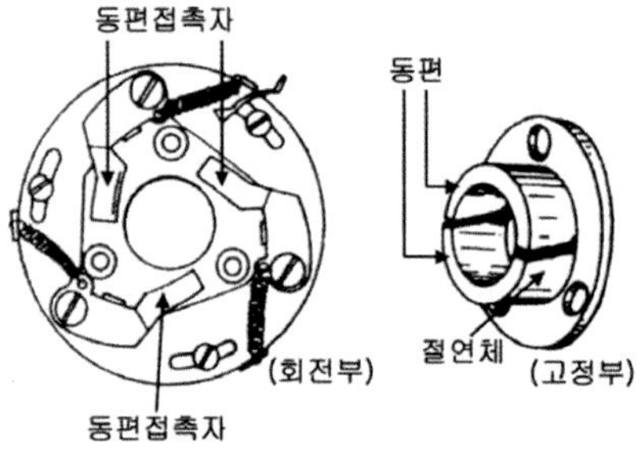

그림 22-1 원심력 스위치 구조

3. 단상 유도전동기가 정•역 어느 방향으로 회전하는가의 문제는 자기장과 전류방향으로 결정되기 때문에 회전방향을 바꾸려고 할 때는 운전권선과 기동권선 중 어느 한 권선의 전류방향을 바꿔주면 회전방향이 바뀌므로 주로 기동권선의 전류방향을 바꾼다.

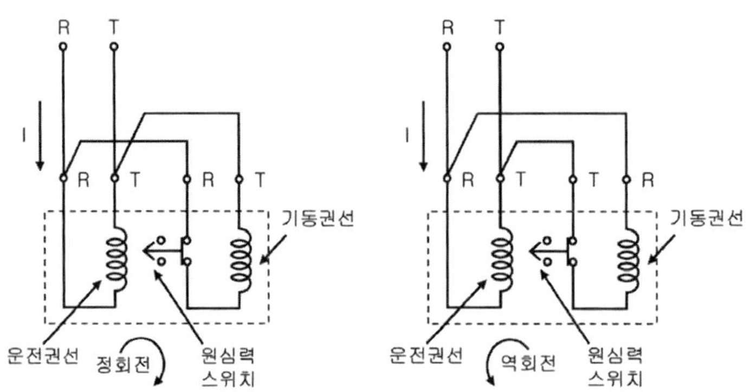

그림 22-2 권선의 전류방향

(1) 운전권선은 코일의 굵기가 굵고 코일 턴수는 적어서 선로정수 중 리액턴스 성분이 크다.
(2) 기동권선은 상대적으로 운전권선에 비해 가늘고 코일 턴수는 많으며 선로정수 중 저항성분이 크다.
(3) 운전권선은 리액턴스 성분, 기동권선은 저항성분이 크기 때문에 두 권선의 위상차에 의해서 기동하여 운전하는 것이 기본 원리이며 기동권선에 콘덴서를 삽입하므로서 그 위상차가 더욱 커지므로 기동특성이 개선된다.
(4) 단상 유도전동기는 외부에 단자가 4개 있으므로 콘덴서를 내부에 설치하는 것과 외부에서 연결하도록 하는 것이 있다. 기동 시에는 두 개의 권선을 병렬로 전원에 연결하여 사용하고 기동 후 기동권선이 불필요하며 전력 손실만 초래하므로 원심력 스위치를 사용하여 차단하고 운전권선만을 사용한다.

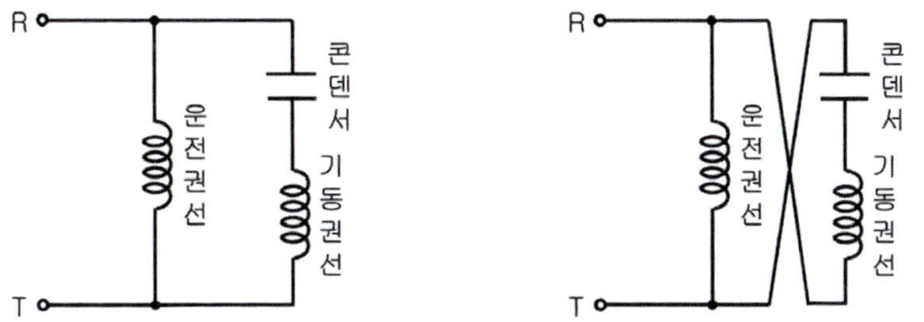

그림 22-3 단상 유도전동기 결선 방법

실습 22 : 단상 유도전동기 회전방향 변경 제어회로 실습

1. 동작사항

(1) 전원 : 1상 220[V]
(2) 배선용 차단기(MCCB)를 ON하면, 전원 표시등 WL이 점등된다.
(3) 기동버튼 start1 버튼을 누르면 MC_1이 동작하여 단상 유도전동기는 정회전하며 RL이 점등된다.
(4) 기동버튼 start2 버튼을 누르면 MC_2가 동작하여 단상 유도전동기는 역회전하며 GL이 점등된다.
(5) 정지버튼 stop을 누르면 단상 유도전동기가 정지되고 WL이 점등된다.
(6) 정역 운전시는 반드시 stop버튼을 동작 후 실시한다.
(7) MC_1와 MC_2는 인터록회로를 구성한다.
(8) 과부하시 전자식 과전류 계전기(EOCR)가 동작하여 회로를 차단시키며 단상 유도전동기가 정지하고, 전원 표시등 WL이 점등된다.

2. 기구 배치도

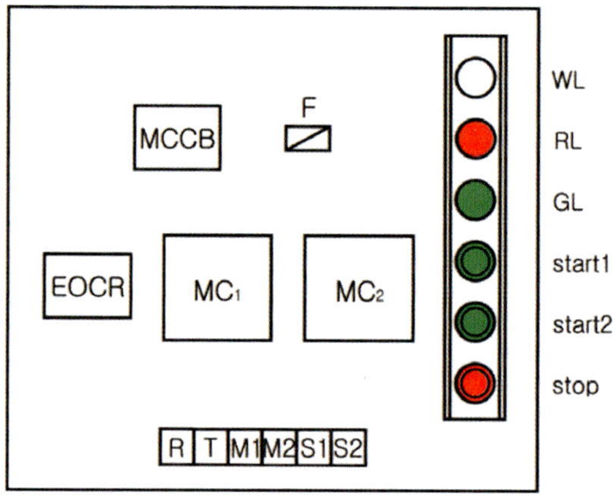

3. 실습 완성 사진

❖ 작업 순서

1. 준비
   ① 동작사항을 보고 작업 공구, 기구 및 재료를 준비한다.
   ② 접점 및 동작상태의 이상 유무를 회로 시험기로 확인한다.

2. 도면 이해 및 숙지
   ① 정회전 또는 역회전 때 운전권선의 전류방향은 바꾸지 않고 기동권선의 전류방향이 바뀌도록 주회로가 구성되어 있다.

② 제어회로는 단동회로로 푸시버튼 스위치의 b접점을 사용하였다.

③ EOCR을 위로 사용한 것은 2소자를 가지고 부하전류를 감지하기 위함이다.

④ 동작 설명

❶ 배선용차단시(MCCB)를 ON하면 WL이 점등된다.

❷ 기동버튼 start1을 ON하면 MC_1이 동작하여 단상 유도전동기가 정회전을 한다.

❸ ❷항 상태에서 기동버튼 start2를 누르면 인터록 접점에 의해 동작을 저지하므로 역회전시킬 때는 정지버튼 stop을 누르고 start2를 눌러야 역회전을 하는데, 원심력 스위치가 붙어 있는 상태이어야(기동권선의 회로가 구성된 후) 회전방향이 바뀐다.

❹ MC_1와 MC_2는 인터록회로를 구성한다.

❺ 동작 중 전자식 과전류 계전기 접점을 수동 차단하게 되면 모든 램프는 소등되며 WL이 점등하고 모든 동작은 정지한다.

❻ EOCR 접점은 원래상태로 복귀시켜 놓아야 한다.

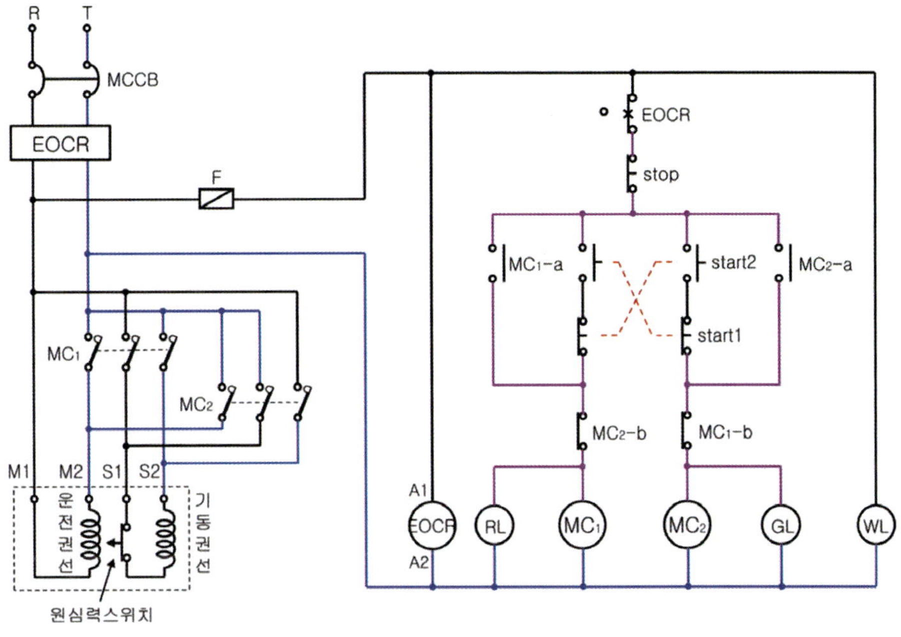

그림 22-4 동작 상태 구성(정회전 때의 인터록 접점)

⑤ 타임차트를 작성 이해한다.

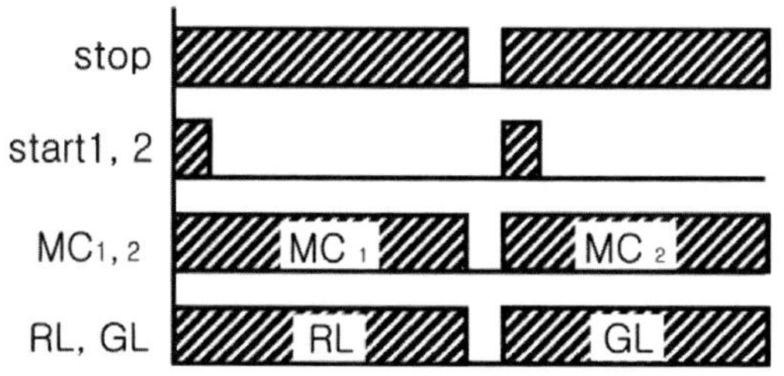

그림 22-5 타임 차트

3. 기구 부착

① 수평, 수직에 맞도록 배치도에 따라 작업하기 쉽게 고정한다.

② 치수가 주어지지 않은 것은 미관을 고려하여 고정한다.

③ 퓨즈(F) 대신 회로 보호기(CP)를 사용한다.

4. 덕트 작업

① 덕트는 컨트롤 판넬 내의 전선을 배선하기 위해 사용되며 협소한 공간에서도 사용이 가능하다.

② 덕트 측면에 홀이 있어 주회로 및 제어회로의 인입과 인출이 용이하도록 양면이 절개되어 전선정리가 편리하며 전선정리를 한 다음 덮개로 마무리를 한다.

5. 배선 작업

① 전원측 단자 R상에서부터 제어회로를 배선한다.

② 주회로는 전원측에서부터 배선하여 전선의 색깔을 구분한다.

③ 개폐기와 전선 즉 기구와 배선의 간격이 수평일 때 15[㎜]정도, 수직일 때에는 10[㎜]정도를 기구와 기구의 중심에서 떼어서 배선하면 좋다.

6. 점검

① 주회로나 퓨즈 연결상태, 기구 단자와의 접속 등을 육안으로 점검한다.

② 회로시험기를 사용하여 점검할 때 단선의 유무, 단락 유무는 저항 선택 스위치를 배율 ×100에 놓고 점검한다.

③ 벨이나 브저을 사용하여 램프의 연결선을 떼어 놓고 점검한다.

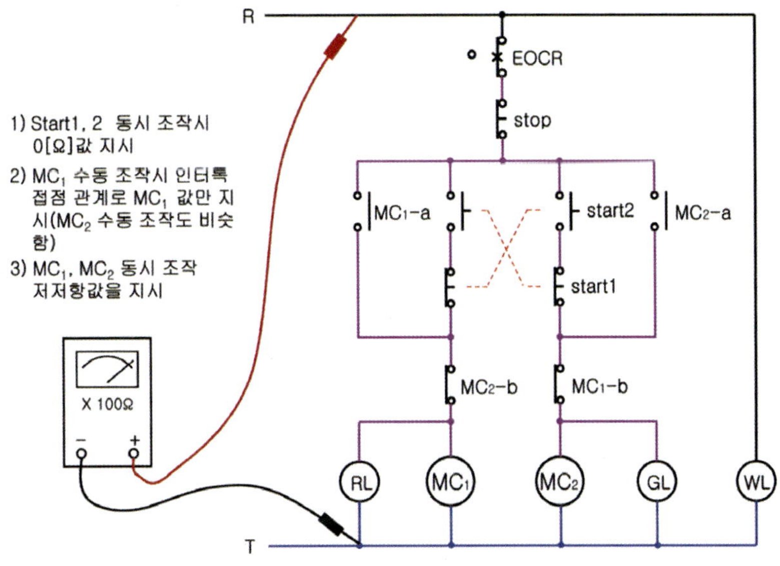

그림 22-6 점검한다

7. 동작

① 부하를 연결하고 전원을 연결한다.

② 동작을 시키며 동작사항과 점검한 내용을 비교 검토하여 이해를 돕는다.

실습 23 : 3상 유도전동기 기동 보상기 운전 제어회로

관련 이론

15[kW]정도 이상의 농형 유도전동기를 기동시킬 경우에는 기동전류를 제한하기 위해서 그림 23-1과 같은 기동 보상기법을 사용한다. **기동 보상기법**은 기동전류를 제한하기 위해서 정격전압의 40~80[%] 범위 안에서 2~4개의 탭을 내어서, 이들 탭 중에서 알맞은 탭을 선정하여 사용한다.

핸들을 기동 보상기의 기동쪽으로 옮기면 기동 보상기의 1차측은 전원에 연결되고, 2차측은 유도전동기에 접속되어 낮은 전압이 유도전동기에 가해지므로 낮은 전압으로 기동한다. 유도전동기의 속도가 정격속도에 이르면 핸들을 운전쪽으로 옮겨서 전전압이 전동기에 가해지도록 한다. 이 때, 기동 보상기는 유도전동기 회로에서 분리되고 정격토크를 발생하면서 회전한다.

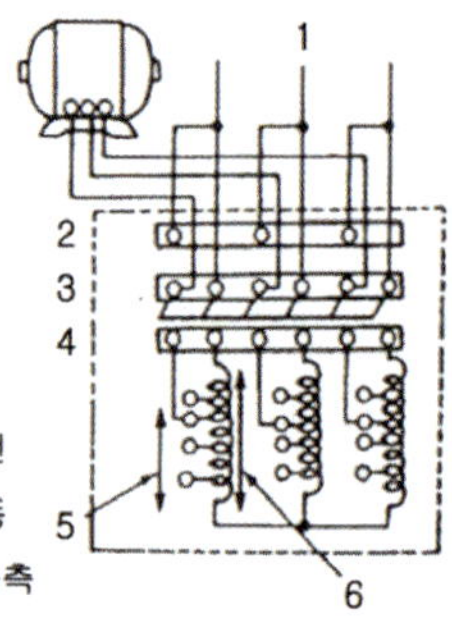

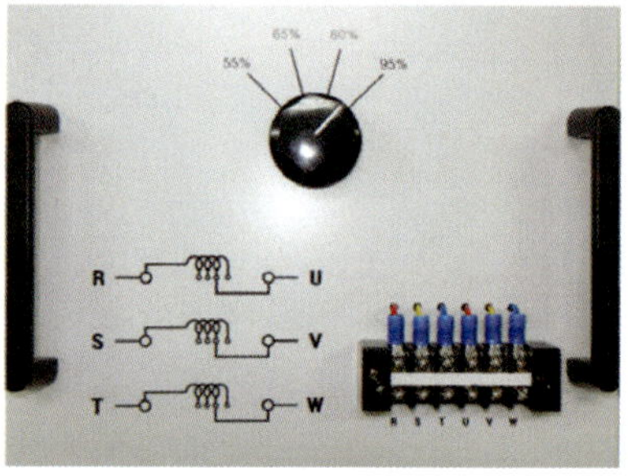

그림 23-1 기동 보상기의 내부구조 및 실물

실습 23 : 3상 유도전동기 기동 보상기 운전 제어회로 실습

1. 동작사항
   (1) 전원 : 3상 220[V]
   (2) 배선용 차단기(MCCB)를 ON하면 전원 표시등 WL이 점등된다.
   (3) 기동버튼 start를 누르면 전자 타이머 T가 여자되고 MC_3, MC_2가 여자되어 3상 유도전동기 저전압 기동을 하며, RL이 점등된다.
   (4) 전자 타이머 T의 설정시간 후 MC_1이 여자되고, MC_3, MC_2가 무여자되어 3상 유도전동기 전전압 운전을 하며 RL이 점등된다.
   (5) 정지버튼 stop을 누르면 MC_3, MC_2, MC_1이 무여자되어 3상 유도전동기가 정지되면 RL이 소등, WL이 점등된다.
   (6) MC_3와 MC_1은 인터록회로를 구성한다.

(7) EOCR-b가 동작하면, 3상 유도전동기는 정지하고, BZ와 GL이 울리고 점등된다. MC, T는 무여자되어 RL이 소등된다.

2. 기구 배치도

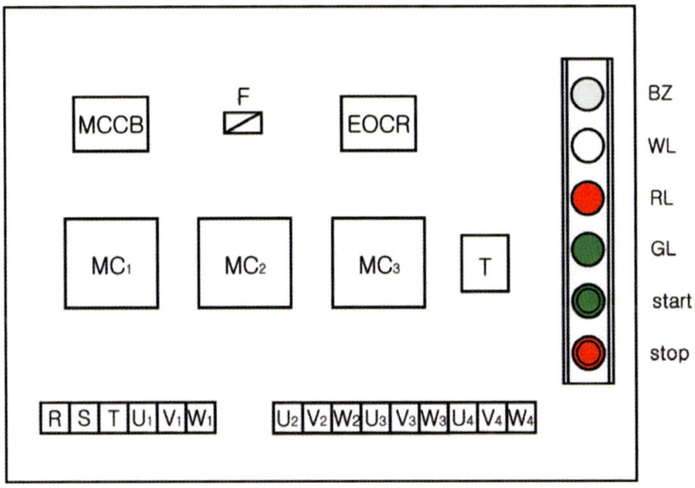

3. 실습 완성 사진

❖ 작업 순서

1. 준비

① 동작사항을 보고 작업 공구, 기구 및 재료를 준비한다.

② 접점 및 동작상태의 이상 유무를 회로 시험기로 확인한다.

2. 도면 이해 및 숙지

① 제어회로의 전류흐름을 구상하여 주회로의 동작상태를 이해한다.

② EOCR b접점의 동작상태에서 경보회로를 이해한다.

③ 전자 타이머 한시접점에 의한 인터록회로를 이해한다.

④ 동작 설명

❶ 기동버튼 start를 누르면 전자 타이머가 여자되어 MC_3가 동작하며 MC_2도 동작하므로 3상 유도 전동기가 저전압 기동하고, RL이 점등되며 MCCB에 의해 WL이 점등된다.

❷ 전자 타이머의 설정시간 후 타이머 한시접점에 의해 MC_3, MC_2가 꺼지고 MC_1이 동작하여 3상 유도전동기가 전전압으로 운전된다. 이 때, RL이 점등된다.

❸ 정지버튼 stop을 누르면 MC_1이 무여자되어 3상 유도전동기가 정지되고 RL이 소등, WL이 점등된다.

❹ MC_3와 MC_1은 인터록회로를 구성한다.

❺ EOCR b접점이 동작하면, BZ가 울리고, GL이 점등된다. 이 때, 3상 유도전동기는 정지한다.

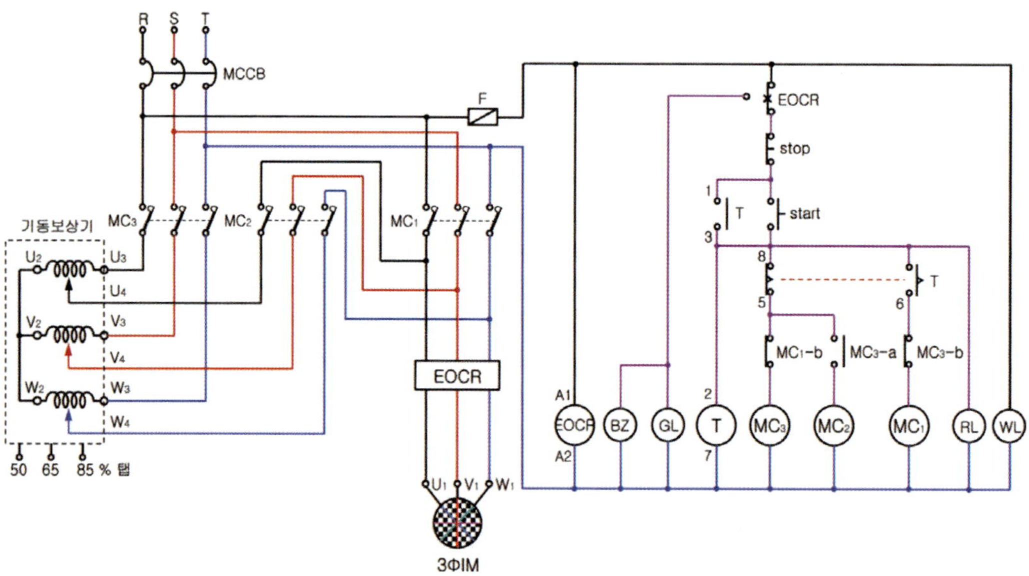

그림 23-2 동작 상태 구성

3. 기구 부착

① 배치도에 따라 수평, 수직이 맞게 고정한다.

② 퓨즈(F) 대신 회로 보호기(CP)를 사용한다.

③ 기구 고정은 흔들림이 없도록 한다.

④ 기동 보상기는 외부에서 연결해야 하므로 단자대를 이용한다.

4. 덕트 작업

① 덕트는 컨트롤 판넬 내의 전선을 배선하기 위해 사용되며 협소한 공간에서도 사용이 가능하다.

② 덕트 측면에 홀이 있어 주회로 및 제어회로의 인입과 인출이 용이하도록 양면이 절개되어 전선정리가 편리하며 전선정리를 한 다음 덮개로 마무리를 한다.

5. 배선 작업

① 전원측에서부터 주회로의 전선 색깔을 구분하여 배선한다.

② EOCR를 배선시 동작사항을 점검하여 배선한다.

③ 기동 보상기는 단자대에 도면과 같이 순서대로 연결한다.

6. 점검

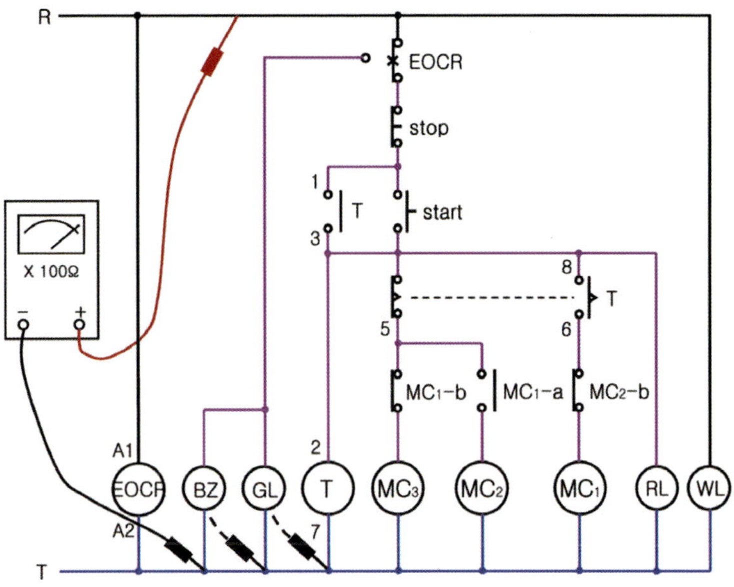

그림 23-3 점검방법

① 주회로 및 퓨즈의 연결상태, 오결선 등은 육안으로 점검한다.

② 벨 테스터기나 회로시험기로 단선의 유무를 점검한다.

③ 동작 점검 때 벨 테스터기나 회로시험기로 점검할 때의 차이점을 생각하며 점검하고, EOCR-b 접점을 수동으로 차단하여 경보회로도 점검한다.

7. 동작

① 반드시 배선용 차단기를 OFF상태에 두고 부하를 연결한 후 전원을 연결해야 한다.

② 전자 타이머를 꽂고 기동버튼을 눌러 동작상태를 확인한다.

③ 기동 보상기를 연결할 때 탭의 연결이 도면과 같이 연결되어야 한다.

④ 동작을 시키며 동작사항과 점검한 내용을 비교 검토하여 이해를 돕는다.

실습 24 : 3상 유도전동기 리액터 기동 운전 제어회로

관련 이론

1. 리액터 기동법

리액터는 철심에 코일을 감은 것으로 기동전류를 제한하는 목적 등에 사용되며, 농형 유도전동기를 전전압 기동을 할 경우 기동전류는 정격전류의 5~7배 정도의 기동전류가 흐른다. 이러한 이유에서 기동전류를 제한할 필요가 있으며, 이 때, 리액터 기동법을 사용한다. **리액터 기동법**이란 농형 유도전동기의 1차권선(고정자 권선)에 직렬로 리액터를 연결하여 기동함으로서 리액터의 전압강하만큼을 뺀 나머지 전압만 농형 유도전동기의 고정자 권선에 걸리도록 하여 기동하고 기동이 끝나면 리액터를 제거하여 전전압으로 운전하는 일종의 감압 기동방식이다. 주로 고압전동기의 기동 방식으로 많이 쓰인다.

그림 24-1 리액터의 구조

실습 24 : 3상 유도전동기 리액터 기동 운전 제어회로 실습

1. 동작사항

(1) 전원 : 3상 220[V]

(2) 배선용 차단기(MCCB)를 ON하면 전원 표시등 WL이 점등된다.

(3) 기동버튼 start를 누르면 MC_1, T가 여자되어 RL이 점등되고 3상 유도전동기가 저전압 기동을 한다.

(4) 전자 타이머 T의 설정시간 후 MC_2가 동작, MC_1이 무여자되고, RL 소등, GL이 점등되고 3상 유도전동기가 전전압 운전을 한다.

(5) 정지버튼 stop을 누르면 3상 유도전동기가 정지되고 RL, GL이 소등되며 WL이 점등된다.

(6) 과부하시 전자식 과전류 계전기(EOCR)가 동작하여 회로를 차단시키며 3상 유도전동기가 정지하고 WL이 점등된다.

2. 기구 배치도

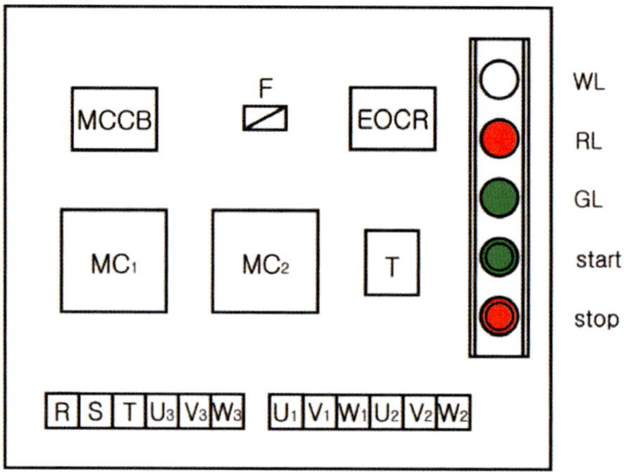

3. 실습 완성 사진

❖ 작업 순서

1. 준비
   ① 동작사항을 보고 작업 공구, 기구 및 재료를 준비한다.
   ② 접점 및 동작상태의 이상 유무를 회로 시험기로 확인한다.

2. 도면 이해 및 숙지
   ① MC_1이 동작할 때와 MC_2가 동작할 때 전류의 흐름을 구상하여 이해한다.
   ② 제어회로의 기동버튼을 눌렀을 때 설정된 t초 후의 전자 타이머 한시 a접점이 회로를 구성하는 전류의 흐름을 구상하여 동작상태을 이해한다.

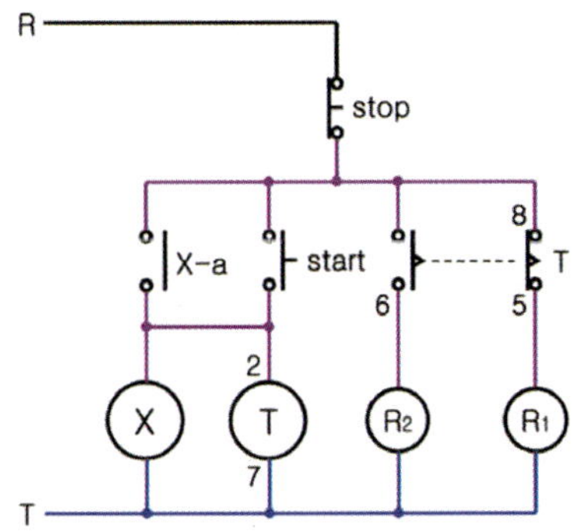

그림 24-2 한시점검회로

③ 동작 설명

❶ 배선용 차단기(MCCB)를 투입하면 WL이 점등한다.

❷ 기동버튼 start를 누르면 MC_1이 동작하고 전자 타이머 코일 T가 여자되며 RL이 점등한다. 이 때, 3상 유도전동기가 저전압 기동을 한다.

❸ ❷항 상태에서 일정시간이 지나면, 전자 타이머 한시 a접점에 의해 MC_2가 동작, MC_1이 무여자되고, RL이 소등, GL이 점등되고, 이 때, 3상 유도전동기가 전전압 운전을 한다.

❹ 정지버튼 stop을 누르면 3상 유도전동기가 정지되고 RL, GL이 소등되며 WL이 점등된다.

❺ ❷항과 ❸항 상태에서 EOCR 접점을 수동 차단하면 WL만 점등되고, 정지하여 원상태로 된다.

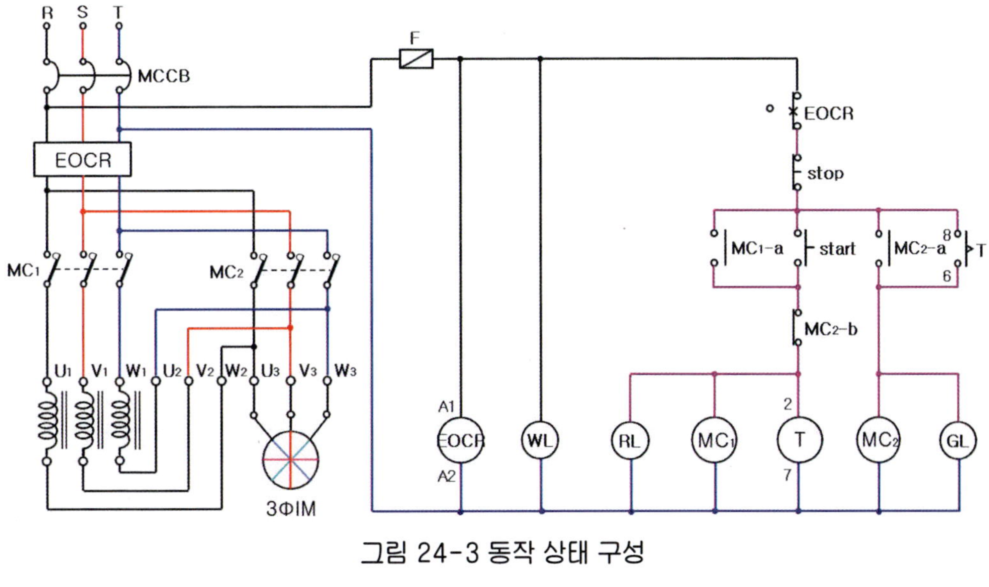

그림 24-3 동작 상태 구성

3. 기구 부착

① 배치도에 따라 기구의 미관을 고려하여 부착한다.

② 기구 간격을 유지한다.

③ 퓨즈(F) 대신 회로 보호기(CP)를 사용한다.

④ 전자 타이머 베이스(base) 고정시 구멍의 홈이 아래로 향하게 취부 한다.

4. 덕트 작업

① 덕트는 컨트롤 판넬 내의 전선을 배선하기 위해 사용되며 협소한 공간에서도 사용이 가능하다.

② 덕트 측면에 홀이 있어 주회로 및 제어회로의 인입과 인출이 용이하도록 양면이 절개되어 전선정리가 편리하며 전선정리를 한 다음 덮개로 마무리를 한다.

5. 배선 작업

① 주회로부터 전선 색깔을 구분하여 배선 작업을 완료한다.

② 도면에 따라 전원측 단자에서부터 제어회로를 배선한다.

③ EOCR에 부하전류가 흐르도록 배선한다.

④ 리액터는 단자대에 연결할 수 있도록 단자대에 표시하여 놓는다.

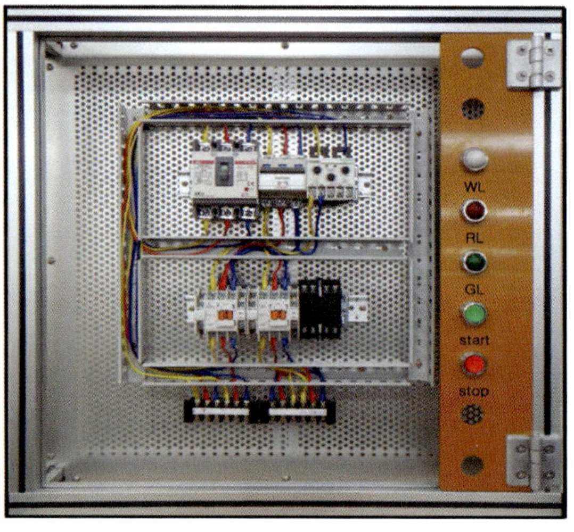

그림 24-4 배선한다.

6. 점검

① 간단한 주회로 오결선 및 퓨즈의 연결상태는 육안으로 확인한다.

② 벨 테스터기나 회로시험기로 단선의 유무 점검한다.

③ 동작상태에서 회로시험기가 0[Ω]을 지시하면 단락, ∞[Ω]을 지시하면 단선이므로 재점검하여 회로를 구성한다.

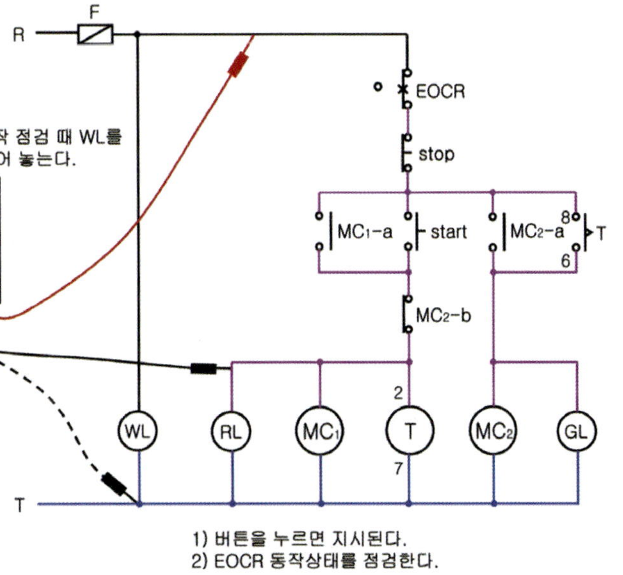

그림 24-5 단선 및 동작 점검

7. 동작

① 리액터를 단자대의 회로와 함께 연결하고 전자 타이머를 타이머 베이스에 꽂는다.

② 전원이 OFF인 상태에서 부하를 연결한 후 전원을 투입한다.

③ 시퀀스 도면대로 동작하는가 확인한다.

실습 25 : 3상 유도전동기 Y-⊿ 운전 제어회로

관련 이론

1. Y결선 방식

권선의 R, S, T 단자에 3상 교류전압을 가해주면 기동시 Y결선으로 하고, ⊿결선으로 운전한다. 기동시 Y결선의 상전압은 $1/\sqrt{3}$이 가해지므로 기동전류는 ⊿결선으로 기동할 때의 1/3이 되므로 기동 토크는 1/3로 감소되며, 기동전류는 전부하 전류의 200~250[%] 정도로 제한된다.

그림 25-1은 각 접점에 흐르는 전류와 선전류는 같다.

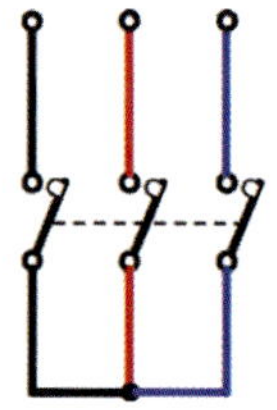

그림 25-1 Y결선 방식

실습 25 : 3상 유도전동기 Y-⊿ 운전 제어회로 실습

1. 동작사항

(1) 전원 : 3상 220[V]

(2) 배선용 차단기(MCCB)를 ON하면 전원 표시등 WL이 점등된다.

(3) 기동버튼 start를 누르면 MC_3와 전자 타이머 T가 여자되고 RL이 점등되면서 MC_1이 동작하여 Y결선으로 3상 유도전동기가 기동한다.

(4) (3)항에서 전자 타이머 T가 여자되어 설정시간 후 MC_3가 무여자되고 RL이 소등, MC_2는 여자되어 GL이 점등하고 ⊿결선으로 3상 유도전동기가 운전한다.

(5) 정지버튼 stop을 누르면 3상 유도전동기가 정지하고 WL이 점등된다.

(6) 과부하시 전자식 과전류 계전기(EOCR)가 동작하여 회로를 차단시키며 3상 유도전동기가 정지하고 WL이 점등된다.

2. 기구 배치도

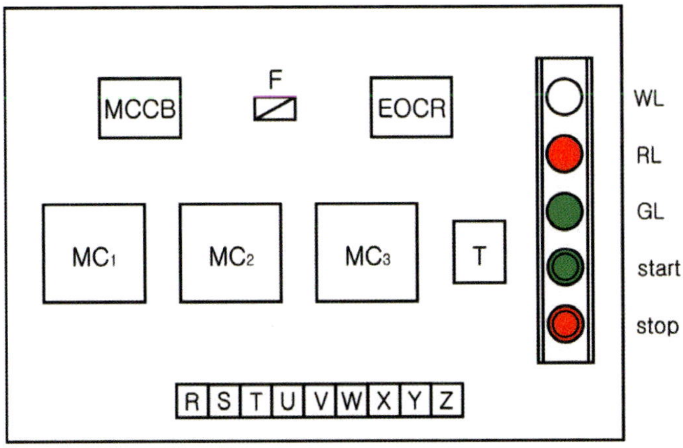

3. 실습 완성 사진

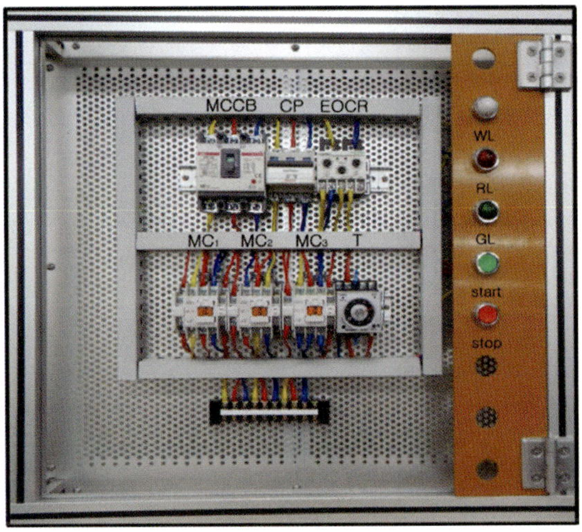

❖ 작업 순서

1. 준비

① 동작사항을 보고 작업 공구, 기구 및 재료를 준비한다.

② 접점 및 동작상태의 이상 유무를 회로 시험기로 확인한다.

2. 도면 이해 및 숙지

① 주회로와 보조회로의 접점 동작상태를 이해한다.

② 푸시버튼 스위치의 접점상태 및 각 전자 개폐기의 동작에 따른 램프 점멸상태를 이해한다.

③ 인터록 및 타이머 접점을 이해하고, 우선회로를 이해한다.

④ 동작 설명

❶ 전원을 투입하면 전원 표시등 WL이 점등된다.

❷ 기동버튼 start를 누르면 MC_3, T가 여자되어 RL이 점등되고, MC_1이 여자되어 Y결선으로 기동한다.

❸ ❷항에서 전자 타이머 코일이 여자되므로 설정시간 후 한시 b접점에 의해 MC_3회로가 차단되고 MC_{3-b} 접점에 의하여 MC_2, GL이 동작하여 Δ결선으로 운전한다.

❹ 정지버튼 stop을 누르면 3상 유도전동기가 정지되고 WL이 점등된다.

❺ ❷항과 ❸항 상태에서 EOCR-b접점이 차단되면 WL이 점등, 3상 유도전동기는 동작을 멈춘다.

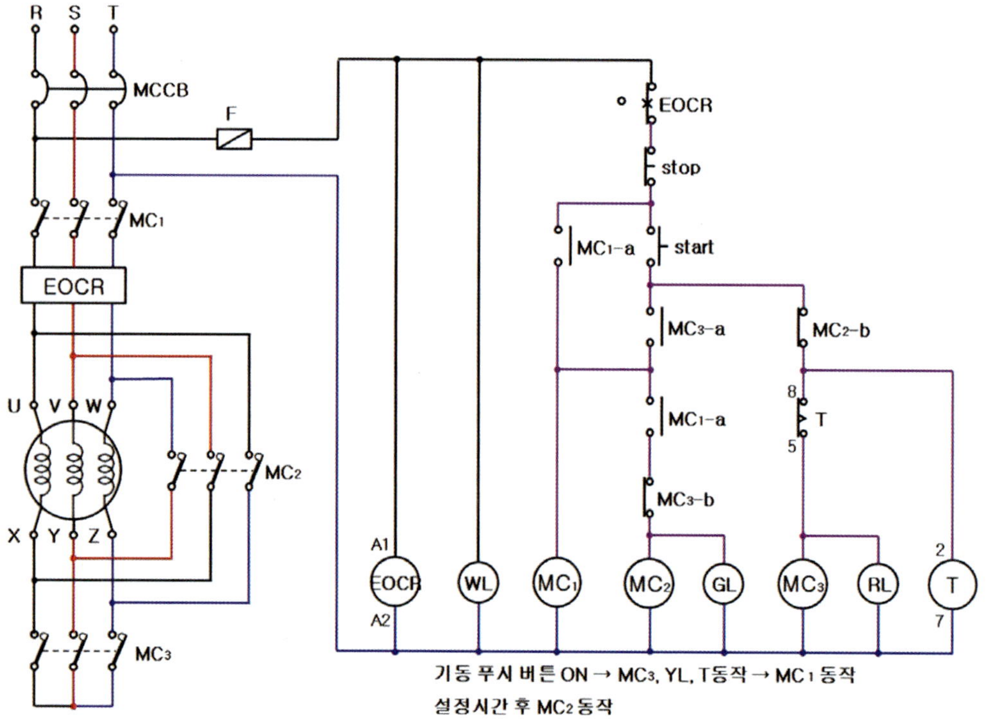

그림 25-2 동작 상태 구성

3. 기구 부착

① 배치도에 따라 작업하는 것이 편리하며, 미관을 고려하여 취부한다.

② 퓨즈(F) 대신 회로 보호기(CP)를 사용한다.

③ 기구 고정 순서는 좌측에서부터 우측으로 고정하는 것이 좋다.

4. 덕트 작업
   ① 덕트는 컨트롤 판넬 내의 전선을 배선하기 위해 사용되며 협소한 공간에서도 사용이 가능하다.
   ② 덕트 측면에 홀이 있어 주회로 및 제어회로의 인입과 인출이 용이하도록 양면이 절개되어 전선정리가 편리하며 전선정리를 한 다음 덮개로 마무리를 한다.

5. 배선 작업
   ① 주회로부터 전선 색깔을 구분하여 배선 작업을 완료한다.
   ② 전원측 단자 R상에서부터 제어회로를 배선한다.
   ③ 제어회로를 전원측 단자부터 배선한다.
   ④ 부하를 연결할 단자는 좌측으로부터 전원, Y결선, ⊿결선 순으로 연결한다(그림 25-3).

6. 점검
   ① 회로시험기로 MC_2의 회로를 점검할 때에는 MC_1을 수동으로 하든가, 전선으로 MC_{1-a} 접점을 연결하고 점검한다.
   ② 타이머 접점은 5번과 8번을 전선으로 연결해서 점검한다.

7. 동작
   ① 부하를 도면과 같이 Y－⊿ 결선이 되게 연결한다.
   ② 배선용 차단기를 OFF 상태에 두고 전원을 연결하여 전자 타이머를 꽂는다.
   ③ 기동버튼을 눌러 Y－⊿ 동작이 순차적으로 동작하는지 확인하고, Y결선의 기동이 잘되고 ⊿결선으로 넘어가지 않으면 전자 타이머나 전자 개폐기 및 부하 연결상태의 잘못이므로 점검하여 회로를 구성한다.

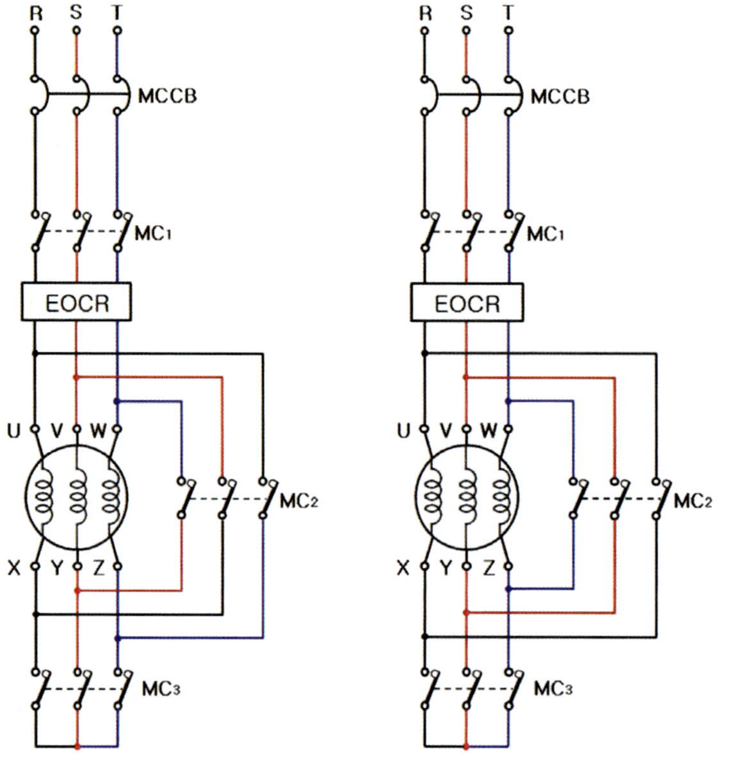

(a) 옳은 결선 (b) 틀린 결선

그림 25-3 결선 방법

실습 26 : 카운터 동작원리 제어회로

관련 이론

각종 센서와 연결하여 생산 수량 등의 숫자를 셀 때 사용되는 기기를 카운터라 하며, 단위로 CPS (count per second)가 사용된다. 예를 들면 100 cps란 1초에 100개를 계수한다는 의미이다. 계수를 위한 카운터의 입력은 펄스(pulse)가 사용되며, 이 펄스는 앞에서 설명한 조작용 및 검출용으로 사용되는 스위치에 의해 발생시킬 수 있다. 구조에 따라 전자 카운터(Magnetic Counter : MC), 프리셋트 카운터(Preset Magnetic Counter : PMC) 등이 있으며, 계수기에는 전자식 카운터가 많이 사용된다.

어떤 물건을 검출하여 카운트하는데, 미리 설정해 둔 값에 도달하면 접점이 동작하게 된다. 물체의 위치나 상태를 검출하여 계수하고 설정값과 같으면 접점을 ON시키는 기기이다. 전자 카운터는 생산량 등을 계수하는 적산용으로 사용되며, 프리셋트 카운터는 설정한 계수량에 도달하면 제어출력이 동작하는 카운터이다. 계수 제어용으로 많이 사용되며, 가산식과 감산식 두 종류가 있다.

① 적산식 카운터 : 0 에서 계수를 시작하고 설정값에 도달하면 접점이 작동되는 카운터이다.

② 감산식 카운터 : 설정값부터 계수하여 0에 도달하면 접점이 작동되는 카운터이다.

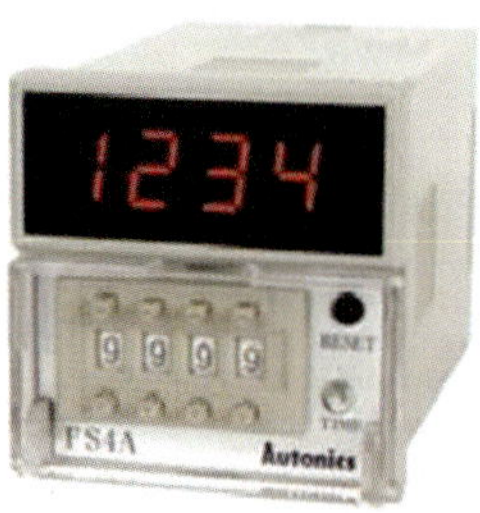

(a) 실물

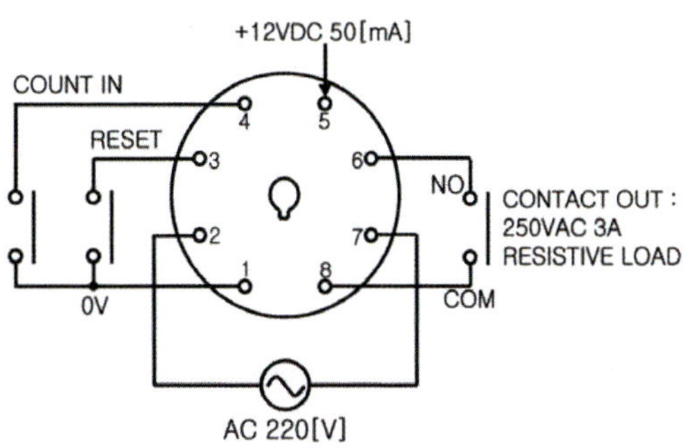

(b) 내부 결선도

	접점 기호	접점 핀번호
전 원	CNT	②-⑦ 단자
RESET a접점		①-③ 단자
COUNT IN a접점		①-④ 단자
CONTACT OUT a접점(저항 부하)		⑥-⑧ 단자
센서 공급전원	Vcc	⑤ 단자

(c) 접점 기호 및 핀번호

그림 26-1 카운터 실물 및 내부 결선도

실습 26 : 카운터 동작원리 제어회로 실습

1. 동작사항

(1) 전원 : 1상 220[V]

(2) 배선용 차단기(MCCB)를 ON하면 전원표시등 WL이 점등된다.

(3) 적산식 카운터의 설정값을 10으로 설정한다.

(4) 푸시버튼 스위치 COUNTER IN을 10회 누르면 RL이 점등된다.

(5) 푸시버튼 스위치 RESET를 누르면 RL이 소등된다. WL은 점등된 상태유지.

(6) 푸시버튼 스위치 COUNT IN을 누를 때마다 현재값은 1씩 증가하고, 푸시버튼 스위치 RESET를 누르면 현재값이 0이 된다.

2. 기구 배치도

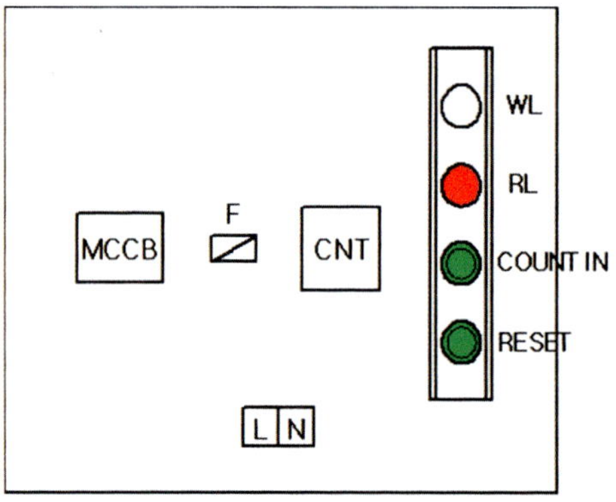

3. 실습 완성 사진

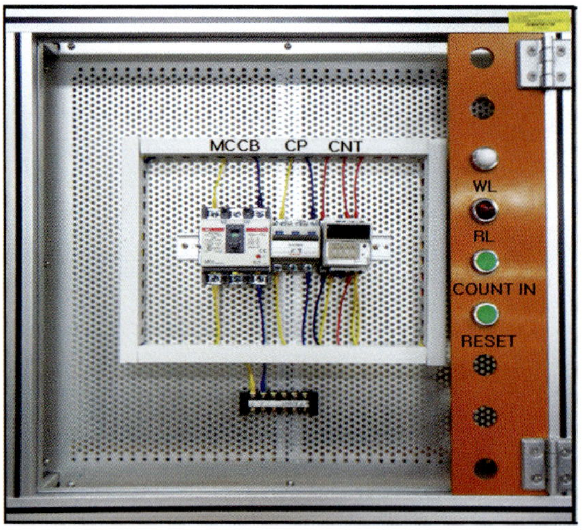

❖ 작업 순서

1. 준비
   ① 동작사항을 보고 작업 공구, 기구 및 재료를 준비한다.
   ② 접점 및 동작상대의 이상 유무를 회로 시험기로 확인한다.

2. 도면 이해 및 숙지
   ① 동작상태의 전류흐름을 구상해 본다.
   ② 시퀀스 회로를 보고 동작설명을 한다.
   ③ 동작 설명
   ❶ 배선용 차단기(MCCB)를 ON하면 전원표시등 WL이 점등된다.
   ❷ 적산식 카운터의 설정값을 10으로 설정한다.
   ❸ 푸시버튼 스위치 COUNTER IN을 10회 누르면 RL이 점등된다.
   ❹ 푸시버튼 스위치 RESET를 누르면 RL이 소등된다. WL은 점등된 상태유지.
   ❺ 푸시버튼 스위치 COUNT IN을 누를 때마다 현재값은 1씩 증가하고, 푸시버튼 스위치 RESET를 누르면 현재값이 0이 된다.

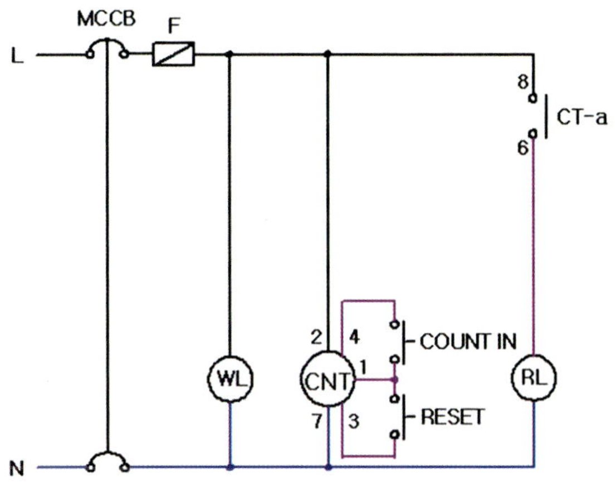

그림 26-2 동작 상태 구성

3. 기구 부착
   ① 기구는 균형있게 고정한다.
   ② 퓨즈(F) 대신 회로 보호기(CP)를 사용한다.
   ③ 기구가 파손되지 않도록 적당한 힘을 가해 고정하고, 치수가 주어지지 않으면 미관을 고려하여 편리하도록 고정한다.
   ④ 카운터 베이스(base) 고정시 구멍의 홈이 아래로 향하게 취부한다.

4. 덕트 작업

① 덕트는 컨트롤 판넬 내의 전선을 배선하기 위해 사용되며 협소한 공간에서도 사용이 가능하다.

② 덕트 측면에 홀이 있어 주회로 및 제어회로의 인입과 인출이 용이하도록 양면이 절개되어 전선정리가 편리하며 전선정리를 한 다음 덮개로 마무리를 한다.

5. 배선 작업

① 전선의 색깔을 구분하여 전원측 단자에서부터 동작 흐름에 따라 배선한다.

② 배선 작업시 베이스 핀 번호를 확인 후 접속한다.

③ 전선과 기구와의 접속시 한 단자에 전선을 두 가닥 이상 연결하지 않는 것이 좋다.

6. 점검

① 간단한 회로인 경우 오결선은 육안으로 점검하며, 회로시험기나 벨 테스터기로 단선, 단락 유무를 점검한다.

② 회로시험기로 동작상태를 점검한다.

7. 동작

① 전원을 연결한다.

② 동작을 시키며 동작사항과 점검한 내용을 비교 검토하여 이해를 돕는다.

실습 27 : 카운터를 이용한 컨베이어 운전 제어회로

☒ 관련 이론

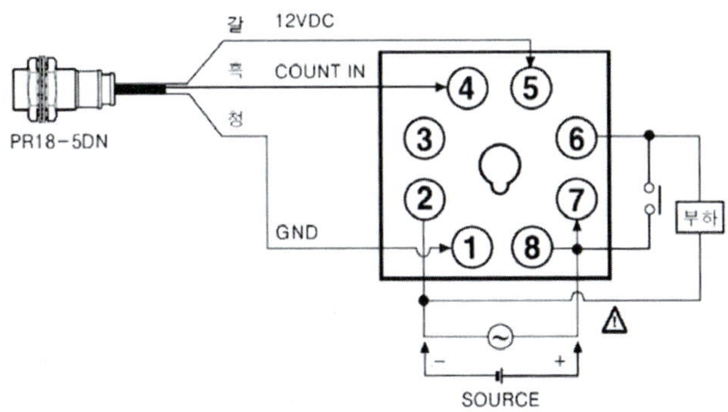

그림 27-1 유도형 센서를 이용한 카운터의 예

실습 27 : 카운터를 이용한 컨베이어 운전 제어회로 실습

1. 동작사항
   (1) 전원 : 3상 3선식, 3상 220[V]
   (2) 배선용 차단기(MCCB)를 ON하면 전원 표시등 WL이 점등된다.
   (3) 푸시버튼 스위치 start를 ON하면 MC_1, Ry_1이 여자되어 전자 릴레이 Ry_1, MC_1이 자기유지 된다.
   (4) 전자 접촉기 MC_1이 여자되어 컨베이어용 전동기 3ϕIM1이 운전하고 운전 표시등 GL이 점등하며 카운터 CNT에 전원이 공급된다.
   (5) 컨베이어를 따라 이동하는 제품은 카운터로 제품 수를 카운터한다(동작 검사 시는 10이하로 설정하여 검사한다).
   (6) 카운터 계수 입력은 누름버튼 스위치 COUNTER IN을 사용하여 순차적으로 카운터의 숫자가 증가하는 것을 확인한다.
   (7) 카운터가 목표 설정치에 도달하면 카운터의 CNT 접점에 의해 전자 릴레이 Ry_2, MC_2가 여자되면서 Ry_2, MC_2가 자기유지 된다.
   (8) 전자 접촉기 MC_2가 여자되어 포장용 컨베이어 전동기 3ϕIM2가 운전하고 운전 표시등 RL이 점등되며, 컨베이어용 전동기 3ϕIM1이 정지, GL표시등이 소등된다.
   (9) 카운터의 숫자 표시는 수동으로 리셋시켜 "0"이 되게 한다.
   (10) 정지 • 종료시는 stop를 조작하여 정지시킨다.

2. 기구 배치도

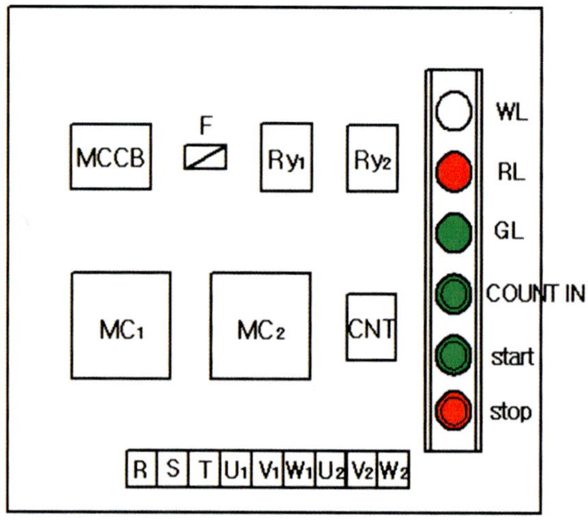

3. 실습 완성 사진

❖ 작업 순서

1. 준비

   ① 동작사항을 보고 작업 공구, 기구 및 재료를 준비한다.

   ② 접점 및 동작상태의 이상 유무를 회로 시험기로 확인한다.

2. 도면 이해 및 숙지

   ① 동작상태의 전류흐름을 구상해 본다.

② 시퀀스 회로를 보고 동작설명을 한다.

③ 동작 설명

❶ 배선용 차단기(MCCB)를 ON하면 전원 표시등 WL이 점등된다.

❷ 푸시버튼 스위치 start를 ON하면 MC_1, Ry_1이 여자되어 전자 릴레이 Ry_1, MC_1이 자기 유지된다.

❸ 전자 접촉기 MC_1이 여자되어 컨베이어용 전동기 3ϕIM1이 운전하고 운전 표시등 GL이 점등하며 카운터 CNT에 전원이 공급된다.

❹ 컨베이어를 따라 이동하는 제품은 카운터로 제품 수를 카운터한다(동작 검사 시는 10이하로 설정하여 검사한다).

❺ 카운터 계수 입력은 누름버튼 스위치 COUNTER IN을 사용하여 순차적으로 카운터의 숫자가 증가하는 것을 확인한다.

❻ 카운터가 목표 설정치에 도달하면 카운터의 CNT 접점에 의해 전자 릴레이 Ry_2, MC_2가 여자되면서 Ry_2, MC_2가 자기유지 된다.

❼ 전자 접촉기 MC_2가 여자되어 포장용 컨베이어 전동기 3ϕIM2가 운전하고 운전 표시등 RL이 점등되며, 컨베이어용 전동기 3ϕIM1이 정지, GL표시등이 소등된다.

❽ 카운터의 숫자 표시는 수동으로 리셋시켜 "0"이 되게 한다.

❾ 정지 • 종료시는 stop를 조작하여 정지시킨다.

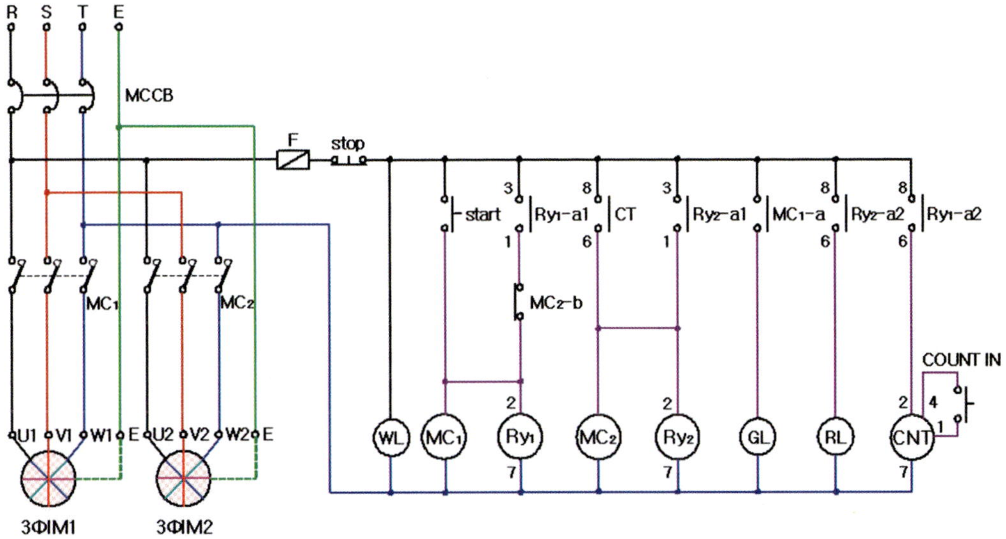

그림 27-2 동작 상태 구성

3. 기구 부착

① 기구는 균형있게 고정한다.

② 퓨즈(F) 대신 회로 보호기(CP)를 사용한다.

③ 기구가 파손되지 않도록 적당한 힘을 가해 고정하고, 치수가 주어지지 않으면 미관을 고려하여 편리하도록 고정한다.

④ 카운터 베이스(base) 고정시 구멍의 홈이 아래로 향하게 취부한다.

4. 덕트 작업

① 덕트는 컨트롤 판넬 내의 전선을 배선하기 위해 사용되며 협소한 공간에서도 사용이 가능하다.

② 덕트 측면에 홀이 있어 주회로 및 제어회로의 인입과 인출이 용이하도록 양면이 절개되어 전선정리가 편리하며 전선정리를 한 다음 덮개로 마무리를 한다.

5. 배선 작업

① 전선의 색깔을 구분하여 전원측 단자에서부터 동작 흐름에 따라 배선한다.

② 배선 작업시 베이스 핀 번호를 확인 후 접속한다.

③ 전선과 기구와의 접속시 한 단자에 전선을 두 가닥 이상 연결하지 않는 것이 좋다.

6. 점검

① 간단한 회로인 경우 오결선은 육안으로 점검하며, 회로시험기나 벨 테스터기로 단선, 단락 유무를 점검한다.

② 회로시험기로 동작상태를 점검한다.

7. 동작

① 전원을 연결한다.

② 동작을 시키며 동작사항과 점검한 내용을 비교 검토하여 이해를 돕는다.

실습 28 : 건조로 자동온도조절 제어장치

관련 이론

온도 검출기(열전쌍)는 검출소자가 열의 온도를 검출해 온도 계전기의 접점이 작동하는 것이다. 즉 설정된 온도에 도달하면 접점이 붙거나 떨어지는 동작을 하는 계전기를 말한다.

그림 28-1에서 ①은 온도 검출기의 검출 부위로써 열을 검출한다. ②는 온도 검출기 출력단자로서 온도 계전기에 연결되어 검출된 자료를 전달한다. 온도 검출기가 물리는 번호(1번 : +극성(적색), 2번 : −극성(흑색))의 극성이 바뀌지 않도록 주의해야 한다.

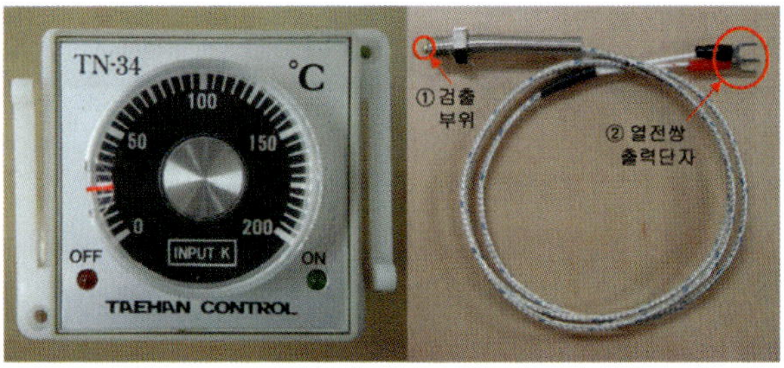

그림 28-1 온도 계전기와 열전쌍 실물

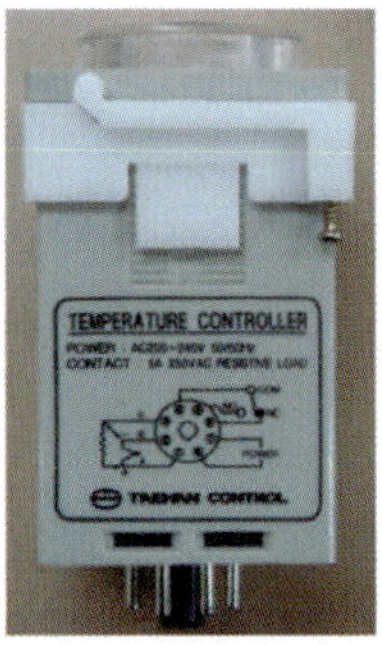

(a) 실물

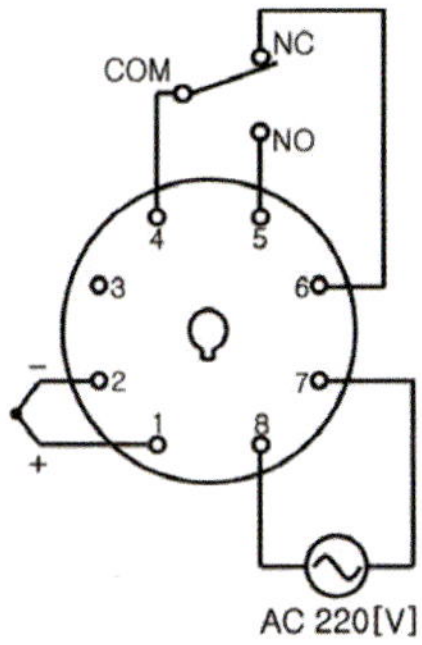

(b) 내부 결선도

	접점 기호	접점 핀번호
전 원	TC	⑦−⑧ 단자
a접점		④−⑤ 단자
b접점		④−⑥ 단자
감지대		①(+)−②(−) 단자

(c) 기호 및 핀번호

그림 28-2 온도 계전기 실물 및 내부 결선도

그림 28-2 (b)에서 전원(AC 220[V]) 단자는 7번, 8번이다.

① 온도 검출기의 연결은 1번 단자에 적색, 2번 단자에 흑색을 연결한다.

② 온도 계전기의 접점은 4번 단자는 공통이며, a접점은 5번 단자(NO), b접점은 6번 단자(NC)이다.

③ 온도 계전기의 동작원리는 원하는 온도를 설정하고 전원을 투입하면 설정온도 이하에서는 ON램프가 켜지면서 b접점이 떨어지고 a접점이 붙는다. 설정온도에 도달하면 OFF 램프가 켜지면서 a접점이 떨어지고 b접점이 원상복귀 된다.

실습 28 : 건조로 자동온도조절 제어장치 실습

1. 동작사항

(1) 전원 : 1상 220[V]

(2) 배선용 차단기 MCCB1, MCCB2를 ON하면 표시등 WL과 GL이 점등된다.

(3) **히터가 저온일 때** 선택 스위치 SS를 ON하면 MC_1과 전자 타이머 T가 여자되면 GL이 소등, RL이 점등되고 단상 유도전동기 1ϕIM이 운전한다. t초 후 MC_2가 여자되어 히터가 동작(온도상승)하고 YL이 점등, WL이 소등된다.

(4) **히터가 고온일 때** (TC가 여자된 상태에서 열전쌍에 의해 온도를 감지하여 히터가 설정온도에 도달하면) Ry가 여자되어 MC_1이 무여자되어 GL이 점등되고 RL은 소등되며 단상 유도전동기 1ϕIM이 정지된다. 전자 타이머 T가 무여자되어 MC_2가 무여자되어 YL이 소등되고 히터가 정지(온도하강)된다.

(5) 히터의 저 • 고온에 따라 (3), (4)항의 동작을 반복한다.

2. 기구 배치도

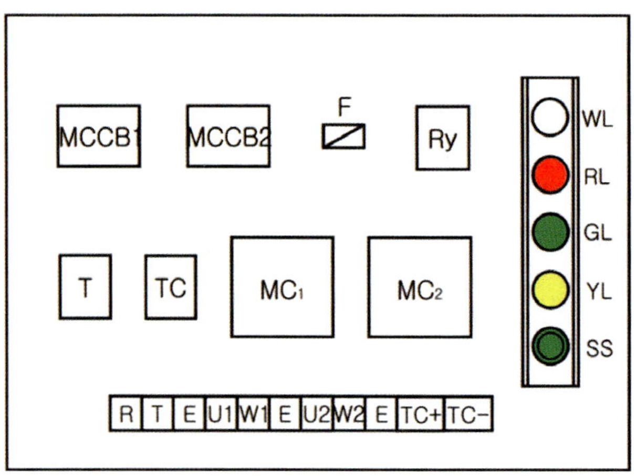

3. 실습 완성 사진

❖ 작업 순서

1. 준비

① 동작사항을 보고 작업 공구, 기구 및 재료를 준비한다.

② 접점 및 동작상태의 이상 유무를 회로 시험기로 확인한다.

2. 도면 이해 및 숙지

① 동작상태의 전류흐름을 구상해 본다.

② 시퀀스 회로를 보고 동작설명을 한다.

③ 동작 설명(그림 28-3)

❶ 배선용 차단기 MCCB1, MCCB2를 ON하면 표시등 WL과 GL이 점등된다.

❷ **히터가 저온일 때** 선택 스위치 SS를 ON하면 MC_1과 전자 타이머 T가 여자되면 GL이 소등, RL이 점등되고 단상 유도전동기 1ϕIM이 운전한다. t초 후 MC_2가 여자되어 히터가 동작(온도상승)하고 YL이 점등, WL이 소등된다.

❸ **히터가 고온일 때**(TC가 여자된 상태에서 열전쌍에 의해 온도를 감지하여 히터가 설정온도에 도달하면) Ry가 여자되어 MC_1이 무여자되어 GL이 점등되고 RL은 소등되며 단상 유도전동기 1ϕIM이 정지된다. 전자 타이머 T가 무여자되어 MC_2가 무여자되어 YL이 소등되고 히터가 정지(온도하강)된다.

❹ 히터의 저 • 고온에 따라 ❷, ❸항의 동작을 반복한다.

3. 기구 부착

① 기구는 균형있게 고정한다.

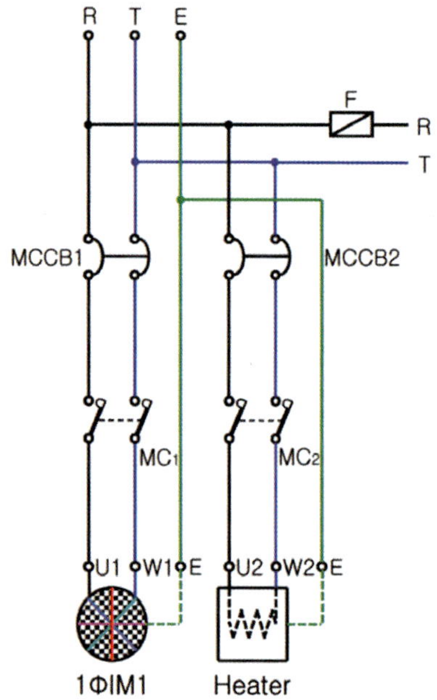

(a) 주회로

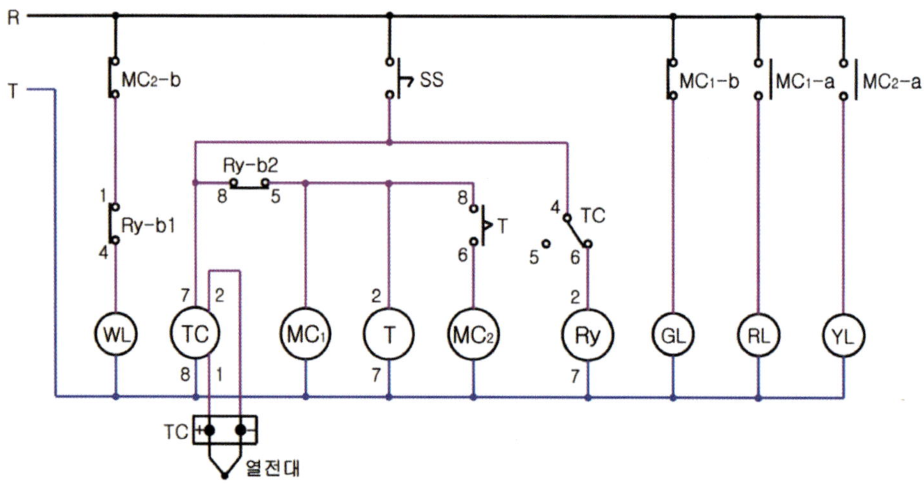

(b) 제어회로

그림 28-3 동작 상태 구성

② 퓨즈(F) 대신 회로 보호기(CP)를 사용한다.

③ 기구가 파손되지 않도록 적당한 힘을 가해 고정하고, 치수가 주어지지 않으면 미관을 고려하여 편리하도록 고정한다.

④ 온도 조절기 베이스(base) 고정시 구멍의 홈이 아래로 향하게 취부한다.

4. 덕트 작업
   ① 덕트는 컨트롤 판넬 내의 전선을 배선하기 위해 사용되며 협소한 공간에서도 사용이 가능하다.
   ② 덕트 측면에 홀이 있어 주회로 및 제어회로의 인입과 인출이 용이하도록 양면이 절개되어 전선정리가 편리하며 전선정리를 한 다음 덮개로 마무리를 한다.

5. 배선 작업
   ① 전선의 색깔을 구분하여 전원측 단자에서부터 동작 흐름에 따라 배선한다.
   ② 배선 작업시 베이스 핀 번호를 확인 후 접속한다.
   ③ 전선과 기구와의 접속시 한 단자에 전선을 두 가닥 이상 연결하지 않는 것이 좋다.

6. 점검
   ① 간단한 회로인 경우 오결선은 육안으로 점검하며, 회로시험기나 벨 테스터기로 단선, 단락 유무를 점검한다.
   ② 회로시험기로 동작상태를 점검한다.

7. 동작
   ① 전원을 연결한다.
   ② 동작을 시키며 동작사항과 점검한 내용을 비교 검토하여 이해를 돕는다.

실습 29 : 자동온도조절 제어장치

관련 이론

1. 온도제어란

대상물체의 온도를 필요한 온도가 되도록 조작하는 것을 **온도제어**라 한다. 제어방식에는 시퀀스 제어와 피드백 제어가 있으며, **시퀀스 제어**란 미리 정해진 순서에 따라 제어의 각 단계를 순차적으로 행하는 제어방식으로 시간, 수량, 유무 제어 등에 적용된다. 또한 **피드백 제어**란 제어결과를 항상 검출하고 설정값(목표값)과 비교하여 수정동작을 행하는 제어방식으로 주로 압력, 유량, 온도제어 등에 적용된다.

2. 이상적인 온도제어란

제어대상을 제어하여 얻어진 온도 변화의 결과를 제어결과라 한다. 이상적인 온도제어는 설정값의 변화(설정값의 변경, 전원 투입시의 첫 동작)에 대하여 제어결과를 얼마나 이상적인 응답에 가깝게 동작하는가이다.

그림 29-1과 같이 설정값(목표온도)의 스탭 변화에 대하여 이상적인 응답특성은 그림 29-2의 제어가 된다.

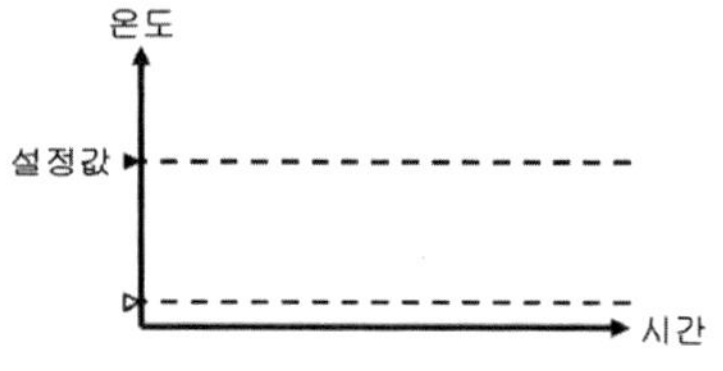

그림 29-1 설정값

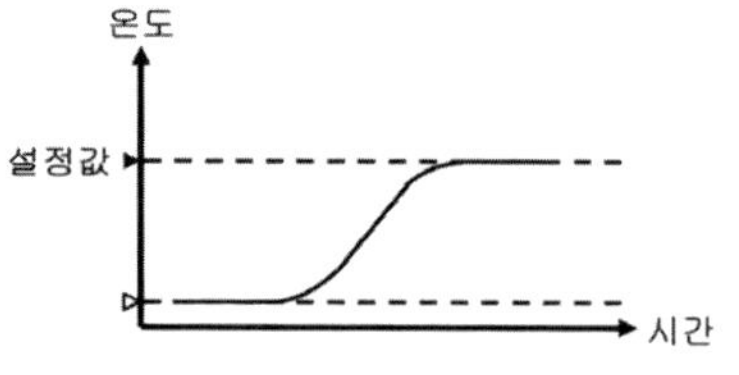

그림 29-2 이상적인 응답특성

3. 온도제어의 구성

일반적인 온도제어는 그림 29-3과 같이 피드백 제어로 구성되어 있다.

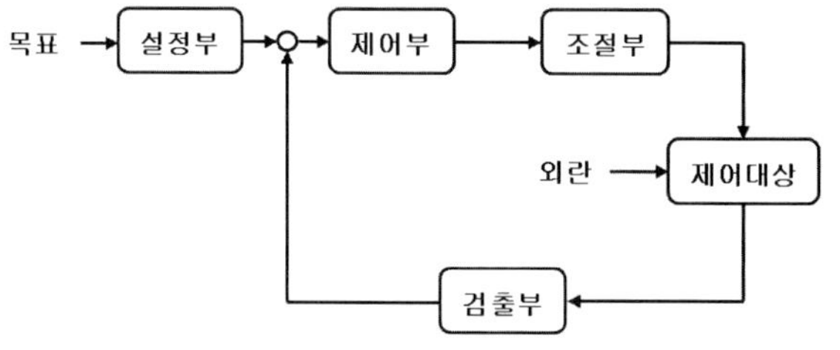

그림 29-3 피드백 제어의 구성

(1) 검출부(온도센서)

온도를 전기신호로 변환하는 소자를 파이프관으로 보호하는 구조로 되어있고 이 소자를 온도검출을 하고자 하는 위치에 설치하여 사용한다.

(2) 조작부(전자 접촉기, 밸브)

전기로 등을 가열 또는 냉각하는 기기로서 히터에 통전하는 전류를 단속하는 전자 개폐기, 연료의 공급, 정지를 행하는 밸브등을 말한다.

(3) 설정부, 제어부(온도조절기)

측온체의 전기신호를 받아 목표(설정)온도와 비교하여 조작기기에 조절신호를 보내는 기기이다.

(4) 제어대상

전기로, 건조로 등

4. ON/OFF 제어

현재 온도(P.V)가 설정값(S.V)보다 낮을 때는 출력이 ON되어 히터에 전원이 공급되며, 설정값(S.V)보다 높을 때는 출력을 OFF하여 히터의 전원을 끊는다. 이와 같이 현재 온도(P.V)와 설정값(S.V)를 비교하여 히터 전원을 ON, OFF하여 온도를 제어하는 방식을 **ON/OFF제어**라고 합니다.

그림 29-4와 같이 초기 전원 투입 시 설정값을 넘는 양을 **오버슈트(Over shoot)**라 부르며, 설정값을 기준으로 일정한 사이클을 일으키는 것을 **헌팅(Hunting)**이라 부른다. ON/OFF제어는 오버슈트나 헌팅이 발생하므로 정밀한 온도제어에는 적합하지 않다.

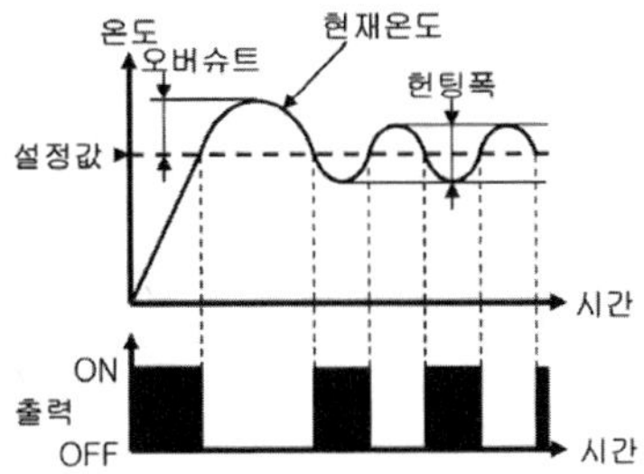

그림 29-4 ON/OFF 제어

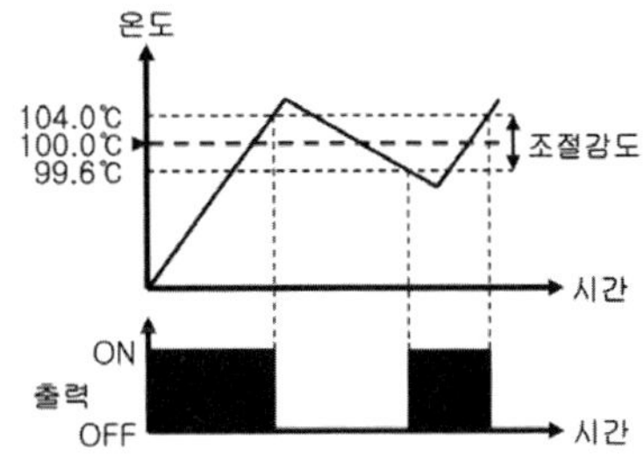

그림 29-5 조절감도

◉ 조절감도(Hysteresis)

ON/OFF 제어에서 설정값에서만 ON, OFF 동작을 하면 출력이 발진하거나 노이즈의 영향을 받기 쉽다. 그러므로 그림 29-5와 같이 ON, OFF 구간을 두어 이 간격 안에서 ON, OFF 동작을 수행하는데 이 구간을 **조절감도(Hysteresis)**라 한다.

냉동기의 경우 ON, OFF 동작이 빈번하면 콤프레셔에 무리가 가므로 조절감도를 크게 하여야 한다.

예) 온도범위가 0~400[℃]인 온도조절기의 조절감도(D=F.S 0.2~3%)가 0.2%인 경우 조절감도는 0.8[℃]가 되므로 설정값을 100[℃]로 하면 99.6[℃]에서 ON, 100.4[℃]에서 OFF 한다.

5. 온도제어 시 고려할 사항

(1) 오버슈트(Over shoot), 헌팅(Hunting)이 없는 것이다.

그림 29-6에서 실제 온도가 설정값을 통과하여 초과하는 현상을 **오버슈트**라 하며 설정값에 대하여 실제의 온도가 일정하게 상하로 변동하는 현상을 **헌팅**이라 한다.

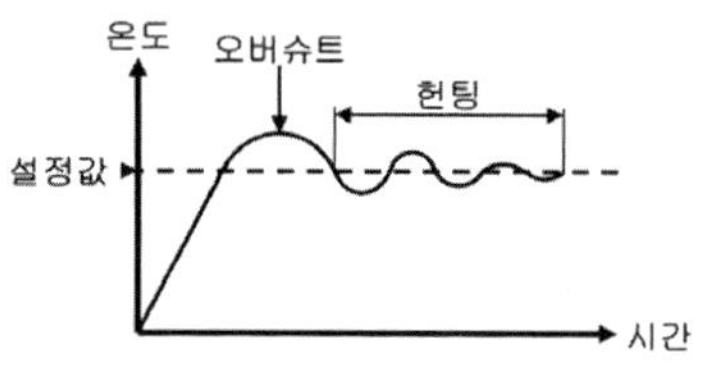

그림 29-6 오버슈트와 헌팅

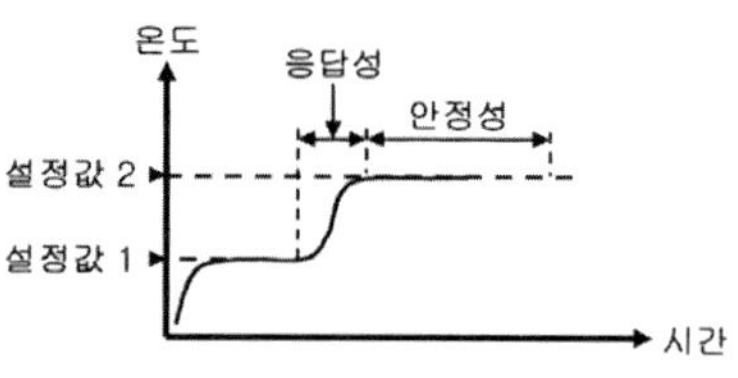

그림 29-7 응답성과 안정성

(2) 응답성, 안정성이 좋다.

그림 29-7에서 설정값이 변화되면 그 변화에 대응하여 온도가 즉시 설정값에 추종하는 것을 응답성이라 하며, 응답성이 좋아야 한다. 외란 등에 의해 실제온도에 어떠한 변화가 있으면 그것에 따른 과도상태(헌팅)을 빠르게 없애, 정상상태로 안정시키는 것을 "안정성"이라 한다.

(3) 정상편차(Offset)가 없을 것.

그림 29-8에서 정상상태에 있어서의 실제 온도와 설정값과의 차를 **"정상편차"** 또는 **옵셋**(Offset)이라 한다.

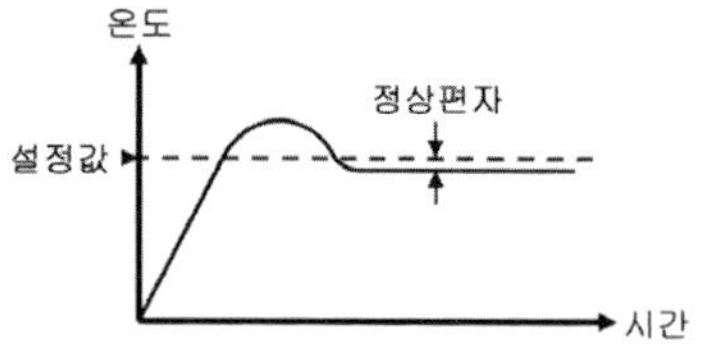

그림 29-8 정상편차

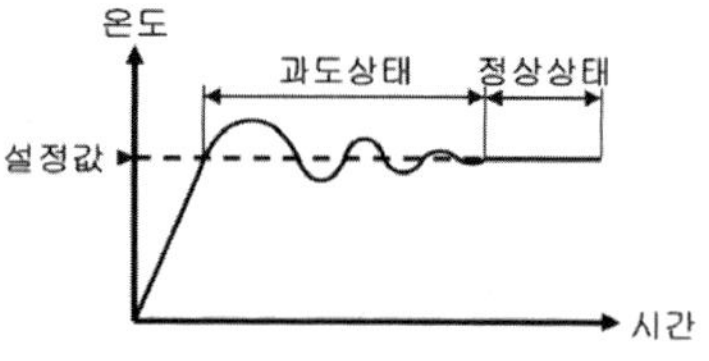

그림 29-9 과도상태와 정상상태

(4) 과도상태와 정상상태

그림 29-9에서 외란의 영향이나 설정값의 변경 등으로 실제온도가 흔들리는 것을 과도상태라 하며 과도상태가 지나면 일정한 값으로 안정된다. 이 상태를 정상상태라 한다. 이러한 것을 일방적으로 상반되는 것이 많아 모든 것을 없애는 것을 현실적으로 불가능하다. 실제적으로는 각각의 내용이 그 제어계에 대하여 허용하는 범위로 제어하는 것이 보통이다.

실습 29 : 자동온도조절 제어장치 실습

1. 동작사항

(1) 전원 : 3상 220[V]

(2) 배선용 차단기(MCCB)를 ON하면 전원 표시등 WL이 점등된다.

(3) 푸시버튼 스위치 start를 ON시 MC_1 동작, RL이 점등.

(4) TC에 의하여 설정 온도에 도달하면 MC_1이 정지, RL 소등.

(5) 전자 타이머에 의하여 T초 후 MC_2 동작, GL 점등.

(6) 푸시버튼 스위치 stop ON시 모든 동작이 정지하며 초기화 된다(단, 과부하시에는 자동 초기화 된다.)

(7) EOCR 동작시 YL, BZ가 FR에 의하여 점멸된다.

2. 기구 배치도

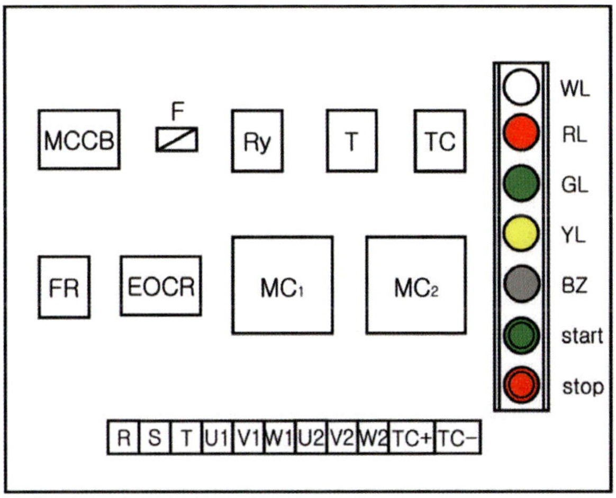

3. 실습 완성 사진

❖ 작업 순서

1. 준비

① 동작사항을 보고 작업 공구, 기구 및 재료를 준비한다.

② 접점 및 동작상태의 이상 유무를 회로 시험기로 확인한다.

2. 도면 이해 및 숙지

① 동작상태의 전류흐름을 구상해 본다.

② 시퀀스 회로를 보고 동작설명을 한다.

③ 동작 설명

❶ 배선용 차단기(MCCB)를 ON하면 전원 표시등 WL이 점등된다.

❷ 푸시버튼 스위치 start를 ON시 MC_1 동작, RL이 점등.

❸ TC에 의하여 설정 온도에 도달하면 MC_1이 정지, RL 소등.

❹ 전자 타이머에 의하여 T초 후 MC_2 동작, GL 점등.

❺ 푸시버튼 스위치 stop ON시 모든 동작이 정지하며 초기화 된다(단, 과부하시에는 자동 초기화된다.)

❻ EOCR 동작시 YL, BZ가 FR에 의하여 점멸된다.

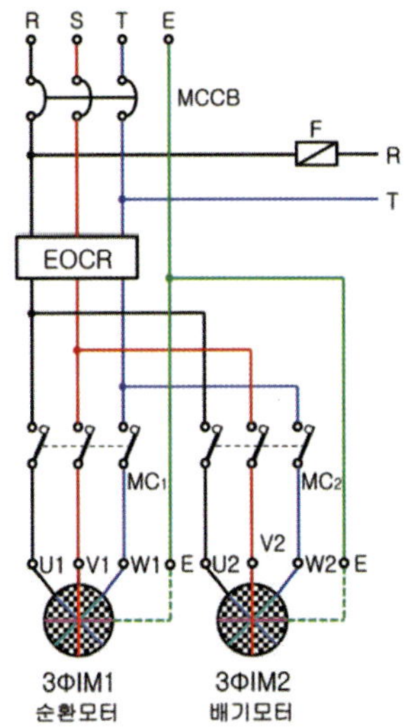

(a) 주회로

(1)

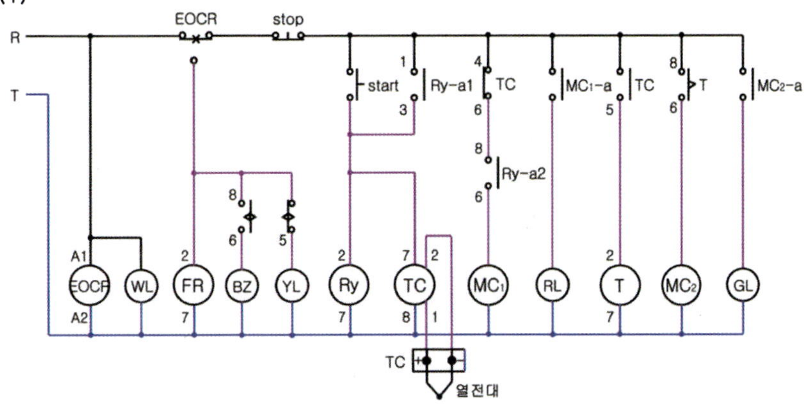

(b) 제어회로 1

(2)

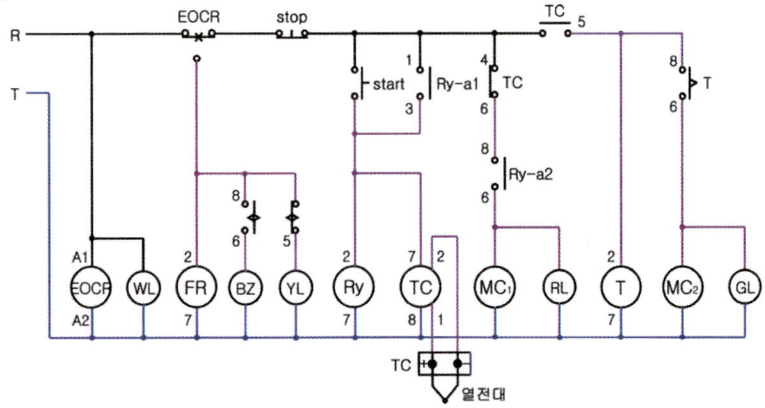

(c) 제어회로 2

그림 29-10 동작 상태 구성

3. 기구 부착

① 기구는 균형있게 고정한다.

② 퓨즈(F) 대신 회로 보호기(CP)를 사용한다.

③ 기구가 파손되지 않도록 적당한 힘을 가해 고정하고, 치수가 주어지지 않으면 미관을 고려하여 편리하도록 고정한다.

④ 전자 릴레이 베이스(base) 고정시 구멍의 홈이 아래로 향하게 취부한다.

4. 덕트 작업

① 덕트는 컨트롤 판넬 내의 전선을 배선하기 위해 사용되며 협소한 공간에서도 사용이 가능하다.

② 덕트 측면에 홀이 있어 주회로 및 제어회로의 인입과 인출이 용이하도록 양면이 절개되어 전선정리가 편리하며 전선정리를 한 다음 덮개로 마무리를 한다.

5. 배선 작업

① 전선의 색깔을 구분하여 전원측 단자에서부터 동작 흐름에 따라 배선한다.

② 배선 작업시 베이스 핀 번호를 확인 후 접속한다.

③ 전선과 기구와의 접속시 한 단자에 전선을 두 가닥 이상 연결하지 않는 것이 좋다.

6. 점검

① 간단한 회로인 경우 오결선은 육안으로 점검하며, 회로시험기나 벨 테스터기로 단선, 단락 유무를 점검한다.

② 회로시험기로 동작상태를 점검한다.

7. 동작

① 전원을 연결한다.

② 동작을 시키며 동작사항과 점검한 내용을 비교 검토하여 이해를 돕는다.

실습 30 : 화물 리프트 자동제어장치

관련 이론

리미트 스위치는 위치 검출용 검출기로서 접촉자에 움직이는 물체가 닿으면 접점이 개폐되어 회로를 제어하는 스위치이다. 구조는 스위치 외부에 캠(Cam) 또는 플런저(Plunger)가 있고, 내부에 캠과 연결된 2개의 a, b접점이 있어 캠이 작동하는데 따라 접점이 개폐된다. 따라서 접속된 릴레이에 전기신호가 보내지며 릴레이의 동작에 의해 출력을 제어하게 된다. 배선 접속단자는 3개이며, 캠 레버가 공통단자이다.

표 30.1 리미트 스위치 실물 및 접점 표시

실물	접점 기호	리미트 스위치의 단자구조
	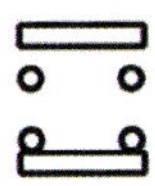 a 접점 b 접점	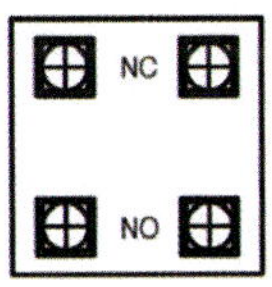 a 접점 : (Normal Open : NO) b 접점 : (Normal Close : NC)

(a) 레버형 (b) 스프링형 (c) 플런저형

그림 30-1 리미트 스위치 종류

(a) 실물

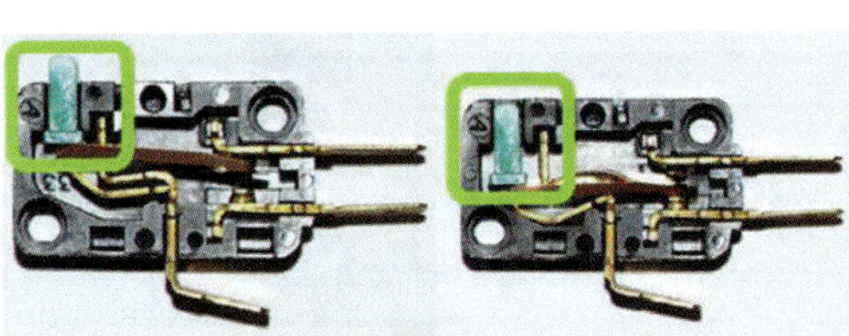

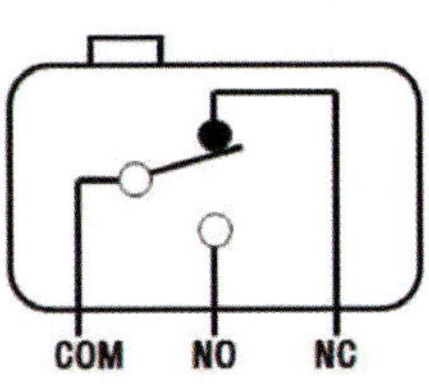

(b) 내부구조 (c) 접점

그림 30-2 마이크로 스위치 실물 및 내부구조

리미트 스위치는 기계나 실린더 운동에서 특정의 최종위치를 확인하는데 사용하는 스위치이다. 선반, 밀링 등의 공작기계와 엘리베이터, 컨베이어 시스템에 많이 사용되고 있으며 크기가 작은 것은 마이크로 스위치(Micro switch)라고도 한다.

실습 30 : 화물 리프트 자동제어장치 실습

1. 동작사항

(1) 전원 : 3상 220[V]

(2) 상승 푸시버튼 스위치 start1(F)를 누르면 화물 리프트가 기동하여 상승 운전된다. 리밋 스위치 LS_2가 있는 곳에서 정지되고, 전자 타이머의 설정시간 후에 자동적으로 하강 운전이 되며, 다른쪽 리밋 스위치 LS_1에 의하여 정지하는 회로이다.

① 배선용 차단기(MCCB)를 ON한다.

② 리밋 스위치 LS_1은 화물 리프트가 원위치로 올 때 정지시킨다.

③ 리밋 스위치 LS_2는 화물 리프트가 위쪽으로 올라올 때 정지시키며 전자 타이머도 동작시킨다.

④ 전자 타이머 T_1과 T_2를 이용하여 설정시간이 지난 후에 상승 및 하강운전이 되도록 한다.

⑤ 정전 전자 접촉기 MCF는 화물 리프트를 상승 운전시키기 위한 회로로 연결한다.

⑥ 역전 전자 접촉기 MCR는 화물 리프트를 하강 운전시키기 위한 회로로 연결한다.

⑦ 과부하가 되면 EOCR의 접점이 열려 모든 운전회로는 정지된다.

2. 기구 배치도

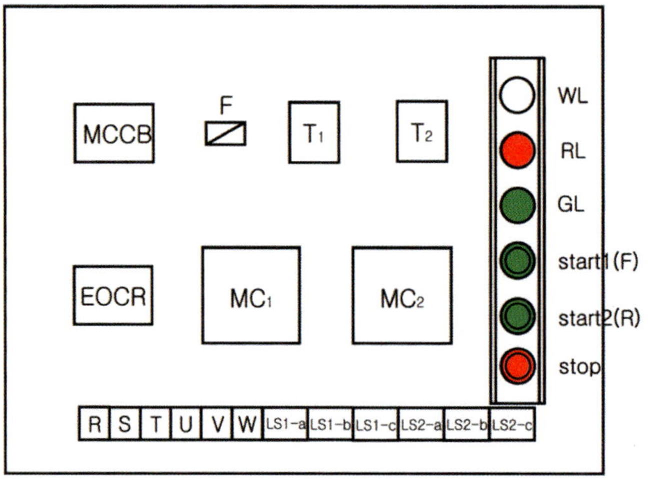

3. 실습 완성 사진

❖ 작업 순서

1. 준비

① 동작사항을 보고 작업 공구, 기구 및 재료를 준비한다.

② 접점 및 동작상태의 이상 유무를 회로 시험기로 확인한다.

2. 도면 이해 및 숙지

① 동작상태의 전류흐름을 구상해 본다.

② 시퀀스 회로를 보고 동작설명을 한다.

③ 동작 설명

상승 푸시버튼 스위치 start1(F)를 누르면 화물 리프트가 기동하여 상승 운전된다. 리밋 스위치 LS2가 있는 곳에서 정지되고, 전자 타이머의 설정시간 후에 자동적으로 하강 운전이 되며, 다른쪽 리밋 스위치 LS1에 의하여 정지하는 회로이다.

❶ 배선용 차단기(MCCB)를 ON한다.

❷ 리밋 스위치 LS_1은 화물 리프트가 원위치로 올 때 정지시킨다.

❸ 리밋 스위치 LS_2는 화물 리프트가 위쪽으로 올라올 때 정지시키며 전자 타이머도 동작시킨다.

❹ 전자 타이머 T_1과 T_2를 이용하여 설정시간이 지난 후에 상승 및 하강운전이 되도록 한다.

❺ 정전 전자 접촉기 MCF는 화물 리프트를 상승 운전시키기 위한 회로로 연결한다.

❻ 역전 전자 접촉기 MCR는 화물 리프트를 하강 운전시키기 위한 회로로 연결한다.

❼ 과부하가 되면 EOCR의 접점이 열려 모든 운전회로는 정지된다.

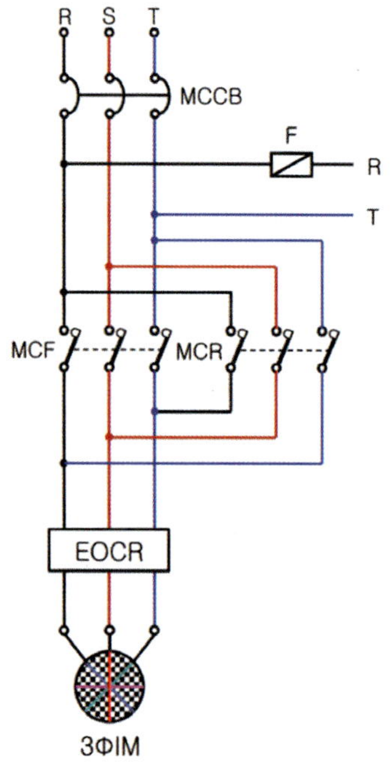

(a) 주회로

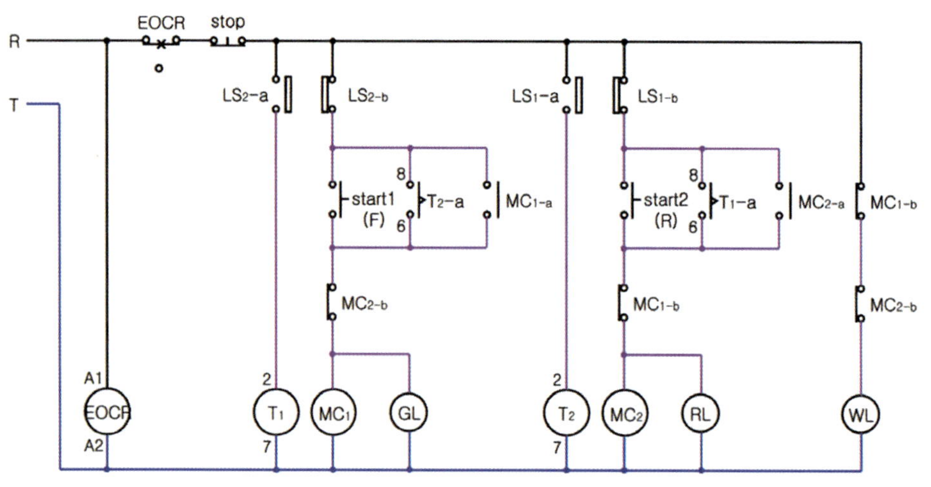

(b) 제어회로

그림 30-3 동작 상태 구성

3. 기구 부착

① 기구는 균형있게 고정한다.

② 퓨즈(F) 대신 회로 보호기(CP)를 사용한다.

③ 기구가 파손되지 않도록 적당한 힘을 가해 고정하고, 치수가 주어지지 않으면 미관을

고려하여 편리하도록 고정한다.
④ 전자 타이머 베이스(base) 고정시 구멍의 홈이 아래로 향하게 취부한다.

4. 덕트 작업
① 덕트는 컨트롤 판넬 내의 전선을 배선하기 위해 사용되며 협소한 공간에서도 사용이 가능하다.
② 덕트 측면에 홀이 있어 주회로 및 제어회로의 인입과 인출이 용이하도록 양면이 절개되어 전선정리가 편리하며 전선정리를 한 다음 덮개로 마무리를 한다.

5. 배선 작업
① 전선의 색깔을 구분하여 전원측 단자에서부터 동작 흐름에 따라 배선한다.
② 배선 작업시 베이스 핀 번호를 확인 후 접속한다.
③ 전선과 기구와의 접속시 한 단자에 전선을 두 가닥 이상 연결하지 않는 것이 좋다.

6. 점검
① 간단한 회로인 경우 오결선은 육안으로 점검하며, 회로시험기나 벨 테스터기로 단선, 단락 유무를 검한다.
② 회로시험기로 동작상태를 점검한다.

7. 동작
① 전원을 연결한다.
② 동작을 시키며 동작사항과 점검한 내용을 비교 검토하여 이해를 돕는다.

찾아보기

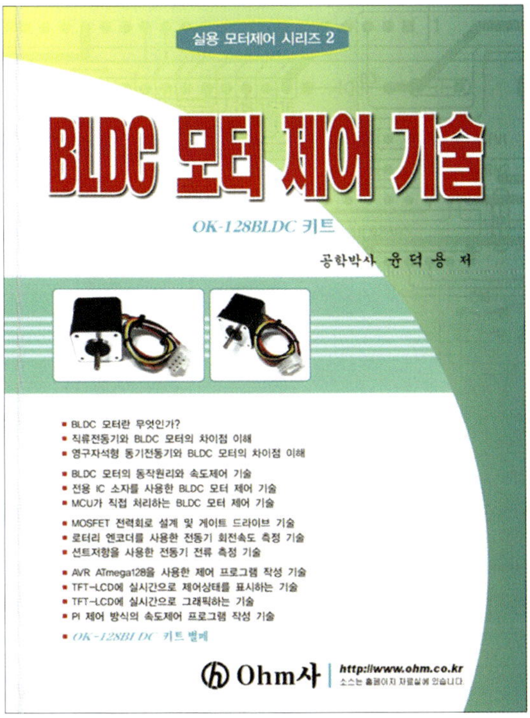

도서출판 Ohm사

실용모터제어 시리즈②

BLDC 모터 제어 기술

이 책은 실용 모터제어 시리즈의 두번째로서 현재 시대적으로 매우 각광받고 있는 BLDC 모터의 제어 기술을 취급한다. 전통적인 직류전동기와의 차이점을 이해하고, 이를 제어하는 시스템의 하드웨어를 설계하며 제어 프로그램을 작성하는 기술을 직접 독자들이 따라 하면서 단계적으로 익힐 수 있도록 설명할 것입니다.

제1장 전동기란 무엇인가
제2장 BLDC 모터 관련 실용지식
제3장 BLDC 모터 제어 관련 실용지식
제4장 전용 IC를 사용하는 BLDC 모터 속도제어 기술
제5장 MCU가 직접 처리하는 BLDC 모터 속도제어 기술
제6장 OK-128BLDC 트레이닝 키트

실용 모터제어 시리즈 ③ - 단상 유도전동기 제어 기술(계획중)
실용 모터제어 시리즈 ④ - 벡터제어 인버터 설계 기술(계획중)

OK-128 BLDC KIT

항목	사양	비고
1. MCU	ATmega128A-AU(16 MHz)	16 MHz 수정발진자 사용
2. ROM	MCU에 내장된 128KB의 플래시 메모리	프로그램 저장용
3. RAM	MCU에 내장된 4KB	스택 및 사용자 데이터 저장용
4. 프로그램 입력/실행	1. 표준 USB형 AVRISP mkII 다운로드 케이블 2. 병렬포트형 AVR ISP 다운로드 케이블	본 키트에서는 JTAG 에뮬레이터를 사용하지 못함
5. I/O	1. MCU 프로그램용 6핀 컨넥터 2. MCU가 직접 제어하는 기본 I/O 기능 ① 3.2인치 240×320 픽셀 TFT-LCD 모듈 ② +5V용 버저 ③ 모터 방향 설정용 토글 스위치(SW1) ④ 동작모드 설정용 2비트 DIP 스위치(SW2) ⑤ 기준속도 입력용 가변저항(VR1) ⑥ 모터 구동용 게이트 신호(UT, VT, WT) ⑦ 모터 구동용 PWM 신호(UB, VB, WB) 3. 모터제어를 위한 I/O 기능 ① BLDC 모터 제어 전용 IC 소자 LB11920을 사용한 모터 M1 접속 컨넥터(CN5) ② ATmega128A MCU가 직접 처리하는 모터 M2 접속 컨넥터(CN6) ③ 모터 회전속도 검출을 위한 홀센서 신호 4체배 회로(U8, 74HC86) ④ 모터 회전방향 검출을 위한 플립플롭 회로(U9, 74HC74) ⑤ 모터 전류 검출용 션트저항(R33)	Atmel사의 AVR ISP 표준 BLDC 모터 BL42S-24026N 사용 BLDC 모터 BL42S-24026N 사용 0.1Ω/1W/1%
6. 전원	+24V(2A 이상)	키트 내부에서 +12V, +5V, +3.3V를 만들어 사용함
7. PCB 외형	168×107mm 양면 에폭시 기판	

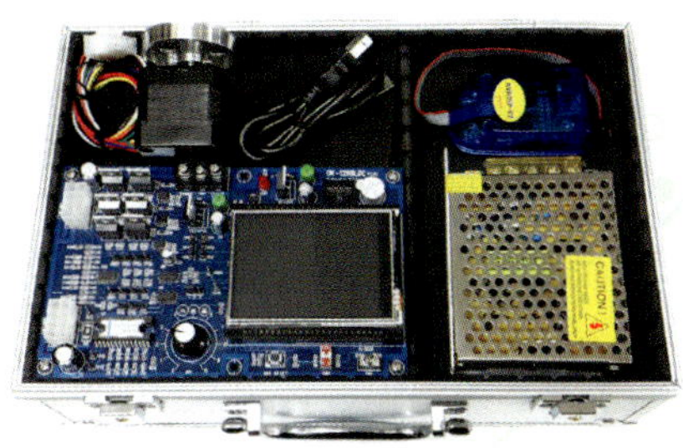

도서출판 Ohm사

다양한 실습이 가능한

ATmega128 기초와 응용1

이 책은 ATmega128의 기초부터 응용까지 활용할 수 있으며, AVR의 모든 기능에 대한 기초 예제와 센서, 블루투스, WiFi 등의 무선 모듈, LCD와 같은 다양한 응용 예제를 다루고 있어서, AVR을 입문부터 중급까지의 실험이 가능합니다.

제1부 ATmega128 기초
제1장 실습환경
제2장 ATmega128의 특징 및 구조
제3장 I/O 포트
제4장 외부 인터럽트
제5장 타이머/카운터
제6장 USART
제7장 A/D변환기
제8장 아날로그 비교기
제9장 EEPROM 액세스
제10장 SPI
제11장 TWI

제2부 ATmega128 응용
제1장 텍스트 LCD
제2장 센서
제3장 Bluetooth 무선 모듈
제4장 WiFi 무선 모듈

KUT-128_COM KIT

항목	사양
초음파 센서(HC-SR04)	초음파를 발생하여 거리 등을 계산하는데 사용
4Digit 7-Segment	4개의 숫자표시가 가능
Analog 가속도 센서(MMA7361)	X,Y,Z 3축의 Analog 출력
Digital 가속도 센서(MPU-6050)	I2C 통신이 가능하며 3축 가속도 센서+3축 자이로 센서+온도 측정 가능
WiFi Module	WiFi 통신용 모듈(USART1) ※ 주의 : Bluethooth 모듈과 동시 사용은 안되며 RS-232와는 가능
RS-232용 커넥터	MAX232를 사용한 RS-232통신(USART0)
WiFi용 Reset SW	WiFi 모듈 리셋 또는 공장 초기화 기능
Bluetooth Module(BC04)	블루투스 통신용 모듈(USART1) ※ 주의 : WiFi 모듈과 동시 사용은 안되며 RS-232와는 가능
2X16 Text LCD	2줄에 총 32개의 영문 표시 가능
ATmega128	ATmega128A-AU
LED Part	8개의 LED 제어
외부 인터럽트 SW	스위치 기능 또는 외부 인터럽트 발생용
3Color Dotmatrix	LED Part와 1Color Dotmatrix와 같이 사용할 수 없음 (플랫케이블 사용)
1Color Dotmatrix	LED Part와 3Color Dotmatrix와 같이 사용할 수 없음 (점퍼케이블 사용)

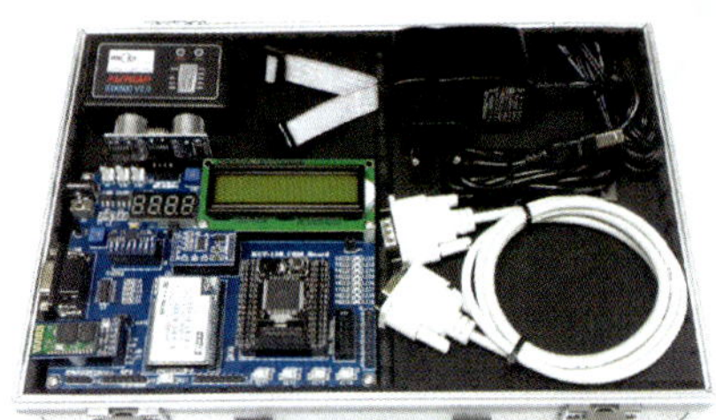

다양한 실습이 가능한
ATmega128 기초와 응용 II
7-세그먼트, 도트매트릭스 활용
신동욱 저
Ohm사
http://www.ohm.co.kr
소스는 홈페이지 자료실에 있습니다.

Ohm사

ARM Cortex-M 시리즈①

STM32F091 정복

- ARM Cortex-M0 시리즈의 STM32F091VCT6 모델 완전 마스터
- 하드웨어 설계 및 소프트웨어 응용 기술의 단계적 학습
- 상세하고 정확한 설명, 재미있고 유용한 예제 프로그램
- OK-STM091 키트에서 C언어를 통한 프로그래밍 실습
- 103개의 주옥 같은 C언어 예제 프로그램 제공 및 설명
- 3.2인치 컬러 TFT-LCD 모듈의 다양한 응용 프로그램
- 전자 올간, 게임등과 같은 독창적이고 재미있는 프로그램
- MP3 플레이어 하드웨어 내장 및 이를 응용하는 프로 그램
- 대학에서 대학원까지의 고급 MCU 강의 및 실습 교재로 최적

제1장 STM32F091VCT6의 구조와 기능
제2장 STM32F091VCT6의 내장 I/O
제3장 OK-STM091키트 및 개발 툴
제4장 C언어 프로그래밍

OK-STM091 KIT

항목	사양	비고
1. CPU	STM32F091VCT6	48MHz로 동작
2. ROM	CPU에 내장된 256KB의 플래시 메모리	프로그램 및 상수 데이터 저장
3. RAM	CPU에 내장된 32KB의 SRAM	프로그램, 스택, 사용자 데이터 저장
4. 프로그램 입력/실행	1. 전용 JTAG/SWD 에뮬레이터를 사용하는 방법 2. 기타 JTAG/SWD 에뮬레이터를 사용하는 방법	기본으로 ST-LINK/V2 에뮬레이터 사용 J-Link, ULINK 에뮬레이터도 사용 가능
5. I/O	1. CPU 프로그램용 컨넥터 JTAG/SWD 인터페이스용 20핀 컨넥터(CN2) 2. 기본 입출력 장치 ① 16자×2행 텍스트 LCD 모듈 ② 320×240픽셀 터치스크린 TFT-LCD 모듈 ③ SPI를 사용한 SD 카드 인터페이스 ④ 4개의 키입력 스위치(KEY1~KEY4) ⑤ 3개의 터치 센싱 입력(TSC1~TSC3) ⑥ 1개의 상태표시 LED(LED1) ⑦ +5V용 버저 ⑧ RS-232C 직렬통신 컨넥터(CN5) ⑨ CAN 직렬통신 컨넥터(CN5) 3. 기타 입출력 장치 ① +5V, +3.3V 전압센서(ADC0, ADC1) ② 가변저항 VR1에 의한 전압센서(ADC2) ③ LM35DZ 온도센서(U5, ADC3) ④ 2개의 D/A 컨버터 출력(DAC_OUT1/2) 2개의 D/A 컨버터를 사용한 음악연주 출력 ⑤ TV 리모콘 수신회로(U6) ⑥ 14개의 테스트 포인트(TP1~TP14) ⑦ SPI를 사용한 DS3234 리얼타임 클록(U8) ⑧ I2C를 사용한 AT24C16 EEPROM(U7) ⑨ VS1053b를 사용한 MP3 플레이어 회로	ST-LINK/V2 에뮬레이터 사용 별도의 TFT-32A 보드를 장착 사용 별도의 TFT-32A 보드에 내장 표준 9핀 RS-232C 케이블 사용 RS-232C와 CAN을 동일 컨넥터로 사용 A/D 입력 범위는 0V~+3.3V 온도측정 범위는 0~100℃ D/A 출력 범위는 0V~+3.3V CN6 컨넥터에 외장형 스피커를 연결 2.4V 충전용 NiMH 배터리로 전원 백업 CN6 컨넥터에 외장형 스피커를 연결
6. 전원	+5V(키트에서 +3.3V 및 +1.8V 레귤레이터 사용)	
7. PCB	160×130mm 양면 에폭시 기판	

저자 소개

강 응 석

- 호서대학교 전기공학과, 공학석사
- 호서대학교 전기공학과, 공학박사
- 청계기전 기술연구소, 전임연구원
- 한국기술교육대학교 전기전자통신공학부, 전기전공

기초부터 실무까지

시퀀스 제어 이론 및 실습

1판 6쇄 2018년 12월 20일
초판발행 2013년 12월 30일

저 자 강응석 저
발 행 인 곽 종 학
발 행 처 도서출판 Ohm사

주 소 140-150 서울 용산구 갈월동 17.세기B/D
전 화 02-776-4868~9
팩 스 02-779-6757
등록번호 1975년 9월 12일 제3-3호

http://www.ohm.co.kr E-mail : ohm@ohm.co.kr

ISBN 978-89-7101-789-0 정가 30,000원